# Finance Transformation in der VUCA-Welt

Lessons learned – Veränderungstreiber – Zukunftsmodelle

Herausgegeben von
Gori von Hirschhausen
und Dr. Thomas Ull

Mit einem Geleitwort von Uwe Rittmann

Mit Beiträgen von

Nicolette Behncke, Achim Beisswenger,
Dr. Holger Feist, Karl Gadesmann, Prof. Dr. Martin Glaum,
Dr. Jörg Matthias Großmann, Christoph Gruss,
Gori von Hirschhausen, Uwe Hohlfeld, Dr. Olaf Holzkämper,
Axel Kauhausen, Eva Kienle, Olaf Klinger,
Prof. Dr. Hanns-Peter Knaebel, Till Lohmann,
Prof. Dr. Jörg H. Mayer, Bernard Schäferbarthold, Heiko Schletz,
Dr. Yorck Schmidt, Dr. Ulrich Störk, Norman Tambach,
Dr. Thomas Ull, Yuriy Volosenko, Matthias Wittkowski

ERICH SCHMIDT VERLAG

**Bibliografische Information der Deutschen Nationalbibliothek**
Die Deutsche Nationalbibliothek verzeichnet diese Publikation
in der Deutschen Nationalbibliografie; detaillierte bibliografische Daten
sind im Internet über http://dnb.d-nb.de abrufbar.

Weitere Informationen zu diesem Titel finden Sie im Internet unter
ESV.info/978-3-503-20030-6

Gedrucktes Werk: ISBN 978-3-503-20030-6
eBook: ISBN 978-3-503-20031-3

Alle Rechte vorbehalten
© Erich Schmidt Verlag GmbH & Co. KG, Berlin 2021
www.ESV.info

Satz: L101 Mediengestaltung, Fürstenwalde
Druck: Hubert + Co., Göttingen

# Geleitwort

## Relevanz der Transformation im Mittelstand

Diese Zahlen sprechen für sich: Mehr als 90 Prozent aller Unternehmen in Deutschland sind Familienunternehmen oder mittelständische Gesellschaften. Sie erzielen mehr als die Hälfte des BIP und stellen knapp 60 Prozent der sozialversicherungspflichtigen Arbeitsplätze. Kurz: Deutschland verdankt seine Stabilität und wirtschaftliche Stärke vor allem diesen Unternehmen. Insbesondere der industrielle Mittelstand mit seinen global agierenden, in ihren Märkten exzellent positionierten Hidden Champions steht für innovative Schaffenskraft, um die wir international beneidet werden.

Familienunternehmen und mittelständische Betriebe galten vor allem aufgrund ihrer Innovationsstärke, ihrer Langfristorientierung sowie ihrem unternehmerischen Denken und Handeln lange Zeit als krisenfest, auch gegenüber starken wirtschaftlichen Umbrüchen.

Doch ist das heute immer noch so? In einer Phase, in der insbesondere die Digitalisierung mit all ihren Begleiterscheinungen und Konsequenzen für die Wirtschaft – aber auch die Gesellschaft – das wirtschaftliche Umfeld massiv verändert?

Immer schneller befeuern neue Technologien die (Weiter-)Entwicklung von Prozessen und Strukturen, Produkten und Dienstleistungen oder auch gleich völlig neuen Geschäftsmodellen. Zeit für Atempausen gibt es nicht. Wer sie sich dennoch nimmt, droht, den Anschluss zu verlieren. Und bei einer Reihe von Familienunternehmen und Mittelständlern besteht diese Gefahr durchaus. Diese Schlussfolgerung erlaubt etwa die Studie „Readiness Data Economy – Bereitschaft der deutschen Unternehmen für die Teilhabe an der Datenwirtschaft" vom Institut der deutschen Wirtschaft (IW) und dem Fraunhofer-Institut für Software- und Systemtechnik (ISST): Demnach erfüllen zwar die meisten Unternehmen die technischen Voraussetzungen zum Erfassen und Speichern ihrer Daten, vielen fehlt aber eine Vorstellung, wie sie diese Daten nutzen können. 85 Prozent der mittelständischen Unternehmen gelten als Einsteiger in die Datenwirtschaft und lediglich zwei Prozent als Pioniere, die mit ihren datenbezogenen Kompetenzen bereits interne Prozesse digitalisieren oder datengetriebene Tools und Anwendungen im Unternehmen etablieren.

Dieses Bild bestätigen auch unsere eigenen Praxiserfahrungen und Forschungsergebnisse: Viele Familienunternehmen und mittelständische Gesellschaften tun sich mit dem Einsatz digitaler Technologien schwer und verkennen ihr eigentliches Potenzial. Und das liegt nicht – oder zumindest nicht nur – an technologischen und technischen Fragen. Die Digitalisierung wird teilweise immer noch als reine Aufrüstung der IT verstanden, weniger als Hilfsmittel für die eigentlich viel weitreichenderen Veränderungen wie neue Servicemodelle für Industriekunden und Verbraucher.

Aber nicht nur in der klassischen Wertschöpfung werden die Potenziale nicht voll ausgeschöpft. Auch die Vorteile, die eine Digitalisierung der Finanzfunktion mit sich bringt, werden bei weitem nicht immer erkannt. Der Finanzbereich soll weiterhin wie bisher die klassischen Aufgaben des Reportings, der Planung und der Entscheidungsvorbereitung erfüllen. Nur werden dabei zwei Punkte nicht ausreichend beachtet:

Erstens: Veränderungen treten heute nicht mehr in Jahren oder Monaten, sondern manchmal binnen weniger Wochen ein.

Zweitens: Unternehmen müssen heutzutage oft sehr schnell sehr viele, mitunter komplexe und weiche KPIs erfassen und auswerten, um weise Entscheidungen zu treffen. Auch wenn nicht immer auf jedes Detail reagiert werden muss, sollten sie dennoch bekannt sein.

Effektiv können diese Datenmengen aus internen und externen Quellen nur mit Hilfe modernster digitaler Steuerungsinstrumente erhoben und analysiert werden – Tools wie die Balanced Scorecard sind für die „neue Normalität" zu eindimensional. Dabei spielen auch die Erfassung und Auswertung der Daten der Vergangenheit für die Prognose der Zukunft eine wichtige Rolle. Zudem lassen sich durch die Digitalisierung der Finanzfunktion leichter Ansatzpunkte zur Verbesserung interner Strukturen und Prozesse entdecken, auch über den kaufmännischen Bereich hinaus. Wer schnell die Simulation diverser Szenarien durchführen kann, kann schneller auf Marktveränderungen reagieren und das Unternehmen insgesamt zielgerichteter ausrichten, steuern und weiterentwickeln.

Investitionen in die Digitalisierung der Finanzfunktion sind deshalb nicht nur lohnend. Sie sind ein differenzierender Faktor für die eigene Marktstellung – ihren Erhalt oder auch ihre Verbesserung. Viele Familienunternehmen und Mittelständler können hier besser werden, da bin ich ganz sicher. Und sie sollten jetzt tätig werden – ehe es ihre Wettbewerber tun und daraus Kapital schlagen.

Viele Beiträge in diesem Buch stammen von Familienunternehmen und Mittelständlern, die die digitale Transformation ihres Unternehmens – auch der ihrer Finanzfunktion – erfolgreich vorangetrieben haben. Sie können und müssen anderen Unternehmen – nicht nur in diesem Segment – als inspirierende Beispiele dafür dienen, wie Digitalisierung funktionieren kann und welche Chancen diese eröffnet.

Insofern bin ich zuversichtlich, dass nicht zuletzt dieses Buch das Verständnis für die Notwendigkeit und Bedeutung der Digitalisierung fördert und die damit verbundene Steigerung von Effektivität, Effizienz, Reaktionsfähigkeit und Innovationskraft aufzeigt. Damit möglichst viele diesen Beispielen folgen und damit das Rückgrat der deutschen Wirtschaft auch in Zukunft stark bleibt.

Düsseldorf, im Juli 2021

*Uwe Rittmann*,
Leiter Familienunternehmen und Mittelstand,
Mitglied der Geschäftsführung, PwC Deutschland

## Vorwort

„Das Schlechte am Guten und das Gute am Schlechten ist, dass beides einmal zu Ende geht", erkannte der französische Literaturnobelpreisträger Anatole France schon vor rund 100 Jahren. Es gibt also Licht am Ende des Tunnels – auch die Corona-Krise wird irgendwann vorüber sein, hoffentlich möglichst schnell. Bis es soweit ist, kann man Trübsal blasen – oder aus den Erfahrungen rund um die Pandemie lernen, mit welchen Maßnahmen sich planvoll eine bessere Zukunft gestalten lässt. Dies gilt vor allem für die Vorbereitung des Gesundheitssystems auf vergleichbare Ereignisse, aber auch generell für Gesellschaft und Wirtschaft. Durchgehend Schlagzeilen machte aufgrund der wiederholten Lockdowns seit Beginn der Pandemie unter anderem das Thema Digitalisierung. Schulen zu, Unternehmen zu, Behörden zu – so wurde das Home-Office schlagartig alternativlos, und es gab binnen kürzester Zeit einen erzwungenen digitalen Superlativ nach dem anderen. Die Zahl der Büro-Heimarbeiter schoss um rund 700 Prozent in die Höhe, die Zahl der Teilnehmer an Zoom-Videokonferenzen um 300 Prozent, der Datenverkehr für Online-Meetings um 200 Prozent. Die Digitalisierung ging viral. Und so zeigte sich gerade mit Blick auf die digitalen Technologien quasi über Nacht, was alles möglich ist, wenn es sein muss.

Kein Zweifel: Corona hat der Digitalisierung einen Schub verpasst, der noch eine Weile anhalten dürfte. Am wichtigsten war dabei allerdings, dass die digitale Transformation in Wirtschaft und Gesellschaft eine uneingeschränkte Notwendigkeitsanerkennung erfahren hat. Überall wurde verstanden, wie groß die Bedeutung der Digitalisierung ist. Plötzlich ließen sich Dinge, die lange als dafür organisatorisch, technisch oder kulturell komplett ungeeignet galten, von einem Tag auf den anderen digitalisieren. Insofern wirkt Corona tatsächlich als Transformationsbeschleuniger. Aber Vorsicht: Mit planvoller und zielgerichteter Digitalisierung hat das wenig zu tun. Dies zeigt sich nicht zuletzt darin, dass nach einem Jahr der Pandemie vielerorts Ernüchterung zu spüren ist. Im Home-Office etwa leiden die Beschäftigten unter fehlenden sozialen Kontakten zu Kollegen, unkomfortablen Heimarbeitsplätzen oder abbrechenden Internetverbindungen. Allmählich macht sich „Zoom-Fatigue" breit – eine wachsende Ermüdung angesichts immer gleicher Online-Treffen. In den ersten Monaten der Krise hat die Digitalisierung bewiesen, dass sie grundsätzlich helfen kann. Nun ist es an der Zeit, sich von der Frage zu verabschieden, ob weiter digitalisiert werden soll – die Antwort darauf lautet eindeutig Ja. Und endlich gezielt nach dem „Wie" zu fragen: Wie sieht eine Digitalisierung aus, die nicht nur nützlich ist, sondern den Menschen in den Mittelpunkt der Technikentwicklung stellt – damit aus „Zoom-Fatigue" keine allgemeine Digitalisierungsermüdung wird?

Dies gilt – unabhängig von Corona – auch für die digitale Transformation der Finanzfunktion. Viele Unternehmen haben bereits lange vor der Pandemie erste Erfahrungen mit dem Thema gesammelt. Doch durchgängige Programme, die das gesamte Betriebsmodell der Finanzfunktion entlang der Möglichkeiten und Herausforderungen der Digitalisierung entwickeln, blieben eher die Ausnahme. Oft ging es darum, einzelne Projekte zu starten oder neue Technologien im Proof of Concept zu erproben. Solche punktuellen Aktivitäten liefern jedoch lediglich erste Erkenntnisse, mit denen sich nur schwer eine ganzheitliche digitale Transformation der Finanzfunktion machen lässt. Um diese Erfahrungslücken zu schließen und sicherzustellen, dass die Transformation der Finanzfunktion über durchgängige Programme ihre volle Wirkung entfaltet, gilt es deshalb die richtigen Fragen zu stellen: Was ist die Vision der Finanzabteilung? Welche Stakeholder-Interessen sind von der Transformation betroffen? Welche technischen Lösungen versprechen besondere Erfolge? Welche organisatorischen Veränderungen sind notwendig? Ebenso wichtig wie Antworten bei diesen übergeordneten Themen sind dann aber konkrete Ansatzpunkte zur praktischen Digitalisierung. Um sie zu finden, gilt es Aufwandstreiber und Prozessbremser zu identifizieren: Wo werden mit hohem manuellen Aufwand datentypistische Aufgaben erfüllt? Wo erschweren Medienbrüche die Datenübernahme? Ist dann die Technik nicht gut, der Prozess falsch oder eventuell sogar beides? Zu Beginn der digitalen Transformation sollte nach einer kritischen Bestandsaufnahme dort angesetzt werden, wo es aktuell weh tut. Denn die Digitalisierung ist dann besonders wirkungsvoll, wenn sie Probleme löst, die man hat.

Für die digitale Transformation von Geschäftsmodellen gibt es bereits viele Erfahrungsberichte. Für die vergleichsweise junge Disziplin „Digitale Transformation der Finanzfunktion" lässt sich das noch nicht behaupten. Deshalb ist jetzt der richtige Zeitpunkt für ein Buch zu diesem Thema. Es gilt, die Erfahrungen aus der Praxis sowie die Anregungen aus Wissenschaft und Forschung für eine grundlegende Bestandsaufnahme und einen fundierten Blick in die Zukunft zusammenzuführen. Die wertvollsten Erkenntnisse für eine holistische Betrachtung des Themas liefern mittelständische Unternehmen, aber auch globale Konzerne, die die Digitalisierung der Finanzfunktion nicht nur in Teilbereichen vorangetrieben haben. Sie stehen beispielhaft für das, was durch den umfassenden Einsatz digitaler Technologien erreichbar ist. Die von ihnen eingeleiteten umfassenden Veränderungen haben die gesamte Organisation erfasst und dadurch geholfen, digitales Neuland zu kartografieren. So konnten viele digitale Lösungen den Praxistest bestehen und zeigen, wie die Transformation funktioniert. Das hat in diesen Unternehmen auf der Führungsebene sowie bei den Mitarbeitern die Akzeptanz für den Einsatz entsprechender Software und auch den damit verbundenen Umbau der Prozesse und Strukturen erhöht.

Jetzt ist für alle Unternehmen der richtige Zeitpunkt, von den Erfahrungen zu profitieren und selbst die Vorteile der digitalen Finanzfunktion zu nutzen. Die hier gesammelten Erfahrungsberichte und Analysen namhafter Autoren betrachten das Thema aus verschiedensten Perspektiven: Aus Sicht der Mitarbeiter in der Finanzfunktion, vom CFO bis zu den Experten für einzelne Aufgabenbereiche; aus Sicht der internen Kunden, vom CEO mit seinem strategischen Informationsbedürfnis bis zu den operativ Verantwortlichen, die Services der Finanzfunktion nutzen; aus Sicht der Wissenschaftler, die Trends und Technologien für den praktischen Einsatz im Unternehmen bewerten und nutzbar machen können. Ihre Beiträge liefern CFOs, Top-Finanzexperten, Transformationsberatern sowie jedem mit Interesse an der Zukunft der Finanzfunktion nicht nur wertvolle Einblicke in diverse Aspekte der praktischen Digitalisierung. Sie können zudem als Grundlage beim Planen der digitalen Roadmap für die eigene Finanzorganisation dienen, weil sie aus unterschiedlichen Blickwinkeln viele Facetten des Themas abdecken.

Professor Dr. Hanns-Peter Knaebel, CEO der Röchling SE & Co. KG, beschreibt etwa als ein Key-Stakeholder, wie die Digitalisierung der Finanzfunktion im globalen Effizienzwettbewerb zum entscheidenden Erfolgsfaktor wird; Uwe Hohlfeld, Geschäftsführer Finanzen und Controlling der Adolf Würth GmbH & Co., berichtet, wie sie bei der Digitalisierung die Pilotfunktion im Konzern übernehmen kann; Norman Tambach, CFO der ING Deutschland, erklärt den Weg zur agilen Organisation in der Finanzfunktion; Dr. Holger Feist, Chief Strategy Officer der Messe München und zugleich Head of Controlling, schreibt über den Aufbau eines neuen, zukunftsgerichteten Steuerungssystems sowie dessen Premiere in der Corona-Krise; Eva Kienle, Finanzvorstand der KWS SAAT SE & Co. KGaA, schildert die Umsetzung eines neuen umfassenden Zielbetriebsmodells mit dem Fokus auf einer Global Business Services Organisation. Dr. Olaf Holzkämper, Vorstand für Finanzen und Controlling der CEWE Stiftung & Co. KGaA und als CFO des Jahres 2019 ausgezeichnet, skizziert die Neuausrichtung des Unternehmens auf ein digital getriebenes Geschäftsmodell sowie die damit verbundenen Umbauarbeiten im Backoffice. Professor Dr. Martin

Glaum von der WHU – Otto Beisheim School of Management beleuchtet das Zusammenspiel von Wissenschaft und Praxis; Yuriy Volosenko, ehemaliger Director of Enterprise Applications & Architectures bei Zalando, beantwortet die Frage, was gute SAP S/4HANA-Projekte ausmacht; Professor Dr. Jörg H. Mayer, Leiter des Schmalenbach Arbeitskreises „Digital Finance", regt einen neuen Qualitätsstandard für Digitalisierungsprojekte an – ihr Beitrag zur Steigerung von Effizienz, Effektivität und Erfahrung sollte künftig per Triple-E-Rating bewertet werden.

Die Argumente für die digitale Transformation im Finanzbereich liegen also auf der Hand. Die Praxisbeispiele in diesem Buch zeigen, dass unterschiedliche Herangehensweisen zum Ziel führen. Eins jedoch haben all diese Fälle gemeinsam: Jedes Unternehmen betrachtet die Digitalisierung der Finanzfunktion als Thema von großer strategischer Bedeutung, statt es auf die Einführung neuer Technologien zu reduzieren. Dann nämlich könnte kaum noch von einer digitalen Transformation gesprochen werden. Wer das volle Potenzial der digitalen Technologien nutzen will, darf eben nicht nur neue Software installieren. Er sollte auch die Strukturen und Prozesse analysieren sowie das Betriebsmodell insgesamt so anpassen, dass die Digitalisierung die ganze Organisation voranbringt, statt isoliert einzelne Arbeitsschritte zu vereinfachen oder zu beschleunigen. Dann verhilft die digitale Transformation dem CFO auch zu zusätzlichen Aufgaben und stärkt seine Position als Co-Piloten des CEO – weil seine Finanzorganisation nicht länger nur Zahlen der Vergangenheit aufbereitet, sondern mit vorausschauenden Analysen als aktiver Werttreiber agieren und so noch mehr zum wirtschaftlichen Erfolg des Unternehmen beitragen kann.

Um die künftige strategische Ausrichtung der Finanzfunktion, das passende Zielbetriebsmodell und die erforderliche Roadmap auszuarbeiten, sollten sich der CFO sowie seine Teams aber von alten Denkmustern verabschieden. Nur so lassen sich kreative Möglichkeiten zum wertsteigernden Einsatz neuer digitaler Lösungen finden sowie die dafür erforderlichen Strukturen und Prozesse definieren. Wie genau der Einsatz digitaler Lösungen die Finanzorganisation am besten voranbringt, muss jeder CFO für sein Unternehmen herausfinden. Die Beiträge in diesem Buch liefern aber wertvolle Anregungen dafür, wie Sie die Digitalisierung in Ihrem kaufmännischen Bereich angehen sowie in Zukunft noch weiter forcieren können. Denn wie sagt Facebook-Gründer Mark Zuckerberg so schön: „Nothing is the future forever".

Diversity & Inclusion ist uns ein wichtiges Thema, das wir aktiv leben und vorantreiben wollen. Daher sprechen wir hier gleichzeitig bei sämtlichen Personenbezeichnungen alle Geschlechter an. Aus Gründen der besseren Lesbarkeit wird im gesamten Sammelwerk auf die gleichzeitige Verwendung der Sprachformen männlich, weiblich und divers verzichtet.

Wer das Privileg hat, solch ein Buch herausgeben zu dürfen, steht vor der Herausforderung, all die Beteiligten zu würdigen. Denn ein Gefüge von großartigen, intellektuellen und neugierigen Menschen sowie deren individuellen Handlungen ist Ursache für dieses Buch. Deshalb gilt unsere besondere Wertschätzung all den sehr renommierten Autoren, die sich trotz der vollen Kalender die Zeit für dieses Buch genommen haben und ohne deren wertvolle Erfahrungen und Geschichten es nie hätte entstehen können. Ein großes Dankeschön gilt auch allen Kollegen von PwC, die zu diesem Buch beigetragen haben – vor allem Marco Schmid, Kristina Kompalla und Elke Riechers, die zu jeder Zeit alle Fäden zusammengehalten haben, damit dieses Werk veröffentlicht werden konnte. Ein besonderer Dank auch an Frank Wiercks für die journalistische Unterstützung sowie unserer Lektorin Ulrike Weiss vom Erich Schmidt Verlag, die mit ganzem Herzen dabei war und mit viel Geduld all unsere Wünsche umgesetzt hat.

München, Hannover und Bremen, im Juli 2021    *Gori von Hirschhausen*
*Dr. Thomas Ull*

# Herausgeber

**Gori von Hirschhausen** leitet das Finance Transformation Consulting Team von PwC Europe und ist Mitglied im globalen Finance Consulting Leadership Team von PwC. Als langjähriger Berater ist er Top Experte für die Neugestaltung, Optimierung und Digitalisierung der Finanzfunktion.

**Dr. Thomas Ull** ist Wirtschaftsprüfer bei PwC und leitet den Geschäftsbereich Familienunternehmen und Mittelstand an den Standorten Bremen und Hannover. Er ist als „Familienunternehmer-Versteher" mit den Herausforderungen im digitalen Zeitalter für Familien- und mittelständische Unternehmen bestens vertraut.

# Autorinnen und Autoren

**Nicolette Behncke**
Partnerin Sustainability Services, PwC GmbH WPG

**Achim Beisswenger***
Program Manager Business Process Excellence, Freudenberg Performance Materials Holding SE & Co. KG; vorher Vice President Financial Accounting, ProSiebenSat.1 Media SE

**Dr. Holger Feist**
Chief Strategy Officer, Messe München GmbH

**Karl Gadesmann**
Mitglied der Geschäftsleitung, nextpractice GmbH

**Professor Dr. Martin Glaum**
Inhaber des Lehrstuhls für International Accounting an der WHU – Otto Beisheim School of Management und Leiter des Arbeitskreises „Unternehmenswachstum und Internationales Management" der Schmalenbach-Gesellschaft für Betriebswirtschaft e.V.

**Dr. Jörg Matthias Großmann**
CFO, Freudenberg Chemical Specialities Gruppe

**Christoph Gruss**
Partner Capital Markets & Accounting Advisory Services, PwC GmbH WPG

**Gori von Hirschhausen**
Partner und Leiter Finance Transformation PwC Europa, PwC GmbH WPG

**Uwe Hohlfeld**
CFO, Adolf Würth GmbH & Co. KG

**Dr. Olaf Holzkämper**
CFO, CEWE Group

**Axel Kauhausen**
Managing Director, Beiersdorf Shared Services GmbH

**Eva Kienle**
CFO, KWS SAAT SE & Co. KGaA

**Olaf Klinger**
CFO, Symrise AG

**Professor Dr. Hanns-Peter Knaebel**
CEO, Röchling SE & Co. KG

**Till Lohmann**
Partner People & Organisation, PwC GmbH WPG

**Professor Dr. Jörg H. Mayer**
Leiter des Arbeitskreises „Digital Finance" der Schmalenbach-Gesellschaft für Betriebswirtschaft e.V. und des Kompetenzzentrums „Unternehmenssteuerungssysteme" an der Technischen Universität Darmstadt

**Bernard Schäferbarthold**
CFO, Hella KGaA Hueck & Co.

**Heiko Schletz**
Leiter Governance, betriebswirtschaftliche Methoden und Systeme, BSH Hausgeräte GmbH

**Dr. Yorck Schmidt**
CFO, AVL List GmbH

**Dr. Ulrich Störk**
Sprecher der Geschäftsführung, PwC GmbH WPG

**Norman Tambach**
CFO, ING-DiBa AG

**Dr. Thomas Ull**
Partner Familienunternehmen & Mittelstand, PwC GmbH WPG

**Yuriy Volosenko***
VP Technology – Tech lead TranS4m program, adidas AG; vorher Director of Enterprise Applications & Architectures, Zalando SE

**Matthias Wittkowski**
Partner, EQT Partners GmbH

---

\* Der Autor hat den Arbeitgeber während der Bucherstellung gewechselt. Allerdings wurde der Buchtext des Autors noch zu seiner aktiven Zeit beim vorherigen Arbeitgeber verfasst und freigegeben.

# Inhaltsverzeichnis

| | |
|---|---|
| Geleitwort | 5 |
| Vorwort | 9 |
| Herausgeber | 15 |
| Autorinnen und Autoren | 17 |
| **1 Der perfekte Sturm** | **21** |
|    1.1 Trust in Transformation – Digitalisierung einer Professional Service Firm (Ulrich Störk) | 23 |
|    1.2 Innovation – Einsatz neuer Technologien als Chance (Dr. Olaf Holzkämper) | 35 |
|    1.3 Markt – Globaler Effizienzwettbewerb & neue Marktbegleiter (Prof. Dr. Hanns-Peter Knaebel) | 45 |
|    1.4 Personal – Veränderung der Fähigkeiten und Bedürfnisse im digitalen Zeitalter (Till Lohmann) | 54 |
|    1.5 Investoren – Gestiegene Anforderungen an die Finanzfunktion & den CFO (Matthias Wittkowski) | 68 |
|    1.6 Wissenschaft – Digitalisierung und betriebswirtschaftliche Forschung und Lehre (Prof. Dr. Martin Glaum) | 76 |
| **2 Die Zukunft der Finanzfunktion** | **93** |
|    2.1 Die strategische Ausrichtung der Finanzfunktion (Gori von Hirschhausen) | 95 |
|    2.2 Business Partnerschaft als strategisches Element einer erfolgreichen Finance Transformation (Dr. Jörg Matthias Großmann) | 108 |
|    2.3 Die Rolle des CFO in der digitalen Welt (Dr. Yorck Schmidt) | 119 |
|    2.4 Neue Anforderungen an die Finanzfunktion & Controlling (Bernard Schäferbarthold) | 128 |
| **3 Impulse für ein Finanz-Zielbetriebsmodell 2025+** | **139** |
|    3.1 Moderne Unternehmenssteuerung in einer VUCA-Welt (Gori von Hirschhausen) | 141 |
|    3.2 Finanz-Zielbetriebsmodell eines nachhaltig wachsenden Unternehmens (Olaf Klinger) | 150 |
|    3.3 Das digitalisierte Controlling als proaktiver Impulsgeber und Mitgestalter (Dr. Holger Feist) | 157 |

3.4 Nachhaltigkeit – Topthema der Performancesteuerung der Zukunft (Nicolette Behncke) .................... 170

3.5 Quo vadis Digitalisierung: Evolution anstelle Revolution (Dr. Jörg H. Mayer) .................... 181

3.6 Optimierung der Compliance durch Robotics und KI (Dr. Thomas Ull & Christoph Gruß) .................... 191

3.7 Adaptives Betriebsmodell in einem modernen SSC (Axel Kauhausen) .................... 200

**4 Die Transformation zum Zielbetriebsmodell** .................... 211

4.1 Das Zielbetriebsmodell erfolgreich implementieren (Gori von Hirschhausen) .................... 213

4.2 Abwägungen unter Knappheit (Dr. Yorck Schmidt) .................... 229

4.3 Ohne CFO-Strategie keine Finance Transformation (Eva Kienle) .................... 238

4.4 Transaktionale Exzellenz durch digitalisierte End-to-End-Prozesse (Achim Beisswenger) .................... 248

4.5 SAP S/4HANA als Momentum für Transformation (Yuriy Volosenko) .................... 264

4.6 Zukunftsorientiertes Informations- und Datenmodell im Kontext von S/4HANA (Heiko Schletz) .................... 275

4.7 Einführung eines agilen Organisationsmodells auch in der Finanzabteilung (Norman Tambach) .................... 289

4.8 Kulturwandel als Basis der Transformation (Uwe Hohlfeld) .................... 301

4.9 Change Management als wesentlicher Erfolgsfaktor (Karl Gadesmann) .................... 309

**5 Ausblick** .................... 319

**Abbildungsverzeichnis** .................... 329

**Abkürzungsverzeichnis** .................... 331

# 1 Der perfekte Sturm

## 1.1 Trust in Transformation – Digitalisierung einer Professional Service Firm

Dr. Ulrich Störk, Sprecher der Geschäftsführung
PwC GmbH Wirtschaftsprüfungsgesellschaft

Die Digitalisierung hat eine Revolution in Wirtschaft und Gesellschaft ausgelöst? Definitiv. Aber es reicht nicht, dass Unternehmen den revolutionären Charakter moderner digitaler Technologie nur beschwören. Es gilt, die konkreten Potenziale zu erkennen und entsprechende digitale Tools früher sowie zielgerichteter als die Konkurrenten zu nutzen. Die Nase im Wettbewerb hat vorn, wer sich beim Einsatz digitaler Technologien nicht allein darauf beschränkt, Strukturen und Prozesse so zu optimieren, dass er den Kunden bestehende Angebote schneller zu besseren Konditionen offerieren kann. Sondern die neuen Möglichkeiten auch dazu nutzt, ganz neue Produkte, Dienstleistungen oder Geschäftsmodelle zu entwickeln. Mit der passenden Vision und Strategie bieten sich deshalb quer durch alle Branchen große Chancen. Autohersteller beispielsweise beschleunigen mithilfe digitaler Technologien nicht nur einfach den Umstieg auf die Elektromobilität, sondern sie positionieren sich als Mobilitätsdienstleister, deren Plattformen über den Verkauf elektrifizierter Fahrzeuge hinaus digitale Services rund um das Thema Mobilität anbieten.

Wer aber im Vorfeld einer digitalen Transformation nicht klärt, wie sich die mit der Digitalisierung verbundene Revolutionierung in der Arbeitswelt auf verschiedenste Aspekte auswirkt, könnte zu kurz springen und Chancen verpassen. Die möglichen Konsequenzen für Mission, Strategie sowie Betriebsmodell sind ebenso zu prüfen wie die Folgen für interne Strukturen. Viele Konzerne sind noch in horizontal aufgebauten Divisionen organisiert, die sich nur punktuell über die Grenzen der Geschäftsfelder austauschen – die Steuerung läuft meistens streng spartenbezogen. Angesichts der massiven Veränderungen, die sich von der Digitalisierung getrieben quer durch alle Einheiten des Unternehmens hindurcharbeiten, sind hier umfassende organisatorische Veränderungen erforderlich. Die digitale Disruption erfasst jeden Bereich, egal ob es zum Beispiel in der Autoindustrie um die Sparten Pkw, Lkw und Busse geht – oder bei einer Professional Service Firm wie PwC um die Bereiche Wirtschaftsprüfung, Steuer- und Unternehmensberatung. Im zunehmend intensiveren Wettbewerb finden sich die besten Antworten auf neue Herausforderungen und Kundenwünsche nur durch eine spartenübergreifende und engere Zusammenarbeit. Idealerweise mündet dies in ein neues konzernweites Steuerungsmodell, das dem Unternehmen zu mehr Handlungsfähigkeit verhilft und die fundierte Expansion in weitere Geschäftsfelder ermöglicht.

**Durch die digitale Disruption bekommen Ökosysteme eine noch größere Bedeutung**

Für die konkrete Entwicklung der Dienstleistungen und Produkte stellt sich mit der Digitalisierung die Frage, in welchen Geschäftsbereichen und Fachabteilungen welche Lösungen zum Einsatz kommen könnten und was dies für die Organisation als Ganzes sowie die einzelnen Mitarbeiter bedeuten würde. Denn neue Software, veränderte Prozesse oder digitale Dienstleistungen fallen nicht vom Himmel – sie müssen entwickelt, betreut und beim Kunden eingesetzt werden, womit viele Unternehmen unbekanntes Terrain betreten. Die Beschäftigten wollen nicht nur überzeugt, sondern auch auf die digitale Reise mitgenommen, ja sogar begeistert, werden. Unternehmen, die Transformation allein als Veränderung von Technik und Prozessen verstehen aber die Menschen nicht Einbinden werden die Transformation nicht erfolgreich meistern. Ganz oben auf der Agenda steht bei PwC deshalb der Aufbau neuer Ökosysteme mit diversen Partnern, die Input für die Digitalisierung geben sowie die konsequente digitale Weiterbildung der Beschäftigten – wozu stets auch gehört, ihnen die Zukunftsvision des Unternehmens sowie ihre damit verbundenen persönlichen Chancen zu beschreiben.

Bei PwC liegt der Fokus darauf, die Kunden dabei zu unterstützen, noch besser zu werden. Der Einsatz digitaler Lösungen wirkt hier in zwei Richtungen. Erstens lassen sich Serviceleistungen effizienter und in besserer Qualität erbringen. Beim Process Mining etwa ermöglichen digitale Lösungen eine schnellere und genauere Bestandsaufnahme der aktuellen Prozesse, als es früher mit langwierigen Umfragen und Interviews machbar war. Zweitens bietet die Digitalisierung die Chance, das tiefe Fachwissen von PwC mit neuen Technologien zu kombinieren und daraus digitale Produkte oder Services für die sowie idealerweise zusammen mit den Kunden zu entwickeln. So lässt sich das geballte Know-how etwa als „Software with a Service" (komplette Dienstleistung für den Kunden) oder „Software as a Service" (Einsatz durch den Kunden selbst) bereitstellen. Der Kunde zahlt dann abhängig von der Nutzung, etwa basierend auf der Zahl der Transaktionen oder Nutzer. Seine Experten können sich so – ein im Zeitalter des Fachkräftemangels wichtiger Aspekt – auf ihre Kernkompetenzen und das Kerngeschäft konzentrieren. Den Zugang zu Fachwissen liefert hier PwC in Form digitaler Lösungen, die mit dem entsprechenden Know-how aufgeladen und bei Bedarf auch als Komplettdienstleistung erhältlich sind.

## Ein Unternehmen muss analysieren, welche Digitalisierungsstrategie zu seiner Vision passt

PwC verfolgt die Vision, als „Most Innovative Digital Professional Service Firm" Kunden unter dem Motto „Trust in Transformation" ins digitale Zeitalter zu begleiten. Zusammen mit ihnen werden individuelle Antworten auf komplexe Fragen rund um die Transformation von Strategie, Prozessen, Technologien sowie Teams gefunden – immer im Bewusstsein, dass Veränderung etwas Positives und Konstruktives ist. Die breitgefächerte Palette innovativer PwC-Dienstleistungen und -Produkte hilft den Kunden, erfolgreicher zu werden und Wachstumspotenziale der digitalen Welt zu nutzen. Allerdings ändert sich parallel mit den neuen Möglichkeiten der digitalen Technologien die Art der Leistungserbringung. Es gilt, aus einer Ansammlung außergewöhnlicher Spezialisten, die über ein ausgeprägtes Domänenwissen im jeweiligen Fachgebiet verfügen, einen Expertenpool zu machen, dessen kombinierte Kompetenz künftig noch schneller und besser für mehr Kunden verfügbar ist. Daher wurden frühzeitig die Angebote an digitalen Produkten und Services ausgebaut sowie Innovationen in Form von Beratungsansätzen, Dienstleistungen oder Softwarelösungen lanciert. Neben der klassischen Jahresabschlussprüfung und der Unterstützung von Unternehmen – etwa durch strategisches Consulting, die Begleitung von Akquisitionen, die Beratung bei der Transformation oder Hilfe beim Implementieren konkreter Projekte – wächst ein neues Geschäftsfeld. Mithilfe der Digitalisierung lassen sich spezifische (Software-)Lösungen oder Managed Services für Kunden sowie den internen Einsatz realisieren. Sie bündeln das für die jeweilige Aufgabe erforderliche Fachwissen aus dem gesamten PwC-Ökosystem, zu dem auch Partnerunternehmen, Start-ups oder Hochschulen zählen. Der besondere Wert dieser Kollaborationen liegt darin, dass hier das Domänenwissen, also die hohe fachliche Expertise der PwC-Experten in ihren jeweiligen Spezialgebieten, mit dem umfassenden technologischen Know-how der Partner kombiniert wird.

Generell gilt es, die Technologien und ihren Wert zunächst zu verstehen, sie dann zu beherrschen, um sie beim Kunden zu ihrem Vorteil implementieren zu können sowie schließlich durch die Kombination selbstentwickelter oder am Markt verfügbarer Komponenten eigene digitale Produkte zu schaffen, die exakt die Anforderungen der Nutzer erfüllen. PwC steht seit über 170 Jahren für Qualität und Compliance – wer Lösungen von PwC nutzt, um etwa Risiken zu vermeiden, weiß genau, was er auch vom neuen digitalen Ökosystem sich ergänzender Angebote erwarten kann. Im klassischen Prüfungsgeschäft beschleunigen neue Technologien oder Strukturen die Arbeit und liefern Kunden feinere Auswertungen. Bei den Managed Services und im Consulting fächert sich die Angebotspalette zunehmend auf. Massiv getrieben ist das Geschäft durch neue Lösungen aus dem PwC-Ökosystem. Dies wirkt sich stark auf Betriebsmodell und Unternehmenskultur aus. Wer die digitale Transformation meistern will, muss alte Überzeugungen, Denkmuster sowie Arbeitsweisen hinterfragen. Für PwC bedeutet dies: Agiler und digitaler zu denken und zu handeln, um beim Entwickeln digitaler Lösungen schnellere Ergebnisse zu liefern, mehr Industrialisierung, um digitale Lösungen für einen breiten Einsatz zu schaffen, höhere Kooperationsbereitschaft, denn ein breites Ökosystem innovativer Lösungen lässt sich nur mit dem Input externer Partner aufbauen, mehr digitalisierte Leistungen in jedem Geschäftsfeld sowie konsequentes Digital Upskilling für die Beschäftigten – sie müssen für die das Arbeiten im neuen Umfeld qualifiziert werden und ihr fachliches Know-how um das sogenannte Know-why ergänzen, also das Verständnis, wie sich mithilfe digitaler Technologien nicht nur mehr Daten sammeln, sondern diese auch verstehen und interpretieren lassen. Wichtig hierbei ist, den Beschäftigten neue Chancen aufzuzeigen und sie so für die Transformation zu begeistern. Wird dies quasi Silo übergreifend richtig gemacht, lassen sich zahlreiche Synergien nutzen sowie neue Energien freisetzen – und das Risiko, in alte Muster zurückzufallen, sinkt durch diese Motivation erheblich.

> **Praxistipp: Das sind für PwC die wesentlichen Aspekte bei der digitalen Transformation**
>
> **Höhere Geschwindigkeit:** In einem volatilen wirtschaftlichen Umfeld ist Anpassungsfähigkeit ein entscheidender Wettbewerbsvorteil. Weil viele Kunden rasch eine Lösung brauchen, müssen Angebote schneller entwickelt werden und einen greifbaren Mehrwert bieten. Die Lösungen gilt es dann agil laufend zu erweitern und verbessern. Um in diesem Sinne agieren zu können, entwickelt sich PwC zur agilen Organisation, erbringt viele Dienstleistungen mit agilen Arbeitsmethoden und unterstützt die Kunden mit Produkten und Services, die auch sie agiler machen. Um mit neuen Wettbewerbern mithalten zu können, gilt es, schnelle und pragmatische Lösungen zu finden und nicht in Perfektionismus zu verfallen.
>
> **Industrielle Individuallösungen:** Die Zukunft liegt im Angebot zusätzlicher, insbesondere digitaler Produkte und Dienstleistungen. Sie müssen sich schnell und kostengünstig entwickeln, erbringen sowie weiter ausbauen lassen. Parallel zum klassischen Geschäft der Wirtschaftsprüfung sind daher Strukturen gefragt, die innovatives und agiles Arbeiten ermöglichen. Digital Lab, Digital Incubator und Digital Factory beispielsweise helfen dabei, Innovationen zu realisieren, Synergien zu nutzen und Lösungen so anzulegen, dass sie sich kommerzialisieren lassen. So können den

Kunden komplexe digitale Lösungen zu wettbewerbsfähigen Preisen angeboten werden.

**Neue Kooperationen:** Produkte oder Dienstleistungen müssen erstklassig sein, aber keine reine Eigenentwicklung. Gerade in der digitalisierten Welt liegt die Kunst darin, durch die Kombination der eigenen Kompetenzen mit den – meistens technischen – Qualitäten von Partnern die besten Angebote zu entwickeln. Process Mining etwa ist zur Prozessoptimierung wichtig. Solche Technologien entwickelt PwC nicht selbst, sondern nutzt Lösungen von Allianz-Partnern innerhalb eines Ökosystems, das auf Basis des sogenannten Ecosystemizer-Konzepts entsteht. Eine besondere Rolle spielt hier die Zusammenarbeit mit strategischen Partnern wie etwa MS, Salesforce und SAP. Das Gesamtpaket wird dann so mit der kaufmännischen und technischen Kompetenz aufgeladen, dass es dem Kunden bestmöglich weiterhilft – mit diesem Ansatz kann PwC strategisch geplant auch in neuen Märkten aktiv werden.

**Digitalisierte Leistungen:** Vor allem bei automatisierbaren Tätigkeiten sowie Managed Services verspricht die Digitalisierung nicht nur mehr Effizienz, sondern erlaubt auch ganz neue Angebote. Im zentralen SSC etwa werden kaufmännische Angestellte von autonom arbeitender Software unterstützt, sogenannten Bots. Noch interessanter aber ist, Kunden via PwC-Cloud den Einsatz moderner digitaler Lösungen durch „Software-as-a-Service"-Angebote zu ermöglichen. Lassen sie dort ihre Daten analysieren, eröffnen sich ihnen ganz neue Ansätze für Business Insights – und PwC offeriert passende Beratungsangebote.

**Digital Upskilling:** Eine so weitreichende digitale Transformation funktioniert nur, wenn die Beschäftigten mitziehen. Zu einem wirkungsvollen Change Management gehört deshalb, sie von der Notwendigkeit neuer Denkmuster zu überzeugen und ihnen beispielsweise zu erklären, wann das 80-20-Prinzip reicht und wann eine 100-Prozent-Lösung alternativlos ist. Darüber hinaus bedarf es Schulungen in diesem neuen Denken sowie in der konkreten Anwendung digitaler Lösungen. Nur wer die digitalen Fähigkeiten der Beschäftigten steigert und sie während der Transformation umfassend unterstützt, kann die Organisation als Ganzes zukunftsfest machen. Dazu gehört auch, die Mitarbeiter durch entsprechende Anreizsysteme zur Mitgestaltung der digitalen Transformation zu motivieren.

## Digitalisierung über Kooperationen innerhalb eines Ökosystems hat sich als Erfolgskonzept erwiesen

Was das praktisch heißt, lässt sich mit einem konkreten Beispiel veranschaulichen: Kunden wissen, dass viele Beratungsdienstleistungen durch den Einsatz digitaler Technologien schneller, preiswerter sowie oft qualitativ hochwertiger erbracht werden können. Deshalb bevorzugen sie jene Anbieter, die solche modernen Lösungen nutzen. Eine Beratung zur Verbesserung der Prozesse im kaufmännischen Bereich eines Unternehmens etwa begann früher damit, dass der Experte den Ist-Stand per Fragebogen erfasste. Das war zeitaufwändig und produzierte gleich zum Projektstart eine gewünschte Realität, da die Bestandsaufnahme aus der Perspektive der Befragten entstand. Deshalb erwarten Kunden heute zurecht, dass die Ist-Situation anhand der in ihren Systemen vorliegenden Informationen zu Prozessen beziehungsweise der dort gespeicherten Daten möglichst genau, neutral und faktenbasiert abgebildet wird – und schon verschmelzen Beratung und Technologie. PwC muss also nicht nur aus Effizienz- und Qualitätsgründen, sondern schon wegen der Erwartungshaltung der Auftraggeber eine digitale Lösung anbieten. Heute starten solche Projekte im Idealfall mit dem Process Mining. Eine dafür eingesetzte zentrale digitale Lösung nutzt beispielsweise die Technologie des strategischen Partners Celonis. Sie zielt darauf ab, Abläufe im Unternehmen transparent zu machen und Ist-Prozesse mit Zielmodellen zu vergleichen, um Abweichungen erkennen und Optimierungspotenziale nutzen zu können. Ihre volle Wirkung entfaltet so eine Lösung aber nur, wenn sie mit fachlichem Know-how und Know-why aufgeladen ist. In diesem Fall bedeutet das, mit dem erforderlichen Prozesswissen die Ergebnisse der Analyse interpretieren und daraus Handlungsempfehlungen ableiten sowie implementieren zu können. Diese Rolle übernehmen PwC-Spezialisten mit ihrem Domänenwissen und machen so aus der neutralen Bestandsaufnahme ein konkretes Optimierungsprojekt.

Die Entwicklung solcher digitaler Lösungen ist kein Zufall, sondern folgt einem klaren strategischen Kompass, aus dem sich auch Make-or-Buy-Entscheidungen wie beim Process Mining mit dem Partner Celonis ergeben – ist es besser, eine eigene Software zu entwickeln oder vorhandene Programme nur mit dem PwC-Know-how und -Know-why aufzuladen? Der sogenannte Ecosystemizer (siehe Abbildung 1) ist ein Strategie-Tool, mit dem Unternehmen sich radikal kundenzentriert (B2H – Business 2 Human) aufstellen können, indem sie die eigene Rolle im Verhältnis zu den Bedürfnisstrukturen der Kunden definieren. Der Ecosystemizer teilt die Bedürfnisse der Menschen in zehn sogenannte Life Areas auf, in denen Unternehmen jeweils drei Rollen einnehmen können. Der sogenannte Orchestrator hält die Schnittstelle zum Endkunden, der sogenannte Realizer produziert Dienstleistungen und Produkte, der sogenannte Enabler unterstützt den Realizer und den Orchestrator. Wichtig ist, dass ein Unternehmen die eigenen Positionen im System klar festlegt und dann innerhalb der einzelnen Rollen und Life Areas funktionierende Ökosysteme bildet. Mit starken Partnerschaften lassen sich die Fokusbereiche stärken und/oder neue Bereiche abdecken.

Mit dem Kerngeschäft fungiert PwC in der Life Area „Work" als Enabler. In der Life Area „Education" ist PwC mit einer Beteiligung an der Digital Business University of Applied Sciences (DBU) in Berlin als Realizer aktiv sowie mit der Intes Akademie und dem Fachverlag Moderne Wirtschaft als Enabler. Außerdem ist PwC über Softwareangebote bereits in zahlreichen weiteren Life Areas präsent. Mithilfe des Ecosystemizers lassen sich nun Strategien entwickeln, um allein oder über die Geschäftspartner die bereits bestehenden eigenen Rollen in den einzelnen Life Areas zu festigen oder Zugang zu weiteren Life Areas und Rollen zu erhalten. In der Life Area „Work" beispielsweise entsteht in der Funktion als Enabler gemeinsam mit dem Allianz-Partner MS ein Angebot für eine Smart Factory Solution bei ZF Friedrichshafen. Und mit SAP wird das Tool „Climate Excellence" realisiert, das für Unternehmen die finanziellen Auswirkungen von Klimarisiken und -chancen analysiert. Weitere auf Basis des Ecosystemizer priorisierte Projekte laufen. So dient der Ecosystemizer als strategischer Kompass für das Wachstum mit digitalen Geschäften in starken Ökosystemen.

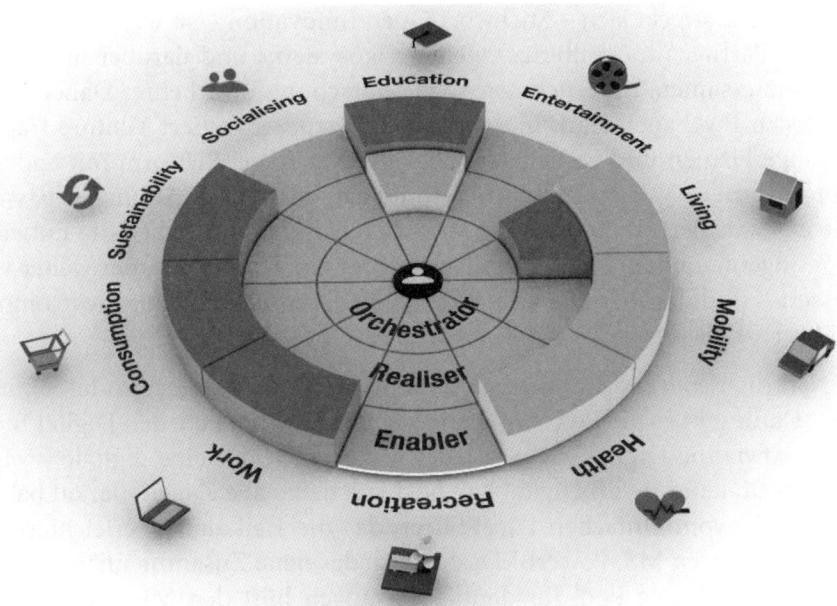

Abbildung 1: PwC Ecosystemizer
*Quelle:* PwC und Prof. Dr. Julian Kawohl

## Digital Lab, Digital Incubator und Digital Factory entwickeln eine breite Palette eigener Softwarelösungen

Die großen Linien beim Entwickeln neuer Geschäftsfelder und digitaler Angebote sowie beim Aufbau eines Ökosystems mit Allianz-Partnern gibt also der Ecosystemizer vor. Innovative Ideen entstehen aber überall im Unternehmen und dessen Umfeld – sie systematisch zu erkennen und zu nutzen, ist enorm wichtig. Innovationsmanagement hat deshalb einen hohen Stellenwert. Oberste Maxime ist dabei Open Innovation: Es gilt, jede innerhalb wie außerhalb des Unternehmens identifizierbare Idee auf ihren potenziellen Wert für die Kunden zu prüfen. Was vom kleinen Start-up kommt, wird so ernst genommen wie das, was bei einem der großen strategischen Partner oder bei PwC entsteht. Open Innovation allein reicht aber nicht aus, um die Innovationskraft zu stärken. Erst das strukturierte Suchen und Analysieren neuer Ideen fördert jene Edelsteine zutage, die das Produktportfolio einmal besonders glänzen lassen könnten. Dieses Innovations-Screening ist eine enorme Aufgabe (siehe Abbildung 2). Es erfordert ein sehr methodisches Vorgehen, um alle Fachbereiche in allen Regionen einzubeziehen. Transparenz ist ein wichtiges Stichwort: Welche besonderen Erkenntnisse hat ein Projekt gebracht, welche speziellen Fähigkeiten zu Themen wie etwa Blockchain oder KI bringen neue Mitarbeiter mit? Dieses systematische Screening erstreckt sich – Stichwort Open Innovation – so weit wie möglich auf die Partner innerhalb des eigenen Ökosystems und darüber hinaus auf alle interessanten Unternehmen sowie Forschung und Lehre. Daher engagiert sich PwC auch stark in der Start-up-Szene, investiert Venture Capital in junge Firmen und vernetzt sie über die NextLevel Platform mit anderen Unternehmen. Nur so lässt sich verhindern, dass etwas Ähnliches passiert wie das, was derzeit die Autokonzerne beschäftigt: Dort haben die Entwicklungsingenieure jahrzehntelang den Verbrennungsmotor immer weiter verbessert – und darüber den sich andeutenden Umschwung zur Elektromobilität vernachlässigt.

Natürlich sollen neue Ideen in die Entwicklung digitaler Produkte münden. Dafür gibt es bei PwC unter anderem das Digital Lab, den Digital Incubator sowie die Digital Factory. Jeder Mitarbeiter, der eine digitale Lösung entwickelt, kann sie im Digital Lab hochladen, wo alle Zugriff darauf haben. Das reicht vom einfachen Excel-Sheet, das die Kalkulation erleichtert, bis zum komplexen MS, PowerBI Dashboard, das neue Zusammenhänge visualisiert. Der interne Pool für digitale Lösungen hilft den Mitarbeitern, den Wert der Digitalisierung zu verstehen: Sie erkennen, wie jeder seinen Beitrag leisten und selbst von den Beiträgen anderer profitieren kann. Zudem lassen sich leichter Synergien nutzen: Wer im Digital Lab die Lösung für ein

Problem findet, muss nicht selbst etwas Neues entwickeln. Wenn Ideen das Potenzial für komplexere Lösungen bergen, unterstützt im nächsten Schritt der Digital Incubator mit technologischem Know-how um das Produkt weiter zu entwickeln. Oft bieten sich solche Ideen auch für einen breiteren Einsatz an. Dann professionalisieren Experten der Digital Factory das Produkt, damit es massentauglich ist – etwa durch das passende Pricing-System und das Management des Produkt-Life-Cycles.

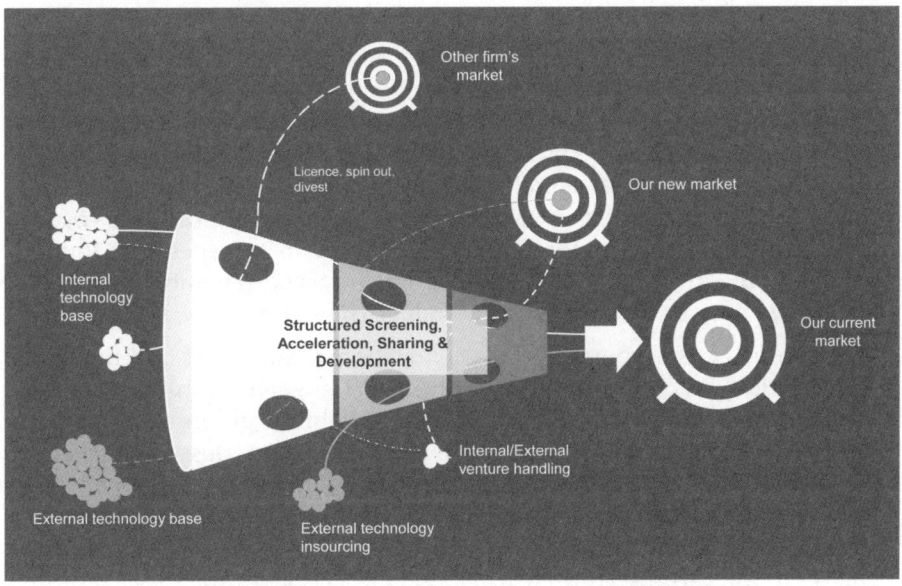

Abbildung 2: PwC's Open Innovation Engine

*Quelle:* PwC und Prof. Henry Chesbrough

> ***Wege zur Innovation: So wird Innovation zum festen Bestandteil der Unternehmenskultur***
>
> **Open Innovation:** Oberstes Ziel der Innovationsstrategie sollte sein, sich jede Quelle für neue Ideen zu erschließen. Das bedeutet, nicht nur alle Beschäftigten der eigenen Organisation als potenzielle Erfinder zu betrachten und ihren Einfallsreichtum sowie den Austausch untereinander zu stimulieren – was bei globalen Unternehmen schon sehr anspruchsvoll ist. Darüber hinaus gilt es, Ausschau nach Anregungen außerhalb der eigenen Organisation und sogar außerhalb der eigenen Branche zu halten. Selbst technologische Entwicklungen in ganz anderen Bereichen könnten zum Kern einer neuen Idee werden.

**Strukturiertes Screening:** Das Aufspüren neuer Ideen im eigenen Unternehmen wie auch der Blick über den Tellerrand erfordert ein systematisches Vorgehen. PwC hat entsprechende Methoden entwickelt, um die Intelligenz der eigenen Organisation transparent zu machen und zu nutzen sowie anderswo verfügbares Know-how zu erkennen und transferieren. Intern läuft das Screening in allen Fachbereichen und Regionen. Extern geht es um das gesamte Ökosystem – alle Partner, Allianzen, Start-ups oder auch Hochschulen, mit denen PwC zusammenarbeitet, gehören zum Open-Innovation-Netzwerk.

**Digital Lab/Incubator/Factory:** Intern dient das Digital Lab als Ideenpool – jeder Mitarbeiter, der eine digitale Lösung entwickelt, kann sie dort hochladen, jeder Kollege hat darauf Zugriff. Der Digital Incubator macht aus guten Ideen komplexere Lösungen, indem er das technologische Know-how liefert, über das der einfallsreiche Mitarbeiter selbst nicht in ausreichendem Maße verfügt. Die Digital Factory verfeinert interessante Lösungen unter technischen Aspekten soweit, dass sie im Tagesgeschäft funktionieren und sich kommerzialisieren lassen. Ihre Experten entwerfen etwa Pricing-Systeme und managen den Produkt-Life-Cycle.

**Accelerator:** Extern kommen viele Innovationen von Start-ups und aus Hochschulen. PwC ist in diesem Bereich sehr engagiert, um sich stärker mit der Szene zu vernetzen und junge Unternehmen zu unterstützen. Zu diesem Zweck gibt es das sogenannte NextLevel-Team. Dessen Mitglieder stehen mit ihrer Expertise in den verschiedenen Themenbereichen den Gründern so zur Seite, dass diese sich auf die Weiterentwicklung ihres Geschäfts konzentrieren können. Es hilft etwa bei der Skalierung und den nächsten Wachstumsschritten. Oft beteiligt sich PwC auch mit Venture Capital. Das Accelerator-Programm für Corporates ermöglicht es außerdem etablierten Unternehmen, ihr eigenes Accelerator-Programm für einen besseren Zugang zu Start-ups zu bauen. Dadurch entstehen weitere wertvolle Ökosysteme.

## Den Beschäftigten das digitale Ökosystem des Unternehmens nahebringen und zur Nutzung motivieren

Praktisch steht ein Dienstleister für Professional Services bei der digitalen Transformation vor den gleichen Herausforderungen wie etwa ein Autokonzern. Es geht darum, die erfolgsversprechenden digitalen Geschäftsmodelle der Zukunft zu identifizieren und die Beschäftigten vom neuen Kurs zu überzeugen. Bestimmte klassische Stärken bleiben wichtig, bei der Wirtschaftsprüfungsgesellschaft natürlich vor allem der korrekte Jahresabschluss und der Lagebericht zum Schutz der Gläubiger sowie darüber hinaus die individuelle Beratung und die Funktion als Trendscout. Aber der Leistungsmix wandelt sich mehr in Richtung der digitalen Technologien und damit auch die Qualifizierung und Arbeitsweise der Mitarbeiter. Sie teilen umfassend ihr Know-how, damit das Unternehmen skalierbare digitale Lösungen entwickeln kann und bringen sich bei der Entwicklung selbst stark ein. Sie überzeugen in der Beratung mit modern aufbereiteten, mithilfe digitaler Tools zusammengestellten Fakten. Sie wissen, wie diverse digitale Lösungen aus dem Ökosystem einem Kunden weiterhelfen – und können das auch erklären.

Solche aus der digitalen Transformation entstehenden Veränderungen sind für die Beschäftigten eines Dienstleisters für Professional Services ebenso gravierend, wie es für die Entwickler eines Autoherstellers der Umstieg vom Verbrennungsmotor auf den Elektroantrieb ist: Alte und neue Welt werden vorübergehend parallel existieren, die Digitalisierung gewinnt rasant an Bedeutung. Diesen Umstieg gilt es bewusst einzuleiten und den Beschäftigten nicht nur eine Brücke in die neue Welt zu bauen, sondern sie auch für die Überquerung zu begeistern – denn die digitale Transformation gelingt nur mit ihnen. Eine entscheidende Voraussetzung für die erfolgreiche Veränderung ist dabei das Commitment auf den Führungsebenen. Die Manager müssen sich offensiv zum Ziel der Transformation bekennen und diese überzeugt vorantreiben. Dazu gehört auch die Fähigkeit zu Ambidexterität – sie müssen in der Lage sein, Entscheidungen gezielt mit Blick auf die jeweiligen Anforderungen der alten und der neuen Welt zu fällen, also das Bestandsgeschäft effizient zu führen und gleichzeitig das Zukunftsgeschäft flexibel zu entwickeln. Wer das vorlebt, wird auch die Mitarbeiter vom Sinn der Transformation überzeugen.

**Die digitale Transformation wird dank einer Strategie des digitalen Upskilling zum Erfolg**

Allerdings müssen sich die Mitarbeiter in der neuen Welt bewegen können. Deshalb investiert PwC im Rahmen der Programms Your Tomorrow gezielt in den Aufbau digitalen Know-hows bei den Beschäftigten. Sie erhalten umfassende Unterstützung, etwa in Form von Schulungen und Lerntools, wie zum Beispiel der Digital Fitness App, einem spielerischen Element des Change Managements. Mit dieser App kann jeder seine persönliche digitale Fitness ermitteln – wo kennt man sich gut aus, wo besteht Nachholbedarf? Auf Basis des Assessments entsteht ein, auf den persönlichen Qualifikationsbedarf zugeschnittener, Lernplan. So können alle ihre digitalen Fähigkeiten auf spielerische Weise steigern und sich beispielsweise am Digital Fitness Score des Teams messen. Das macht die mit der digitalen Transformation verbundenen Facetten für die Beschäftigten konkret und unterstützt das Entstehen einer neuen, von Innovation geprägten Unternehmenskultur, in der zudem die klassischen Hierarchien aufgebrochen sind. Mitarbeiter schaffen sich ihre eigenen Gruppen, in denen sie sich austauschen und ihre Ideen weiterentwickeln. Dabei zählen nicht Titel, sondern Ideen und Engagement – das Motto lautet „Die beste Person für den Job". Dies funktioniert nur, wenn die Beschäftigten top ausgebildet sind und sich kontinuierlich weiterqualifizieren. Daher erwerben die Beschäftigten beispielsweise im Digital Accelerator Programm die neuesten digitalen Kompetenzen – dort lernen sie etwa den Umgang mit Software für BI, Analytics oder Data Science wie Tableau, PowerBI oder Alteryx. Wer sich damit auskennt, kann dann als Change Agent in seinem Unternehmensbereich agieren und als Multiplikator das Interesse der Kollegen an der Digitalisierung in der Breite vorantreiben.

Ein weiterer wichtiger Aspekt des Change Managements ist die enge Kooperation mit Forschungs- und Bildungseinrichtungen. Dort lassen sich neue Mitarbeiter finden, die spezielle digitale Fähigkeiten mitbringen und so die Transformation beschleunigen. Gleichzeitig können Mitarbeiter dort berufsbegleitend ihre digitale Kompetenz erweitern und neue Einblicke gewinnen. An der Digital Business University of Applied Sciences (DBU), deren Studienangebot und Forschung konsequent auf die digitalisierte Wirtschafts- und Arbeitswelt ausgerichtet ist, hat sich PwC sogar direkt beteiligt, um in den Kontakt mit Talenten der Zukunft zu intensivieren. Die größte Herausforderung dürfte für viele Unternehmen nämlich werden, eine Belegschaft der Zukunft aufzubauen, die aktiv die digitale Transformation mitgestalten kann.

## 1.2 Innovation – Einsatz neuer Technologien als Chance

Dr. Olaf Holzkämper, Vorstand für Finanzen und Controlling, CEWE Stiftung & Co. KGaA

**Nur wer neue Technologien als Chance versteht, kann ihre Risiken beherrschen**

Das disruptive Potenzial der Digitalisierung ist enorm. Seit Jahren lässt sich beobachten, wie sie Technik, Wirtschaft sowie Gesellschaft tiefgreifend verändert und dies mit scheinbar wachsender Geschwindigkeit und Intensität. Obwohl die Transformation weiterhin auf Hochtouren und mit offenem Ende läuft, sehen viele darin bereits den Höhepunkt des fünften Kondratieff-Zyklus. Mit dem Namen des russischen Wirtschaftswissenschaftlers bezeichnen Experten jene bis zu 60 Jahre dauernde Langwellen der Konjunktur, die vom Aufkommen neuer Technologien geprägt sind. Sie führen quasi zur Reorganisation der ganzen Gesellschaft, da die Auswirkungen der Veränderungen in allen Bereichen des Lebens massiv und dauerhaft sind. In der ersten Industrialisierung (1780–1840) war vor allem die Dampfmaschine der Treiber dieser Entwicklung, in der zweiten Industrialisierung (1840–1890) übernahmen Eisenbahn und Stahl diese Funktion. Im dritten Kondratieff (1890–1940) ging es vor allem um Elektrotechnik und Schwermaschinen, dem vierten Kondratieff (1940–1990) um Auto, Computer und Kernenergie. Die seit 1990 laufende Ära der Informations- und Telekommunikationstechnologie ist nun geprägt durch Vernetzung und Virtualisierung: Via Internet und Breitbandnetz lassen Menschen, Maschinen, Systeme und Produkte sich über alle bei ihren Aktivitäten oder ihrem Einsatz entstehenden Daten quasi miteinander vernetzen. Und bereits heute ist durch virtualisierte Computersysteme mithilfe frei skalierbarer Rechenleistung in der Cloud die Verarbeitung aller dieser Daten immer und überall möglich.

Die Digitalisierung wirkt sich massiv auf einzelne Unternehmen und ganze Branchen aus. Viele etablierte Konzerne mit vermeintlich unerschütterlicher Marktposition sind ihr bereits zum Opfer gefallen, teilweise sogar binnen relativ kurzer Zeit. Und zwar stets dann, wenn Wettbewerber mit größerer Veränderungsbereitschaft oder Newcomer mit frischen Ideen schneller und mutiger Chancen genutzt haben, die sich in einer Branche durch den Einsatz aktuellster digitaler Technologie bieten. Nur drei Beispiele:

- Der Versandhändler Quelle brachte den Kunden jahrzehntelang im Halbjahresrhythmus mit seinem Bestellkatalog die große weite Produktwelt ins Haus – sie konnten per Post ordern und liefern lassen, was das Herz begehrt. Ab 1994 etablierte dann Newcomer Amazon seine einfache Art, via Internet, von zuhause aus zu Shoppen: Stöbern im Onlineshop mit laufend neuen Angeboten und stets aktualisierten Preisen, Bestellen mit einem Klick. Als Quelle endlich die Bedrohung seines Geschäftsmodells durch E-Commerce realisierte und rund 15 Jahre später selbst dort aktiv werden wollte, war der Zug längst abgefahren.
- Der Technologiekonzern Nokia brachte 1992 das erste massentaugliche Mobiltelefon auf den Markt, verfeinerte die Produkte immer weiter und galt 15 Jahre als Star der Branche. Dann lancierte Apple mit dem iPhone ein Smartphone, das telefonieren und Internetzugang ebenso elegant wie benutzerfreundlich in einem Gerät verschmolz und auch noch spannende Zusatzfunktionen bot. Reine Produktverbesserungen beim klassischen Handy halfen Nokia nicht länger, bei den neuen Touchscreen-gesteuerten Mini-Rechnern hatte das Unternehmen den Anschluss verpasst. Bald spielte der frühere Marktführer kaum noch eine Rolle.
- Kodak galt bis zur Jahrtausendwende als Inbegriff der Fotografie und stand für analoge Film- und Fototechnik auf höchstem Niveau. Der Konzern entwickelte sogar als einer der Ersten eine Digitalkamera. Statt hier weiter zu investieren und so frühzeitig einen neuen Markt zu besetzen, konzentrierte Kodak sich lieber auf den Vertrieb seiner damals hochprofitablen analogen Produkte. Die Digitaltechnologie landete im Giftschrank, um das Bestandsgeschäft zu sichern. Aber andere Unternehmen trieben die Digitalisierung weiter voran – und als der Markt für analoge Filme etwas später schließlich doch zusammenbrach, verlor Kodak nach dem technologischen Anschluss auch noch seinen Umsatzbringer.

**Veränderungen setzen sich letztlich in der Marktwirtschaft durch**

Diese Beispiele sollten jedem Unternehmer und Manager eine Mahnung sein: Wer die Auswirkungen sich abzeichnender (technischer) Veränderungen auf sein Produkt, seinen Markt oder sein Geschäftsmodell nicht rechtzeitig und seriös hinterfragt, droht früher oder später abgehängt zu werden. Wer den Wandel sogar verhindern will, dürfte in der Regel auf verlorenem Posten stehen – Veränderungen setzen sich letztlich in einer freien Wirtschaft und Gesellschaft durch, gemäß dem in so vielen Lebenslagen geltenden Motto: „Das Bessere ist des Guten Feind". Und das Bessere ist derzeit eben meistens die Digitalisierung: Sie mag neben dem zunehmend intensiveren globalen Wettbewerb der Unternehmen um Kunden, Kapitalgeber,

*1.2 Innovation – Einsatz neuer Technologien als Chance*

Mitarbeiter und Effizienz zu den technisch-organisatorischen Ingredienzien des „Perfekten Sturms" gehören, der sich über der Wirtschaft zusammenbraut und diese vor enorme Herausforderungen stellt. Aber der Einsatz eben dieser digitalen Technologien, am besten sogar die umfassende Digitalisierung des Unternehmens selbst, kann gleichzeitig auch den Kurs weisen, wie man den „perfekten Sturm" nicht nur unbeschadet übersteht, sondern sogar gestärkt daraus hervorgeht. Dazu muss man jedoch das Thema Digitalisierung als das verstehen, was es tatsächlich ist: Eine enorme Chance.

## Bei CEWE profitieren die Kunden schon seit 25 Jahren von der zunehmenden Digitalisierung

Vor welch großen Herausforderungen die Unternehmen der Fotobranche durch die schnelle und umfassende Digitalisierung um die Jahrtausendwende standen, zeigt schon eine einzige Zahl: Hatten im Jahr 2000 kaum zwei Prozent der Konsumenten eine Digitalkamera, war der Markt der Fotografie zehn Jahre später fast komplett digitalisiert. Folgerichtig sank der Umsatz mit analogen Produkten jährlich um 30 Prozent und reduzierte sich binnen kürzester Zeit bis auf einen kleinen Bodensatz. Wenn Kodak beispielhaft dafür steht, wie sich die Chancen der Digitalisierung verpassen lassen, dann darf CEWE als Unternehmen gelten, das gezeigt hat, wie es besser

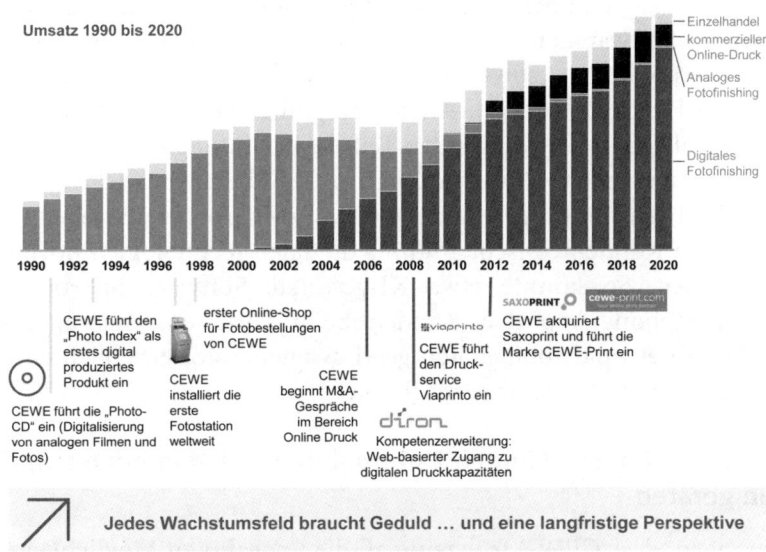

Abbildung 3: Unternehmensentwicklung – Frühzeitige Innovation als Erfolgsfaktor

*Quelle:* CEWE

läuft, falls man aufgeschlossen für neue Technologien und die damit verbundenen Innovationen ist. Bereits 1991 konnten die CEWE-Kunden analog geschossene Fotos in digitalisierter Form auf einer Foto-CD erhalten. 1993 lieferte ihnen der digital hergestellte FotoIndex einen besseren Überblick über die Bilder auf dem Film und erleichterte so das Nachbestellen. 1997 wurde die weltweit erste Fotostation installiert, mit der Kunden ihre digitalen Bilder direkt im Geschäft bestellen konnten, 1998 folgte der erste Onlineshop für Fotos. Und mit dem CEWE-FOTOBUCH ging CEWE 2005 dann schließlich als einer der Ersten mit einem ganz neuen Geschäftsmodell für Fotos an den Start: Die Kunden platzieren mit einer später selbstentwickelten Software die Bilder digital nach Belieben in einem Fotoalbum und lassen es sich in gedruckter Form zuschicken.

Für dieses und andere Produkte ging CEWE tief in die Entwicklung oder erwarb spezielles Know-how. Die erste Fotostation beispielsweise bauten die Mitarbeiter selbst zusammen und experimentierten mit dem Gerät, bis sie mit dessen Leistung zufrieden waren. Erst dann ging die Großserienproduktion an einen Partner in der Industrie. Heute sind mehr als 20.000 CEWE-Fotostationen in ganz Europa aufgestellt. Für das Geschäft mit dem CEWE-FOTOBUCH eignete sich CEWE umfassende Digitaldruck- und Buchbindekompetenz an und investierte in den entsprechenden Maschinenpark. So weitete das Unternehmen seine Kernkompetenz mithilfe digitaler Technologien weit über die reine Fotoentwicklung hinaus aus und agiert nun auch als Softwarehaus – das CEWE-FOTOBUCH ist quasi das Powerpoint der Fotobranche – sowie als Dienstleister mit Web-basiertem Zugang zu digitalen Druckkapazitäten. Analogfotografie spielt beim Umsatz kaum noch eine Rolle, den überwiegenden Teil steuert das digitale Foto-Finishing bei, der kommerzielle Onlinedruck wächst. Und beim Entwickeln von Produkten oder Dienstleistungen sind die CEWE-Mitarbeiter getrieben von der Frage, ob sich Kundenwünsche mithilfe digitaler Technologien noch besser erfüllen lassen. So könnte etwa KI-gestützte Software in Form einer CEWE-Smartphone-App den Kunden beim Sortieren, Auswählen oder Beschriften ihrer mit Mobilgeräten geschossenen Fotos erheblich entlasten, indem sie passende Vorschläge macht.

**Nach stabilen Phasen können Unternehmen rasch in ein disruptives Umfeld geraten**

Jetzt zu sagen, dass CEWE frühzeitig all die ungeahnten Möglichkeiten der neuen Digitaltechnologien erkannt und daher einen umfassenden Masterplan für neue Produkte und Geschäftsmodelle entwickelt hat, wäre aber vielleicht doch zu viel der Ehre. Auch mit Blick auf die Digitalisierung gilt natürlich: Disruptive Veränderungen sowie die besten Reaktionen darauf, lassen sich nicht bis ins Detail voraussehen. Kein Unternehmen dürfte deshalb zu Beginn so einer Phase eine Blaupause haben, wie es am Ende dastehen will. Sehr wohl aber sollte es darauf vorbereitet sein, dass es sich früher oder später tiefgreifenden Veränderungen in der Wirtschaft allgemein und insbesondere in der eigenen Branche sowie allen damit einhergehenden, eventuell enormen Herausforderungen stellen muss. Deshalb ist es wichtig, dass das Management – und am besten auch möglichst viele Mitarbeiter – ein feines Gespür dafür entwickelt, in welchem Umfeld sich das Unternehmen gerade bewegt. Denn es gibt stabile Phasen, in denen die Unternehmensentwicklung tendenziell eher evolutionär verläuft. Und dann gibt es disruptive Phasen, in denen revolutionäre Veränderungen nicht nur möglich, sondern im Sinne der Zukunftsfähigkeit meistens sogar unabdingbar sind, momentan zum Beispiel durch den Einsatz digitaler Technologien. CEWE ist für dieses Thema sensibilisiert, Management und Mitarbeiter denken und handeln entsprechend. Deshalb konnten seit Beginn der 1990er Jahre auch ohne eine perfekte, bis ins letzte Detail durchgeplante, Digitalisierungsstrategie immer wieder innovative Angebote im Markt lanciert werden, die sich der jeweils aktuellen digitalen Möglichkeiten bedienten. Durch ihren Erfolg sowie das Sammeln von Erfahrungen, während Wettbewerber noch auf die Analog-Karte setzten, halfen diese Pilotprojekte dem Unternehmen bei der Suche nach dem richtigen Weg zur Digitalisierung.

**Eine statische Strategie reicht nicht – Unternehmen sollten immer reaktionsfähig bleiben**

Die übergeordnete Maxime in Phasen der relativen Ruhe ebenso wie in Zeiten der Disruption ist, dass Produkte und Dienstleistungen einen echten Kundennutzen bieten müssen, das Unternehmen sie gut verkauft sowie insgesamt kostengünstig wirtschaftet. Allerdings kann sich die Definition, was den meisten Kundennutzen bringt, durch neue Technologien eben rasch ändern – dann müssen Unternehmen in der Lage sein, dies zu erkennen und sofort darauf zu reagieren. Die Unternehmensphilosophie bei CEWE ist deshalb, auch in scheinbar ruhigen Phasen permanent Ausschau nach Chancen und nach Gefahren zu halten – getreu der Maxime: „Der Kaufmann, der sich keine Sorgen macht, bekommt welche." In stabilen Phasen werden wohl durchdachte strategische Entwicklungsschritte geplant, ohne sich dadurch jedoch unangreifbar zu fühlen oder den einmal gewählten Weg sofort in Stein zu meißeln. Gleichzeitig werden die Beschäftigten dazu motiviert, jederzeit an der Gestaltung einer noch besseren Unternehmenszukunft zu arbeiten, stets neugierig zu sein sowie Neuerungen mutig aufzugreifen.

*1 Der perfekte Sturm*

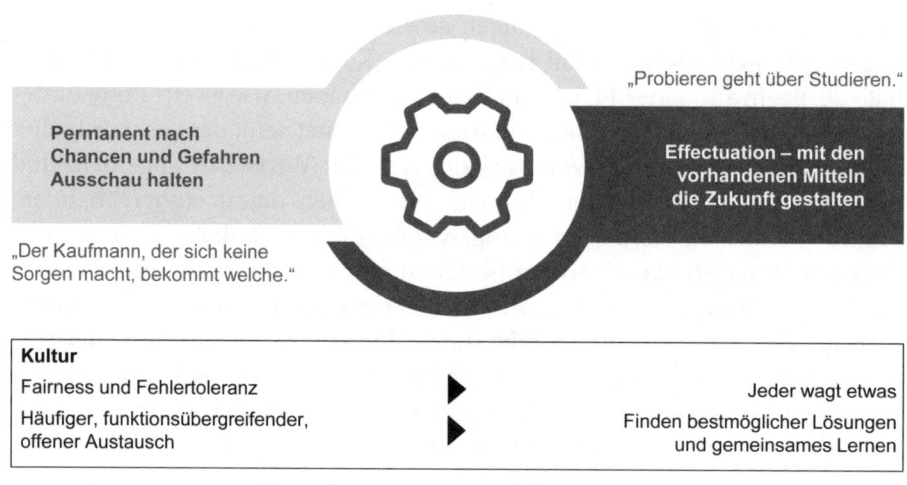

Abbildung 4: Balance der Transformation
*Quelle:* CEWE

Dies zahlt sich in disruptiven Phasen – wie zum Beispiel durch die Digitalisierung – aus, die überraschend schnelle und tiefgreifende Veränderungen auslösen und dadurch erfordern, dass ein Unternehmen „auf Sicht" fährt. Denn dann ist besonders die sogenannte Effectuation gefragt, also das Gestalten der Zukunft mit den zur Verfügung stehenden Mitteln nach dem Motto „Probieren geht über Studieren". Bei CEWE haben die Mitarbeiter frühzeitig ausprobiert, wie digitalisierte Angebote im Fotogeschäft aussehen könnten und sich funktionsübergreifend offen ausgetauscht, um spannende Lösungen zu finden – rund 20 trafen sich etwa regelmäßig in einer „Digitalisierungsrunde" und ließen ihrer Phantasie dort freien Lauf. Die mit solchen Ideenrunden logischerweise verbundenen Fehlschläge gelten im Unternehmen generell nicht als Misserfolge und Karrierekiller, sondern vielmehr als wichtige Erfahrung auf der Suche nach CEWEs künftigem „Sweet Spot" in einem eventuell schon in naher Zukunft massiv veränderten Markt. Es geht nicht darum Fehler zu vermeiden, sondern schnell aus ihnen zu lernen – nach dem Motto „Fail fast", also schnell machen, schnell scheitern, schnell daraus lernen und es künftig besser machen. Bereits als der Sturm der Digitalisierung erst langsam am Horizont aufzog und noch gar nicht über die Branche hinwegfegte, gab es darum bei CEWE schon viele Ideen für neue, kundenorientierte Produkte und bald auch funktionierende Angebote, die sich gut skalieren ließen. Durch diese Kombination – auf Veränderungen vorbereitet sein und punktgenau auf sie reagieren können – ist CEWE über eine große Aufgeschlossenheit für neue Technologie zur führenden Marke im digitalen Fotogeschäft geworden. Frühere Platzhirsche, die zu lange an alten Produkten festgehalten haben, spielen in der Branche hingegen kaum noch eine Rolle.

## Stimmt die Richtung der gut begründeten Transformation, tragen die Geldgeber den Kurs mit

Hatte die im analogen Geschäft notwendige Abhol- und Ausliefer-Logistik für Übernacht-Service den Serviceradius der Fotolabore stark eingeschränkt, so ließen sich durch die digitale Übertragung von Bilddaten diese Fesseln abschütteln und enorme Produktivitätssteigerungen sowie völlig neue Geschäftsmodelle realisieren. Binnen weniger Jahre halbierte sich die Zahl der Labore auf zwölf und über faire Sozialpläne reduzierte sich die Zahl der Mitarbeiter um rund 1.200. Parallel dazu entstand zusätzlich zum flächendeckenden Regionalvertrieb für zumeist kleine Fotofachhändler ein Key-Account-Management für Großvertriebsformen, also Partner wie beispielsweise Drogeriemärkte, in denen viele Endkunden heute ihre Digitalfotos auch an CEWE-Terminals bearbeiten beziehungsweise ausdrucken können. Da sich die Sinnhaftigkeit der Investitionen in die Digitalisierung sowie der Aufwendungen für die Restrukturierungen über insgesamt gut 55 Millionen Euro mit einem rasch wachsenden, Profit versprechenden Digitalgeschäft belegen ließ, stützten Aktionäre und Banken den harten Transformationskurs. Inzwischen ist CEWE der größte europäische Fotodienstleister und hat seinen Umsatz seit der Neuausrichtung fast verdoppelt.

Das CEWE heute so gut dastehen würde, hätten viele Beobachter mitten in der digitalen Transformation nicht unbedingt erwartet, denn die Zahlen sahen nicht wirklich gut aus. Der Umsatz stagnierte einige Jahre oder sackte sogar ab, das operative Ergebnis fiel wegen notwendiger Restrukturierungen deutlich, auch wenn es stets positiv blieb. In so einer Situation sollte die Geschäftsleitung klar kommunizieren sowie harte Entscheidungen durchziehen. Für CEWE bedeutete dies, den Aktionären und Banken offen darzulegen, warum die angestoßene digitale Transformation unverzichtbar ist, obwohl manche Mitbewerber den Weg (noch) nicht eingeschlagen hatten. Aber aufgrund der frühzeitig, teilweise in Form von mutigen Pilotprojekten gestarteten Digitalisierung, also dem Lancieren neuer Angebote und dem Steigern der Kundenzufriedenheit mithilfe digitaler Technologien, ließen sich die Potenziale der Digitalisierung nachvollziehbar darlegen. Die bereits erreichten Erfolge sowie die Perspektive, konsequent in diese Richtung voranzugehen und so zu den Gewinnern der Digitalisierung zu gehören, überzeugte die Stakeholder – insbesondere die Kapitalgeber hatten das gute Gefühl, dass die neuen Produkte und Geschäftsmodelle sich langfristig am Markt durchsetzen werden. Dazu trug sicherlich bei, dass Geschäftsleitung sowie Mitarbeiter in dieser Phase der beginnenden digitalen Transformation des Unternehmens ganz bewusst einen Schwerpunkt auf den Einsatz der digitalen Technologien legten. Sie konzentrierten sich voll auf die Entwicklung neuer Produkte oder Geschäftsmodelle und nutzen die Digitalisierung vor allem, um den Umsatz durch neue Angebote und mehr Kundenorientierung zu steigern. Diese Digitalisierung „vor dem Vorhang", für den Kunden sichtbar und von direktem Vorteil, war wichtiger als die auf Kostensenkung abzielende Optimierung interner Prozesse, also quasi die Digitalisierung „hinter dem Vorhang" – diese bewusste Entscheidung verhinderte ein heilloses Verzetteln in zu vielen Projekten, das sich andernorts immer wieder beobachten lässt.

## Seit 2018 nimmt auch die Digitalisierung in der Finanzfunktion an Fahrt auf

Und inzwischen ist es auch an der Zeit, die Digitalisierung „hinter dem Vorhang", also in den Backoffice-Funktionen, ebenso strukturiert anzugehen wie die Digitalisierung „vor dem Vorhang", die schon lange sehr zielgerichtet im direkten Kontakt mit den Kunden läuft, aber eben vor allem produkt- und serviceorientiert. Zunächst hatte sich die Digitalisierung der Strukturen und Prozesse insbesondere im Finanzbereich vor allem auf jene Aspekte beschränkt, die einer Verbesserung des Kundenservice dienen. Dazu zählte beispielsweise die Implementierung von Online-Zahlverfahren. Eine umfangreiche Digitalisierung der klassischen Administration spielte keine große Rolle. Zwar gab es im Finanzbereich seit 2014 regelmäßig Gespräche auf Leitungsebene zu der Frage, wie die Digitalisierung der Abteilung vorangetrieben werden könnte, doch dabei fand sich lange kein überzeugender Ansatz. Natürlich war allen Beteiligten klar, dass auch die Finanzfunktion getreu dem Motto „Das Bessere ist des Guten Feind" vom verstärkten Einsatz digitaler Technologie profitieren dürfte und hier ebenfalls ein Ausprobieren gemäß der Maxime „Fail fast" sinnvoll wäre. Doch letztlich blieb der Fokus auf der Digitalisierung im kundenorientierten Geschäft „vor dem Vorhang" – auch um sich nicht zu verzetteln.

Seit 2018 nimmt die Digitalisierung „hinter dem Vorhang" jetzt planvoll an Fahrt auf, wobei bewusst unterschieden wird zwischen Bottom-Up- und Top-Down-Projekten. Die Digitalisierung von unten treiben jene zahlreichen Mitarbeiter im Finanzbereich voran, die gerne neue Dinge ausprobieren wollen und gute Ideen haben, wie mithilfe digitaler Tools effektiver und effizienter gearbeitet werden könnte. Dazu gehört unter anderem:

- **Bots statt Mausklickserien:** Die Beschäftigten haben verstanden, dass Prozesse über Systemgrenzen hinweg automatisiert werden sollten und nutzten dazu die Robotic Process Automation (RPA). Zu ihrer Entlastung wurde beispielsweise eine Lösung programmiert, mit der Mahnungen automatisiert ablaufen.
- **Manuelle Eingaben durch automatisierte Schnittstellen ersetzen:** So lassen sich manuelle Eingaben und damit auch Fehler reduzieren. Dies wird etwa für Zinssätze und zur Automatisierung der Inter-Company-Darlehensverwaltung genutzt.
- **Digitaler Workflow statt physische Unterschriften:** Rechnungen, Reisekosten oder Stammdaten lassen sich jetzt innerhalb eines digitalen Workflows freigeben, auf den früher üblichen Papierkrieg kann weitgehend verzichtet werden. Das steigert nicht nur die Prozesseffizienz, sondern dient auch der Compliance.
- **Präventive Fraud Detection:** Mithilfe digitaler Tools lassen sich Datenquellen zur Analyse verknüpfen und so kritische Bestellungen erkennen. Zahlungsschwierigkeiten lösten früher ein rein reaktives Forderungsmanagement aus. Jetzt ist eine aktive Verringerung von Zahlungsausfällen möglich, indem Muster im Zahlungsverhalten Warnsignale liefern.

Solche kleinen Projekte zur Prozessverbesserung und Automatisierung laufen gemäß der CEWE-Philosophie, aufgeschlossen für neue Technologien zu sein und sie einfach auszuprobieren, auf Initiative einzelner Mitarbeiter oder Teams nach kurzer Abstimmung mit der Leitungsebene – genau wie die Digitalisierung vor dem Vorhang. Obwohl sich dadurch in Summe schon Einiges nach vorne bewegt hat, sind sie allerdings meistens von eher geringer oder lokaler Tragweite und können deshalb nur erste Schritte zur Digitalisierung sein. Jedoch haben sie die Arbeit in Projekten auch in der Administration etabliert und die Veränderungsbereitschaft gefördert – alles wichtige Voraussetzungen für größere Top-Down-Initiativen.

## Bottom-Up-Initiativen brachten erste Erfolge, ein Top-Down-Projekt ist nun der große Sprung

Einen großen Sprung auch „hinter dem Vorhang" verspricht der neue Top-Down-Ansatz, der bis 2025 unternehmensweit läuft und die Finanzfunktion beziehungsweise das Backoffice bei der Digitalisierung dort landen lassen soll, wo die Digitalisierung „vor dem Vorhang" bereits angekommen ist: Ganz weit vorne. Es geht um eine große IT-System-Renovierung, die in einem über viele Jahre aus vielen Einheiten gewachsenen und im Geschäftsmodell stark verändertem Unternehmen irgendwann notwendig ist und derzeit im Wesentlichen drei Projekte umfasst: Die Einführung einer neuen HR-Software, eines neuen CRM-Systems sowie von SAP S/4HANA. Bei diesen Projekten handelt es sich nicht um reine IT-Projekte, sondern interdisziplinäre Programme. Vor allem der Umstieg auf S/4HANA bietet den Anlass und die Chance, historisch gewachsene Strukturen und Prozesse grundlegend zu erneuern. Deshalb gehen der eigentlichen Implementierung einige Vorprojekte voraus, um die Fundamente zu legen: Einheitliche Kontenpläne, Reporting-Strukturen sowie Prozesse. Die Top-Down-Projekte wurden aus der Erkenntnis heraus gestartet, dass es zwar gute Gründe gab, die Digitalisierung der Finanzabteilung langsam anzugehen und sich auf die Kundenorientierung zu konzentrieren – jetzt aber drohen alte Strukturen und Lösungen zur Wachstumsbremse zu werden. Und das lässt sich nicht mit vielen kleinen Bottom-Up-Verbesserungen beseitigen, sondern nur mit einem unternehmensweit angelegten Optimierungsprojekt, das konsequent von oben gesteuert wird.

Auch diese Top-Down-Projekte werden jedoch nicht einfach vorgeben. Mitarbeiter der Fachbereiche bringen sich gemeinsam mit Experten aus der IT ein, um diese große Transformation zu planen, zu projektieren und zu implementieren. Verständnis, Veränderungsbereitschaft und Engagement der Betroffenen sind hoch, weil sie bereits im Rahmen zahlreicher Bottom-Up-Projekte auf die anstehenden weitreichenden Projekte vorbereitet wurden. Das geschieht auch über Schulungen, interne Newsletter sowie Kontakte zu anderen Unternehmen, die dem Erfahrungsaustausch dienen und Vorbehalte abbauen können. Im Gegensatz zu den Bottom-Up-Projekten, die natürlich auch weiterhin kleine, feine Verbesserungen insbesondere bei Effizienz und Kosten bringen sollen, gibt es für die Top-Down-Projekte allerdings erprobte Projektmanagement-Strukturen. Das ist bei Vorhaben von dieser Größenordnung unabdingbar, auch wenn natürlich keinesfalls Begeisterung und Engagement der Mitarbeiter durch die etwas klareren Strukturen gebremst werden dürfen. Und letztlich gilt hier: Mit einer Kultur der Neugier, verbunden mit dem Recht, auch mal Fehler machen zu dürfen, hat CEWE die Transformation „vor dem Vorhang" bereits gut gemeistert. So sollte jetzt die Transformation „hinter dem Vorhang" ebenfalls gelingen.

## 1.3 Markt – Globaler Effizienzwettbewerb & neue Marktbegleiter

Prof. Dr. Hanns-Peter Knaebel, CEO, Röchling SE & Co. KG

Vor gut einem halben Jahrhundert hat Leon C. Megginson eine Kernaussage aus Charles Darwins „Über die Entstehung der Arten" prägnant in dem Satz zusammengefasst: „Es überlebt nicht die intelligenteste oder die stärkste Spezies, sondern jene, die am anpassungsfähigsten auf Veränderungen reagiert." Der Professor für Management und Marketing an der Louisiana State University in Baton Rouge übertrug Darwins naturwissenschaftliche Erkenntnisse bereits damals in „Lessons from Europe for American Business" auf das Feld der Unternehmensführung, um Antworten auf den sich abzeichnenden Wandel und damit verbundene Herausforderungen zu finden.

Mögen die Veränderungen in der Wirtschaft zur Mitte der 60er Jahre groß gewesen sein, so sind sie heute dramatisch. Darum sollte Megginsons Feststellung die Leitlinie für jeden Manager sein, der die Zukunft seines Unternehmens sichern will. Die sich permanent weiter beschleunigende, alle Wirtschafts- und Lebensbereiche erfassende Digitalisierung sorgt für raschere und weitreichendere Umwälzungen im globalen Wettbewerb, als man noch vor wenigen Jahren erwartet hätte. Die digitalen Technologien helfen etablierten Konkurrenten, ihre Effizienz zu steigern – und neuen Anbietern, mit revolutionären Produkten oder aggressiven Preisen bestehende Geschäftsmodelle zu attackieren. Unternehmen müssen sich deshalb möglichst agil und gut an veränderte Gegebenheiten anpassen, um ihre Position verteidigen oder sogar ausbauen zu können. Dies erfordert die gezielte digitale Transformation der eigenen Organisation im Denken und im Handeln – wobei die Kunst darin liegt, neue Stärken für den Wettbewerb in einem sich rasant wandelnden Umfeld zu finden, ohne seine alten Stärken zu vernachlässigen. Denn auch die dürften in Zukunft vielfach ihren Wert haben, solange sie überlegt weiterentwickelt werden.

**Die Digitalisierung trifft alle Unternehmen und Unternehmensbereiche**

Vor der Transformation muss allerdings die Erkenntnis stehen, dass sich – getrieben durch den Einsatz neuer digitaler Technologien – tatsächlich so etwas wie der „perfekte Sturm" zusammenbraut, der ganze Unternehmen einfach hinwegfegen kann. Oder sogar schon hat, wenn man den tiefen Fall des früheren Handy-Weltmarktführers Nokia nach Einführung des Apple-Smartphone als ein frühes Beispiel für die disruptive Energie der Digitalisierung betrachtet. Tatsache ist, dass sich heute jedes Geschäftsmodell und jede Branche durch den Einsatz digitaler Technologie neuen Herausforderungen gegenübersieht. Mal sind die Veränderungen sofort besonders schnell oder gravierend, mal zunächst etwas langsamer oder weniger weitreichend. Aber letztlich treffen sie alle Unternehmen und alle Unternehmensbereiche – oft eher früher als später. Erst wenn das Management dies selbst anerkannt sowie der Belegschaft überzeugend klar gemacht hat, lassen sich gemeinsam wirkungsvolle Gegenmaßnahmen einleiten.

Besonders herausfordernd ist die digitale Transformation natürlich für einen Mischkonzern, der auf diverse Entwicklungen in unterschiedlichen Bereichen reagieren muss. Beim Kunststoffspezialisten Röchling agierten die drei Unternehmensbereiche Industrial, Automotive und Medical bisher traditionell weitgehend unabhängig voneinander auf dem Weltmarkt. Und das mit gutem Grund, weil in jeder dieser Sparten ganz eigene Gesetze herrschen und jede Tochtergesellschaft deshalb ihre maßgeschneiderte Strategie verfolgt. Doch inzwischen lässt sich beobachten, dass durch die Digitalisierung alle Geschäftsmodelle des Konzerns immer stärker unter Druck geraten. Zwar aus verschiedenen Richtungen und mit unterschiedlicher Intensität, in der Kombination dann aber doch mit einem enormen disruptiven Potenzial – durch die Digitalisierung braut sich hier tatsächlich so etwas wie der „perfekte Sturm" zusammen.

Keinesfalls allerdings dürfen Unternehmer und Manager angesichts dieses „perfekten Sturms" verzagen. Zuversicht gewinnen könnten sie beispielsweise durch die Lektüre von Friedrich Hölderlin. In seiner Hymne „Patmos" deklamiert der Dichter: „Wo aber Gefahr ist, wächst das Rettende auch." Diese Erkenntnis sollten sich die Verantwortlichen zum Vorbild nehmen, indem sie die Bedrohung schlicht als Chance begreifen. Wer versteht, was für ein Sturm sich zusammenbraut und in welche Richtung er zieht, kann sein Unternehmen nicht nur auf den richtigen Kurs bringen. Mit genug Mut und Geschicklichkeit kann er die zerstörerische Kraft des „perfekten Sturms" sogar als Rückenwind zum Erreichen neuer Ufer nutzen.

**Autozulieferer müssen sich auf softwaregetriebene Auftraggeber einstellen**

An den unterschiedlichen Herausforderungen, die sich den einzelnen Sparten von Röchling stellen, ist exemplarisch erkennbar, welchen gewaltigen Veränderungen der globale Wettbewerb derzeit unterliegt. In der Automobilindustrie müssen die Zulieferer ihre Produktpalette natürlich technisch darauf ausrichten, dass künftig vor allem Strom und vielleicht Wasserstoff die Fahrzeuge antreibt, aber sicher nicht länger der Verbrennungsmotor. Damit einher geht die Frage, ob sie sich bald auf neue Großkunden mit einer ganz anderen Geschäftsphilosophie einstellen müssen. Der E-Pionier Tesla aus Kalifornien überholt etablierte deutsche Konzerne beim Marktwert scheinbar spielend und kündigt eine beeindruckende Massenproduktion an. Parallel stellen Elektronik- und Digitalkonzerne wie Sony und Google eigene Fahrzeug- oder Mobilitätskonzepte vor. Diese neuen Anbieter ohne traditionelle Automobilkompetenz geben dem Produkt „Auto" durch die wachsende Bedeutung von Software und Vernetzung oder ihr Plattform-Denken einen ganz anderen Schwerpunkt. Entsprechend müssen sich Zulieferer von Innovation und Entwicklung über Fertigung und Vertrieb bis zu ihrem Serviceangebot ebenfalls völlig neu aufstellen, um im Geschäft zu bleiben. Die digitalen Technologien bilden immer mehr das Rückgrat der Kundenorientierung – egal aus welchem Blickwinkel man die Frage der richtigen Kundenorientierung stellt.

## Internetkonzerne planen Handelsplattformen für Kunststoff mit Mini-Margen

Für Außenstehende weniger leicht erkennbar, aber von ähnlicher Tragweite sind die Veränderungen im Wettbewerb beim Geschäft mit Industriekunden. Halbfertigprodukte aus Industriekunststoffen sind oft noch weitgehend standardisiert, Röchling fungiert hier bislang eher als Hersteller von Bausteinen, die dann vom Kunden weiter veredelt werden. In dieses Geschäft drängen Digitalkonzerne wie die chinesische Handelsplattform Alibaba oder der US-Handelsriese Amazon. Sie besitzen zwar keinerlei Produkt- oder Fertigungskompetenz, aber dafür viel Erfahrung im Warenumschlag. Darum denken sie ihre Geschäftsmodelle nicht aus der Sicht eines konkreten Produktes, sondern aus der des Beschaffungsprozesses. Sie versuchen mit ihrem in der digitalen Wirtschaft erworbenen Handels-Know-how auch Handelsplätze für Industriegüter aufzubauen und so beispielsweise die Hersteller von Industriekunststoffen in die zweite Reihe zu drängen, quasi als kleine Verkäufer auf ihrer Internetplattform.

Wer diesen Angriff auf seinen Markt abwehren will, muss das bisherige Geschäftsmodell der reinen Fertigung um eigene Use-Cases erweitern und seine Produkte – etwa durch neue Funktionalitäten oder Technologien – intelligenter machen. Auf diese Weise könnte beispielsweise ein Hersteller von Industriekunststoffen wie Röchling seinen Abnehmern einen produktgebundenen Zusatznutzen bieten, den bloße Händler so schlicht nicht realisieren können. Dies erfordert natürlich, dass Anbieter noch mehr Daten nutzen als bisher und diese besser auswerten, um Produkte und Services individueller auf die Wünsche ihrer Kunden zuschneiden zu können.

Weit in die Zukunft denkende Unternehmen belassen es aber nicht bei reinen Produktverbesserungen. Sie optimieren auch die Zusammenarbeit selbst dergestalt, dass ihre Kunden den Kontakt als ebenso zielorientiert wie angenehm empfinden. Der von der Weltbank entwickelte Ease of Doing Business Index bewertet, wie einfach Unternehmen an einem Wirtschaftsstandort geschäftlich agieren können – gute Noten gibt es vor allem für geringen bürokratischen Aufwand. Dies lässt sich ohne weiteres auf die direkte Zusammenarbeit zwischen Unternehmen übertragen, bei Waren ebenso wie bei Dienstleistungen. Jeder Anbieter kann versuchen die Abwicklung eines Geschäfts vom ersten Kontakt bis zum letzten Service – beispielsweise der Rücknahme von Altmaterialien in der Kreislaufwirtschaft – so einfach wie möglich zu gestalten. Dies begeistert, schafft Loyalität und gelingt dem Hersteller, der für seine Produkte und Kunden lebt, vermutlich viel besser als einer anonymen Transaktionsplattform, die auf der Basis von niedrigen Preisen und schmalen Provisionen arbeitet.

### Klinikketten würden viele Medizinprodukte lieber selbst billiger produzieren

Auch im Geschäft mit Spezialkunststoffen für die Medizinbranche sorgt der Einsatz neuer digitaler Technologien für einen völlig veränderten Wettbewerb. Hier versuchen große Abnehmer zum Beispiel zunehmend, wichtige Medizinprodukte selbst herzustellen – ähnlich wie im Lebensmittelhandel, wo jede große Kette neben den klassischen Markenartikeln auch ihre preiswertere Hausmarke ins Regal stellt. Die bessere Verfügbarkeit von Daten und die Digitalisierung der Fertigung geben neuen Mitspielern hier mehr Beinfreiheit – etwa durch Fortschritte beim 3-D-Druck. Einkaufsgesellschaften im Krankenhausbereich beispielsweise würden sehr gerne Standard-Hüftprothesen aus eigener Fertigung einsetzen, statt bei den etablierten Herstellern zu ordern. Solche Beispiele zeigen, wie selbst bei einem Konzern mit sehr diversen Geschäftsfeldern alle Aktivitäten – wenn auch mit unterschiedlicher Geschwindigkeit und Intensität – zunehmend vom Sturm erfasst werden, den die Digitalisierung entfacht hat. Wer nicht jetzt beginnt seine Position zu stärken, droht – teilweise sogar von Branchenfremden – in die zweite Reihe geschoben und zum austauschbaren Zulieferer degradiert zu werden.

## Digitale Disruption beschränkt sich nicht mehr auf die operative Geschäftstätigkeit

Die digitale Disruption beschränkt sich nicht mehr auf die operative Geschäftstätigkeit eines Unternehmens: Das Herstellen und Vertreiben von Produkten, das Beraten der Kunden, das Erbringen bestimmter Dienstleistungen. Betroffen sind vom Einsatz neuer digitaler Technologien und dem damit verbundenen Wandel bei Arbeit und Kommunikation tatsächlich alle Aktivitäten des Unternehmens, die bei genauer Betrachtung auch in einem globalen Wettbewerb um Aufmerksamkeit und Effizienz stehen. Das reicht vom Buhlen um qualifiziertes Personal über eine schlagkräftige Organisation und Verwaltung bis zur Kapitalbeschaffung. Gerade die Frage nach den künftigen Finanzierungsstrukturen und -prozessen findet vielerorts noch nicht die gebührende Aufmerksamkeit. Dabei dürfte sich auch hier ein „perfekter Sturm" zusammenbrauen, der die über Jahrzehnte geübte Art der klassischen Unternehmensfinanzierung vielleicht nicht völlig wegfegen, aber zumindest doch kräftig durcheinander schütteln wird. Denn globaler Wettbewerb herrscht auch beim Zugang zu günstigem Kapital, mit dem Konzerne ihre Produktinnovationen und Standortinvestitionen, Expansionsstrategien und künftigen Geschäftsmodelle finanzieren wollen. Etablierte Konzerne aus Europa oder den USA müssen mit aggressiven Newcomern etwa aus dem asiatischen Raum konkurrieren, die inzwischen zu einflussreichen Gegenspielern geworden sind. Zudem lässt die Digitalisierung auf dem Kapitalmarkt ebenfalls neue Spielregeln entstehen, durch die ehemalige Platzhirsche erheblich unter Druck und gegenüber ihren Konkurrenten ins Hintertreffen geraten könnten.

## Die Suche nach Kapital wird zum Effizienzwettbewerb zwischen Kreditnehmern

Gerade Finanzchefs – und natürlich Inhaber – traditionsreicher Familienbetriebe sollten sich beispielsweise unbedingt die Frage stellen, ob das alte Prinzip der Hausbank und der damit verbundenen Finanzierungsprozesse eine Zukunft hat. Lange galt eine vertrauensvolle persönliche Beziehung zum Bankberater als enorm wichtig – beim Mittagessen besprachen Darlehensnehmer und Darlehensgeber regelmäßig die aktuellen Zahlen oder diskutierten Entwicklungsperspektiven. Finanzierungen wurden nach einer eingespielten Routine beantragt, beurteilt und meistens auch bewilligt. Heute sparen sich viele Geldgeber den permanenten persönlichen Kontakt sowie zeitraubende Restaurantbesuche. Sie holen sich lieber im Büro die aktuellen Unternehmens- sowie Branchenzahlen auf den Bildschirm und bewerten mithilfe moderner Analysesoftware nicht nur die Bonität einer Firma sowie das Risiko des Investments, sondern lassen häufig digitale Helferlein anhand standardisierter Parameter entscheiden, ob ihr Kapital wirklich bei diesem möglichen Kunden arbeiten sollte – oder in anderen Unternehmen, Branchen und Regionen besser angelegt ist. Die Digitalisierung macht die Finanzen selbst transparenter sowie Entscheidungen über Finanzierungen schneller. Dieser Effizienzwettbewerb unter Finanzinstituten um die besten Prüf- und Bewilligungsprozesse erfordert seinerseits effizienter aufbereitete, besser zu verarbeitende Unterlagen der Kunden. Wer als potenzieller Darlehensnehmer – oder bei der Suche nach Investoren, die das Eigenkapital aufstocken – ohne entsprechend vorbereitete und stets aktuelle Zahlen vorspricht, dürfte im globalen Wettbewerb um Kredite und Kapital künftig immer öfter das Nachsehen haben.

### Finanzabteilung muss Auswertungen aktueller und moderner aufbereitet parat haben

Dies liegt auch dran, dass die Finanzbranche selbst einen massiven Wandel durchlebt. Früher verließen sich viele Unternehmen darauf, dass gute Kontakte zur regionalen Sparkasse oder Volksbank eine solide Basis zur Kapitalbeschaffung sind. Inzwischen aber pflügen junge, durch digitale Technologien getriebene Fintechs mit ihren neuen Geschäftsmodellen das Feld der Kapital- oder Kreditgeber radikal um und kommen schnell auf dem Weg voran, selbst systemrelevant zu werden. Alte Finanzinstitute, die sich im Verdrängungswettbewerb wehren, halten selbst durch den Einsatz digitaler Technologien dagegen und fahren traditionelle Aktivitäten zumindest teilweise herunter. Dies alles bedeutet für Unternehmenskunden, dass sie – auch im Kontakt mit ihren etablierten Finanzierungspartnern – nach neuen Regeln spielen müssen. Das heißt:

Viel aktuellere und moderner aufbereitete Zahlen oder Auswertungen.

- Größere Flexibilität und schnellere Reaktionsfähigkeit im Austausch mit dem Finanzmarkt.
- Eine andere Art der Finanzkommunikation, auch in der Sprache der Fintechs.
- Neue Perspektiven bei Riskmanagement und Compliance: Gerade weil die Fintechs durch digitale Disruption nach oben gekommen sind, erwarten sie – und inzwischen auch andere Finanzinstitute – von potenziellen Kunden eine detaillierte Beurteilung ihrer Zukunftsperspektiven inklusive aller Gefahren, die sich durch die Digitalisierung ergeben könnten.

## Digitalisierung macht den Finanzbereich zu einem Treiber im Effizienzwettbewerb

Einerseits globaler Effizienzwettbewerb mit neuen Konkurrenten unter anderem bei Forschung, Entwicklung, Fertigung, Vertrieb, Service sowie Organisationsoptimierung, um den Kunden überzeugende Produkte zu einem angemessenen Preis-Leistungs-Verhältnis zu bieten – andererseits effizientere Prozesse innerhalb der Finanzfunktion als Voraussetzung zur künftigen Kapitalbeschaffung auf den internationalen Finanzmärkten. Schon diese beiden Trends zeigen, dass dem Finanzbereich eine Schlüsselfunktion zukommt, wenn Unternehmen die wachsenden Herausforderungen durch die Digitalisierung bewältigen wollen und zwar gerade durch den Einsatz digitaler Technologien, um die Transparenz und Reaktionsfähigkeit so zu erhöhen, dass sich wichtige Entscheidungen schnell auf Basis belastbarer Daten, Analysen und Szenarien treffen lassen. Der CFO übernimmt in enger Abstimmung mit dem CIO wichtige Aufgaben, wenn es darum geht, den Konzern erfolgreich durch den von der Digitalisierung ausgelösten „perfekten Sturm" zu steuern – und sollte dafür nachhaltig die Effizenz der eigenen Organisation steigern.

Mithilfe der richtigen Technologien und Prozesse kann die Finanzabteilung alle anderen Unternehmensbereiche punktgenau mit jenen Informationen versorgen, die für die Wettbewerbsfähigkeit entscheidend sind, weil sie zur Effizienzsteigerung und fundierteren Entscheidungsfindung dienen. Das kann ein Report sein, der die Profitabilität eines Produkts transparenter macht und Wege zur Verbesserung aufzeigt, eine vorausschauende Analyse von Marktentwicklungen, die nicht nur Planung und Budgetierung generell erleichtert, sondern auch die optimale Zuweisung der finanziellen Ressourcen ermöglicht oder die Simulation der Auswirkungen einer Viruspandemie wie etwa Corona zum Jahresbeginn 2020, mit der sich mögliche Probleme in den globalen Lieferketten erkennen und daher frühzeitig alternative Bezugsquellen oder Transportwege suchen lassen. Digitale Technologien beispielsweise in Form von Predictive Analytics können hier wertvolle Dienste leisten, wenn sie auf Basis sauberer Daten arbeiten und von Experten gesteuert werden, die sowohl über das erforderliche technische Wissen wie auch umfassendes Markt- oder Branchen-Know-how verfügen.

## Shared Services und konzernweite Standards steigern die Wettbewerbsfähigkeit

Unternehmen haben also durchaus die Möglichkeit, mit der richtigen Kombination von Technologien, Methoden und Systemen erfolgreich durch den „perfekten Sturm" zu steuern. Aber das passiert nicht von allein. Die Chefetage muss jetzt damit beginnen, die zum Unternehmen passende Strategie zu entwickeln und sie beherzt umzusetzen. Ohne Scheuklappen, offen für neue Anregungen sowie mit der Bereitschaft, sich von lieb gewonnenen Traditionen zu trennen. Röchling geht diesen Weg konsequent: Für die Weichenstellung in Richtung Digitalisierung ist der CIDO verantwortlich. Er vereint die Aufgaben von CIO und von Chief Digital Officer in einer Person, damit erst gar keine Rivalität zwischen der klassischen Infrastruktur – also der IT – und den neuen Prozessen oder Inhalten auf Basis dieser Infrastruktur – also den eigentlichen digitalen Lösungen – entsteht. Und, was für Röchling einer Revolution gleichkommt: Auch wenn die drei Geschäftsbereiche weitgehend ihre Unabhängigkeit behalten, müssen sie sich doch bestimmten konzernweiten Standards vor allem zur Digitalisierung des Finanzbereichs unterwerfen und punktuell enger zusammenarbeiten.

Natürlich werden die einzelnen Geschäftsbereiche in ihren Märkten weiter als Schnellboote agieren und Maßstäbe nicht nur im Effizienzwettbewerb mit den Konkurrenten setzen. Aber das Sammeln, Auswerten und Nutzen aller verfügbaren Daten erfolgt künftig nach einheitlichen Standards, damit alle Geschäftseinheiten und Funktionen von den damit verbundenen Effekten profitieren können. So gewinnen die Schnellboote sogar noch an Fahrt. Das bedeutet nicht automatisch eine Zentralisierung. Weder ist es, rein technisch betrachtet, zu erwarten, dass überall und für alles die One-ERP-Lösung läuft – es wird auch künftig parallele Systeme mit Schnittstellen geben müssen, aber eben in Form einer beherrschbaren Heterogenität, noch wäre es sinnvoll, nur eine zentrale Finanzabteilung für den Konzern zu schaffen. Die Kunst liegt darin, Shared Services im Verbund so anzubieten, dass eine Aufgabe jeweils dort erledigt wird, wo es aufgrund bestimmter Spezialisierungen oder Schwerpunkte am besten möglich ist und dafür zu sorgen, dass alle von allen lernen, um weiter die Effizienz steigern zu können. Bei Röchling wird die digitale Transformation generell übergreifend gedacht: Sie ist kein isoliertes Projekt, sondern dient dem gesamten Konzern quasi als Transmissionsriemen, um das Tempo weiter zu erhöhen und mit den einzelnen Facetten des Themas sowie konkreten Lösungen alle Einheiten im Verbund zu erreichen. Dies befähigt das Unternehmen, sich laufend den neuen Rahmenbedingungen anzupassen und die bevorstehenden Veränderungen zu überleben.

## Die digitale Transformation aktiv mitgestalten und als große Chance begreifen

Eins ist klar: Die Zukunft wartet nicht, bis wir für sie bereit sind. Darum müssen wir die Aufgabe annehmen, die Zukunft verantwortungsvoll mitzugestalten. Dies gilt vor allem für ein traditionsreiches Familienunternehmen wie Röchling, das seinen Mut zum Wandel schon in der Vergangenheit wiederholt unter Beweis gestellt hat. In diesem Mut liegt ein Schlüssel für nachhaltigen Erfolg. Auch jetzt – wo sich Märkte, Wettbewerber sowie Technologien vor dem Hintergrund der digitalen Transformation rasend schnell verändern – gilt es mutige Entscheidungen zu treffen. Ohne die Antwort vorher zu kennen, ohne Angst vor einem Scheitern. Denn wer Innovationen will, muss Risiken eingehen und wer Risiken eingeht, kann Fehler machen. Aber hier gibt beispielsweise ein intelligentes Risikomanagement mehr Sicherheit bei der Frage, welche Fehler kritisch wären und welche bei der Suche nach neuen Chancen akzeptabel sind. Auch dieses Risikomanagement funktioniert auf der Basis genau jener digitalen Technologien, die andererseits zum „perfekten Sturm" beitragen. Die digitale Transformation als Chance zu begreifen, sie mitzugestalten und mutig voranzugehen – das ist die Strategie, mit der das Traditionsunternehmen Röchling sich für das dritte Jahrhundert der Firmengeschichte fit macht.

## 1.4 Personal – Veränderung der Fähigkeiten und Bedürfnisse im digitalen Zeitalter

Till Lohmann, People & Change Advisory Leader, PwC Deutschland

Viele Diskussionen über die Digitalisierung konzentrieren sich fast ausschließlich auf den Einsatz neuer digitaler Technologien sowie die damit verbundenen Chancen, innovative Geschäftsmodelle aufzubauen oder neue Märkte zu erschließen. Das ist angesichts der erwarteten Umsatz- und Gewinnsteigerungen zwar verständlich – aber doch zu kurz gedacht. Wird die digitale Transformation allein durch die technische Brille betrachtet, gerät ein wesentlicher Treiber des unternehmerischen Erfolgs aus dem Blickfeld: Die Mitarbeiter. Wer sich bei seinen strategischen Plänen und praktischen Maßnahmen zur Digitalisierung nur an Hard- oder Software orientiert und den Faktor Mensch außer Acht lässt, dürfte nicht selten die Basis für das eigene Scheitern legen.

Ja, vor allem durch den rasanten technischen Fortschritt vollzieht sich derzeit ein fundamentaler Wandel in der Art, wie wir alle arbeiten. Insbesondere Automatisierung und KI machen manche Jobs komplett überflüssig oder verändern bei anderen grundlegend den Inhalt der Tätigkeit, gerade auch im Finanzbereich. Die Unternehmen als Ganzes wandeln sich dadurch ebenfalls: Sie definieren Aufgaben und Prozesse neu, organisieren die Arbeitsteilung um, wollen zusätzliche Kompetenzen aufbauen. Doch dabei sollte es nie nur um die digitalen Lösungen an sich gehen, sondern immer auch um die Mitarbeitenden, die in den neuen Strukturen oder mit den neuen Technologien arbeiten sollen. Die digitale Transformation wird nur mit den Menschen funktionieren. Nicht trotz der Menschen und erst recht nicht gegen sie.

**Digitalisierung ist einer von fünf globalen Megatrends, die alles verändern**

Jede Führungskraft sollte sich also bemühen, seine Mitarbeitenden auf die digitale Reise des Unternehmens mitzunehmen. Sie bestenfalls für dieses Abenteuer begeistern und ihr Engagement sowie ihre Kreativität nutzen, um das gemeinsame Ziel vielleicht noch schneller oder auch auf überraschenden Wegen zu erreichen. Das erfordert jedoch, sich zunächst grundlegender mit der Frage zu beschäftigen, wie sich die Welt verändert, in der die Menschen leben und arbeiten. Wie die Betroffenen darauf reagieren und was dies wiederum für die Frage bedeutet, wie ein Unternehmen sich organisiert, seine Mitarbeitenden qualifiziert oder neue Mitarbeiter gewinnt. Beim Thema Personal gilt die Frage nach den künftigen Veränderungen bei Fähigkeiten und Bedürfnissen nicht nur dem, was die eigene Organisation braucht, sondern auch dem, was die derzeitigen Mitarbeitende sowie potenzielle Bewerber künftig erwarten. Und dies hängt nicht nur von der digitalen Technologie ab, sondern ist beeinflusst durch weitere Megatrends. Wer sich mit der Belegschaft der Zukunft beschäftigt, muss – insbesondere in weltweit aktiven Konzernen – fünf Aspekte im Blick haben.

- **Digitalisierung:** Schnelle und weitreichende technologische Veränderungen wie zunehmende Automatisierung oder der Einsatz von Robotern und Künstlicher Intelligenz haben dramatische Auswirkungen auf die Zahl der verfügbaren Jobs sowie deren Inhalte. Manche Aufgaben werden anspruchsvoller, andere fallen ersatzlos weg. Wer sich weiterbildet, hat die Chance zum wirtschaftlichen Aufstieg. Anderen droht Arbeitslosigkeit und sozialer Abstieg.

- **Demografischer Wandel:** Insgesamt wächst die Weltbevölkerung weiter, in den meisten Regionen altert sie rasch. Das setzt Sozialsysteme und Volkswirtschaften unter Druck. Es verändert die Erwartungen der Mitarbeiter etwa in Bezug auf die soziale Absicherung im Alter, und zwingt die Unternehmen, hier neue Angebote zu entwickeln. Gefragt sind neue Geschäftsmodelle sowie Personalstrategien und Entlohnungssysteme, um das Unternehmen am Laufen zu halten. Die digitalen Technologien können beim Erledigen der Arbeit sowie bei der Qualifizierung der Mitarbeiter wertvolle Dienste leisten.

- **Rasche Urbanisierung:** Bis 2030 dürften nach Berechnungen der UN fünf Milliarden Menschen in Städten wohnen, 2050 sollen es fast drei Viertel der Weltbevölkerung sein. Zunehmende Landflucht und das Entstehen von Mega-Städten beeinflussen nachhaltig, wie und wo neue Jobs entstehen – und wie sich der Wohlstand entwickelt. Das wirkt sich auch auf Entscheidungen über regionale Vertriebsstrategien oder neue Produktionsstandorte aus und damit auf die Personalsuche sowie -entwicklung.

- **Verschiebungen in der Weltwirtschaft:** Den klassischen Industrienationen waren erst die Tigerstaaten Südkorea, Taiwan, Hongkong und Singapur auf den Fersen. Jetzt sind mit Indonesien, Malaysia, den Philippinen, Thailand sowie Vietnam die Panther auf dem Sprung – und der „Große Drache" China ist beim Bruttoinlandsprodukt nach den USA schon global die Nummer Zwei. Diese Entwicklung hat in den Staaten auch große Auswirkungen auf die Bildung und die Verfügbarkeit qualifizierten Personals.

- **Klimawandel und knappe Ressourcen:** Die Ökologie verändert die Ökonomie. Weil $CO_2$-Emissionen und Rohstoffeinsatz reduziert werden sollen, entstehen ganz neue Industrien und Geschäftsmodelle etwa für alternative Energien oder Kreislaufwirtschaft. Das wirbelt den Arbeitsmarkt erheblich durcheinander, inhaltlich wie regional.

### Eher Kollektivismus oder Individualismus, Fragmentierung oder Integration?

Diesen fünf globalen Megatrends sieht sich jedes Unternehmen ausgesetzt, wenn es seine Geschäftsstrategie im Allgemeinen sowie speziell seine Personalpolitik plant. Es kann sie nicht beeinflussen, sondern muss angemessen darauf reagieren: In welchen Regionen lohnen sich Investitionen, wo gibt es interessante Zielgruppen, wo können qualifizierte Mitarbeiter rekrutiert und sollen daher bestimmte Funktionen angesiedelt werden? Mehr Gestaltungsspielraum bietet die Ausrichtung der eigenen Organisation – auch sie hat große Auswirkungen darauf, wie die Belegschaft der Zukunft aussieht. Dazu gilt es, das grundsätzliche Geschäftsmodell des Unternehmens mit Blick auf vier Charakteristika zu klären: Ist es geprägt durch Kollektivismus oder Individualismus, Fragmentierung oder Integration? Kollektivismus bedeutet, dass nicht nur jeder für sich und sein Unternehmen arbeitet, sondern zur Beurteilung einer Tätigkeit auch Fragen nach ihrem Beitrag zum Gemeinwohl wichtig sind. Bei Fragmentierung oder Integration geht es darum, ob die Zukunft eher in großen, statischen Einheiten liegt oder ob – auch mithilfe digitaler Technologien – kleine, flexible und nur bei Bedarf im Verbund agierende Unternehmen einen Wettbewerbsvorteil haben.

Um zu verstehen, welches grundsätzliche Geschäftsmodell ein Unternehmen in diesem Sinne verfolgt und welche Mitarbeiter am besten zu dieser Ausrichtung passen, lässt sich die Organisation auf einer Farbskala von Blau, Rot, Gelb und Grün einordnen (siehe Abbildung 4). Das mag etwas esoterisch klingen, ist aber von großer Bedeutung zur Beantwortung der Frage, welches Personal das Unternehmen braucht, um wie geplant zu funktionieren. Wer die aktuelle Positionierung hinterfragt, könnte vielleicht sogar erkennen, dass der Umstieg auf ein anderes grundsätzliche Geschäftsmodell sein Unternehmen langfristig eventuell wettbewerbsfähiger macht. Manche Konzerne versuchen das ansatzweise schon, indem sie kleine Einheiten quasi als Schnellboote abspalten und sie zu positionieren versuchen wie innovative Techno-Start-ups. Ein ambitioniertes Vorhaben – aber durchaus einen Versuch wert: Setzen engagierte Mitarbeiter die passenden digitalen Technologien richtig ein, entfalten sie so möglicherweise ihre volle

*1.4 Personal – Veränderung der Fähigkeiten und Bedürfnisse im digitalen Zeitalter*

Leistungsfähigkeit und können im Rahmen der digitalen Transformation auch eine Neupositionierung zum Erfolg machen.

**Die blaue Welt ist integriert und individuell**

Das Motto der klassischen Konzerne könnte „Corporate is King" lauten. Diese Unternehmen der blauen Welt sind auf kompromissloses Größenwachstum ausgerichtet. Die ganze Organisation ist durchzogen vom Wettbewerbsgedanken. Im Kopf-an-Kopf-Rennen mit der Konkurrenz werden aggressiv Margen und Marktanteile verteidigt oder ausgebaut. Ihre Mitarbeiter streben individuelle Karrieren an, um sich so von den Kollegen abzuheben oder Top-Gehälter zu sichern und machen sich wenig Gedanken um eine mögliche soziale Verantwortung des Unternehmens. Die Personalpolitik ist dominiert von der Vorstellung, dass die individuelle Leistungsfähigkeit maximal gefördert und das persönliche Ergebnis mit vielen Benchmarks möglichst detailliert gemessen werden muss. Solche Konzerne leisten sich eine vergleichsweise schlanke Belegschaft und suchen laufend nach Spitzenkräften, die sie mit außergewöhnlich guter Entlohnung zu Höchstleistungen motivieren. Erkauft werden diese Höchstleistungen in der blauen Welt allerdings mit permanentem Druck und Leistungskontrolle. Digitale Technologien wie Automatisierung oder Analytics dienen dazu, die Arbeit immer stärker zu verdichten und damit die Profitabilität zu steigern. Zu den für die Finanzabteilung wichtigen Skills gehören unter anderem Standardisierung, Prozessautomation, Effizienzsteigerung, Analytics sowie weltweite Finanzierung.

**Die rote Welt ist individuell und fragmentiert**

Das Motto beispielsweise kleiner hungriger Start-ups könnte „Innovation rules" lauten. Die rote Welt ist das perfekte Habitat für einfallsreiche Unternehmer, die sich mit aller Konsequenz auf die Kundenwünsche ausrichten und ihre Produkte viel schneller entwickeln, als regulatorische Rahmenbedingungen entstehen können – man denke nur an Facebook. Insbesondere über digitale Plattformen üben diese Unternehmen einen unverhältnismäßig großen Markteinfluss aus. Ein wichtiger Hebel ist die gezielte Personalisierung der Angebote, die das in der Regel technologiegetriebene Besetzen immer neuer Nischen erlaubt. Agilität, Geschwindigkeit sowie Erfindungsreichtum verschaffen den Unternehmen enorme Wettbewerbsvorteile gegenüber den von ihnen attackierten, etablierten Platzhirschen. Daher versuchen inzwischen Konzerne, kleine Einheiten abzuspalten, um ebenso wendig agieren zu können. Die Mitarbeiter in der roten Welt sind hochspezialisierte Experten, die zum Verwirklichen ihrer Ideen alles geben, hohe Risiken eingehen und bei Erfolg massiv profitieren. Klassische Hierarchien spielen hier ebenso eine untergeordnete Rolle wie Loyalität zum Unternehmen. Oft arbeiten die Experten auf Projektbasis und ziehen dann zum nächsten spannenden Arbeitgeber oder Auftraggeber weiter. Das stellt die kontinuierliche Personalentwicklung vor besondere Herausforderungen. Zu den für die Finanzabteilung wichtigen Skills gehören unter anderem Compliance, Kontrolle sowie kreatives Funding.

**Die gelbe Welt ist fragmentiert und kollektivistisch**

Das Motto dieser oft besonders sozial ausgerichteten oder lokal verwurzelten Unternehmen könnte „Humans come first" lauten. Die gelbe Welt ist bevölkert von Betrieben, die in ihrer Geschäftstätigkeit nach Sinn oder sozialer Relevanz suchen, sich der Fairness beim Verteilen von Reichtum, Rohstoffen oder Privilegien verschrieben haben und gemeinsam für das Gemeinwohl streiten. Die Finanzierung dieser im Kern stets sozial- oder umweltverträglichen Projekte läuft häufig über Crowdfunding, ethisches Handeln ist für Anteilseigner wie Angestellte eine wichtige Maxime. Während die Mitarbeiter klassischer Konzerne ihre individuelle Karriere planen oder Experten bei Techno-Start-Ups von einem Arbeitgeber mit einem spannenden Projekt zum nächsten hüpfen, pflegen Mitarbeiter in der gelben Welt oft eine intensive Beziehung zu ihren Teamkollegen oder auch Kunden und finden darin eine besondere Befriedigung, die ihnen ebenso wichtig ist wie persönliche Autonomie und Flexibilität. Dieses Engagement macht die Unternehmen durchaus wettbewerbsfähig etwa mit großen, etablierten Konkurrenten aus der blauen Welt. Loyaler als zu ihrem Arbeitgeber sind die Mitarbeiter jedoch zu anderen Experten ihres Fachbereichs oder Themas, sie verstehen sich eher als Meister innerhalb einer Zunft, denn als klassische Angestellte eines Unternehmens. Das ist für Arbeitgeber zugleich Risiko und Chance. Einerseits kann man diese Experten als Beschäftigte verlieren, wenn sie sich woanders besser aufgehoben fühlen. Ist jedoch ihre Verbindung zum Unternehmen stark, sind sie andererseits die besten Multiplikatoren, um weitere Spezialisten auf diesem Feld anzulocken. Oder sie übernehmen die interne Qualifizierung anderer Mitarbeiter in ihrem Fachbereich, um den eigenen Berufsnachwuchs heranzuziehen – hier drängen sich Vergleiche mit einer mittelalterlichen Gilde auf. Zu den für die Finanzabteilung wichtigen Skills gehören unter anderem Compliance sowie Crowdfunding.

## Die grüne Welt ist kollektivistisch und integriert

Das Motto der auf soziale Verantwortung, Menschenrechte, Nachhaltigkeit oder Klimawandel ausgerichteten Unternehmen könnte „Companies care" lauten. In der grünen Welt kümmern sich nach klassischen Regeln aufgebaute Organisationen insbesondere um ökologische und soziale Themen und folgen einer stark ethisch ausgerichteten Agenda. Die anderswo oft mehr beschworene als gelebte CSR ist für sie ein wesentlicher Pfeiler ihres Geschäftsmodells. Die hohen ethischen Standards werden in der täglichen Arbeit vom Top-Management bis in jede Verästelung des Unternehmens gelebt und sind die Basis für die hohe Loyalität der Mitarbeiter. Diese profitieren davon, dass zur sozialen Grundausrichtung des Unternehmens auch familienfreundliche Arbeitsmodelle oder Freistellung für soziales Engagement gehören. Das Unternehmen zahlt und agiert fair, dafür handeln die Mitarbeiter – auch im Privatbereich – gemäß der hohen ethischen Ansprüche, die die Firmenphilosophie vorgibt. Die Digitalisierung betrachten Mitarbeiter in der grünen Welt in erster Linie als Mittel zum Zweck, um Ziele wie Klimaschutz oder Nachhaltigkeit zu erreichen. Sie stehen ihr also aufgeschlossen gegenüber – solange digitale Technologie nicht eingesetzt wird wie in der blauen Welt, also zur Leistungskontrolle oder Effizienzsteigerung ohne Rücksicht auf die Betroffenen. Das widerspricht den ethischen Ansprüchen der Unternehmen und ihrer Mitarbeiter – und dies sollte auch jeder Personalchef im Hinterkopf haben, der die Einstellung von Kandidaten aus der grünen Welt erwägt. Zu den für die Finanzabteilung wichtigen Skills gehören unter anderem das Messen immaterieller Werte sowie der sozialen Performance.

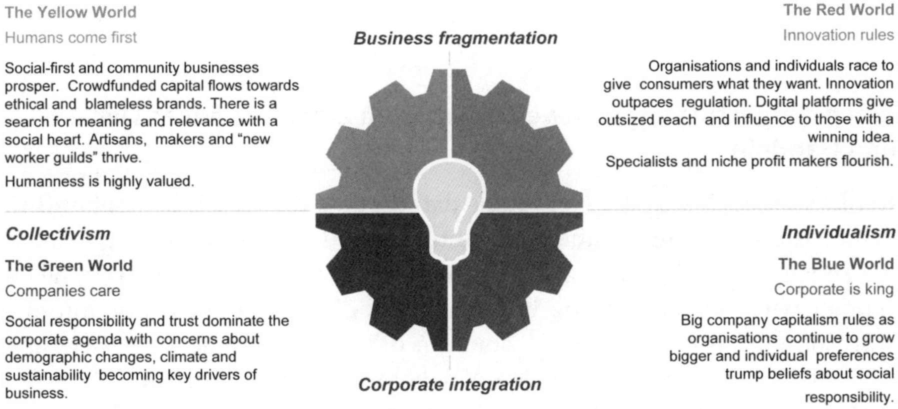

*The Yellow World*
Humans come first

*Business fragmentation*

*The Red World*
Innovation rules

Social-first and community businesses prosper. Crowdfunded capital flows towards ethical and blameless brands. There is a search for meaning and relevance with a social heart. Artisans, makers and "new worker guilds" thrive.
Humanness is highly valued.

Organisations and individuals race to give consumers what they want. Innovation outpaces regulation. Digital platforms give outsized reach and influence to those with a winning idea.
Specialists and niche profit makers flourish.

*Collectivism*

*Individualism*

*The Green World*
Companies care

*The Blue World*
Corporate is king

Social responsibility and trust dominate the corporate agenda with concerns about demographic changes, climate and sustainability becoming key drivers of business.

*Corporate integration*

Big company capitalism rules as organisations continue to grow bigger and individual preferences trump beliefs about social responsibility.

Abbildung 5: Die 4 Arbeitswelten

*Quelle:* PwC

## Die Positionierung in einer Farbwelt beeinflusst auch die Personalpolitik

Mit Blick auf diese vier Farbwelten sollte sich das Management jedes Unternehmens klar machen, in welche Kategorie die eigene Organisation gehört. Wer seine Position bestimmt hat, kann daraus wichtige Schlussfolgerungen für die künftige Personalpolitik ziehen – schließlich zwingt der zunehmende Fachkräftemangel dazu, interessante Bewerber mit einem möglichst passgenauen Angebot zu gewinnen. Andererseits könnte man sich den Aufwand sparen, jemanden vom Wechsel zum eigenen Unternehmen zu überzeugen, wenn er erkennbar aus einer anderen Farbwelt stammt und deshalb kaum Aussicht auf eine längere konstruktive Zusammenarbeit besteht. Das Recruiting, das Entlohnungssystem, die Möglichkeiten zur individuellen Entwicklung der Mitarbeiter sowie das organisatorische und hierarchische Umfeld sollten stimmig sein, damit die Mitarbeitenden sich ihren Vorstellungen entsprechend wohlfühlen und darauf muss auch die digitale Transformation beziehungsweise der Einsatz digitaler Technologie abgestimmt sein.

Dann lässt sich die Personalpolitik so anlegen, dass sukzessive eine zum Unternehmen und Geschäftsmodell passende Belegschaft der Zukunft entsteht – und das global, also unter Berücksichtigung nicht nur der digitalen Transformation, sondern auch der anderen vier Megatrends, die zunehmend das Leben und Handeln der Menschen bestimmen. Aus diesen Megatrends sowie der Ausrichtung des eigenen Geschäftsmodells sollte jedes Unternehmen technologiegetriebene Szenarien entwickeln, die einen Weg in die Zukunft weisen. Daraus lassen sich die neuen Fähigkeiten und Fertigkeiten ableiten, die das Unternehmen sowie seine Beschäftigte künftig brauchen. Diese New Skills gilt es dann maßgeschneidert für die eigene Organisation aufzubauen.

## Computergestütztes, weltweites Arbeiten erfordert neues Denken und Handeln

Konkret ergeben sich die New Skills daraus, dass die Arbeit der Zukunft in den meisten Bereichen – und ganz bestimmt in der Finanzabteilung – durch die zunehmende Bedeutung von Technologie bei so gut wie jeder Tätigkeit geprägt wird. Digitalisierung bedeutet, dass die Arbeit nicht nur mithilfe von Computern bewältigt wird, sondern dass sich auch die Strukturierung der Arbeit immer stärker an den Möglichkeiten von Hard- und Software ausrichtet. Smarte Maschinen erledigen immer mehr Aufgaben allein oder in enger Kooperation mit den Menschen. Gearbeitet wird dabei oft im globalen Verbund, weil Mitarbeiter und Standorte sich durch die neuen Medien leicht in Echtzeit verbinden lassen. Von den Mitarbeitenden fordert diese neue Art des computergestützten, teilweise weltumspannenden Arbeitens aber eine andere Art des Denkens und Handelns. Sie

- müssen mit den neuen Medien umgehen können sowie Formen der virtuellen Zusammenarbeit beherrschen;
- brauchen eine hohe soziale Intelligenz sowie die Fähigkeit zur Einordnung von Zahlen oder Sachverhalten;
- müssen in unerwarteten Situationen auch Lösungen und Antworten abseits der ausgetretenen Pfade finden,
- sollten Probleme mit einer an den Computer angelehnten Denkweise lösen sowie Design Thinking nutzen;
- sich eine hohe interkulturelle Kompetenz aneignen, transdisziplinär denken und sich laufend weiterbilden.

## Leitende Angestellte brauchen künftig ganz neue Führungsqualitäten

Für Unternehmen ergeben sich beim Entwickeln einer Belegschaft der Zukunft, die diese New Skills beherrscht, zwei Herausforderungen: Erstens muss die Organisation selbst sich auf ihren neuen Mitarbeitertypus einstellen. Zweitens muss sie klären, wie entsprechende Bewerber zu finden beziehungsweise langjährige Mitarbeiter in diese Richtung zu qualifizieren sind. Punkt eins ist eine Aufgabe der Führungskräfte – insbesondere für den Finanzchef, dessen Bereich massiv von der Digitalisierung betroffen und schon früh mit dem Thema Belegschaft der Zukunft konfrontiert ist. Künftig sind neue Führungsqualitäten gefragt, die es bei den Vorgesetzten zu entwickeln gilt:

- Die Fähigkeit zum Management von Technologie
- Transparenz und permanente Kommunikation
- Kollaboratives statt hierarchisches Führen
- Die Fähigkeit zum Management von Diversität
- Verständnis für sogenannte weiche Faktoren
- Ergebnisorientiertes Denken und Handeln
- Eine hohe emotionale Intelligenz

Punkt zwei folgt aus der künftigen Personalstrategie. Die ergibt sich aus der Geschäftsstrategie und den damit verbundenen organisatorischen Anforderungen. Ist definiert, wie und mit welchen technischen Lösungen in Zukunft

*1 Der perfekte Sturm*

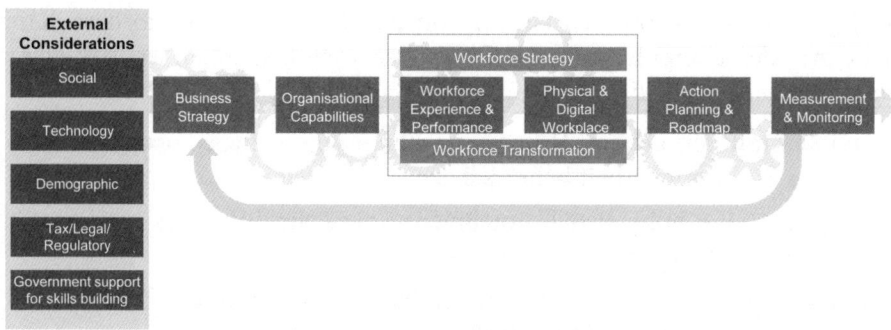

Abbildung 6: Upskilling for the digital world

*Quelle:* PwC

gearbeitet werden soll, entsteht die beste Route in Richtung digitale Transformation. Jedes Unternehmen muss hier individuell festlegen, wie und in welchem Umfang die Mitarbeitenden mitgenommen werden. Es dürfte kaum sinnvoll sein, gleich alle Mitarbeiter zu Experten für jede Facette der Digitalisierung zu machen – in der Produktion könnten beispielsweise andere Schwerpunkte gelegt werden als im kaufmännischen Bereich. Wichtig ist, dass die Qualifizierung zu den künftigen Aufgaben und damit den dafür erforderlichen Fähigkeiten passt. Aber auch zur generellen Philosophie und Geschäftsstrategie: Ist ein Unternehmen in der blauen Welt der Konzerne zuhause, erfordert das eine andere Schulungs- und Ausstattungsplanung als bei einem Unternehmen, das sich in der grünen Welt der gelebten CSR bewegt. Zudem sollte die Personalstrategie natürlich mit geeigneten Methoden auf ihre Wirksamkeit geprüft und laufend angepasst werden, um langfristig den gewünschten Effekt zu erzielen: Den Aufbau einer Belegschaft der Zukunft, die nicht nur die Digitalisierung versteht, sondern auch die neuen digitale Lösungen zum Vorteil des Unternehmens einsetzen kann.

## Change-Programme zum Re-Skilling und Up-Skilling sind unverzichtbar

Ein durchdachtes System zur passgenauen Schulung der Mitarbeiter aufzubauen, ist eine große Herausforderung. Aber der Aufwand lohnt sich. Natürlich sollten möglichst alle Mitarbeiter die Information bekommen, dass sich ihr Unternehmen einer digitalen Transformation unterzieht und davon auch bestimmte Aspekte der eigenen Tätigkeit betroffen sind. Darüber hinaus ist jedoch vor allem wichtig, individuelle Qualifizierungspakete zu schnüren, statt Wissen zum Thema Digitalisierung mit der Gießkanne zu verteilen. Für den Finanzbereich könnte das etwa heißen, dass der Buchhalter vor allem

## 1.4 Personal – Veränderung der Fähigkeiten und Bedürfnisse im digitalen Zeitalter

lernt, künftig anders mit Buchungssätzen umzugehen und die neuen Prozesse oder Softwarelösungen zu beherrschen. Er braucht dafür nicht gleich eine Einführung in die Geheimnisse der Big Data Analytics. Ein Grundkurs in Robotic Process Automation (RPA) dagegen könnte ihm helfen, die neuen Prozesse besser zu verstehen sowie selber Ideen für eine weitere Prozessoptimierung zu entwickeln. Die Frage beim Festlegen künftiger Qualifizierungsmaßnahmen lautet also, wie hoch der Digitalisierungsgrad in einem Bereich ist, wohin sich die Digitalisierung mit Blick auf das Geschäftsmodell entwickeln muss und was dies für die einzelnen Tätigkeiten bedeutet.

Ganz wichtig: Die Mitarbeitenden sollten immer die Botschaft erhalten, dass es einen Unterschied zwischen Menschen und Aufgaben gibt. Einzelne Aufgaben werden durch digitale Technologien verändert oder sogar überflüssig. Früher mit diesen Aufgaben betraute Mitarbeiter werden so aber selbst nicht automatisch überflüssig. Im Gegenteil: Sie können sich für neue, anspruchsvollere Tätigkeiten qualifizieren, durch die sie dem Unternehmen einen höheren Wertbeitrag liefern als zuvor. Nochmal das Beispiel der Buchhalter: In Zeiten knapper personeller Ressourcen durch den demografischen Wandel wäre es verrückt, pauschal alle Buchhalter zu entlassen, weil die Buchungen jetzt ein Roboter erledigt – und dann verzweifelt auf dem Arbeitsmarkt nach Datenanalysten zu suchen. Unternehmen sollten vielmehr prüfen, ob oder wie technikaffine Buchhalter sich beispielsweise zu einem Data Scientist aufbauen lassen könnten. Big-Data-Schulungen per Gießkanne sind nicht zielführend. Spezifische Schulungen, um jemanden punktgenau für seine neue Arbeit mit Big Data zu qualifizieren, schon. Denn die künftige Devise der Personalentwicklung lautet Re-Skilling und Up-Skilling, entsprechende Change-Programme sind künftig – nicht nur im Finanzbereich – eine Pflichtveranstaltung.

### Corona-Pandemie beschleunigt die Veränderungen in der Arbeitswelt

Die meisten Unternehmen haben sich diesen, von der Digitalisierung angestoßenen, Themen im Bereich der Personalentwicklung und -führung über die Jahre hinweg mehr oder weniger intensiv genähert – je nachdem, zu welcher der Farbwelten sie gehören, welche Arbeitskultur sie also pflegen. Doch mit der abrupten Verlagerung der meisten Bürotätigkeiten ins Home-Office aufgrund der weltweiten Corona-Lockdowns von 2020 hat die Digitalisierung der Arbeit eine weitere Facette gewonnen – und der damit verbundene Wandel nochmal enorm an Fahrt aufgenommen. Remote Work, das Arbeiten von unterwegs oder zuhause statt im Büro, wird auch nach Corona ein prägendes Element der innerbetrieblichen Organisation sowie der Kooperation zwischen Geschäftspartnern sein. Alle Unternehmen und ihre Mitarbeiter mussten gezwungenermaßen die – teils ersten – Erfahrungen mit diesem Konzept sammeln. Und die waren nach manchen Anlaufschwierigkeiten überwiegend positiv. Viele Unternehmen haben etwa erkannt, dass die Arbeit auch ohne Präsenzkultur in teuer angemieteten Bürogebäuden erledigt wird – und dies teils sogar mit einer höheren Produktivität der Angestellten. Zahlreiche Beschäftigte wiederum haben das selbstorganisierte und autonome Arbeiten im Home-Office zu schätzen gelernt. Nur das ebenfalls durch Corona erzwungene Home-Learning wegen flächendeckender Schulschließungen setzte Eltern unter Druck. Aber selbst hier profitierten die Unternehmen davon, dass ihre Mitarbeitenden per Remote Work zumindest punktuell von zuhause aus ihre Aufgaben erfüllen konnten. Ohne die Möglichkeit zum Home-Office hätten viele während der Schulschließungen sonst Urlaub zur Betreuung ihrer Kinder nehmen müssen und die Arbeit wäre komplett liegengeblieben.

**Remote Work wird zur Norm und stellt neue Anforderungen**

Remote Work ist also gekommen, um zu bleiben. Vor allem die sehr Präsenzkultur- und Kontroll-orientierten Unternehmen der blauen Welt müssen dringend Modelle erarbeiten, wie sich das Konzept in ihre Organisation sowie ihre Strategie zur Personalentwicklung gemäß der News Skills integrieren lässt – denn es dürfte künftig ein wichtiges Argument der Mitarbeiterzufriedenheit sowie auch ein Thema der Kostensenkung durch erheblich reduzierten Flächenbedarf für Büros sein. Wer sich ernsthaft mit Konzepten für Remote Work beschäftigen will, muss als Erstes verstehen, dass es dabei nicht nur um digitales Arbeiten geht. Die hierfür notwendige Implementierung digitaler Lösungen für bestimmte Probleme oder Geschäftsanforderungen machen viele Unternehmen schon ziemlich gut. Remote Work erfordert aber viel mehr als eine gute Hard- und Softwareausstattung. Im Kern geht es darum, digital zu sein – durch die umfassende digitale Verflechtung der Mitarbeiter untereinander innerhalb des Unternehmens und darüber hinaus. Das ist nicht nur eine technische Frage, sondern ebenso eine Frage der persönlichen Kompetenz, der innerbetrieblichen Organisation sowie der generellen Unternehmens- und Führungsphilosophie. Technisch ist beispielsweise wichtig, dass Verbindungen stabil sowie Daten im Home-Office sicher sind; kompetenzbezogen, dass die Mitarbeiter diverse Tools zur virtuellen Zusammenarbeit richtig einsetzen können; organisatorisch, dass alle die Dos & Don'ts der virtuellen Zusammenarbeit mit Kunden und externen Partnern kennen – und mit Blick auf die Unternehmenskultur, dass virtuelle Zusammenarbeit sowie virtuelle Mitarbeiterführung im individuellen Kontakt wie auch in einem größeren Team nach allgemein akzeptierten Spielregeln abläuft und auch funktioniert.

## Unternehmen müssen individuelle Konzepte für Remote Work entwickeln

Spätestens in der Corona-Pandemie dürften die meisten Unternehmen erste Erfahrungen mit Remote Work gemacht haben. Bei einigen existiert dafür inzwischen schon ein durchdachtes und erprobtes Konzept, bei anderen ist möglicherweise immer noch eher Ausprobieren angesagt. Um das Thema systematisch zu bearbeiten, empfiehlt sich aber stets und auch in Zukunft ein vierstufiges Vorgehen, bei dem drei Ebenen betrachtet werden, um jeden Aspekt der digitalen Arbeitsumgebung einzubeziehen.

### IT-Infrastruktur hinterfragen und anpassen

Natürlich haben Unternehmen seit Corona ihre Technik gegebenenfalls in Form von Sofortmaßnahmen so ausgerichtet, dass Mitarbeiter im Home-Office sitzen können. Wer aber perspektivisch mit Remote Work plant, sollte sich planvoll und strukturiert darum kümmern, dass mit einheitlich ausgestatteten Laptops über stabile VPN-Verbindungen mit ausreichenden Bandbreiten gearbeitet werden kann. Die IT muss auch klären, ob etwa mit verteilten Arbeitszeiten die Netzwerklast besser gesteuert werden kann und wie sich die Servicequalität für den Anwender, wie das Unternehmen, noch steigern lässt.

- **Zusammenarbeit der Mitarbeitenden optimieren.** In der Corona-Hektik haben gerade mit Remote Work noch nicht so vertraute Unternehmen alles an virtuellen Tools eingesetzt, das ihnen unterkam. Dieser Wildwuchs muss rasch einer gepflegten Landschaft weichen, in der sich ohne Stolpersteine zusammenarbeiten lässt. Dafür müssen zuerst genau jene Lösungen identifiziert werden, mit denen eine reibungslose und effektive Zusammenarbeit klappt. In deren Anwendung müssen dann die Mitarbeitenden geschult werden. Wichtig ist außerdem, bestimmte Spielregeln für die digitale Zusammenarbeit zu entwickeln, damit nicht die Work-Life-Balance auf der Strecke bleibt.

- **Ganzheitliches Konzept für den Mix aus Büro und Home-Office planen.** Spätestens durch Corona hat so gut wie jedes Unternehmen erste Schritte in Richtung Remote Work gemacht. Jetzt gilt es, Remote Work als künftig integralen Bestandteile der Arbeit im Unternehmen organisch in der Organisation zu verankern. Erste Erfahrungen können als Lessons Learned analysiert werden. Ganz wichtig ist aber, ein Zielbild für künftige digitale Arbeitsplätze zu entwerfen, das nicht nur von der Krise getrieben ist, sondern vom Gestaltungswillen des Unternehmens. Wie sieht der digitale Arbeitsplatz konkret aus, wie groß ist der Bürobedarf, was bieten neue Arbeits(platz)konzepte?

- **Remote Office kontinuierlich weiterentwickeln.** Das Remote Office mag durch Corona einen enormen Schub bekommen haben, ist aber unabhängig von der Pandemie das Konzept der Zukunft. Darum müssen Fragen der IT-Infrastruktur und -Ausstattung, innerbetrieblichen Struktur und Organisation sowie Weiterbildung und Führung der Mitarbeiter regelmäßig wieder gestellt werden, um neue Antworten zu finden, die das Unternehmen noch schlagkräftiger machen. Fortschritte in der Digitalisierung dürften schon bald noch bessere Remote-Work-Konzepte ermöglichen, denen sich kein Unternehmen verschließen sollte, das seine Wettbewerbsfähigkeit stärken will.

## Emotionale Bindung der Mitarbeiter wird zur Kernaufgabe der Führungskräfte

Die technische Ausstattung sowie persönliche Qualifikation der Mitarbeiter für Remote Work ist natürlich erfolgsentscheidend zur Realisierung derartiger Konzepte. Eine Gruppe von Mitarbeitern stellt die neue Art des Arbeitens aber vor besondere Herausforderungen – die Führungskräfte. Ihnen muss die Gratwanderung zwischen Kontrolle und Vertrauen, zwischen Vorschriften und Flexibilität, zwischen Mitnehmen und Loslassen gelingen. Gerade was die Überprüfung der Arbeitsergebnisse angeht, sehen sich Vorgesetzte in der unangenehmen Situation, dass sie keinen so direkten Zugriff auf Mitarbeiter im Home-Office haben wie im Büro. Zwar zeigen erste Erfahrungen, dass die Mitarbeitenden zuhause tendenziell sogar produktiver sind als im Unternehmen. Trotzdem müssen die Führungskräfte dies natürlich überprüfen und punktuell auch mal eine Ansage machen – schließlich können sich nicht alle Menschen oder Teams so gut selbst organisieren, dass alles problemlos läuft. Die Kunst besteht also darin, Absprachen so zu treffen und Kontrollen so auszurichten, dass der Vorgesetzte alles im Blick hat und steuernd eingreifen kann, ohne dass seine Leute sich im Home-Office permanent überwacht fühlen. Dafür müssen Führungskräfte lernen, ihrem Team noch mehr zu vertrauen und neue Arten von Bewertungssystemen oder Führungsstilen entwickeln, die zu den neuen Rahmenbedingungen des Arbeitens passen. Nur dann gelingt es, Vorgaben so sanft zu machen, dass die Mitarbeiter genug Flexibilität zur zeitlichen oder inhaltlichen Erfüllung ihrer Aufgaben haben – gerade das ist ja ein wesentlicher Vorteil des Home-Office – und ihre Arbeitsergebnisse trotz-

## 1.4 Personal – Veränderung der Fähigkeiten und Bedürfnisse im digitalen Zeitalter

dem so gut zu beurteilen, dass die Entlohnung fair, der Karrierepfad begründet planbar und die zusätzliche Schulung zielgenau ist.

Mindestens ebenso wichtig wie Arbeitsinhalt und Zeitplan ist beim Remote Office aber ein weiterer Punkt: Die emotionale Einbindung des Mitarbeiters im Kollegenkreis – innerhalb seines eigenes Teams wie auch des Unternehmens. Für viele Menschen ist der Arbeitsplatz ein, wenn nicht der soziale Mittelpunkt ihres Lebens. Austausch mit den Kollegen in der Kaffeeküche, gemeinsames Mittagessen in der Kantine und regelmäßige Team-Meetings zum aktuellen Stand der Dinge im Projekt, der Abteilung oder dem Unternehmen sind wichtige Ereignisse, um sich informiert, motiviert und dazugehörig zu fühlen. Setzt eine Organisation auf Remote Work, muss sie Instrumente schaffen, die diese Funktion erfüllen können und die Mitarbeitenden im Home-Office emotional ans Unternehmen binden – eventuell über spezielle Präsenzveranstaltungen zu genau diesem Zweck. Parallel zur Schulung der Mitarbeiter für einen besseren Umgang mit Technik oder bessere Selbstorganisation im Home-Office sollten Vorgesetzte auch Konzepte entwickeln, wie sie ihre „Leute" remote, also aus der Ferne ansprechen und führen können. Das mag in manchen Farbwelten leichter funktionieren als in Anderen – aber letztlich muss es mit entsprechenden individuellen Ausprägungen in jedem Unternehmen funktionieren. Wer nämlich nur viel in die technische und organisatorische Ertüchtigung seiner Mitarbeiter investiert, ohne sie emotional anzusprechen und mitzunehmen, droht aus ihrer Sicht schnell austauschbar zu werden. Dann könnten gerade qualifizierte Angestellte die Remote Work als Chance sehen, sich nach einer Schulung oder Weiterbildung zu einem anderen Unternehmen zu verändern oder als Freelancer zu verdingen, ohne darin überhaupt noch Illoyalität gegenüber dem früheren Arbeitgeber zu sehen, der ihre Qualifikation ermöglicht hat.

## 1.5 Investoren – Gestiegene Anforderungen an die Finanzfunktion & den CFO

Matthias Wittkowski, Partner Private Equity bei EQT Partners

**Ohne digitale Perspektive wird die Finanzierung schwieriger**

Der CFO agiert als Co-Pilot des Vorstandschefs und hilft ihm dabei, das Unternehmen auf (Erfolgs-) Kurs zu halten? Ein schönes und in letzter Zeit sehr oft genutztes Bild, um die künftige Positionierung des Finanzchefs in der Führungsspitze der Organisation zu beschreiben. Zwar sieht es noch nicht in allen Unternehmen so aus, aber immer mehr CFOs verstehen sich – um einen Vergleich mit etwas mehr Bodenhaftung zu verwenden – tatsächlich nicht länger als eher passiver Passagier auf dem Beifahrersitz, der es bei Blicken in den Rückspiegel oder aus den Seitenfenstern belässt, um dem CEO am Steuer zu schildern, welche Strecke bereits zurückgelegt wurde oder wie sich gerade die allgemeine Verkehrslage darstellt – also wie sich die Finanzkennzahlen entwickelt haben. Vielmehr nehmen sie nach Absprache mit dem CEO das Navigationssystem zur Hand, um eine bessere Route zum Ziel zu suchen – passen beispielsweise die Maßnahmen mittels Predictive Planning an.

Inzwischen hat ein Großteil der Vorstandsmitglieder oder Geschäftsführer erkannt, wie tiefgreifend der vielfältige Einsatz digitaler Technologien etwa in F&E, Fertigung und Produktion, Marketing und Vertrieb, aber eben auch im kaufmännischen Bereich und den Backoffice-Funktionen ihre Branche und ihren Betrieb verändern wird. Deshalb investieren sie immer mehr in Digitalisierung – insbesondere auch im Finanzbereich. Denn zunehmend wollen sich CFOs aller verfügbaren digitalen Tools bedienen, um im Unternehmen einen besseren Überblick über die aktuelle Situation und eine fundiertere Basis für Zukunftsentscheidungen zu haben – ganz zu schweigen von der Möglichkeit, mithilfe digitaler Technologie allgemein die Effektivität und Effizienz zu steigern. Vor allem aber: Der CFO ist für Ankeraktionäre, Private-Equity-Investoren sowie natürlich Banken der erste Gesprächspartner, wenn es um Eigenkapital oder Kredite geht. Und diese Geldgeber erwarten ganz einfach, dass ihr Gegenüber nicht nur ein Grundverständnis für die Digitalisierung hat, sondern sie auch im eigenen Unternehmen vorantreibt. Ist das nicht der Fall, dürfte es mit der Finanzierung künftig zunehmend schwieriger werden.

## Kapitalgeber haben heute viel höhere Maßstäbe an ihre Geschäftspartner

Natürlich ist die Digitalisierung in vielen Unternehmen noch ausbaufähig – schließlich befindet sich die ganze Wirtschaft und Gesellschaft gerade mitten in der digitalen Transformation. Aber die meisten CFOs haben inzwischen verstanden, dass sie stärker auf digitale Technologien setzen müssen, um ihre Organisation fit für die Zukunft zu machen. Sie arbeiten nicht nur am richtigen individuellen Digitalisierungsansatz, sondern haben das Thema als das erkannt, was es de facto ist: Ein Marathonlauf, kein Sprint, den man mal eben so hinter sich bringt. Genau auf eine langfristig angelegte Digitalisierungsstrategie legen Geldgeber großen Wert – insbesondere jene, die sich über einen längeren Zeitraum bei einem Unternehmen engagieren wollen und auch insgesamt mit einem klaren Wertekanon agieren. So ein Wertekanon des Investors ist natürlich ebenfalls sehr individuell, aber hinter vielen Punkten steckt de facto auch mehr Digitalisierung. Bei EQT beispielsweise, einer Private-Equity-Gesellschaft, die sich als langfristig orientierter, aktiver Miteigentümer und in dieser Funktion als Sparringspartner der Unternehmensführung versteht, fallen Investitionsentscheidungen auf Basis der fünf Core Values – die für EQT wie auch in den Beteiligungsunternehmen gelten sollen – und münden dann meistens in strategische Maßnahmen in sechs Bereichen.

---

*Core Values bei EQT*

**Neue Höchstleistungen**: Die Freiheit und die Verantwortung, konsequent leistungsorientiert zu handeln – getrieben von dem EQT Mantra „es gibt immer und überall Verbesserungspotenziale".

**Ehrlicher Respekt**: Das EQT Team handelt grundsätzlich integer und zeigt bei jeder Entscheidung hohen Respekt für ihre Kollegen sowie allen externen Stakeholdern.

**Unternehmerisches Denken**: Die Mitarbeiter verstehen sich als Entrepreneure, die das Unternehmen mit aktivem und innovativem Handeln nach vorne bringen wollen.

**Informeller Umgang**: Leistungen zählen mehr als Hierarchien. Jeder wird ermutigt, sich gleichberichtigt zum Wohl des Ganzen einzubringen.

**Schonungslose Transparenz**: Die Mitarbeiter gehen im Umgang untereinander sowie gegenüber den Stakeholdern offen und ehrlich mit Informationen um.

> **Wertschaffung bei EQT**
>
> **Umsatzwachstum:** EQT hilft den Beteiligungsunternehmen dabei, neue Kundengruppen anzusprechen, die Produktpalette auszubauen, ihr Geschäft zu internationalisieren oder ihre Marktposition durch die Akquisition passender Firmen zu stärken.
>
> **Digitalisierung:** Mithilfe der EQT-Experten sollen Beteiligungsunternehmen gezielt in die weitere Digitalisierung ihrer Fähigkeiten oder des Geschäftsmodells investieren, um ihre Wettbewerbsfähigkeit umfassend zu stärken – Ziel ist es, digitaler Champion der jeweiligen Branche zu sein.
>
> **Nachhaltigkeit:** Investitionen in Nachhaltigkeit sind ein wichtiger Schritt in Richtung verantwortungsbewusstes Wachstum. Sustainability muss integraler Bestandteil eines jeden Geschäftsmodells werden; auch klassische Finanz-KPIs werden erweitert um Messzahlen beispielsweise gemäß der UN SDG.
>
> **Operative Exzellenz:** Die EQT-Expertise hilft, Effizienz und Profitabilität der Beteiligungsunternehmen zu steigern, indem unter anderem modernste Benchmarking- und Bewertungsmethoden in Bereichen wie Produktion, Kundenbeziehung, Service Digitalisierung oder Nachhaltigkeit genutzt werden.
>
> **Strategische Repositionierung:** Ausgehend von den relevanten Branchenveränderungen, investieren EQT-Beteiligungen gezielt in Zukunftstechnologien, bauen Kernkompetenzen für neue, wachstumsstarke Segmente auf und stoßen Nicht-Kerngeschäft ab.
>
> **Optimierte Kapitalstruktur:** Die breite Expertise und gute Vernetzung von EQT in der Finanzbranche eröffnet Beteiligungsunternehmen die Chance, ihre Kapitalstruktur so zu verbessern, dass sie am Finanzmarkt als solider und interessanter Partner gelten.

Für EQT als Private-Equity-Investor hat es sich in den vergangenen Jahren stets ausgezahlt, konsequent auf Basis dieser Core Values zu handeln und die fokussierte Wertschaffung bei den Beteiligungsunternehmen entsprechend durchzuziehen. Ihr Umsatz stieg im Schnitt um jährlich zehn Prozent, das EBITDA um zwölf Prozent. Auch in der Corona-Krise sind die meisten Unternehmen besser als ihre Konkurrenz zurechtgekommen, weil sie mithilfe des EQT-Netzwerkes in wesentlichen Bereichen bereits zuvor deutlich an der Optimierung ihrer Strukturen, Abläufe oder Portfolios arbeiten konnten. Das wiederum hat nur geklappt, weil EQT als Investor in vollständiger Transparenz und auf Augenhöhe mit der Unternehmensleitung interagiert – gerade auch mit dem CFO. EQT hat natürlich seine eigenen Regeln, aber auch bei vielen anderen Ankeraktionären, Private-Equity-Investoren und Banken dürfte ähnliche Vorgaben für Investitionen oder Kredite gelten. Diese haben große Auswirkungen darauf, wie CFOs die Digitalisierung verstehen, im eigenen Unternehmen umsetzen sowie sich und die Finanzfunktion positionieren sollten, wenn sie als Repräsentant ihres Unternehmens in Finanzierungsgesprächen eine gute Figur machen wollen.

**Der CFO: Ein Team-Spieler mit Sozialkompetenz und Verständnis für Digitalisierung**

Welche Anforderungen sollten also der CFO persönlich sowie die durch ihn repräsentierte Finanzfunktion als Organisation erfüllen? Aus Sicht von Investoren spielt der CFO bei jedem Gespräch auf Vorstands- oder Geschäftsführungsebene eine herausragende Rolle. Er ist der Herr der Zahlen – die er natürlich stets in aktuellster Form zur Hand haben sollte – und dirigiert mit dem Finanzbereich jene Kraft im Hintergrund, auf deren uneingeschränkte Unterstützung sich die anderen Abteilungen bei ihrer operativen Tätigkeit verlassen können. Damit ein Unternehmen gut funktioniert, sollte der CFO aber nicht nur seine Zahlen im Griff haben und seinen internen Kunden verlässliche Services anbieten. Er sollte sich – falls er dies nicht schon heute tut, dann doch unbedingt in Zukunft – als ein Teamspieler verstehen, der einerseits als erster Berater des CEO bei wichtigen Entscheidungen eine hervorgehobene Position innehat. Der aber andererseits auch mit wertvollen Daten sowie effektiven und effizienten Prozessen alle Abteilungen stärker macht und auf diese Weise dazu beiträgt, dass beispielsweise der Vertriebschef mit guten Verkaufszahlen oder der Chefeinkäufer mit Top-Konditionen in der Beschaffung glänzen kann.

Beide Aufgaben kann der CFO nur dann gut erfüllen, wenn er den Einsatz digitaler Technologien in seinem Bereich und darüber hinaus unternehmensweit vorantreibt. Als Sparringspartner des CEO bei strategischen Entscheidungen muss er seine Empfehlungen künftig auf datenbasierte Einsichten stützen, nicht mehr auf sein Bauchgefühl. Zur Effizienzsteigerung durch Digitalisierung sollte er rasch moderne Tools einsetzen, statt sich dem Thema – wie heute vielerorts noch zu beobachten – nur verhalten zu nähern. Es reicht nicht mehr, den klassischen Werkzeugkasten des CFO aufzumachen. Ohne Digitalisierung lässt sich die Zukunft nicht erfolgreich gestalten. Natürlich sind die meisten Unternehmen hier kaum so weit vorangekommen, wie es wünschenswert wäre und vermutlich werden sie selbst 2025 erst die Hälfte des Wegs hinter sich gebracht haben. Wichtig ist für Investoren aber zumindest das klare Signal, dass eine hohe Bereitschaft zur weiteren Digitalisierung besteht. Gerade auch in der Person des CFO, der sich in Sachen Digitalisierung kontinuierlich weiterbildet und so als Vorbild seiner Mitarbeiter sowie Treiber der Digitalisierung agiert. Empfangen potenzielle Kapitalgeber vom CFO eine andere Botschaft, dürften sie sich zunehmend mit Finanzierungsangeboten zurückhalten.

### Der Verteidiger der Sparbüchse wird zum Sinnstifter für die Mitarbeiter

Außerdem erwarten Investoren natürlich, dass ein moderner CFO über hohe Sozialkompetenz verfügt. Das gilt allgemein mit Blick auf die Mitarbeiterführung, vor allem aber angesichts der überall laufenden Digitalisierungsprojekte, durch die sich die Strukturen in den Finanzabteilungen nachhaltig verändern. Der CFO muss seinen Leuten nicht nur überzeugend erklären können, wohin die digitale Transformation führen soll. Er muss sie auch auf die Reise mitnehmen, indem er sie dafür begeistert und ihnen maßgeschneiderte Qualifizierungsangebote zur persönlichen Weiterentwicklung macht. Der früher als knochentrockener Verteidiger der Sparbüchse sowie des Cashflows wahrgenommene Finanzchef agiert künftig also als Motivator, der regelrecht sinnstiftend für seine Mitarbeiter ist. Wenn einfache Tätigkeiten im Finanzbereich zunehmend automatisiert werden, dann unterstützt er die Buchhalter dabei, anspruchsvollere Tätigkeit mit einer höheren Wertschöpfung übernehmen zu können.

Eine hohe Sozialkompetenz ist allerdings nicht nur gegenüber den eigenen Mitarbeitern gefragt. Auch in der Interaktion mit der Außenwelt sollte der CFO künftig anders auftreten, wenn er sein Unternehmen gut repräsentieren will. Einfache Aktionäre mit wenigen Anteilsscheinen im Depot sind vielleicht auch künftig damit zufrieden, dass sie Quartalsberichte erhalten und sich einmal im Jahr bei der Hauptversammlung zu Wort melden können. Ankeraktionäre, Private-Equity-Gesellschaften und Analysten haben sich damit schon früher nicht begnügt. Sie verlangen regelmäßig einen genau Überblick über die Zahlen, gute Argumente für die aktuell verfolgte Strategie sowie Antworten auf die großen Fragen der Zeit, mit denen sich das Unternehmen beschäftigen muss – derzeit beispielsweise alles rund um das Thema Nachhaltigkeit und Klimawandel. Der CFO muss verstehen, welche Anforderungen große Geldgeber an sein Unternehmen stellen, und sich darüber mit ihnen austauschen können. Er muss quasi sprechfähig zu Klimaschutz oder sozialen Aspekten der betrieblichen Aktivitäten sein. Dafür braucht er erstens persönliche Empathie und zweitens belastbare Daten – die kann er mithilfe digitaler Technologien leichter sammeln, aufbereiten, analysieren sowie die daraus folgenden Ergebnisse präsentieren.

## Die Kapitalgeber verlangen mehr Transparenz in allen Bereichen – das geht nur digital

Das Zauberwort in diesem Zusammenhang heißt Transparenz. Insbesondere Private-Equity-Gesellschaften, letztlich aber alle großen Kapitalgeber, erwarten künftig von Unternehmen ein Maß an Transparenz, das noch vor wenigen Jahren so kaum vorstellbar gewesen wäre. Diese Transparenz erstreckt sich auf Zahlen aus allen Bereichen und zu allen Zwecken. Das beinhaltet die rückblickende Analyse, wie zum Beispiel einzelne Produkte oder Bereiche performt haben. Denn nur wer aus der Vergangenheit lernt, kann sich in Zukunft verbessern. Dazu gehört aber ebenso der Blick nach vorn in Form eines fundierten Szenario-Managements. Denn nur wer diverse Möglichkeiten der Zukunftsentwicklung unter Berücksichtigung aller wesentlichen Einflussfaktoren durchspielt, kann parallel zum erwarteten Geschäftsverlauf verschiedene Notfallpläne auflegen, wie das Unternehmen auf plötzliche Veränderungen reagieren sollte, um selbst in einer großen Krise handlungsfähig zu bleiben. Und natürlich muss der CFO die aktuellen Entscheidungen künftig viel fundierter und zahlenbasierter erklären können als früher – warum also beispielsweise ein Vertriebsweg dem Anderen vorgezogen wird, warum ein bestimmtes Produkt besonders gepusht wird oder warum der Bereich A selbständig agieren soll, anstatt in den verwandten Bereich B integriert zu werden. Ohne überzeugende, auch mithilfe digitaler Tools erarbeiteter, Antworten auf solche Fragen dürfte es dem CFO künftig schwerfallen, frisches Kapital ins Unternehmen zu holen oder auch nur große Partner an Bord zu halten.

> *Kapitalgeber erwarten größte Transparenz in vier Bereichen*
> **Finanzielle Kennzahlen:** Das Unternehmen muss jederzeit zeigen können, wie es in der Vergangenheit abgeschnitten hat und wo es aktuell steht. Mithilfe digitaler Tools sollte der CFO deshalb die Analysefähigkeit der Finanzfunktion stärken.
> **Nicht-finanzielle Kennzahlen:** Neben klassischen KPIs muss der Finanzbereich künftig auch Kennzahlen zu Fragen der Nachhaltigkeit liefern, etwa Klimaschutz oder sozialen Themen. Mit dem Personalbereich sollte der CFO also etwa Daten zur Mitarbeitermotivation generieren oder mit der Produktion die Angaben zur $CO_2$-Bilanz.
> **Umsatzplanung:** Die Geschäftsentwicklung lässt sich mithilfe digitaler Tools vielleicht noch nicht auf Heller und Pfennig planen, aber doch erheblich genauer und feiner als mit den alten Methoden. Deshalb stellen die Kapitalgeber auch hier höhere Anforderungen und hinterfragen Projektionen kritischer.

> **Resilienz:** Schon früher war es wichtig, wenigstens einen Plan B für den größten Katastrophenfall zu haben. Künftig werden sich große Geldgeber zurückhalten, wenn der CFO nicht transparent und überzeugend darstellen kann, dass er diverse Notfallpläne für verschiedene Szenarien in der Hinterhand hat. Auch mithilfe digitaler Tools lassen sich nämlich inzwischen viele Szenarien durchrechnen und passende Reaktionen des Unternehmens auf bestimmte Ereignisse vorbereiten.

Natürlich kann derzeit kaum ein Unternehmen komplette Transparenz in all diesen Bereichen bieten – dafür ist die Digitalisierung vielerorts einfach noch nicht weit genug vorangekommen. Aber auch hier gilt letztlich: Der Wille zählt. Der CFO sollte überzeugend darstellen können, dass er sowohl die generelle Bedeutung von Transparenz und Szenario-Management wie auch den Wert der Digitalisierung zum Erreichen dieser Zwecke verstanden hat und seine Organisation technisch, personell sowie strukturell in diese Richtung weiterentwickelt. Wenn die Rahmenbedingungen stimmen, steigt beispielsweise EQT nicht nur bei einem Unternehmen ein, sondern unterstützt dessen Management auch umfassend bei der weiteren Digitalisierung, indem die umfassenden Erfahrungen innerhalb des Verbunds mit diesem Thema geteilt und ausreichende Investitionen für den Einsatz digitaler Lösungen freigegeben werden. Auch über die Digitalisierung hinaus unterstützt EQT die Beteiligungsunternehmen generell bei der Herstellung größtmöglicher Transparenz. Dazu dient ein ambitioniertes Benchmarking innerhalb des Verbunds wie auch der jeweiligen Branche, in der ein Unternehmen tätig ist. Und betrachtet werden neben finanziellen KPIs auch qualitative Kennzahlen etwa zu sozialen oder ökologischen Fragen, die viel über die (künftige) Attraktivität oder das Image aussagen können.

**Der CFO als echter Co-Pilot für eine reibungslose Transformation**

Wie sieht also eine gute Unternehmensleitung aus? Tatsächlich dürfte das in den meisten Fällen ein starkes Duo sein, in dem der CFO dem CEO als unverzichtbarer Co-Pilot dient, der die wesentlichen Informationen für die strategische Planung und Entwicklung liefert, sowie parallel dazu die Organisation permanent verbessert. Vielfach dürfte es sinnvoll sein, dass dieser CFO auch den IT-Bereich verantwortet. Der CFO als moderner Co-Pilot lässt hierbei gleichzeitig dem so bedeutenden wie teuren Projekt Digitalisierung die notwendige Management-Attention zukommen und treibt die Organisationsentwicklung als Business Enabler statt reiner Kostenorientierung voran. Auch ist es für ihn unerlässlich jene Themen insbesondere im

Bereich der Nachhaltigkeit anzugehen, deren Bedeutung aus Sicht vieler Stakeholder steigen wird – also etwa die Entwicklung von KPIs für Mitarbeitermotivation oder Klimaneutralität. Dies wiederum erfordert, dass der CFO sich aus der früher vorwiegend rückwärtsgewandten, nur auf Umsatz und Gewinn fixierten, Kostendrücker-Perspektive löst. Er muss strategisch nach vorn blicken, bei seinen Analysen beispielsweise neben den Kosten auch die Chancen von Investitionen in Nachhaltigkeit & Digitalisierung berücksichtigen und dies fundiert am Kapitalmarkt kommunizieren. Unternehmen, die sich so präsentieren, dürfte die Aufmerksamkeit der Kapitalgeber sicher sein.

## 1.6 Wissenschaft – Digitalisierung und betriebswirtschaftliche Forschung und Lehre

Professor Dr. Martin Glaum, Lehrstuhl für Internationale Rechnungslegung an der WHU – Otto Beisheim School of Management

„The world's most valuable resource is no longer oil, but data" – mit diesem Satz beschrieb das Magazin „The Economist" 2017 einen Paradigmenwechsel in der Wirtschaft, den heute kaum noch jemand bezweifeln dürfte. Daten sind der neue Rohstoff der Wirtschaft. Mit ihrer Hilfe können Unternehmen die Entwicklung von Produkten und Dienstleistungen immer schneller und immer besser vorantreiben sowie die Effektivität und Effizienz ihrer Organisation steigern. Der Zugang zu Daten und ihre wirkungsvolle Verarbeitung mit Hilfe moderner Informationstechnologien – mit anderen Worten: die Digitalisierung – ist daher zum entscheidenden Wettbewerbsfaktor geworden.

### Die Digitalisierung – warum erst jetzt?

Natürlich drängt sich die Frage auf, warum das Phänomen der Digitalisierung erst in der jüngeren Zeit so intensiv wahrgenommen und diskutiert wird. Schließlich sind seit der Entwicklung des ersten Computers durch Konrad Zuse in den 1930er Jahren über 80 Jahre vergangen. Die ersten Mainframe Computer von IBM wurden in den 1950er Jahren hergestellt, die Vorläufer der heutigen PCs konstruierten Steve Jobs und andere Pioniere in den 1970er Jahren. Auch große Software-Unternehmen wie Microsoft, Oracle oder SAP wurden zu dieser Zeit gegründet, es gibt sie also schon mehr als 40 Jahre.

Es gibt gute Gründe dafür, dass die Digitalisierung gerade jetzt so stark in den Fokus gerückt ist. Zwar werden Computer in der Praxis schon lange intensiv genutzt, doch im Verlauf der Jahre hat sich mit dem immer schneller voranschreitenden technischen Fortschritt die Bandbreite ihres Einsatzspektrums enorm erhöht. Lange Zeit dienten Computer vor allem dazu, leicht standardisierbare Sachverhalte zu bearbeiten. Sie kamen (und kommen noch immer) überall dort zum Einsatz, wo große Mengen an gleichförmigen Daten anfallen, die es zu sammeln, zu sortieren und zu verarbeiten gilt. Vereinfacht ausgedrückt ging es also vor allem darum, einfache und monotone Tätigkeiten von Computern erledigen zu lassen. Diese Vorgänge fanden vorwiegend in den Verwaltungsbereichen von Unternehmen und anderen Organisationen statt, wo sie von IT-Spezialisten bearbeitet wurden, also weitgehend getrennt von den Kernfunktionen des Unternehmens in Beschaffung, Produktion, Vertrieb sowie von den Experten in den Bereichen Finanzen, Accounting oder Controlling. Diese Aufgabenteilung besteht in manchen Unternehmen auch heute noch, und sie kann dazu führen, dass zum Teil weiterhin die Auffassung verbreitet ist, dass Digitalisierung ein Thema für IT-Spezialisten sei.

In den vergangenen Jahrzehnten haben die technischen Möglichkeiten zum Sammeln, Speichern und Analysieren von Daten stark zugenommen, während die Kosten für diese Aktivitäten stark zurückgegangen sind, wie Abbildung 7 eindrucksvoll zeigt. Dies hat ganz wesentlich dazu beigetragen, dass die Arbeit mit Daten heute praktisch in jeder Branche und für jedes Unternehmen als wettbewerbsentscheidend gilt.

Vor allem drei (miteinander verbundene) Entwicklungen sind dafür verantwortlich, dass es derzeit zu einer Digitalisierungswelle kommt, die Wirtschaft und Gesellschaft in ihrer gesamten Breite erfasst.

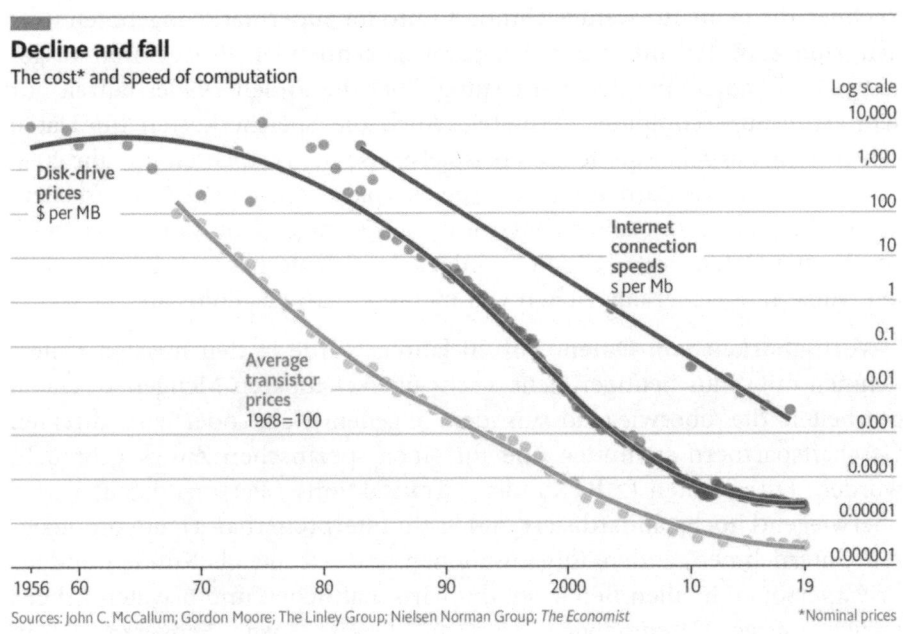

**Abbildung 7: The Cost and Speed of Computation**

*Quelle:* The Economist, The internet of things: Chips with everything, Technology Quarterly, 14 Sept. 2019.

**Leistungsfähigkeit und Kosten von Rechnern und Datenspeichern:** Die Speicher- und Rechenleistung von Computern, bzw. die Leistung der in ihnen verbauten Speicherelemente und Prozessoren, ist im Verlauf der Jahre enorm angestiegen. Gordon Moore, Mitgründer des Computerchip-Herstellers Intel, hatte die rasante technische Entwicklung bereits in den 1960er Jahren im nach ihm benannten Moore'schen Gesetz auf die Formel gebracht, dass sich die Leistungsfähigkeit von Prozessoren, gemessen anhand der Zahl der in ihnen verbauten Transistoren, alle zwei Jahre verdoppelt. Die Entwicklung von „Chips" ist dieser Vorhersage über mehrere Jahrzehnte mit erstaunlicher Genauigkeit gefolgt. Experten argumentieren seit längerem, dass diese exponentielle Leistungssteigerung nicht dauerhaft fortgesetzt werden könne. Zum Teil wird aber auch damit gerechnet, dass durch hochspezialisierte Prozessoren, den Einsatz paralleler Prozessorkerne und insbesondere die Entwicklung von Quantencomputern auch künftig exponentielle Steigerungen der Rechenleistungen möglich sein werden.

Der technische Fortschritt bei Prozessoren und Speicherelementen hat dazu geführt, dass die Kosten für Rechnerleistung und für die Speicherung von Daten dramatisch gesunken sind (siehe Abbildung 7). Handelsübliche Rechner, die heute für wenige Hundert Euro im Supermarkt angeboten werden, sind zum Teil mit mehreren, parallel rechnenden Prozessoren ausgestattet und haben eine Rechnerleistung, über die in den 1990er Jahren nur sehr teure Supercomputer verfügten. Auch die Speicherkosten für Daten gehen stetig zurück. Musste man beispielsweise bei Festplatten im Jahr 2000 noch mehr als 10 Euro für einen Speicherplatz von einem GB ausgeben, kostet die gleiche Kapazität heute nur noch wenige Cent. Oder man speichert seine Daten in der Cloud – einige Cloud-Unternehmen bieten privaten Nutzern Speicherkapazitäten von mehreren GB kostenlos an.

**Verfügbarkeit von Daten:** Vor 20 Jahren wurde in den meisten Unternehmen mit – aus heutiger Sicht – sehr überschaubaren Mengen an Daten gearbeitet, die überwiegend aus dem eigenen Haus oder von direkten Geschäftspartnern stammten und für einen spezifischen Zweck gebraucht wurden. Diese Daten (z. B. Kunden-, Transaktions-, Personaldaten) waren überwiegend hochstandardisiert und leicht interpretierbar. Heute produzieren Unternehmen, andere Organisationen und wir alle als Kunden und als Privatpersonen in allen Bereichen des wirtschaftlichen und privaten Lebens täglich riesige Datenmengen. „Smarte" Geräte sowie Sensoren die in Gebäude, Maschinen oder Fahrzeuge verbaut sind, liefern Daten via Internet quasi in Echtzeit. Unternehmen sammeln Datensätze in ihrer eigenen Produktion und auch über den Einsatz von Maschinen und anderen Produkten bei ihren Kunden. Die dabei erfassten Datenmengen sind enorm – beispielsweise generieren die Sensoren in modernen Automobilen ein Datenvolumen von etwa 25 Gigabyte pro Stunde, und man schätzt, dass autonom fahrende Fahrzeuge im Verlauf eines Tages etwa 4.000 Gigabyte (4 TB) Daten generieren werden.[1]

Zudem produzieren wir alle durch die Nutzung von Suchmaschinen und sozialen Medien im Internet laufend Daten über unser Verhalten, unsere Präferenzen und unsere Wünsche. Schätzungen zufolge gibt es derzeit (2021) etwa 4,7 Milliarden Internet-Nutzer; jede Minute werden etwa 3,5 Milliarden Suchanfragen an Google gerichtet, pro Tag werden etwa 4,3 Milliarden Nachrichten auf Facebook gepostet und etwa 100 Millionen Fotos und Videos auf Instagram hochgeladen, jeden Tag schauen Menschen zusammen genommen etwa 6 Milliarden Stunden Videos auf Youtube.[2]

Das Wachstum des international verfügbaren Datenvolumens wird in der unten angefügten Abbildung 8 verdeutlicht – wobei Zetabyte die Zahl $10^{21}$ bezeichnet, also eine 1 mit 21 Nullen, oder, anders ausgedrückt, eine Milliarde Terrabytes. Bei einem Großteil der ständig anwachsenden Datenmenge handelt es sich um unstrukturierte Daten in Form von Texten, Fotos oder Filmen. All diese Daten können von den Netzbetreibern und deren Kunden

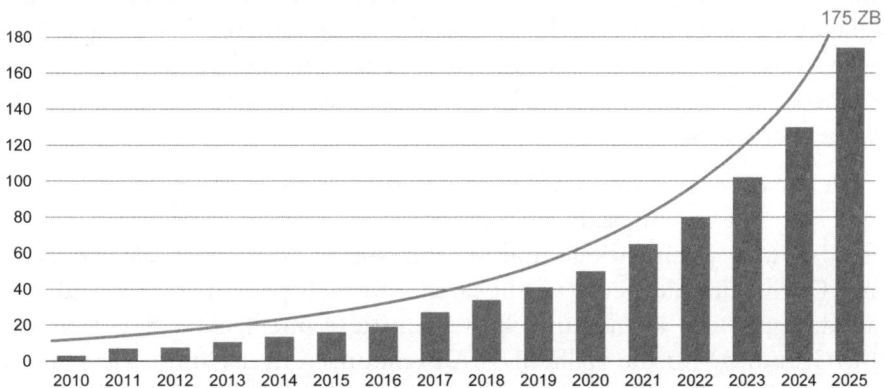

Abbildung 8: Annual Size of Global Datashere

*Quelle:* D. Reinsel, J. Gantz and J. Rydning, Data Age 2025 – The Digitization of the World, IDC White Paper November 2018.

---

[1] Siehe Krzanich, B. (2016): Data is the new oil in the future of automated driving. Intel Newsroom, 15. Nov. 2016 (https://newsroom.intel.com/editorials/).
[2] Siehe Schulz, J. (2019): How much data is created on the internet each day? Micro Focus Blog, 8. Juni 2019 (https://blog.microfocus.com).

zielgerichtet ausgewertet werden, zum Beispiel für Werbezwecke oder bei der Produktgestaltung.

**Bessere Datenverarbeitungs- und Analysemethoden:** Es reicht nicht, dass Daten von Maschinen oder Menschen in großer Vielfalt und in riesigen Mengen generiert werden und dass man diese Daten heute kostengünstig sammeln und speichern kann. Die Daten müssen letztlich ausgewertet werden, damit aus ihnen Erkenntnisgewinne für die Unternehmen und ihre Kunden entstehen. Die dritte wichtige Entwicklung, die dafür gesorgt hat, dass das Thema Digitalisierung heute überall auf der Agenda steht, sind Fortschritte in der Analyse von Daten. Auch hier kann man verschiedene Ebenen unterscheiden, auf denen in den vergangenen Jahren Fortschritte erzielt werden konnten. Auf der eher technischen Ebene ermöglichen es neue Datenbank-Technologien, schneller auf Daten zuzugreifen und sie in der Analyse besser zu verknüpfen. Mit modernen Instrumenten des Machine Learning lassen sich Muster in großen Datenbeständen aufspüren. Computergestützte Textanalysen, die zum Teil in Kooperation mit Sprachwissenschaftlern entwickelt wurden, erlauben die Analyse von unstrukturierten Texten. Mit Hilfe von Spracherkennungssoftware werden auch Reden oder andere gesprochene Texte für eine automatisierte Verarbeitung zugänglich. Fortschritte in der angewandten Statistik, insbesondere die Entwicklung von Verfahren der Bayes'schen Statistik, erlauben es mit größerer Zuverlässigkeit als früher, nicht direkt beobachtbare Größen zu schätzen und Vorhersagen über unsichere künftige Werte zu treffen. Außerdem helfen Simulationsverfahren, neuronale Netze sowie andere Machine-Learning-Verfahren bei der Datenanalyse.

Die zuvor skizzierten drei Entwicklungen sind eng miteinander verwoben. Nur mit leistungsfähigen Rechner- und Speicherkapazitäten konnte sich das Internet entwickeln und mit ihm soziale Netzwerke, die wiederum eine Quelle für die heute verfügbaren enormen Datenmengen sind. Die Entwicklung sehr kleiner und kostengünstiger intelligenter Sensoren war eine Grundlage für die vielfältigen Anwendungen in der Industrie 4.0, also von vernetzten Produktionsanlagen, die ebenfalls einen großen Teil der vorliegenden Daten generieren. Die immer schnelleren Rechner und die immer größeren Datenmengen haben die Entwicklung neuer statistischer Verfahren und darauf spezialisierter Softwareanwendungen ermöglicht, die ihrerseits wiederum in sozialen Netzwerken und auch in intelligenten Industrieanlagen eingesetzt werden.

## Digitalisierung in Unternehmen

Die Kombination der drei Faktoren – Fortschritte in der IT-Technologie, das Anwachsen von Datenmengen sowie verbesserte Analysemethoden – hat in den vergangenen Jahren dazu geführt, dass die Digitalisierung alle Bereiche der Unternehmen durchdringt. Dies bedeutet, dass die Unternehmen die Beschäftigung mit Daten nicht mehr einigen wenigen Experten in einer speziellen IT-Abteilung im Unternehmen überlassen dürfen. Vielmehr müssen sie die Digitalisierung als Querschnittsthema verstehen, das alle Bereiche der Organisation betrifft. In allen Bereichen der Unternehmensführung, im Umgang mit Kunden, in der Supply Chain, in der Produktion und natürlich auch im Finanzbereich kommen immer mehr digitale Lösungen zum Einsatz, bei denen auch unstrukturierte Informationen verarbeitet werden, die noch vor einigen Jahren nicht digitalisierbar waren.

Dies führt dazu, dass „Maschinen" immer mehr jener Tätigkeiten übernehmen, die früher als zu anspruchsvoll für sie galten. Dies gilt in der Produktion für komplexere manuelle Tätigkeiten, die heute zunehmend von immer leistungsfähigeren Robotern übernommen werden. Und es gilt zunehmend auch für kognitive Tätigkeiten in der Verwaltung, die bislang eine Domäne von Mitarbeitern mit einem akademischen Studium waren.

In einer häufig zitierten Studie von Frey und Osborne aus dem Jahr 2013 schreiben die Autoren (S. 47)[3]: „While computerisation has been historically confined to routine tasks involving explicit rule-based activities ..., algorithms for big data are now rapidly entering domains reliant upon pattern recognition and can readily substitute for labour in a wide range of non-routine cognitive tasks ...." Frey und Osborne (2013) schätzten, dass knapp die Hälfte aller Beschäftigten in der US-Wirtschaft einem hohen Risiko unterliege, in der Zukunft – die Autoren sprechen von einem Zeitrahmen von ca. zwei Jahrzehnten – durch Computer ersetzt zu werden. Beispielsweise geben sie die Wahrscheinlichkeit, dass „Accountants and Auditors" oder „Budget Analysts" durch Computer ersetzt werden, mit 94 Prozent an. Große Teile des „Mittelbaus" in Unternehmen, aber auch in öffentlichen Verwaltungen und anderen Institutionen, müssen sich also mit der möglichen Digitalisierung ihres Arbeitsplatzes in einem überschaubaren Zeitraum auseinandersetzen. Im für die Beschäftigten günstigen Fall bedeutet dies, dass sie, mit entsprechender Weiterbildung, ihre Tätigkeit künftig mit Unterstützung

---

[3] C. B. Frey und M. A. Osborne, The future of employment: How susceptible are jobs to computerization? University of Oxford, Oxford Martin Programme on Technology and Employment, September 2013.

durch digitale Lösungen fortsetzen können. Im ungünstigen Fall übernimmt eine Maschine ihre Tätigkeit vollkommen.

Damit gehen potenziell enorme gesellschaftliche Veränderungen einher – und all dies führt zu entsprechend großer öffentlicher Aufmerksamkeit. Deshalb wird verstärkt darüber diskutiert, was Digitalisierung bedeutet. Welchen Einfluss hat die Digitalisierung auf die Arbeitswelt? Wie sollten Unternehmen und Gesellschaft darauf reagieren, dass in den kommenden Jahren möglicherweise ein erheblicher Teil der Beschäftigten ihren Job verlieren könnten? Welche Konsequenzen hat dies für den Einzelnen und für die Unternehmen, und welche Auswirkungen hat dies für die Stabilität unserer sozialen und politischen Systeme?

## Digitalisierung im Finanzbereich von Unternehmen

Bei der Digitalisierung im Finanzbereich von Unternehmen kann man unterschiedliche Ebenen und Perspektiven unterscheiden. Auf einer ersten Ebene geht es um die Frage, ob und gegebenenfalls auf welche Weise die bisherigen Prozesse im Finanzbereich künftig durch digitale Lösungen unterstützt oder ersetzt werden sollen. Mit der Einführung digitaler Technologien können mehrere Vorteile angestrebt werden. Erstens können arbeitsintensive Prozesse schneller und kostengünstiger ablaufen und so die Effizienz im Finanzbereich steigern. Zweitens lassen sich durch Automatisierung Fehler, beispielsweise bei der Eingabe von Daten, vermeiden. Die Digitalisierung kann so auch die Verlässlichkeit der Daten verbessern, die anschließend für Planungs- und Entscheidungszwecke genutzt werden sollen. Außerdem ist die Suche nach Fehlern und ihre Behebung häufig mit erheblichem Zeitaufwand verbunden, die Fehlerreduzierung trägt daher ebenfalls zur Effizienzsteigerung bei. Einschränkend ist anzumerken, dass auch digitale Prozesse fehleranfällig sein können, nämlich dann, wenn Sachverhalte von allzu einfach (oder schlicht falsch) programmierten Maschinen nicht richtig zugeordnet, Ausnahmen nicht erkannt oder komplexere Fragen nicht richtig beantwortet werden.

Auf einer zweiten Ebene können durch die Digitalisierung Leistungen im Finanzbereich grundlegend verändert werden, um so eine höhere Qualität von Entscheidungen im Unternehmen zu erreichen. Durch die Digitalisierung können die Mitarbeiter und die Führungskräfte im Finanzbereich, einschließlich der CFO, von zeitraubenden Routinetätigkeiten entlastet werden. Sie können sich also auf höherwertigere Tätigkeiten, neuartige Fragen, tiefer schürfende Analysen und komplexere Planungen konzentrieren. Ihnen stehen dazu potenziell umfangreichere und verlässlichere Daten zur

Verfügung, und sie können zur Unterstützung intelligente Systeme einsetzen (ML, KI). Dies wird eine bessere Analyse der historischen Performance der Unternehmen und ihrer Teilbereiche ermöglichen und einen zuverlässigeren Blick in die Zukunft. CFOs können somit künftig mit ihren Mitarbeitern und mit Hilfe digitaler Methoden beispielsweise die Cash Flows des Unternehmens präziser planen, finanzielle Risiken bei Kunden und am Kapitalmarkt besser erkennen und einschätzen, Zahlungsvorgänge kostengünstiger und sicherer gestalten und Finanzierungen zu besseren Konditionen erreichen.

Auf einer weiteren, dritten Ebene geht es schließlich auch um die Frage, was die Digitalisierung für das Unternehmen und seine Positionierung im Markt bedeutet. Denn der Einsatz moderner digitaler Technologien kann nicht nur die bestehende Organisation wettbewerbsfähiger und schlagkräftiger machen, sondern auch die Entwicklung gänzlich neuer Geschäftsmodelle ermöglichen. (Zum Aufbau digitaler Geschäftsmodelle siehe genauer Kapitel 1.2). Falls der CFO und die Mitarbeiter im Finanzbereich über die entsprechenden Kompetenzen verfügen, können sie bei Entwicklung und Aufbau digitaler Geschäftsmodelle eine wichtige Rolle spielen. Beispielsweise können Mitarbeiter des Controllings gemeinsam mit dem Vertrieb Potenziale von Kundengruppen analysieren und alternative Preisstrategien entwickeln; Mitarbeiter des Accounting können passende Abrechnungssysteme gestalten und Experten im Treasury können die Entwicklung von App-gestützten Bezahlungsmodellen unterstützen.

Auf allen drei Ebenen geht es nicht nur um prozessuale und technische Entscheidungen, sondern auch darum, was die Digitalisierung für die Mitarbeiter des Finanzbereichs bedeutet. In diesem Zusammenhang stellen sich zahlreiche Fragen. Welche Tätigkeiten sollen in Zukunft ausgeübt werden, welche Kompetenzen müssen die Mitarbeiter dafür aufweisen? Welcher Qualifikationsbedarf ergibt sich für Beschäftigte, die derzeit im Unternehmen sind, und kann dieser durch digitale Weiterbildung erreicht werden? Welche zusätzlichen Fähigkeiten muss das Unternehmen über neue Mitarbeiter einwerben? Interessant ist dabei auch, welche persönlichen Eigenschaften die Mitarbeiter der Zukunft idealerweise haben sollten. Technologien ändern sich, und es ist heute kaum absehbar, welche konkreten Kompetenzen in 10 oder 15 Jahren tatsächlich erforderlich sein werden. Daher sind die wichtigsten Anforderungen an Mitarbeiter möglicherweise Flexibilität, Lernfähigkeit und Motivation, weniger bestimmte technische Fertigkeiten. Unternehmen müssen sich auch mit der Frage beschäftigen, was mit Mitarbeitern geschehen soll, wenn ihre Fähigkeiten und Persönlichkeitsmerkmale nicht zum neuen Anforderungsprofil passen und es nicht realistisch ist, dass sie dieses Profil durch Weiterentwicklung erreichen können. Und sie müssen überlegen, wie die Personal- und Führungssysteme des Unternehmens angepasst werden müssen, damit sie zu den neuen fachlichen Anforderungen – und dem möglicherweise anderen persönlichen und kulturellen Profilen – der Mitarbeiter in einem digitalen Umfeld passen.

**Die Rolle des CFO**

Die voranstehenden Überlegungen legen nahe, dass die Digitalisierung in den Finanzbereichen der Unternehmen unausweichlich ist und dass sich CFOs dieser Entwicklung kaum entziehen können. Eine interessante Frage lautet, welche Konsequenzen die Digitalisierung für die Rolle der CFOs und, damit verbunden, für die Mitarbeiter in ihren Bereichen hat. Zwei völlig gegensätzliche Entwicklungen sind möglich und im Einzelfall durchaus plausibel.

Erstens ist es denkbar, dass CFOs und mit ihnen die Finanzfunktionen ihrer Unternehmen zum „Opfer" der Digitalisierung werden. Dies wird vor allem in solchen Unternehmen der Fall sein, in denen die CFOs ihre Rolle und die Rolle ihrer Mitarbeiter primär in der Bewältigung administrativer Prozesse sehen. Formalisierte Planungs- und Berichtsprozesse, externe Berichtspflichten, die Abwicklung von Zahlungsvorgängen, die Einhaltung von Risikovorgaben – viele „klassische" Aufgaben im Finanz- und Rechnungswesen sind regelgebunden und können daher relativ leicht standardisiert und automatisiert werden. Mitarbeiter, die für derartige Aufgaben zuständig sind, werden in Zukunft mehr und mehr durch digitale Lösungen ersetzt werden, die Finanzabteilung verliert so an Bedeutung, der CFO wird zum reinen Verwalter.

Der Finanzbereich kann infolge der Digitalisierung jedoch auch an Bedeutung im Unternehmen gewinnen. Dies wird dann der Fall sein, wenn der CFO sich und seine Mitarbeiter mit Hilfe digitaler Lösungen von Routineaufgaben entlastet – und zugleich die modernen Techniken nutzt, um verbesserte oder gänzlich neue Analyse- und Prognosefähigkeiten zu entwickeln und auf diese Weise verstärkt geschäftspolitische Entscheidungen auf Unternehmensebene mitgestaltet. Die praxisorientierte Fachliteratur spricht in diesem Zusammenhang schon länger davon, dass der CFO so zum „Business Partner" des CEO oder, bildlich gesprochen, zum „Co-Piloten" des Unternehmens werden kann.

Damit verknüpft ist die Frage, ob der CFO die Digitalisierung im Unternehmen prägt und vorantreibt und gestaltet, oder ob sie oder er davon getrieben wird. Der Finanzbereich ist klassischerweise der Bereich im Unternehmen, in dem Daten über Transaktionen und andere relevante Vorgänge im Unternehmen systematisch gesammelt, gespeichert und für Berichtszwecke ausgewertet werden. Es bietet sich an, diese Kompetenz auszubauen und auch für das Management anderer Daten zu nutzen. Wie zuvor erwähnt, ist das Sammeln und Speichern von Daten jedoch nur ein Aspekt der Digitalisierung. Von ausschlaggebender Bedeutung ist letztlich die Fähigkeit, Daten zu analysieren und für betriebswirtschaftliche Planungs- und Entscheidungszwecke zu nutzen. Viele CFOs und ihre Mitarbeiter werden diese Fähigkeiten ausbauen müssen. Während im Controlling und vor allem im Accounting traditionell eher der Blick auf die vergangene Periode gerichtet ist, wird es künftig verstärkt um vorausschauende und gestaltende Analysen und Diagnosen gehen. Zudem werden die Mitarbeiter künftig mit umfangreicheren und sehr viel heterogeneren Daten arbeiten müssen als bisher, dafür stehen ihnen neue und zum Teil komplexe digitale Technologien zur Verfügung. Die damit verbundenen Herausforderungen lassen sich nur mit fundiertem Know-how bewältigen. Kurz gesagt, CFOs und ihre Mitarbeiter, die die Digitalisierung in ihren Unternehmen aktiv gestalten wollen, müssen ihre eigenen Fähigkeitenprofile weiterentwickeln und sich intensiv mit den neuen digitalen Technologien auseinandersetzen.

**Digitalisierung und betriebswirtschaftliche Lehre**

Die wissenschaftliche Beschäftigung mit der Digitalisierung verlief ähnlich zur Entwicklung in Wirtschaft und Unternehmen. Auch an den Universitäten wurde die Informationstechnologie zunächst primär als technisches Thema verstanden, mit dem sich überwiegend Informatiker beschäftigten. In Deutschland wurden jedoch bereits ab Mitte der 1950er Jahre erste Lehrveranstaltungen zur „Elektronischen Datenverarbeitung" (EDV) in betriebswirtschaftlichen Studiengängen angeboten, ab den späten 1960er Jahren wurden Professuren für Wirtschaftsinformatik an wirtschaftswissenschaftlichen Fachbereichen eingerichtet.

Die Wirtschaftsinformatik bewegte sich aber lange Zeit eher am Rande der Betriebswirtschaftslehre, die Bedeutung digitaler Technologien drang nur langsam in die klassischen Domänen wie Unternehmensführung, Marketing, Finanzen und Rechnungswesen. Ab den 1970er und 1980er Jahren wurde zunächst vor allem in der Theorie die zentrale Rolle von Informationen für ökonomische Prozesse erkannt. Die Informationstheorie wurde, neben Transaktionskostentheorie und Prinzipal-Agenten-Theorie, zu einem wichtigen Zweig der Neo-Institutionentheorie, die heute eine wesentliche konzeptionelle Grundlage der Betriebswirtschaftslehre bildet.

*1 Der perfekte Sturm*

In jüngerer Zeit wird die enge Verzahnung der Informationstechnologie mit allen Bereichen der Betriebswirtschaftslehre an den meisten Hochschulen wahrgenommen. Lehrveranstaltungen zu digitalen Technologien, aber auch anwendungsorientierte Kurse, die digitale Technologien mit klassischen betriebswirtschaftlichen Funktionen verbinden, gehören zum Programm vieler betriebswirtschaftlicher Bachelor- und Master-Studiengänge, die Digitalisierung ist also auch in der Lehre „angekommen". Beispielsweise gehört an der (privaten) WHU – Otto Beisheim School of Management ein mehrstufiges „Coding Bootcamp" zum Pflichtprogramm im Bachelor-Studium. Die Studierenden können zudem Kurse zu Data Science for Business, Introduction to Blockchain, Applied Data Thinking, Pricing Analytics, Financial Modelling sowie Kurse zur Programmierung mit Python wählen. In den Master-Studiengängen gehören Kurse zu Data Science in Business, Managing Data Science, The Analytics Edge, Actionable Customer Analytics, Visual Data Analysis, Blockchain Programming sowie Web Mining zum Lehrprogramm.

Zudem entstehen immer mehr spezialisierte Studiengängen, in denen die Digitalisierung im Vordergrund steht, beispielsweise Master-Programme in Digital Management, Business Analytics oder Data Science. Die Digitalisierung beeinflusst im Übrigen nicht nur Inhalte der Lehrveranstaltungen, sondern auch die Form, in der sie angeboten werden – vermehrt werden ganze Studienprogramme online angeboten.

Einen erheblichen Schub hat die Digitalisierung auch an den Hochschulen durch die Corona-Krise erhalten. Im Frühjahr 2020 mussten die Hochschulen aufgrund des „Lockdowns" ihre Präsenzveranstaltungen in den Hörsälen einstellen und, mehr oder weniger von einem Tag auf den anderen, auf hybride oder vollständig virtuelle Lehrformate ausweichen. Wie in den Unternehmen wird man an den Hochschulen in den kommenden Jahren überlegen müssen, welche der Instrumente, die in der Krise notgedrungen und schnell eingeführt werden mussten, künftig zum „New Normal" gehören sollen.

**Digitalisierung und betriebswirtschaftliche Forschung**

In den Naturwissenschaften, etwa in der Physik und der Chemie, sind Wissenschaftler unter anderem in der Grundlagenforschung tätig und legen mit ihrer Arbeit die Basis für die spätere Entwicklung neuer Produkte und Prozesse in Unternehmen. Mit anderen Worten, in diesen Bereichen ist die Forschung der Anwendung typischerweise „einen Schritt voraus". In den Sozialwissenschaften – und dazu zählt die Betriebswirtschaftslehre – ist dies

## 1.6 Wissenschaft – Digitalisierung und betriebswirtschaftliche Forschung und Lehre

häufig anders. Hier versuchen Forscher, neue Verhaltensweisen und Strukturen in der Gesellschaft, zum Beispiel auch in Unternehmen, zu erkennen und zu erklären. In diesem Fall ist also gewissermaßen die Praxis der Forschung „einen Schritt voraus", die Forschung versucht mit zeitlicher Verzögerung nachzuvollziehen, was in der Praxis geschieht.

Auch in der Betriebswirtschaftslehre entstehen neue Verfahren meist in der Praxis, zum Teil auch in Kooperation von Unternehmen und Hochschulen. Die betriebswirtschaftliche Forschung versucht in diesen Fällen, die neuen Entwicklungen genauer zu beschreiben, ihre Ursachen zu verstehen und mögliche weitere Entwicklungslinien aufzuzeigen. Dies gilt auch für das Thema „Digitalisierung".

**Erkennen und Beschreiben:** Wie in jeder Wissenschaft geht es auch in der Betriebswirtschaftslehre zunächst darum, Phänomene zu erkennen, zu benennen und in eine logische Ordnung zueinander zu bringen. Es gilt in einem ersten Schritt also, Begriffssysteme (Taxonomien) zu entwickeln. Beispielsweise können Wissenschaftler neue digitale Verfahren beschreiben (z. B. Robotic Process Automation, RPA), und sie können Erkenntnisse darüber sammeln, wie diese Verfahren in den verschiedenen Aufgabenfeldern der Finanzbereiche von Unternehmen (Accounting, Controlling, Treasury etc.) eingesetzt werden.

**Messen:** Sind die Ausprägungen der Digitalisierung beschrieben, können sie durch den Einsatz entsprechender Methoden gemessen werden. Die Messung kann sich auf Einzelelemente beziehen, beispielsweise auf den Einsatz der zuvor erwähnten Robotic Process Automation – welche RPA-Modelle werden eingesetzt, wie häufig, an welchen Stellen im Unternehmen, für welche konkreten Aufgaben? Die Messung kann aber auch auf höheren Ebenen erfolgen. So werden in der Literatur seit einigen Jahren sogenannte „Maturity-Modelle" zur Messung der Digitalisierung von Unternehmen oder Unternehmensbereichen diskutiert.[4] Zur Bestandsaufnahme dienen Surveys, Interviews oder Fallstudien, in denen der digitale Reifegrad von Unternehmen dargestellt und miteinander verglichen wird.

**Erklären (Theoriebildung):** Sind Phänomene wie die Digitalisierung erkannt und beschrieben, ist es Aufgabe der Wissenschaft, ihre Entstehung sowie ihre weitere Entwicklung zu erklären. Es geht also um das Verständnis von Ursache-Wirkungsbeziehungen. Aussagen über vermutete Kausalbeziehungen werden auch als „Theorien" bezeichnet. Die behaupteten Aussagen

---

[4] Einen Überblick bieten Thordsen, Tristan, Matthias Murawski, and Markus Bick. „How to Measure Digitalization? A Critical Evaluation of Digital Maturity Models." Conference on e-Business, e-Services and e-Society. Springer, Cham, 2020.

(Hypothesen) können anschließend durch empirische Untersuchungen (z. B. Surveys) überprüft werden. Erklärt werden müssen insbesondere die Determinanten der Digitalisierung sowie ihre Konsequenzen. Mit Hilfe entsprechender theoretischer Modelle lassen sich beispielsweise Aussagen darüber ableiten, unter welchen Bedingungen bestimmte digitale Methoden in der Praxis eingesetzt werden und unter welchen Voraussetzungen ihr Einsatz zu mehr Effektivität und Effizienz führen wird.

**Vorhersagen, empfehlen (Technologien):** Die Betriebswirtschaftslehre ist eine angewandte Wissenschaft, deren Aufgabe auch darin besteht, Lösungen für praktisch relevante betriebswirtschaftliche Probleme in Unternehmen zu entwickeln. Dazu dienen Aussagen darüber, mit welchen Mitteln vorgegebene Zwecke (Ziele) am besten erreicht werden können. Derartige Aussagen oder Aussagesysteme werden auch als Technologien bezeichnet. Mittel-Zweck-Aussagen liegen in der Praxis zumindest implizit letztlich allen Führungsentscheidungen zugrunde, explizit werden solche Aussagen vor allem von Unternehmensberatern getroffen. Es ist wichtig zu verstehen, dass Mittel-Zweck-Aussagen nur dann systematisch erfolgreich sein können, wenn sie auf einem klaren Verständnis der zugrundeliegenden Ursache-Wirkungsbeziehungen beruhen.

## Wissenstransfer zwischen Hochschulen und Praxis

Der Wissenstransfer Forschung und Lehre einerseits in die Praxis andererseits kann über unterschiedliche Kanäle und in unterschiedlichen Ausprägungen ablaufen. Ein ganz wesentlicher Kanal ist natürlich die Ausbildung von Studierenden in „grundständigen" Bachelor- und Master-Programmen oder in „nicht-konsekutiven" Studiengängen, deren Teilnehmer nach ihrem Erststudium bereits Berufserfahrung gesammelt haben.

Eine weitere wichtige Form des Wissensaustauschs sind Programme zur Weiterqualifizierung von Führungskräften oder von jüngeren Mitarbeitern auf dem Weg zur Management- oder Spezialisten-Karriere. Derartige Executive-Education-Programme werden insbesondere von führenden „Business Schools" angeboten, entweder gezielt für einzelne Unternehmen („customized programs") oder als „offene" Programme für Teilnehmer aus verschiedenen Unternehmen. Mehrere Hochschulen bieten Executive Seminare zur Digitalisierung und speziell zur Digitalisierung im Finanzbereich an. In Abbildung 9 ist beispielhaft die Programmstruktur des Seminars „Digitalizing the Finance Function: The CFO Perspective" dargestellt, das von der WHU – Otto Beisheim School of Management in Kooperation mit PwC angeboten wird.

## 1.6 Wissenschaft – Digitalisierung und betriebswirtschaftliche Forschung und Lehre

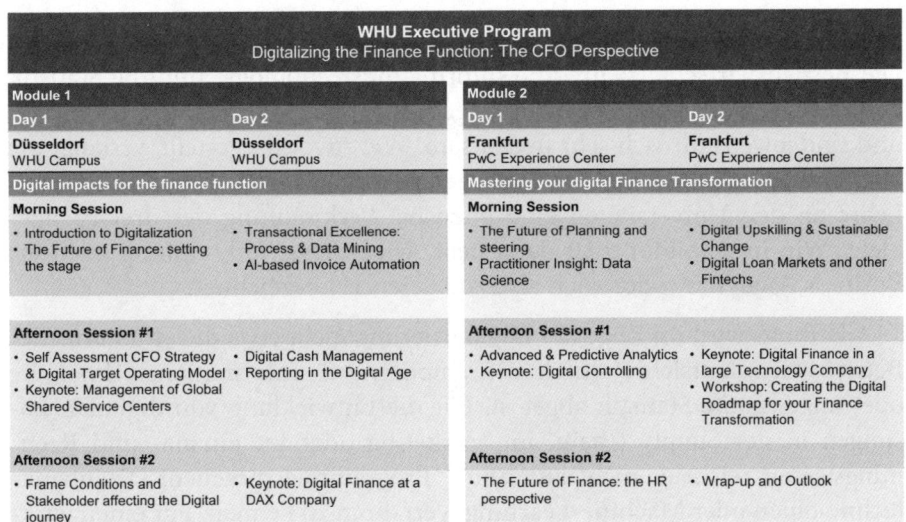

Abbildung 9: Curriculum WHU Executive Education Program
„Digitalizing the Finance Function: The CFO Perspective"

Quelle: https://ee.whu.edu/

Weitere Möglichkeiten für die gemeinsame Entwicklung und den Transfer von Wissen sind Kooperationen zwischen Unternehmen und Universitäten. Davon profitieren beide Seiten: vereinfacht dargestellt erhält die Wissenschaft Zugang zu Daten, die Unternehmen erlangen Zugang zu wissenschaftlichen (Data-Science-) Methoden. Weltweit bekannt – und ungemein bedeutsam für die Entwicklung der Digitalisierung – war und ist die intensive und vielfältige Kooperation von kalifornischen Universitäten (Stanford, Berkeley etc.) mit privaten Unternehmen im Silicon Valley.

Eine Plattform für den Austausch von Wissenschaft und Praxis bieten schließlich auch Konferenzen und regelmäßige Treffen in Arbeitskreisen. In Deutschland ist hier beispielhaft die Schmalenbach-Gesellschaft zu nennen, die sich dem Dialog zwischen betriebswirtschaftlicher Forschung, Lehre und Praxis widmet. Mehrere der regelmäßig tagenden Arbeitskreise der Schmalenbach-Gesellschaft beschäftigen sich mit Aspekten der Digitalisierung, ebenso wie mehrere der großen Konferenzen der letzten Jahre.[5]

---

[5] Siehe genauer https://www.schmalenbach.org/

## Data Science als (eine) Zukunft der Betriebswirtschaftslehre

Die Betriebswirtschaftslehre, die Informationstechnologie und die Statistik haben sich, zum Teil über sehr lange Zeiträume, eigenständig entwickelt und sind jeweils für sich sehr bedeutsam. Wie zuvor dargestellt, verlangt die Digitalisierung jedoch in der Unternehmenspraxis und in Forschung und Lehre an den Universitäten eine intensive Verknüpfung der drei Fachgebiete. Wie in Abbildung 10 dargestellt, wird diese Verknüpfung auch als Business Analytics (oder auch als Data Science[6]) bezeichnet.

Allerdings wird im Zuge der Digitalisierung nicht etwa die „traditionelle" Betriebswirtschaftslehre durch die „modernere" Informationstechnologie oder angewandte Statistik abgelöst. Für die Entwicklung von digitalen Lösungen in der Supply Chain, im Marketing oder im Finanz- und Rechnungswesen reicht es nicht aus, „nur" Programmiersprachen, Datenbanktechnologien oder Machine-Learning-Verfahren zu kennen. Für einen wirklich erfolgreichen Einsatz digitaler Technologien in Unternehmen bleibt

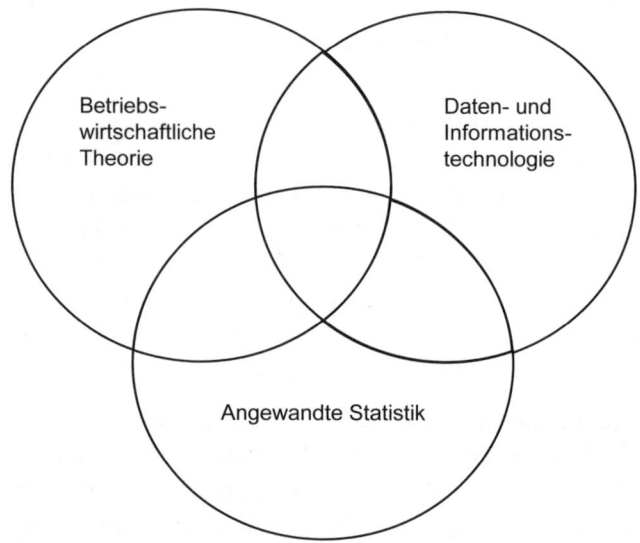

Abbildung 10: Business Analytics als Verknüpfung von betriebswirtschaftlicher Theorie, Daten- und Informationstechnologie und angewandter Statistik

*Quelle:* Prof. Dr. Martin Glaum

---

[6] Die beiden Begriffe werden in Praxis und Literatur zum Teil synonym verwendet. Man kann Business Analytics als die spezielle Anwendung von Data Science im Unternehmensumfeld ansehen.

auch künftig ein systematisches und tiefschürfendes Verständnis für betriebswirtschaftliche Fragen, Prozesse und Strukturen unabdingbar. Beispielsweise kann man Daten über Kundentransaktionen nicht sinnvoll für Prognose- und Entscheidungszwecke auswerten, wenn man die Produkte, die Absatzwege, die Kundenstruktur und die Preisstrategien des Unternehmens nicht gut versteht, und auch die Entwicklung einer durch KI unterstützten Finanzplanung setzt eine intensive Kenntnis der Produkte, der Produktionsprozesse, des Zahlungsverhaltens der Kunden sowie der Modalitäten im Bankensystem voraus.

Zu betonen ist, dass es nicht notwendig (und nicht realistisch) ist, dass künftig alle Mitarbeiter im Finanzbereich gleichermaßen kompetent in Betriebswirtschaftslehre, Informationstechnologie und Statistik sein werden. Für eine erfolgreiche Digitalisierung werden aber Kompetenzen aus allen drei Bereichen benötigt, und diese müssen möglichst intensiv und friktionsfrei integriert werden. Mitarbeiter, die nur in einem oder in zwei der drei Felder vertiefte Kenntnisse haben, sollten daher in den anderen Feldern zumindest Grundkenntnisse aufweisen, um anschluss- und „sprachfähig" zu sein. Wie zuvor bereits erörtert, gilt dies in besonderem Maße für Führungskräfte, bis hin zum CFO.

# 2 Die Zukunft der Finanzfunktion

## 2.1 Die strategische Ausrichtung der Finanzfunktion

Gori von Hirschhausen, Finance Consulting Leader Europe, Partner, PwC Deutschland

„Der erste Schritt zur Lösung eines Problems besteht darin, zu erkennen, dass es ein Problem gibt", stellt TV-Nachrichtenmoderator Will McAvoy in der Fernsehserie „The Newsroom" fest. Er meint damit, dass Amerika entgegen landläufiger Meinung nicht mehr das großartigste Land der Welt ist – es aber wieder sein könnte, würde man sich die Schwächen eingestehen, sie zusammen beheben und ein noch besseres Gemeinwesen aufbauen. In gewisser Weise lässt sich so auch die Situation des Finanzbereichs in vielen Unternehmen beschreiben. Er müht sich nach Kräften, jene klassischen Aufgaben zu erfüllen, die er früher so gut beherrschte: Buchungen ausführen, Reports erstellen, als Liquiditätssicherer die Zahlungsflüsse im Griff haben und als Rationalisierungstreiber das Potenzial für Produktivitätssteigerungen erkennen sowie nutzbar machen. Doch es fällt ihm in den derzeitigen Strukturen immer schwerer. Zugleich stellen massive Veränderungen der Rahmenbedingungen den Finanzbereich vor neue Herausforderungen. Nicht zuletzt die Corona-Krise hat gezeigt wie schnell und weitgehend sich das wirtschaftliche Umfeld des Unternehmens in der VUCA-Welt[7] ändern kann – darauf muss er reagieren um handlungsfähig zu bleiben sowie mit seinen Daten und Dienstleistungen zu einer effektiven Unternehmenssteuerung beizutragen. Es ist also höchste Zeit gemeinsam eine neue, bessere Finanzfunktion aufzubauen.

Nach dieser kritischen Beschreibung lautet die gute Nachricht: Viele CFOs haben sich bereits für diesen Neubau entschieden, weil sie – im Gegensatz zu Will McAvoys Publikum in der TV-Serie – das Problem nicht nur erkannt, sondern sogar schon durchdrungen haben. Die Erkenntnis, dass in verschiedenen Bereichen der Finanzfunktion Veränderungen erforderlich sind, hat sich inzwischen übergreifend verbreitet. Auch ohne Corona-Pandemie war für zahlreiche Unternehmen offenkundig, dass eine Transformation notwendig ist: Sie sehen sich schon länger mit Anforderungen konfrontiert, die sich aus der Kombination des komplexen VUCA-Umfelds mit großen strukturellen Herausforderungen bei Organisation und Prozessen sowie bei Systemen, Qualifizierung und auch der Governance ergeben. Die Wucht der globalen Gesundheitskrise hat dem Thema nur

---

[7] VUCA steht für volatility (Volatilität), uncertainty (Unsicherheit), complexity (Komplexität), ambiguity (Unklarheit).

## 2 Die Zukunft der Finanzfunktion

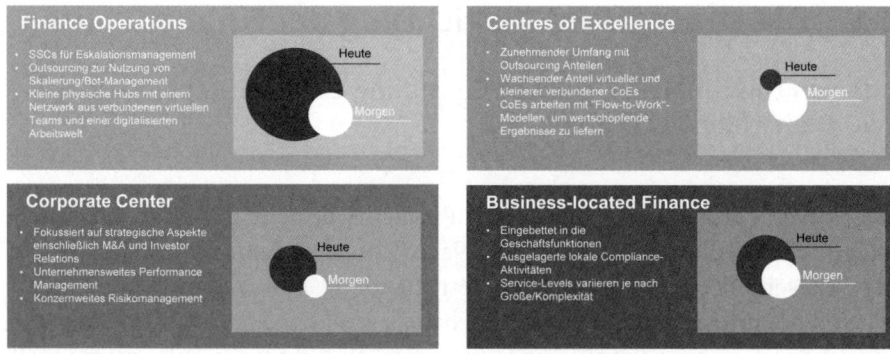

Abbildung 11: Die künftige Finanzfunktion
*Quelle:* PwC „Finance Transformation – CFO Strategy"

nochmal mehr Sichtbarkeit und Dringlichkeit gegeben: Die Finanzfunktion muss nachhaltig ihre eigene Effektivität und dadurch auch die Effektivität des Unternehmens steigern – indem sie künftig noch besser den Anspruch erfüllt gerade in schwierigen Zeiten zielgerichtet und konsequent das Richtige richtig zu tun beziehungsweise andere Bereiche so zu unterstützen, dass auch sie entsprechend entscheiden und handeln können.

Das wird nur durch eine zielgerichtete Transformation der Finanzfunktion gelingen. Denn eines ist den meisten CFOs mit Blick auf ihre derzeitige Organisation klar: Sie können diese Aufgabe nicht erfüllen, indem sie versuchen, den Motor mit mehr Sprit zu versorgen und ihn immer höher drehen zu lassen. Unabhängig davon, dass so irgendwann das Risiko eines Überdrehens droht, würde das schon aus finanziellen Gründen nicht klappen: In der aktuellen Situation wäre es enorm schwierig, zusätzliche Kapazitäten aufzubauen, um die Arbeit durch ein einfaches „Mehr vom Gleichen" zu bewältigen. Vielmehr sind die CFOs dazu aufgerufen, als Hüter der Kosten mit gutem Beispiel voranzugehen und die Kapazitäten auch in ihrem Bereich zu reduzieren. Wer jedoch mit weniger Kapazität mehr Aufgaben erledigen muss, der braucht eine andere Herangehensweise, einen echten New Way of Operations – er muss einen neuen Motor bauen, der schon durch die Grundkonzeption leistungsfähiger ist. In diesem Sinne sollte der CFO die Finanzfunktion konsequent als Rationalisierungssicherer positionieren, der der Organisation dabei hilft, dass Richtige richtig zu tun – und zu diesem Zweck auch seine eigene Arbeitsweise komplett überdenkt und neu ausrichtet.

## Die strategische Neuausrichtung der Finanzfunktion ist getrieben von fünf Zielen

Wichtig ist nun, den als notwendig erkannten Umbau der Finanzfunktion in die richtige Richtung voranzutreiben. Im Kern der strategischen Neuausrichtung sollten fünf Ziele stehen. Oberste Maxime ist, dass die Finanzfunktion sich künftig voll darauf konzentriert alle Entscheidungen des Managements mit Reports und Prognosen optimal zu unterstützen – eben selbst das Richtige richtig zu tun sowie andere dazu in die Lage zu versetzen. Eine wesentliche Voraussetzung dafür ist, dass der Finanzbereich seine analytische Kompetenz konsequent erhöht. Deshalb ist das zweite Ziel der strategischen Neuausrichtung mithilfe von Advanced Analytics für deutlich mehr Einblick und Überblick zu sorgen. Einerseits muss die Finanzfunktion tiefer in die Details gehen. Wie unter dem Mikroskop sollte sie Zahlen nicht nur auf Aktualität, Vollständigkeit und Genauigkeit prüfen, sondern auch auf Korrektheit beziehungsweise richtige Differenzierung. Andererseits muss die Finanzfunktion wie mit einem Teleskop in die Ferne, also in die Zukunft schauen. Sie muss sich von ihr ein Bild machen, indem sie mithilfe von Predictive Analytics beim Blick aufs Ziel gleich zwei Fragen beantwortet: Was wäre, wenn sich etwas ändert – und was treibt vorlaufend die Entwicklung? Die per Mikroskop und Teleskop gewonnenen Einsichten helfen, den Sinn für das eigene Geschäft und die Handlungsoptionen in bestimmten Situationen zu schärfen, Stichwort Business Acumen. Außerdem sollte die erweiterte analytische Kompetenz dazu genutzt werden, dass die Finanzfunktion die Perspektive kritischer Investoren einnimmt und das Geschäft selbst kontinuierlich nach jenen Maßstäben hinterfragt, die früher oder später auch der Kapitalmarkt anlegen dürfte. Dazu dienen etwa Simulationen, die eine entsprechende Steuerung der Profits und Earnings ermöglichen. Die Erkenntnisse aus solchen Betrachtungen und Analysen erleichtern es Managern und Mitarbeitern auch, Entscheidungen so zu treffen als ginge es um ein Unternehmen, das ihnen selbst gehört – dies verhilft den handelnden Personen quasi zu einer unternehmerischen Perspektive.

Das dritte Ziel der strategischen Neuausrichtung lautet: Automatisieren, was immer sich automatisieren lässt – transaktionale Exzellenz im Verarbeiten der Daten macht die Finanzfunktion zum erfolgreichen Produktivitätssteigerer und Werttreiber für das Unternehmen. Dies sollte der CFO in zwei Schritten angehen. Zunächst gilt es, für einen optimalen Einsatz des ERP-Systems zu sorgen. Stichworte sind hier unter anderem die Qualität der Daten sowie eine weitgehende Standardisierung, die wiederum eine wesentliche Voraussetzung für einen hohen Nutzungsgrad des Systems ist. Im zweiten Schritt sollte der CFO sich mit Themen beschäftigen, die jenseits der ERP liegen. Beyond ERP heißt, moderne digitale Lösungen einzusetzen, die dem Unternehmen weitere Möglichkeiten eröffnen – beispielsweise Robotic Process Automation oder die Erfassung von deutlich mehr Datenpunkten in Form von KI-gestützter Informationsauslesung, wie weiter unten im Praxisbeispiel Hypatos dargelegt.

Mit den neuen Technologien sind neue Herausforderungen an die Mitarbeiter verbunden, was zum vierten Ziel der strategischen Neuausrichtung führt. Durch den Umbau der Finanzfunktion sollte ein Umfeld entstehen, in dem lebenslanges Lernen nach dem Prinzip Two in One Box gepflegt wird. Künftig reicht es für Beschäftigte in der Finanzfunktion nicht mehr gute Fachexperten zu sein – sie brauchen auch genug Technikkompetenz, um die Möglichkeiten sowie Limitierungen der Technik zu kennen. Sie müssen nicht nur über neue steuerliche oder rechtliche Vorgaben informiert sein, sondern auch mit Datenbanken umgehen können oder analytische Systeme verstehen und mit viel Freude nach zusätzlichen Einsatzmöglichkeiten dafür suchen. Das künftige Anforderungsprofil an die Beschäftigten in der Finanzfunktion ist also das eines systemaffinen Fachexperten mit einem Hang zur dauerhaften Optimierung, was wiederum den Willen zum lebenslangen Lernen erfordert, um die eigenen Fähigkeiten und Fertigkeiten laufend weiterzuentwickeln. Das aber funktioniert nur in Unternehmen mit einer sinngetriebenen Kultur der permanenten Verbesserung. Dies ist daher das fünfte Ziel der strategischen Neuausrichtung: Die Transformation sollte die Rahmenbedingungen dafür schaffen, dass im ganzen Finance-Team eine gemeinsame Vorstellung vom Sinn der Arbeit in der Finanzfunktion herrscht – die richtigen Dinge werden richtig gemacht und dies erfordert permanente Verbesserungen, also auch permanente Veränderungen, bei denen jeder voller Überzeugung mitzieht.

## Die Neuausrichtung der Finanzfunktion ist wie eine Reparatur der Turbine während des Fluges

Viele CFOs mögen die Notwendigkeit einer strategischen Neuausrichtung der Finanzfunktion erkannt und damit begonnen haben – bei der Umsetzung stehen sie allerdings vor großen Herausforderungen. Schließlich handelt es sich hier nicht um einen Neubau auf der grünen Wiese, sondern um Veränderungen im laufenden Betrieb. Etwas überspitzt gesagt: Die Neuausrichtung der Finanzfunktion ist wie eine Reparatur der Turbine während des Fluges. Darum ist es wichtig, den richtigen Ansatzpunkt für das Projekt zu identifizieren. Tatsächlich landet man hier rasch bei einem Thema, das wenig sexy klingt: Dem Daten- und Informationsmodell der Finanzfunktion. Doch bei genauerer Betrachtung erschließt sich sofort, warum dies der

## 2.1 Die strategische Ausrichtung der Finanzfunktion

Ausgangspunkt der strategischen Neuausrichtung sein sollte. Denn Effektivität sowie Effizienz basieren auf der Arbeit mit richtigen und vergleichbaren Daten. Bevor also in neue Prozesse, Strukturen oder auch Technologien zur Auswertung von Daten investiert wird, gilt es dafür zu sorgen, dass die Daten den 4-C-Anspruch erfüllen – sie müssen clear, complete, concise und correct sein, also klar, vollständig, eindeutig sowie korrekt. Erst wenn die Daten diese Voraussetzung erfüllen, lassen sie sich gezielt verarbeiten und daraus belastbare Zahlen und Erkenntnis ziehen. Was so banal klingt, ist in der Praxis ziemlich anspruchsvoll. Schließlich geht es nicht nur darum, dass einzelne Daten den 4-C-Anspruch erfüllen – sie müssen auch in einem Zusammenhang stehen, in dem sie eine Aussagekraft entfalten. Die aber geht verloren, wenn zwar die Benennungen und Aufhängungen von Kostenstellen durchdacht und standardisiert ist, nicht jedoch die dahinter liegenden Wertschöpfungsketten. So kann es passieren, dass vermeintlich vergleichbare Kostenstellen betrachtet werden und dabei völlig übersehen wird, dass eine Kostenstelle mehr umfasst. In diesem Fall würden quasi Äpfel mit Birnen verglichen – und schon tendiert die Aussagekraft der Ergebnisse gegen Null.

Ein wichtiger Aspekt der strategischen Neuausrichtung der Finanzfunktion ist die Datensäuberung oder -aufbereitung entsprechend der 4-C-Vorgaben. Das erfordert Investitionen, die der eigentlichen Transformation vorgeschaltet sind, quasi Vor- und Begleitarbeiten der Digitalisierung – nämlich die Bereinigung von Stammdaten. Ohne dies grundlegende Aufräumen ist jedes Projekt zum Scheitern verurteilt, denn auch im Finanzbereich gilt das Motto: Garbage in, Garbage out. Wer ein noch so gutes System mit schlechten Informationen füttert, darf sich nicht wundern, wenn dabei schlechte – genau genommen keine – Ergebnisse herauskommen. Die Devise lautet Fix the Basics, Leverage Innovation. Denn nur mit sauberen Daten lässt sich effektiv arbeiten, also das Richtige machen. Und Effektivität ist die Voraussetzung für Effizienz. Wer in die falsche Richtung startet, kommt auch dann nicht ans Ziel, wenn er immer weiter beschleunigt. Dagegen kann der Einsatz der richtigen Technologien sowohl die Effektivität – etwa in Form von Analytics – wie auch die Effizienz – etwa in Form von Automatisierung, im ERP oder Beyond ERP – steigern, sobald die Daten als Dreh- und Angelpunkt des gesamten Systems einmal in der erforderlichen Weise bereinigt und aufbereitet sind.

Auf ERP-Ebene ist entscheidend, dass nicht nur versucht wird, die Funktionalität konsequent zu nutzen, sondern vor allem auch die dafür erforderlichen Voraussetzungen überhaupt erst zu schaffen. Dazu zählt vor allem die Standardisierung von End-to-End-Prozessen, basierend auf den Erkennt-

## 2 Die Zukunft der Finanzfunktion

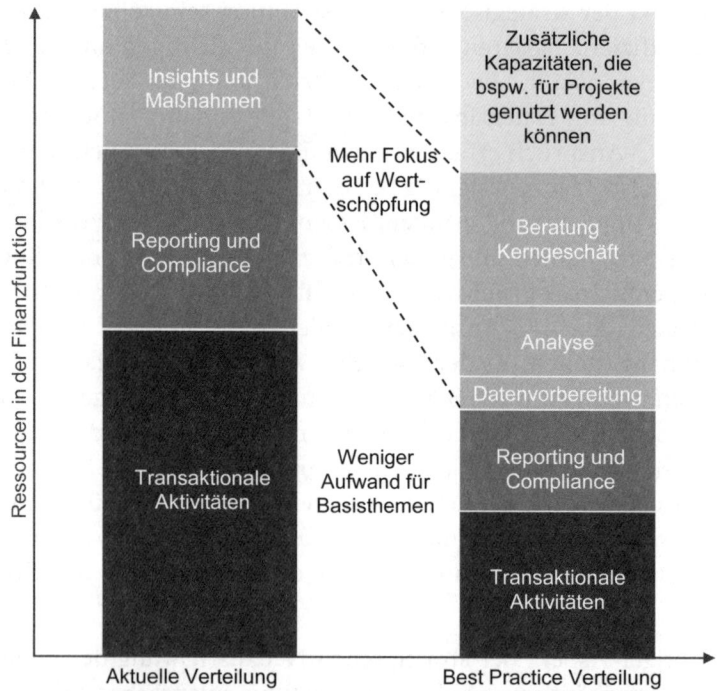

Abbildung 12: Transformation der Finanzfunktion:
Von der Ausführung von Aufgaben zur Wertschöpfung
für die gesamte Organisation

*Quelle:* PwC „Finance Transformation – CFO Strategy"

nissen aus einem vorherigen Process Mining. Eine ebenso wichtige Voraussetzung für den zielgerichteten Einsatz des ERP ist dabei die konsequente Anwendung und Umsetzung des im ERP-System abgebildeten Informations- und Datenmodells – werden beispielsweise alle Informationen wie Kostenstellen oder Innenaufträge entsprechend berücksichtigt? Auf der nächsten Ebene, also On-Top-of-ERP, geht es dann um zusätzliche Automatisierung auf Basis des ERP-Systems. Und schließlich folgen auf der dritten Ebene, also quasi Beyond ERP, jene externen Zusatzlösungen, die sich auch noch zur Steigerung der Analysefähigkeit einsetzen lassen – das sind dann die Lösungen etwa für Predictive Analytics.

## 2.1 Die strategische Ausrichtung der Finanzfunktion

## Aktuell gehen noch 80 Prozent der Kapazität in den Blick zurück, nur 20 Prozent in die Zukunftsgestaltung

Ein wesentlicher Effekt der veralteten Systeme und nicht zuletzt auch der zuvor beschriebenen Herausforderung zur Datenstandardisierung ist das oft noch vorherrschende Missverständnis vom Kapazitätseinsatz. Parallel zur strategischen Neuausrichtung der Finanzfunktion bedarf es einer detaillierten Bestandsaufnahme, was aktuell nicht gut läuft. Obwohl sich die Aufgaben im Finanzbereich absehbar massiv verändern dürften, wird noch viel Zeit für das Buchen von Belegen oder das Erstellen traditioneller, zurückblickender Reports verwendet. Rund 80 Prozent ihrer Personalkapazitäten steckt die durchschnittliche Finanzabteilung derzeit noch in transaktionale, verwaltende oder berichtende Tätigkeiten – also Datenverarbeitung, Reporting und Compliance. Nur 20 Prozent werden für Insights und Maßnahmen genutzt, um per Datenanalyse tiefe Einsichten in den Zustand des Unternehmens oder seiner Märkte zu gewinnen und Initiativen zu entwickeln, die intern zum Effizienzgewinn bei transaktionalen Tätigkeiten beziehungsweise im Kundenkontakt zur Wertsteigerung durch bessere Angebote und eine bessere Leistungserbringung führen. Dabei steht der Finanzbereich eigentlich bereits heute vor der Herausforderung, das Management mit noch mehr datenbasierten Informationen zur Performance versorgen zu sollen. Deshalb muss sich die Relation der Aufgabenverteilung deutlich verschieben: Nur zu einem kleinen Teil verarbeitet die Finanzfunktion künftig noch Belege, dieser Anteil am Arbeitsaufkommen dürfte sich um drei Viertel reduzieren. Ihre Hauptaufgabe wird vielmehr die des Leistungstreibers sein, der bereits heute vorliegende oder künftig zusätzlich verfügbare Daten mithilfe moderner digitaler Tools so auswertet, dass evidenzbasierte Planungen und Entscheidungen das Unternehmen auf Erfolgskurs halten. Derzeit sehen 45 Prozent der Unternehmen den hohen Zeitdruck als Hauptgrund, der eine effiziente Datenanalyse verhindert. Die strategische Neuausrichtung der Finanzfunktion und die damit verbundenen Effektivitäts- und Effizienzsteigerungen wird das Ändern – so eröffnet sich dem Finanzbereich die Möglichkeit, rund die Hälfte seiner Kapazitäten in Insight & Maßnahmen zu stecken. Außerdem gewinnt das Thema Reporting und Compliance relativ deutlich an Bedeutung – nicht zuletzt, da hier weitere regulatorische Anforderungen hinzukommen, etwa mit Blick auf das ESG-Reporting demzufolge zusätzliche Kennzahlen zu Nachhaltigkeit, sozialer Verantwortung und Governance des Unternehmens zu veröffentlichen sind.

Konkret ansetzen sollte der CFO also bei Veränderungen im transaktionalen Bereich, quasi bei den Basics. Hier zielt die strategische Neuausrichtung darauf ab, die in der Finanzfunktion weiterhin anfallenden Aufgaben deutlich effizienter erledigen zu können. Das erfordert tiefgreifende Veränderungen. Es gilt, bestehende Prozesse kritisch zu hinterfragen und modernisieren. Ein Ziel sind unternehmensweit standardisierte sowie vereinfachte End-to-End-Prozesse – und damit klare Verantwortlichkeiten für die Erledigung einer kompletten Aufgabe statt nur einzelner Teilaspekte. Soweit es geht sollte dabei auf Automatisierung gesetzt werden. Hilfreich ist dabei insbesondere der Einsatz von Robotic Process Automation (RPA). Dadurch lassen sich beispielsweise Effizienz und Qualität massiv steigern, weil Bots ihre Aufgaben im Rahmen der Programmierung rund um die Uhr kostengünstig und fehlerfrei erledigen. Die damit verbundenen Qualitätsverbesserungen wirken sich auch positiv auf die Compliance aus. Aber es geht um RPA mit Augenmaß – Bots sollten nur dort unterstützen, wo die ERP-Basis die Aufgabe nicht allein bewältigen kann, was oft an Schnittstellen zu anderen Systemen liegt. Und wer Roboter einsetzt, muss auch an eine Art RPA-Compliance denken. Denn ein Bot ist nur so intelligent wie der Mensch, der ihn programmiert hat. Passiert hier ein Fehler, wird der Bot ihn unendlich multiplizieren. RPA kann also eine punktuelle Unterstützung der ERP sein, aber stets mit Augenmaß und einer Compliance, bei der die Risiken im Blick bleiben. Inzwischen laufen Lösungen zur vollautomatisierten Buchung von Rechnungen wie die des Start-ups Hypatos auch KI-gestützt und lernen während der Arbeit dazu – dass dürfte ein Quantensprung im transaktionalen Bereich sein. Eine ideale organisatorische Basis für Projekte zur Standardisierung und Automatisierung sind Shared Service Center (SSC), in denen sich transaktionale Aufgaben der Finanzfunktion über alle Einheiten oder Geschäftsbereiche des Unternehmens hinweg bündeln lassen, so dass die Skalierung maximal wirkt. Auch das Thema Beyond ERP spielt in diesem Zusammenhang eine wichtige Rolle.

> *Praxisbeispiel: Mehr Effizienz bei Rechnungsverarbeitung durch Machine Learning und KI*
>
> **Realitäten akzeptieren:** Die Finanzabteilung muss in vielen Bereichen auch künftig Dokumente verarbeiten, die nur teilstrukturiert sind und als PDF oder in Papierform vorliegen – von Eingangsrechnungen über Lieferscheine oder Bestellannahmen bis zu Reisekostenabrechnungen. Hier wird die Digitalisierung so schnell keine komplette Automatisierung ermöglichen. Und selbst per EDI-Schnittstelle eingehende, also eigentlich schon digitalisierte Informationen, werden von vielen Finanzabteilungen nicht komplett genutzt. Ihr System erfasst häufig nur punktuell einige wesentliche Datenpunkte für die quasi primitivsten Zwecke und verschenkt so das Potenzial, dass mit der Nutzung aller weiteren in einem Dokument übernahmebereit vorhandenen Informationen verbunden ist.

Mit der richtigen Software lässt sich dies ändern und so massiv die Produktivität der Mitarbeiter erhöhen – dafür brauchen Unternehmen die passenden Lösungen, Prozesse und Strukturen. Das Berliner Start-up Hypatos hebt das automatisierte Buchen auf ein neues Niveau. Dazu hat das Team um Co-Gründer Dr. Ulrich Erxleben seiner Software per Deep-Learning-Technologie das Document Understanding beigebracht und ihr so quasi die kognitiven Fähigkeiten des Menschen zum Sehen und Begreifen verliehen. Die Lösung kann Texte verstehen, Zusammenhänge herstellen und dadurch den weiteren Bearbeitungsprozess optimieren.

**Grunddaten übernehmen:** Die meisten Unternehmen nutzen schon Optical Character Recognition (OCR) zur Text- und Bilderkennung, um automatisch bestimmte Daten ins ERP-System übertragen zu lassen. Doch gängige OCR-Lösungen verstehen keine Inhalte. Sie durchsuchen die Dokumente nur nach vorgegebenen Worten, die in ihrer Bibliothek gespeichert sind, etwa Rechnungsnummer oder Bestellnummer. Erkennen sie den Begriff, übernehmen sie die ihm zugeordnete Zahl wie in der Software-Routine vorgesehen zur Weiterverarbeitung in die ERP. So lassen sich derzeit nur circa zehn Datenpunkte eines Dokuments automatisch auslesen, obwohl es 70 sein könnten. Eine Prüfung des Inhalts durch die Software findet nicht statt. Die im weiteren Bearbeitungsprozess folgenden Schritte finden keine Beachtung. Die Hypatos-Lösung dagegen sieht und versteht, ob es sich beispielsweise um eine Rechnung mit sieben oder 19 Prozent Umsatzsteuer handelt oder ob die Kleinunternehmerregelung zur Anwendung kommt. Sie kann die Daten entsprechend übernehmen und diesen Zusammenhang im weiteren Bearbeitungsprozess berücksichtigen.

**Stammdaten erkennen:** Der Mensch erfasst anhand der Anordnung der Adressfelder mit einem Blick auf die Rechnung den Absender und Empfänger. Hypatos hat seiner Lösung diese kognitive Fähigkeit der Computer Vision antrainiert. Außerdem hat die Software gelernt, wie aus eigener Erfahrung sowie durch den Abgleich mit historischen Daten im ERP, den Inhalten beispielsweise einer Eingangsrechnung die Stammdaten zugeordnet werden – zum Beispiel wer der Zulieferer ist und welche Kreditorennummer dazu gehört. Mithilfe der Deep-Learning-Technologie kann die Lösung auch Stammdaten verstehen, die keiner stringenten Systematik und Kausalität unterliegen, und so in vielen Fällen ein Match herstellen. Dazu imitiert sie die kognitive Fähigkeit des Menschen, etwas zu überfliegen und Augenfälliges mit seiner Erfahrung abzugleichen.

**Zusammenhänge herstellen:** Die Hypatos-Software unterstützt den Menschen, indem sie weitgehende Prüfungen übernimmt sowie Zusammenhänge herstellt. Das betrifft zunächst die Angaben auf der Rechnung – ist etwa die Mehrwertsteuer richtig ausgerechnet oder soll Geld in ein Land überwiesen werden, das auf einer Embargoliste steht? Passt alles, wird der Bestellvorgang insgesamt anhand weiterer per ERP vorliegender Dokumente und Informationen gecheckt: Wurde wirklich das Bestellte geliefert, sind diverse Teillieferungen zusammen zu betrachten, darf eine Zahlung freigegeben werden? Besondere Rechnungsposten, etwa zusätzliche Transportkosten, erkennt die Hypatos-Lösung ebenfalls und kann sie richtig zuordnen. Mit ihrem Verständnis für das Accounting- und Controlling-Framework des Unternehmens kann sie zahlreiche Entscheidungen so gut fällen wie der Buchhalter mit seiner Erfahrung – indem sie beispielsweise lernt, dass bestimmte Rechnungen gewöhnlich Frau Müller freigibt.

**Entscheidungen vorbereiten:** Von besonderem Wert für Unternehmen ist die Fähigkeit der Hypatos-Lösung die Experten im Finanzbereich bei ihren Entscheidungen zu unterstützen. Die Software übernimmt nicht nur Daten, sondern ordnet sie konkret zu und stellt dabei diverse Zusammenhänge her, aus denen sich oft die Notwendigkeit einer menschlichen Entscheidung ergibt. Sie könnte einem Buchhalter etwa eine Rechnung mit dem Hinweis zustellen, aus dem Text ergebe sich eine Wahrscheinlichkeit von 53 Prozent für eine Buchung auf das Sachkonto „Reparaturen an Immobilien" sowie von 79 Prozent auf das Sachkonto „Reparaturen an Mobilien". Der Mensch kann diesen Aspekt gezielt ansehen und schnell entscheiden, weil die Maschine ihn auf den Kern des Problems hingewiesen hat.

**Produktivität steigern:** Anders als klassische OCR-Lösungen setzt die Hypatos-KI hierbei nicht nur an einem Punkt an. Zwar steigt auch bei der reinen Datenübernahme die Trefferquote nochmal. Entscheidend aber sind die Produktivitätsfortschritte, die dadurch entstehen, dass die intelligente Maschine den Menschen bei Entscheidungen optimal unterstützt. Der bisherige Arbeitsaufwand beim Klären von Fragen wie etwa Sachkonto „Reparaturen an Immobilien" oder Sachkonto „Reparaturen an Mobilien" beispielsweise reduziert sich um bis zu 95 Prozent. Die Blind- oder Dunkelverarbeitung von Daten in End-to-End-Prozessen wird durch solche Lösungen überhaupt erst möglich – bei der Kontierung und Freigabe in SAP könnte der Automatisierungsgrad so künftig bei rund 70 Prozent liegen, statt bei derzeit Null. Wichtig ist, dass solche digitalen Lösungen human-centric sind, also den Menschen in den Mittelpunkt stellen und seine Tätigkeit bestmöglich unterstützen – dann steigt die Produktivität nachhaltig.

### Effektivitäts- und Effizienzsteigerungen liefern gute Argumente für mehr Digitalisierung

Mehr Effizienz der Finanzfunktion sowie Automatisierung bei transaktionalen Tätigkeiten entlastet viele Mitarbeiter der Finanzabteilung von eintönigen, manuellen und oft rückwärtsgewandten Tätigkeiten. CFOs und Leiter von Rechnungswesen oder Controlling erwarten davon 30 bis 40 Prozent an Zeitersparnis beziehungsweise eine Reduzierung der Vollzeitstellen um rund ein Drittel. Das bedeutet nicht zwangsläufig Entlassungen. Vielmehr stehen so künftig die personellen Kapazitäten zur gezielten Weiterentwicklung einer Finanzfunktion zur Verfügung, die stärker analytisch und prognostizierend und damit wertschöpfender und -schaffender arbeiten kann. Die strategische Neuausrichtung der Finanzfunktion beginnt mit dem Säubern der Daten sowie der Effizienzsteigerung bei transaktionalen Tätigkeiten, die auf Basis homogener Daten mithilfe von Automatisierung und Shared Service Centern entsprechende Ergebnisse liefert – dies ist das Fix the Basics. So schafft sich der CFO die personellen und finanziellen Spielräume, um sich einem zweiten Handlungsfeld zuzuwenden: Leverage Innovation. Das ist die andere wesentliche Säule der Transformation. Weil bei ihr die wichtigen Informationen zum Kerngeschäft zusammenlaufen, kann die Finanzabteilung mithilfe moderner digitaler Tools über die klassischen Finanzkennzahlen hinaus auch tiefergehende Auswertungen der Geschäftsentwicklung erstellen und Daten unter neuen Fragestellungen mit dem Blick nach vorne analysieren. So wird das Team des CFO vom reinen Zahlenverwalter mit rückwärtsgewandter Perspektive zum Business Partner und Enabler für künftige Geschäfte, das Chancen und Risiken untersucht, realistische Szenarien entwickelt sowie mit seinen Analysen den Unternehmenserfolg maßgeblich beeinflusst.

Der Einsatz moderner digitaler Tools eröffnet der Finanzfunktion so die Chance, als aktiver Wertschöpfer zu agieren. Sie kann Produkte, Services oder Geschäftsmodelle durchleuchten und Umsatzpotenziale erschließen, indem sie Einnahmen prognostiziert, Preiskalkulationen erleichtert oder Fachabteilungen gezielt bei Verbesserungen und Neuerungen berät. Dies allerdings erfordert neben den dafür notwendigen digitalen Technologien auch ein besseres Verständnis der Mitarbeiter im Finanzbereich für das Geschäftsmodell und die Angebote des Unternehmens. Richtet etwa ein Autokonzern wie Daimler sein Geschäftsmodell neu aus und wird vom Fahrzeughersteller und -verkäufer zum Anbieter integrierter Mobilitätskonzepte mit eigenem Ökosystem, muss sich die strategische Ausrichtung der Finanzfunktion natürlich ebenso an dieser Unternehmensstrategie orientieren und beispielsweise neue Abrechnungsmechanismen bereitstellen können. Wichtig ist, die Mitarbeiter bei der strategischen Neuausrichtung mitzunehmen, damit sie bereit und in der Lage sind, Aufgaben mit mehr Verantwortung und höherer Wertschöpfung zu erfüllen und auch die Strukturen für die neue Zusammenarbeit zu schaffen – etwa in Form diverser Center of Excellence, in denen bestimmte Kompetenzen zusammengefasst sind, sowie durch das Etablieren eines Systems von Business Partnern, damit die Bera-

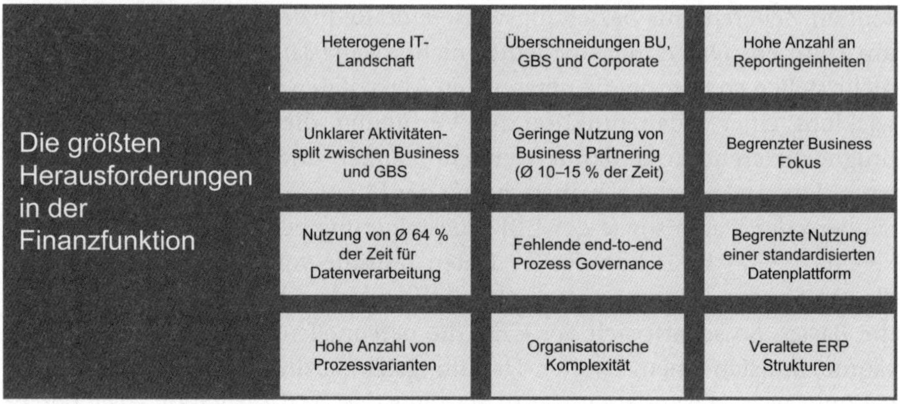

## 2 Die Zukunft der Finanzfunktion

| Die größten Herausforderungen in der Finanzfunktion | Heterogene IT-Landschaft | Überschneidungen BU, GBS und Corporate | Hohe Anzahl an Reportingeinheiten |
|---|---|---|---|
| | Unklarer Aktivitätensplit zwischen Business und GBS | Geringe Nutzung von Business Partnering (Ø 10–15 % der Zeit) | Begrenzter Business Fokus |
| | Nutzung von Ø 64 % der Zeit für Datenverarbeitung | Fehlende end-to-end Prozess Governance | Begrenzte Nutzung einer standardisierten Datenplattform |
| | Hohe Anzahl von Prozessvarianten | Organisatorische Komplexität | Veraltete ERP Strukturen |

Abbildung 13: Status quo: Größte Herausforderungen in der Finanzfunktion
*Quelle:* PwC „Finance Transformation – CFO Strategy"

tung optimal laufen kann. Eine Umfrage unter CFOs hat ergeben, dass fünf von sechs Schritten zur Verbesserung der Effektivität und Effizienz durch Verhaltensänderungen der Beschäftigten erzielt werden können.

### Die Finanzfunktion muss ihr strategisches Zielbild genau durchdenken und klar formulieren

Vor allem mit Blick auf die zweite Säule der neuen strategischen Ausrichtung der Finanzfunktion ist es wichtig, ein klares strategisches Zielbild zu formulieren. Alt-Bundeskanzler Helmut Schmidt wird das Bonmot zugeschrieben, wer Visionen habe, solle zum Arzt gehen. Auch wenn er seine Bemerkung später etwas relativierte – darin steckt ein wahrer Kern. Mit salbungsvollen Worten ohne substanziellen Inhalt werden sich die Beschäftigten nicht für einen großangelegten Umbau der Finanzfunktion begeistern lassen, der auch ihnen persönlich weitgehende Verhaltensänderungen abfordert. Undifferenzierte Appelle an die Belegschaft, man möge sich doch bitte an der Gestaltung der Zukunft beteiligen, verhallen meist ungehört, weil den Adressaten weder Sinn und Zweck noch einzelne Maßnahmen mitgeteilt werden. Und selbst für den engagiertesten Projektmanager dürfte die praktische Umsetzung eines neuen Konzepts schwierig werden, wenn alles wenig konkret bleibt.

Deshalb sollte der CFO nicht nur allgemein von seiner Vision einer neuen Finanzfunktion reden. Er sollte aus seinen strategischen Überlegungen einen möglichst genauen Weg zu einem möglichst konkret beschriebenen Zielbetriebsmodell erarbeiten sowie dem Team die geplante Entwicklung für die nächsten drei bis fünf Jahre präsentieren – mit Blick auf das anvisierte Ziel und unter Berücksichtigung der in Frage kommenden Technologien sowie der sich daraus ergebenden organisatorischen Strukturen, etwa Center of Excellence oder Business Partnership. Es reicht aber nicht etwa zu proklamieren, die Finanzfunktion solle den Managern oder Produktverantwortlichen künftig als kompetenter Ansprechpartner zur Verfügung stehe. Eine Strategie wäre klar formuliert, beispielsweise: Weil die Finanzfunktion dafür sorgen soll, dass die Profitabilität der einzelnen Kunden und Produkte auf verschiedenen Ebenen sichtbar wird, braucht es ein Center of Excellence für Analytics, in dem Mitarbeiter mit exakt beschriebenen Kompetenzen klar definierte Technologien einsetzen. So wird die grobe Idee – Ansprechpartner sein – zur klaren Ansage, was die neue strategischen Ausrichtung erfordert – ein Center of Excellence aufbauen und betreiben. Tatsächlich bedeutet dies nicht weniger, als mit dem Strategiebild der Finanzfunktion schon relativ konkret das künftige Zielbetriebsmodell zu umreißen, inklusive Fragen zu Organisation, Abläufen und Governance. So präzise wie möglich sind zukünftige Dimensionierungen festzulegen, etwa der auf Vollzeitäquivalente umgerechnete Personalbedarf. Auch die Organisationsstrukturen müssen klar sein: Wer berichtet an wen, wer ist konkret für was verantwortlich? Auch die systemtechnische Ausprägung der Ziel-Systemarchitektur sollte mit all ihren Systemen sowie weiteren Parametern im Finanzbereich möglichst exakt beschrieben werden. Nur so lässt sich die Vision reibungslos in Umsetzungsschritte überleiten.

## 2.2 Business Partnerschaft als strategisches Element einer erfolgreichen Finance Transformation

Dr. Jörg Matthias Großmann, CFO,
Freudenberg Chemical Specialities Gruppe

Zunächst gilt es, ein weit verbreitetes Missverständnis auszuräumen. Natürlich ist die Digitalisierung – nicht nur der Finanzfunktion – durchaus ein Kostentreiber. Konkret geht es um Investitionen in neue digitale Technologien oder um die Anpassung der Unternehmensprozesse. Andererseits soll die Digitalisierung durch den Einsatz dieser Technologien Kosten senken. Digitalisierung sollte jedoch keinesfalls auf eine reine Kostendiskussion beschränkt werden, frei nach dem Motto: Wie kann ich durch Investitionen in die weitere Automatisierung auf Mitarbeiter verzichten?

Viele Manager scheinen so zu ticken. Doch wer so denkt, nimmt der Digitalisierung ihre Mehrdimensionalität und seinem Unternehmen die Möglichkeit, neue Chancen für Umsatz- und Ertragssteigerungen oder gar das Vordringen in Zukunftsmärkte zu nutzen. Eine einseitige Fixierung auf Kostensenkungen versperrt den Blick auf weitere, oft sogar wichtigere Themen. Die strategische Ausrichtung der Finanzfunktion sollte daher umfassend der Frage folgen, mit welchen Initiativen oder Kennzahlen aus Finanzen und Controlling das Unternehmen besser gesteuert sowie die Entscheidungsfindung optimiert werden kann. Der klassische Number Cruncher im Finanzbereich mag defensiv und retrospektiv stark sein. Der moderne Zahlenmensch aber hat den Kundennutzen im Blick, denkt wie ein Mit-Unternehmer, gibt aktiven Input in die Organisation. Er nutzt Chancen zur kontinuierlichen Verbesserung von Anwendungen, Produkten und Prozessen oder für die Entwicklung neuer Angebote und Geschäftsmodelle ebenso wie Möglichkeiten zur sinnvollen Kostensenkung. Und das mit Unterstützung modernster Technologien.

**Denkt der CFO nicht wie ein Mit-Unternehmer ist er nur ein verwaltender Head of Finance**

Zur digitalen Transformation gehört allerdings mehr als der Einsatz neuer Technologien. Diese können ihre volle Leistungsfähigkeit nur dann entfalten, wenn alle Prozesse und Anwendungen „modernisiert" werden. Und wenn sich mehr Mitarbeiter – quasi wie Mit-Unternehmer – engagiert und kreativ für operative Exzellenz sowie kontinuierliche Verbesserungen einbringen, statt passiv in alten Denkmustern und Handlungsweisen zu verharren. Hier liegt eine Kernaufgabe bei der strategischen Ausrichtung der gesamten Prozesslandschaft. Das erfordert mehr Corporate Entrepreneurship. Dies muss der CFO seinem Team vorleben und vorgeben – quasi wie ein Unternehmer denken, agieren und so Wertbeiträge stiften. Wer das nicht tut, ist kein CFO, sondern nur ein verwaltender und ausführender Head of Finance. Der moderne CFO präsentiert mit einer überzeugenden Vision, welchen entscheidenden Wertbeitrag für das gesamte Unternehmen künftig Finanzen und Controlling erbringen. Außerdem verbessert er permanent Prozesse und setzt sie konzernweit um, sodass Finanzen und Controlling ihren Beitrag zur weiteren Stärkung des Unternehmens auch wirklich leisten können.

### Freudenberg Chemical Specialities Gruppe setzt auf Shared Services und Business Partner

Natürlich muss jeder CFO die für sein Unternehmen richtige individuelle Lösung finden. In der Freudenberg Chemical Specialities Gruppe spielt das Konzept der internen Business Partner eine wichtige Rolle bei der Neuausrichtung der Finanzfunktion.

> *Praxisbeispiel: Zielbetriebsmodell eines modernen Shared Services Center*
> Homogene Standardprozesse bilden die Basis für eine erfolgreiche Digitalisierung. Sind sie etabliert, können Shared Services Center effektiv und effizient arbeiten. Sie können sich als Smart Shared Services auf ihre transaktionale Exzellenz konzentrieren und die möglichst digitalisierte Abwicklung der jeweiligen internen Aufgaben kontinuierlich weiter verbessern. Dadurch können die Mitarbeiter hier ihren Fokus auf diejenigen Sachverhalte legen, für die soziale Interaktion oder menschliches Geschick unerlässlich sind. Oder sie können als Expert Shared Services für das gesamte Unternehmen Fachwissen zur Verfügung stellen oder an mehr Transparenz bei der auf Zahlen und Fakten basierten Entscheidungsfindung arbeiten, sei es aus eigenem Antrieb oder auf Veranlassung interner Kunden.

Das Bindeglied zwischen den Shared Services sowie Fachabteilungen oder operativen Geschäftseinheiten ist der Business Partner. Er dient allen Beteiligten als Ansprech- oder Sparringspartner auf Augenhöhe, reagiert auf ihre Wünsche und gibt selbst Anstöße, beispielsweise für die bereichsübergreifende Optimierung kompletter Prozessketten. Damit dieses Modell funktioniert, muss der CFO sich als Co-Pilot des CEO positionieren und zugleich möglichst viele Mitarbeiter seiner Organisation dazu motivieren, sich als

Treiber der digitalen Transformation zu verstehen. Dann werden sie eigenverantwortlicher, quasi unternehmerischer denken und handeln.

Einheitliche Standardprozesse sowie homogene Stammdaten sind die Grundlage, auf der eine digitale Transformation wie gewünscht funktionieren kann. Die Unternehmen stehen hier alle vor den gleichen Herausforderungen: Sie müssen ihre Stammdaten bereinigen, einen zentralen Datenpool schaffen, die IT-Landschaft konsolidieren sowie Prozesse standardisieren und automatisieren. So versetzen sie sich in die Lage, neue digitale Technologien in Pilotprojekten zu testen und bei Erfolg möglichst rasch skalieren zu können. Allerdings stellt sich dann schnell die Frage, wie mithilfe der neuen Technologien mit den jetzt perfekt konsolidierten Daten am besten gearbeitet werden kann. Das bekannte Konzept des Shared Services Centers ist oft die erste Antwort: Immer mehr Aufgaben lassen sich immer stärker bei einem internen Fachbereich konzentrieren und dort zunehmend effizienter abwickeln. Solche Überlegungen sind zwar richtig, allerdings steht dadurch meistens nur die transaktionale Exzellenz bei einzelnen Tätigkeiten im Mittelpunkt – beispielsweise die Beschleunigung des bestehenden Prozesses zur Reisekostenabrechnung. Die Freudenberg Chemical Specialities Gruppe unterscheidet deshalb zwischen den Smart Shared Services und den Expert Shared Services.

### Smart Shared Services Center: exzellente Ergebnisse bei repetitiven Tätigkeiten

Smart Shared Services erbringen insbesondere permanente Qualitätssteigerungen bei kontinuierlichen Kostensenkungen mit Blick auf transaktionale, repetitive Tätigkeiten. Die Bezeichnung Smart Services statt Transactional Services soll betonen, dass es zum einen um den pfiffigen – also „smarten" – Einsatz digitaler Technologien geht. Zum anderen aber auch um das Geschick der Mitarbeiter, Prozessschwächen zu erkennen und einen Modus der permanenten Verbesserung zu finden. Derzeit sind beispielsweise im Rahmen der Robotic Process Automation (RPA) bereits acht Roboter im Einsatz, die durch die Skalierung bei der Erledigung wiederkehrender, konzernweit standardisierter Aufgaben enorme Einsparungen bringen. Entscheidend für diesen Erfolg sind aber nicht allein die Roboter, sondern insbesondere die Mitarbeiter. Eine solche technische Lösung kaufen kann jeder Krämerladen. Sie sinnvoll als wertstiftendes Instrument einzusetzen, erfordert aber mehr. Die Kunst liegt darin, dass die Mitarbeiter einen Roboter bedienen und ihn mit ihrem fachlichen Know-how speisen und weiterentwickeln können, also Prozesse kontinuierlich optimieren. Oder andere Bereiche identifizieren, bei denen sich der Einsatz eines Roboters ebenfalls lohnen würde. Lässt sich beispielsweise das Skonto bei der Rechnungsbegleichung durch ein entsprechendes Projekt auf den Tag genau nutzen, profitiert der Konzern von diesem Aspekt des Liquiditätsmanagements unter dem Strich erheblich. Hier handelt es sich durchaus um Beträge im sechsstelligen Bereich.

## Dienstleistungsqualität im Smart Shared Services erfordert bewusste Redundanzen

Durch diese Brille betrachtet, spielt die Musik also besonders bei den internen Prozessen. Finanzielle Vorteile von Digitalisierung und Smart Shared Services zeigen sich dabei weniger in Form von Personalabbau als durch Qualitätssteigerungen, zumal die Economies of Scale bei konzernweit standardisierten Prozessen einen enormen Hebel versprechen. Bei permanentem Wachstum erledigt die gleiche Zahl an Beschäftigten mehr Arbeit mit einem besseren Ergebnis. Weiterqualifizierung ist unverzichtbar, damit Mitarbeiter, deren Tätigkeiten durch Roboter übernommen werden, höherqualifizierte Aufgaben übernehmen können. Für engagierte Finanzleute bleibt weiter genug zu tun, nur geht es dann um höherwertige Aufgaben innerhalb der Smart Shared Services. Auch unter dem Aspekt der Führung und Personalsteuerung eröffnen die Smart Shared Services neue Perspektiven: Wenn 60 Mitarbeiter zentral dort beschäftigt sind statt jeweils zwei oder drei bei 25 oder 30 Konzerngesellschaften, kann die Leitung ihr Team besser motivieren, in die Verantwortung nehmen und neue Karriereperspektiven eröffnen. Selbst variable Vergütungsbestandteile sind in dieser Struktur gut umsetzbar. Während es im Backoffice einzelner Unternehmen oft nur feste Gehälter gibt, lassen sich kontinuierliche Qualitätsverbesserungen und Kostensenkungen im Smart Shared Services einfacher messen und entsprechende Boni adäquat ausschütten.

> *Praxistipp: Paretoprinzip bei der Prozessoptimierung*
> Statt sich auf die letzten fünf Prozent Verbesserung bei einem bereits optimierten Prozess zu konzentrieren, ist es besser, die ersten 30 Prozent eines noch heterogenen Prozesses ins Visier zu nehmen. Das verspricht rasche Erfolge. 100-Prozent-Lösungen sind nie das beste Ziel – das gilt auch für die Konzentration der Smart Shared Services an einem Standort.

Theoretisch lassen sich die Ausgaben so noch mehr reduzieren. Praktisch kommt diese Art der Kostensenkung das Unternehmen aber schnell teuer zu stehen, weil es an Flexibilität und damit Kundenorientierung verliert. So gehen eventuell Umsätze verloren, deren Deckungsbeiträge weit höher sind als das letzte Quäntchen an Einsparungen etwa durch Zentralisierung. Jede Unternehmensgruppe sollte ihre Shared-Services-Strategie individuell an den Bedürfnissen der externen und internen Kunden ausrichten und bewusst Redundanzen einkalkulieren. Wer beispielsweise global aktiv ist, kann wegen verschiedener Zeitzonen zwei oder drei Organisationen parallel betreiben. Solche Redundanzen verhindern zudem, dass der komplette Service nicht verfügbar ist, falls ein Standort z. B. in einer Krisensituation ausfällt. Mithilfe der digitalen Technologien lassen sich solche Redundanzen managen und die zusätzlichen Kosten in einem Rahmen halten, der durch den besseren Kundenservice gerechtfertigt ist.

### Expert Shared Services: konzernweite Kompetenz für komplexe Themen und Prozesse

Etwas anders sieht die Sache beim Expert Shared Services Center aus. Hier geht es im Kern darum, Know-how zu bestimmten Finanz- und Controlling-Themen bei kleinen Teams oder ausgewählten Personen zu konzentrieren, die der ganzen Gruppe als kompetente Ansprechpartner zur Verfügung stehen. Egal an welcher Stelle die jeweilige Kompetenz räumlich oder im Organigramm angesiedelt ist: Es gibt bei Freudenberg Chemical Specialities für jeden Themenkomplex nur ein Team oder einen Experten – aber dort sind alle Facetten bis ins Detail bekannt und so lassen sich die für das Unternehmen ganzheitlich besten Entscheidungen treffen oder Vorgehensweisen festlegen.

> *Praxisbeispiel: Währungsexperte*
>
> Einen Währungsexperten beispielsweise braucht der CFO in seiner Finanzorganisation nur einmal. Der jedoch sollte das Thema allumfassend bearbeiten können und sich mit der Absicherung von Währungsrisiken auskennen, permanent Kursbewegungen verfolgen sowie auf Zinsentwicklung oder Kapitalverkehrskontrollen achten. Beschäftigt sich in jedem Land ein Mitarbeiter nebenbei auch mit diesem Themenkomplex, werden leicht wichtige Entwicklungen übersehen. Hat einer – wenn auch von einem anderen Ort aus – dauerhaft das Geschehen auf dem globalen Währungsmarkt im Blick, kann er aufgrund seiner Expertise rasch sowie mithilfe digitaler Technologien auch vorausschauend die richtigen Entscheidungen treffen, bei Bedarf im Austausch mit Experten für andere Themen. Im Austausch mit der Gesellschaft in der Türkei ergab beispielsweise eine Cash-Vorschau, dass offene Positionen umgehend geschlossen und möglichst geringe Lira-Bestände gehalten werden sollten – schließlich ist das

Unternehmen kein Währungsspekulant. Lira wurden dann in Euro getauscht, Bankguthaben in Euro gehalten, Rechnungen auf Euro- und Dollarbasis kalkuliert – und die massive Abwertung der türkischen Lira hinterließ kaum Spuren in der Freudenberg-Bilanz.

### Expert Shared Services reagieren auf Kundenwünsche und stoßen selbst Verbesserungen an

Von dieser Konzentration spezifischer Kompetenzen bei spezialisierten Expert Shared Services, die nicht automatisch in der Zentrale angesiedelt sein müssen, profitieren alle operativen Geschäftseinheiten und internen Fachbereiche. Hier haben Fachleute nicht nur alle Facetten ihres Themas im Blick, sondern geben auf neue Fragen auch Antworten, die im Sinne des gesamten Unternehmens sind sowie in der Regel als Standardlösung festgelegt werden. So kann etwa das gruppenweite Fuhrparkmanagement komplett über die Expert Shared Services laufen, weil – wie bei fast allen vergleichbaren Themen – einheitliche Policies existieren, die diese Experten wiederum für die gesamte Gruppe laufend weiterentwickeln können. Dies betrifft nicht nur Währungsrisiken oder Fuhrparkmanagement, sondern auch Intercompany-Transaktionen, die Ausstattung der einzelnen Gesellschaften mit Eigenkapital, die Dividendenpolitik oder die Bewertung geplanter Investitionen und auch Akquisitionen: Von den Expert Shared Services kommt eine fundierte Empfehlung auf Basis unternehmensweit einheitlicher Bewertungs- oder Handlungsvorgaben beziehungsweise eine umfassende Dienstleistung, abgesichert natürlich durch den Einsatz digitaler Technologien, etwa zur besseren Chancen- und Risikobewertung via Predictive Analytics. Dabei reagieren die Expert Shared Services nicht nur auf Anfragen interner Kunden, sondern werden auch selbständig aktiv, um Verbesserungen anzustoßen oder neue Themen in den Fokus zu rücken.

### Business Partner dolmetschen zwischen Experten, die früher oft aneinander vorbeiredeten

Funktionieren kann dieses System von Smart Shared Services und Expert Shared Services (siehe Abbildung 14) als zentrale Dienstleister der internen Kunden aber nur, wenn die Kommunikation zwischen den Beteiligten gut strukturiert ist. Diese Aufgabe übernimmt ein sogenannter Business Partner – in der Regel waren diese Mitarbeiter früher Head of, hatten also Fachbereichsverantwortung. Der Business Partner kann auf jeder Ebene angeordnet sein, etwa in einzelnen Gesellschaften oder Regionen oder Business

## 2 Die Zukunft der Finanzfunktion

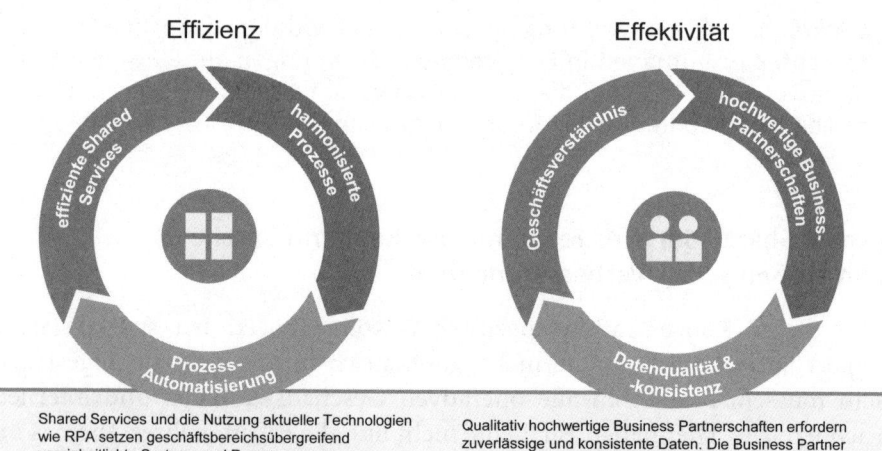

Abbildung 14: Um die Verantwortungsbereiche des CFOs werden sich starke Business Partnerschaften entwickeln

*Quelle:* Freudenberg Chemical Specialities Gruppe

Units. Bei ihm laufen jetzt alle Anfragen oder Anregungen für Verbesserungen zusammen, aus den operativen Geschäftsbereichen sowie Fachabteilungen ebenso wie aus den Shared Services. Der Business Partner nimmt Ideen auf, spiegelt sie mit seinen eigenen Erfahrungen und sucht die richtigen Gesprächspartner in jenen Bereichen des Unternehmens, die zu einer Lösung beitragen oder von ihr profitieren könnten. Er dient dabei auch als Dolmetscher: Wandte sich früher beispielsweise ein Vertriebsmitarbeiter mit einer Bitte an den Finanzbereich, bekam er vielleicht eine Antwort, die fachlich richtig, aber in der Kommunikation missverständlich war. Jetzt bespricht der Business Partner das Thema intensiv auf Augenhöhe etwa mit dem Vertrieb, versteht den Hintergrund und nimmt dann Kontakt zu den Smart Services oder Expert Services – oder auch beiden – auf, um genau die richtige Antwort inklusive Umsetzung sicherzustellen. Das können ergänzende Auswertungen sein, verbesserte Prozesse oder sogar Anregungen zur Entwicklung neuer Produkte.

### Temporäre Generalbevollmächtigte für Verbesserungsvorschläge

Ein einfaches Beispiel: Bei den Reisekosten steht der Innendienst in der klassischen Organisationsstruktur vor der Herausforderung, dass eine ihm sinnvoll erscheinende Prozessveränderung praktisch umgesetzt und als neuer Standard vorgegeben werden muss. Das erfordert aber Gespräche mit diversen Fachexperten und Bereichsleitern. Dieser absehbare Aufwand erstickt rasch die Kreativität der Beschäftigten, die sich oftmals für ein paar kleine Verbesserungen nicht auf den Weg durch verschiedene Fachbereiche begeben. Heute kontaktiert der Mitarbeiter im Innendienst den Business Partner und erklärt, dass er beispielsweise die Reisekostenabrechnung digitalisieren will, weil dies seine Tätigkeiten erleichtern und auch enorme Vorteile für das Unternehmen bieten würde. Dann klärt der Business Partner als temporärer Generalbevollmächtigter für diesen Verbesserungsvorschlag in Zusammenarbeit mit den Expert Shared Services alle inhaltlichen Fragen, die mit dem gewünschten Prozess in Verbindung stehen: Was ist beispielsweise aus Sicht der Einkommen- und Körperschaftsteuer mit Blick auf Betriebsprüfungen zu beachten? Anschließend klärt der Business Partner mit den Smart Shared Services, wie sich die Digitalisierung technisch sowie prozessual am besten umsetzen lässt: Wie sollte künftig der Prozessablauf optimal ausgestaltet sein, welche Hard- und Software ist dafür erforderlich? Der Business Partner sorgt für einen orchestrierten Einsatz der verschiedenen Instrumente, der nicht an den Grenzen der Fachbereiche endet und liefert dem internen Kunden, in diesem Fall dem Innendienst, den durchdacht digitalisierten Prozess der Reisekostenabrechnung. Der wird zugleich als neuer unternehmensweiter Standard gesetzt. Und damit die reisenden Mitarbeiter diesen Prozess schnell verinnerlichen, stellt der Business Partner parallel zur Umstellung auch Schulungen oder Informationsunterlagen für alle Betroffenen sicher.

## Best Practice Consulting Office dient als Plattform zum Austausch über Verbesserungen

Der Business Partner beschränkt sich jedoch nicht darauf, für die Umsetzung jener guten Ideen zu sorgen, die seine Kollegen an ihn herangetragen haben. Er tauscht sich mit dem Best Practice Consulting Office (siehe Abbildung 14) auch laufend über vorbildliche Lösungen in anderen Bereichen aus und prüft, welche sich für seinen Bereich übernehmen ließen. Und er stößt eigene Themen an. Beispielsweise, indem er sich im Analytics Center Auswertungen erstellen lässt, die der Vertrieb bislang so nicht auf dem Radar hatte. Der Business Partner kann etwa aus den historischen Daten in ausgewählten Regionen Prognosen für das Vorratsvermögen ableiten und mithilfe von „predictive analytics" frühzeitig Maßnahmen des Working Capital Managements einleiten: Wie sieht es mit dem Auftragseingang und den historischen Referenzwerten für die angefragten Mengen aus? Und was bedeuten die bereits absehbaren Entwicklungen für den Cashflow? So kann der Business Partner Produktion und Vertrieb beispielsweise darauf hinweisen, dass die aktuellen Lagerbestände für die kommende Periode völlig ausreichend oder sogar Gegenmaßnahmen erforderlich sind.

Dieses Modell der Business Partner ist jedoch kein Selbstläufer. Viele Mitarbeiter in Finanzen und Controlling mögen zwar das technische Fachwissen für so eine Aufgabe besitzen, aber das allein reicht nicht. Wer als Business Partner auf Augenhöhe mit diversen Ansprechpartnern agieren will, braucht mehr als eine grundsätzliche Vorstellung vom Geschäft des Unternehmens. Er muss ein konkretes Verständnis dafür entwickeln, was der Endkunde von Technik, Vertrieb und Service erwartet. Welchen Mehrwert die Produkte und Dienstleistungen des eigenen Unternehmens den Endkunden bieten müssen, damit diese sich für die Angebote entscheiden. Der Business Partner muss also die Nöte der Vertriebsmitarbeiter in Deutschland wie auch weltweit kennen und verstehen, um von ihnen als Sparringspartner sowie Lösungslieferant akzeptiert zu werden. Dass die konkrete Lösung dann von Expert Shared Services und Smart Shared Services kommt, ist egal – Hauptsache, der Business Partner kann den Shared Services die Problemstellung qualifiziert weitergeben.

**Business Partner versteht sich als interner Dienstleister und denkt wie ein Mit-Unternehmer**

Wer sich zum Business Partner weiterentwickeln will, braucht aber nicht nur spezielle Schulungen, um auf Augenhöhe mit den neuen Ansprechpartnern kommunizieren zu können. Business Partner brauchen ein ganz besonderes Selbstverständnis: Einerseits müssen sie sich als interne Dienstleister verstehen, die den Kollegen zuhören und die beste Lösung für ein Problem liefern. Andererseits müssen sie aber auch wie Mit-Unternehmer denken – bei der Beurteilung von Verbesserungsvorschlägen ebenso wie bei der Beantwortung der Frage, welche Optimierungen sie selbst anstoßen sollten. Ihr Blick muss stets auf das Wohl des gesamten Unternehmens sowie auf den eigenen Wertbeitrag gerichtet sein. So manche Führungskraft tut sich in der Übergangsphase schwer, diesen Rollenwechsel wirklich zu verstehen – und nicht jeder schafft es. Dann ist es besser, eine andere Tätigkeit im Finanzbereich zu übernehmen: Business Partner müssen zu 100 Prozent hinter dem Konzept stehen und sich uneingeschränkt für ihre Aufgabe engagieren. Sie zeichnen sich durch Agilität, Mitdenken sowie die Bereitschaft zur permanenten Veränderung aus. Nur mit dieser Einstellung kann es ihnen gelingen, wirklich optimale Lösungen zu finden sowie intern akzeptiert zu werden.

## 2.2 Business Partnerschaft als strategisches Element

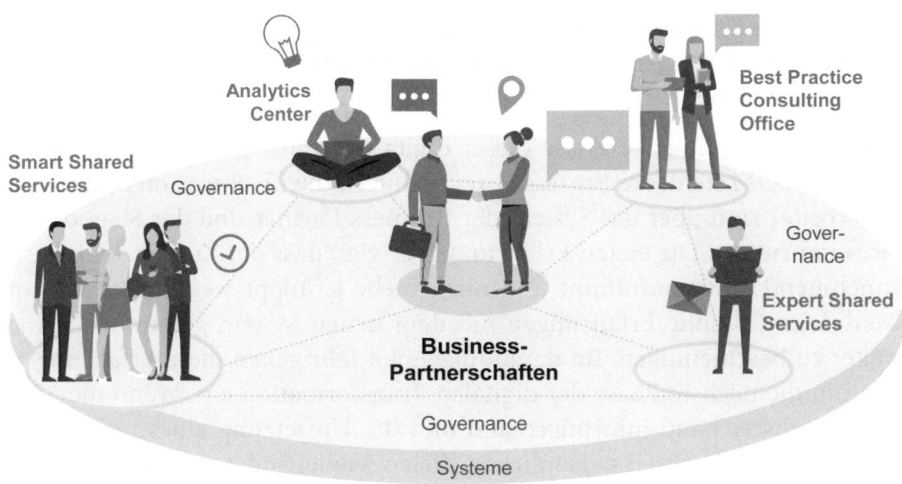

Abbildung 15: Die strategische Ausrichtung der Finanzfunktion basiert auf zwei kontinuierlichen Reaktionsketten

*Quelle:* Freudenberg Chemical Specialities Gruppe

## Digitale Transformation der Freudenberg Chemical Specialities Gruppe nimmt Fahrt auf

Die reibungslose Zusammenarbeit der Business Partner mit Smart Shared Services und Expert Shared Services einerseits sowie den operativen Einheiten andererseits ist bei Freudenberg Chemical Specialities ein wesentliches Element der digitalen Transformation. Denn neue Technologien funktionieren nur so gut wie die Strukturen, in die sie eingebettet sind. Dieser Umbau ist bereits weit vorangekommen. Im Smart Shared Services arbeiten in der Endstufe rund 150 Mitarbeiter, im Expert Shared Services sind es rund 40. Die interne Struktur des Expert Shared Services orientiert sich am Themenspektrum. Für Compliance beispielsweise sind vier Experten in Vollzeit tätig, punktuelle Unterstützung erhalten sie durch Delegierte in den Business Units oder in zentralen Fachbereichen. Zwar sind bei Compliance neben gesetzlichen Vorgaben auch einige regionale Besonderheiten zu berücksichtigen und abzubilden, im Kern gelten aber weltweit sehr ähnliche Rahmenbedingungen und der konzerneigene Verhaltenskodex ist sowieso überall gleich. Notwendige Sonderwege werden als Prozess im Catalogue of Internal Controls dokumentiert, auch dafür gibt es ja die Erfahrung aus dem Best Practice Consulting Office. Insgesamt kann dieser Themenkomplex sehr gut zentral bearbeitet werden – und falls ein Betrugsfall in Timbuktu aufzuklären ist, wird ein eingespieltes Team des Compliance Shared

Services aktiv, das auf Basis der internen Regelungen genau weiß, was es zu tun hat. Nach diesem Muster entstehen Expert Shared Services für alle wichtigen Themenbereiche.

2020 wurde die erste Phase dieser digitalen Transformation abgeschlossen: Das TOM steht, die Prozesse sind definiert, die IT-Hubs aufgebaut. Alle Mitarbeiter sind über das System der Business Partner und der Shared Services informiert. Die ersten Erfahrungen zeigen, dass der Zug im Rollen ist, zunehmend Fahrt aufnimmt und nicht mehr gestoppt werden kann. Nun werden umfassende Erfahrungen mit dem neuen System gesammelt, ohne weiter zu beschleunigen. Im darauffolgenden Jahr gehen diese Erfahrungen dann in die nächste Phase der digitalen Transformation ein. Wenn die Mitarbeiter ausreichend informiert sind und die Umsetzung eines neuen Systems sich auch in ihren persönlichen Zielen wiederfindet, ist die Akzeptanz gut. Man wird sicher niemals alle Beschäftigten sofort zu 100 Prozent begeistern. Aber es ist besser, gezielt verhalten zu starten und mit dem Rückenwind der ersten Erfolge kontinuierlich zu beschleunigen, als gleich Vollgas zu geben und dabei zahlreiche Mitarbeiter quasi abzuhängen. Die Freudenberg Chemical Specialities Gruppe steuert bei der digitalen Transformation der Finanzfunktion unbeirrt dem gesteckten Ziel entgegen und ist auf dem Weg dorthin bereits ein gutes Stück vorangekommen.

## 2.3 Die Rolle des CFO in der digitalen Welt

Dr. Yorck Schmidt, CFO, AVL List GmbH

Die gute Nachricht: Was derzeit unter der Überschrift „Digitalisierung der Finanzfunktion" diskutiert wird, sollte in seinen Grundzügen für die meisten Unternehmen kein völliges Neuland sein. Tatsächlich setzen sie seit Jahrzehnten auf die Vorteile von Computern und Software gegenüber Taschenrechner oder Abakus: Beispielsweise zur besseren Aufbereitung der Zahlen, zur Planung der Budgets oder zur Vereinfachung der Abrechnungen. Viele kleine Firmen nutzen dafür schon seit 15 oder 20 Jahren in der Regel eine spezielle Branchensoftware, Konzerne normalerweise eine umfassendere Lösung, Stichwort SAP. Stück für Stück ist dort bereits die Basis für eine weitere Digitalisierung gelegt worden. Was ihre IT-Ausstattung angeht, hat der überwiegende Teil der Unternehmen also das Mittelalter verlassen.

Die schlechte Nachricht: In vielen Unternehmen ist der kaufmännische Bereich auf seinem Weg hin zur IT des 21. Jahrhunderts irgendwo in der frühen Neuzeit stecken geblieben. So mancher kleinere Betrieb verlässt sich beim Reporting weiterhin auf Excel-Spreadsheets – ein früher sicher hilfreiches Tool, das den Anforderungen an eine moderne Unternehmenssteuerung allerdings kaum noch gerecht wird. Und allein die Installation einer ERP-Lösung bedeutet noch lange nicht, dass dies prinzipiell sehr leistungsfähige Instrument wirklich zum Vorteil des Konzerns eingesetzt wird. Tatsächlich zeigt die praktische Erfahrung: Für viele Beschäftigte ist es bereits eine große Herausforderung, das SAP System mit seinem vollen Potenzial zu bedienen und damit den beabsichtigten Nutzen zu erzielen. Außerdem sind viele Tätigkeiten zu sehr auf reines Reporting und Budgeting ausgerichtet – das frisst derzeit einen wesentlichen Teil der Ressourcen im Finanzbereich. Dabei wäre es rein technisch durchaus jetzt schon möglich, mehr finanzielle Echtzeit-Daten zur Unternehmenssteuerung zu nutzen und auf dieser Basis ein aktives Chancen- und Risikomanagement zu betreiben.

**Finanzchef muss sich ohne Denkverbote mit digitalen Technologien auseinandersetzen**

Aus dieser Erkenntnis kann nur eine Konsequenz folgen: Jeder Finanzchef muss sich dringend mit der Frage beschäftigen, was die Digitalisierung für sein Unternehmen im Allgemeinen sowie die strategische Ausrichtung der Finanzfunktion im Speziellen bedeutet – zumal sich Geschwindigkeit und

Ausmaß der Veränderungen immer weiter beschleunigen. Enorme Fortschritte bei der Hard- und Softwareentwicklung sowie umfangreichere und kostengünstigere Rechnerleistung läuten eine Revolution in der Unternehmensteuerung ein. Auf Rechnern mit höherer Leistung läuft eine Software mit bis vor kurzem kaum vorstellbaren Fähigkeiten – damit erhält der Finanzbereich deutlich bessere Instrumente, um Daten zu erheben und zu strukturieren sowie in Auswertungen und Planungen einfließen zu lassen. Analysen in Echtzeit oder rollierende Planungen mit jederzeit aktuellen Daten sind durch den Einsatz digitaler Technologien ebenso möglich wie ein fundierterer Blick in die Zukunft, um beispielsweise diverse Szenarien zur Produkt- und Strategieentwicklung durchzuspielen. Selbst mit nach Science-Fiction klingenden Themen wie dem Einsatz von Robotern oder Künstlicher Intelligenz in seinem Bereich sollte sich der Finanzchef ohne Denkverbote auseinandersetzen – sowie bei Hard- und Software vor mutigen Investitionsentscheidungen nicht zurückschrecken.

Vor Entscheidungen über die weitere Digitalisierung im Finanzbereich und den damit verbundenen Investitionen in Technik sowie Personal ist jedoch eine schonungslose Bestandsaufnahme notwendig, wo der Finanzbereich derzeit überhaupt steht. Und natürlich eine klare Zieldefinition, welche Aufgaben er künftig für das Unternehmen leisten muss, um es wettbewerbsfähiger zu machen. Dreh- und Angelpunkt bei der Diskussion um die strategische Ausrichtung der Finanzfunktion ist zunächst die Frage, welche Rolle der CFO übernehmen soll. Technologie nämlich ist stets Mittel zum Zweck, nie Selbstzweck. Ein Finanzchef, der neue digitale Lösungen einsetzen will, darf nicht nur nach der passenden Software für eine bestimmte Aufgabe suchen. Bevor er investiert, muss er eine übergeordnete Vorstellung davon entwickeln, was insgesamt mit dem Einsatz dieser Technologien oder durch neue Prozesse und Zuständigkeiten erreicht werden soll. Und zwar nicht nur bezogen auf einzelne Aspekte des täglichen Geschäfts. Sondern eben mit Blick auf die übergeordnete Rolle für den gesamten Unternehmenserfolg. Hierbei hilft ein Perspektivwechsel hin zu einer strikten Outcome orientierten Perspektive.

**Digitalisierung im Finanzbereich beginnt am besten mit einem klaren Schwerpunkt**

Am Beginn dieser strategischen Überlegungen sollte die Einsicht stehen, dass mit veränderten wirtschaftlichen Rahmenbedingungen einerseits deutlich höhere Anforderungen auf die Finanzfunktion zukommen. Dass ihr die Verfügbarkeit moderner technischer Hilfsmittel andererseits aber eben auch

## 2.3 Die Rolle des CFO in der digitalen Welt

die Möglichkeit eröffnet, ganz neue Aufgaben zu erfüllen. In diesem Spannungsfeld kann der Finanzchef seine Rolle gestalten und das Unternehmen schlagkräftiger machen, indem er eine passende Strategie findet und umsetzt. Die klassische Rolle des CFO ist historisch gewachsen aus der Frage, ob die Unternehmenszahlen stimmen, ob die Zuweisung der Ressourcen passt oder ob ein Budget zu planen ist – und dies alles weitgehend im Rückblick beziehungsweise mit Rückgriff auf alte Daten. Teilweise bleiben die Tätigkeiten sicher notwendig. Aber sie werden ergänzt um mit einem weiten Blick in die Zukunft verbundene Aspekte wie Financial Governance, Kommunikation mit den Finanzmärkten oder die Unterstützung der Unternehmensleitung beim Festlegen der langfristigen Geschäftsstrategie. Die Dynamik der Digitalisierung hinterlässt im Finanzbereich also tiefe Spuren in Form neuer Anforderungen sowie neuer Technologien.

> *Praxistipp: Die Rolle des CFO*
>
> Der CFO sollte auf mindestens einem von vier Feldern schnell eine entscheidende Rolle spielen, um das Unternehmen umfassend voranzubringen sowie seine Rolle mit einer klaren strategischen Ausrichtung zu versehen. Der Finanzbereich
>
> - muss seine Kernkompetenzen inhaltlich perfekt beherrschen sowie durch permanente Prozessoptimierungen seine eigene Performance kontinuierlich verbessern – das ist das Streben nach transaktionaler Exzellenz;
> - könnte als interner Dienstleister andere Fachabteilungen bei der Digitalisierung ihrer Prozesse unterstützen und so die unternehmensweite Digitalisierung vorantreiben – das ist die Funktion als Treiber der digitalen Transformation;
> - könnte auf Basis seiner Zahlen mithilfe digitaler Technologien die Erfolgschancen bestehender oder neuer Geschäftsmodelle hinterfragen und Investitionsentscheidungen absichern – das ist der strategische Sparringspartner der Geschäftsleitung;
> - könnte die Wertschöpfung auf Produktebene kontinuierlich verbessern. Dazu gehört neben klassischen Berechnungen auch die Unterstützung beim Anreichern bestehender Produkte um digitale Features oder Services sowie eine enge Begleitung von physischen und digitalen Neuentwicklungen.

In einer perfekten digitalen Zukunft würde der CFO 4.0 mit seinem Team natürlich all diese Aufgaben gleich umfassend und kompetent erfüllen. Derzeit allerdings wäre es schon ein großer Schritt vorwärts, würden sich Unternehmen im Allgemeinen und Finanzabteilungen im Speziellen überhaupt strukturiert der Frage widmen, was Priorität hat und welche Rolle dabei der Einsatz digitaler Technologien spielt. Dies sollte der Startschuss für die digitale Transformation sein.

### Viele Unternehmen geben dem Finanzbereich wenig Spielraum für echte Neuerungen

Dass bisher vielerorts eine in dieser Weise strukturierte Herangehensweise an das Thema fehlt, hat drei Gründe. Erstens erlebten die meisten Unternehmen in den vergangenen zehn Jahren eine Phase starken Wachstums. Auch die Beschäftigten der Finanzabteilung waren vollends damit ausgelastet, das Tagesgeschäft zu bewältigen. Es blieb daher kaum Zeit für eine intensive Auseinandersetzung mit der übergeordneten Frage nach den enormen Chancen einerseits sowie auch den disruptiven Kräften andererseits, die mit den neuen digitalen Technologien verbunden sind. Zweitens gilt in vielen Unternehmen weiterhin die Maxime, eine Investition in Software und Finanzprozesse müsse sich rasch rentieren. Ohne durchgerechneten Business Case also keine Anwendung – dabei erfordert gerade der Einsatz moderner Lösungen manchmal eben, dass man etwas ausprobiert und den Erfolg später anhand der dann vorliegenden Zahlen bewertet. Solange eine Finanzabteilung diese Beinfreiheit nicht bekommt, wird sie kaum neue Wege beschreiten. Drittens beschränkten sich als Konsequenz daraus die Gehversuche in Richtung Digitalisierung bislang oft auf wenige publikumswirksame Leuchtturm-Projekte, die selten zur neuen Standardlösung oder -prozedur wurden. Erst seit kurzem bringen Finanzabteilungen umfassendere Programme zur digitalen Transformation an den Start.

### Ein CFO ohne klare Strategie könnte aus der obersten Führungsebene rausfallen

Welchen Weg zur weiteren Digitalisierung er einschlägt und welche Technologien er dabei als erstes nutzt, muss der Finanzchef mit Blick auf seine Organisation und sein Unternehmen entscheiden. Er kennt die Fähigkeiten sowie Fertigkeiten in seinem Bereich und kann sie mit den operativen Anforderungen sowie diskutierten strategischen Weichenstellungen abgleichen. Hieraus ergibt sich der echte Handlungsbedarf gemäß der Maxime: Notwendig ist, was das Unternehmen stark macht. Relativ leicht fallen sollte dem Finanzchef diese Betrachtung, wenn das Geschäftsmodell des Unternehmens bereits stark digital getrieben ist – insbesondere, falls in seiner Funktion als CFO auch die IT oder ein operativer Bereich in seinem Verantwortungsbereich liegt. Hier dürfte eine weitere Digitalisierung den Finanz-

## 2.3 Die Rolle des CFO in der digitalen Welt

bereich noch wirksamer machen, weil sein Beitrag zum wirtschaftlichen Erfolg deutlich sichtbar und spürbar ist.

Dagegen droht in vielen anderen Unternehmen das Risiko, dass Finanzthemen auf oberster Führungsebene nicht mehr von einem CFO verantwortet, sondern einfach einem anderen Bereich zugeschlagen werden. Denn die Zugehörigkeit des Finanzchefs zu Vorstand oder Geschäftsführung ist keineswegs ein Muss. Sie entscheidet sich an der Antwort auf die Frage, ob der CFO langfristig eine Kernfunktion für das Unternehmen übernehmen soll oder es sich eher um periphere Leistungen handelt. Generell wäre es heute nicht mehr verwunderlich, dass eine derzeit führende Kernaktivität wie die Finanzfunktion an den Rand gedrängt und ein Teil der früher intern erbrachten Leistungen zugekauft wird. Umso wichtiger ist es, dass der Finanzchef unter Einbeziehung der Möglichkeiten durch neue digitale Technologien eine klare strategische Ausrichtung der Finanzfunktion formuliert und deutlich ihren Wertbeitrag zum Unternehmenserfolg erklärt. Wer das nicht schafft, muss eine Versetzung in die zweite Reihe fürchten – als zurückgestutzter interner Dienstleister in alle Richtungen statt Sparringspartner auf Augenhöhe mit dem Top-Management.

Solche Konstruktionen dürften langfristig oft nachteilig für das Unternehmen sein: Schließlich kann gerade die Digitalisierung den Finanzbereich befähigen, einen noch größeren Beitrag zu effektiver Unternehmensführung und strategischer Geschäftsentwicklung zu leisten. Deshalb ist es nicht nur im persönlichen Interesse des Finanzchefs wichtig, dass er um seine Position auf oberster Führungsebene kämpft. Er sollte gute Antworten auf die Frage nach seiner Rolle im Unternehmen sowie der strategischen Ausrichtung der Finanzfunktion geben, damit er zum Vorteil der ganzen Organisation entsprechende Zukunftsaufgaben als CFO in der Führungsspitze übernehmen kann. Hilfreich dabei dürfte unter anderem eine transparente Darstellung der aktuellen Aufgaben, Strukturen und Methoden des Finanzbereichs sein – einschließlich einer klaren Betonung, welch großen Beitrag diese Abteilung zur Wertschöpfung des Unternehmens insgesamt beiträgt. Das motiviert nicht nur die eigenen Mitarbeiter. Es erleichtert auch die Suche nach Verbündeten, die aus eigenem Interesse weitere Investitionen in die Digitalisierung der Finanzabteilung und eine starke Positionierung dieses Bereichs unterstützen: Weil sie nämlich erkennen, dass sie künftig bessere interne Dienstleistungen bekommen, was die Ergebnisse operativ tätiger Einheiten nachhaltig verbessern kann. Tatsächlich zeigt die Erfahrung, dass die digitale Transformation oft leichter läuft, wenn sich ein Vorstandskollege quasi in einem seiner Bereiche als Versuchskaninchen zur Verfügung stellt. Probiert der Finanzchef in dessen Bereich ein Leuchtturm-Projekt das beispielsweise erfolgreich mehr Transparenz oder bessere bzw. schnellere Erkenntnisse ermöglicht sowie zu besseren Entscheidungen führt, gibt es schon einen Best-Practice-Fall im Unternehmen.

## Als Business Partner und Value Partner kann der Finanzbereich gute Dienste leisten

Über einzelne Leuchtturm-Projekte hinaus sollte der Finanzchef seinen Kollegen in der Führungsetage auch eine Gesamtstrategie der Digitalisierung schmackhaft machen, die das Unternehmen als Ganzes nach vorne bringt. Hier könnte eine Betrachtung einzelner Aufgaben zeigen, wie sich die Bedeutung der selbst heute manchmal noch als „Erbsenzähler" bezeichneten Beschäftigten im Finanzbereich durch Einsatz neuer digitaler Technologien verändert und welche Vorteile interne Kunden dadurch hätten. Die Botschaft: Mit den richtigen Mitteln und Methoden entwickeln sich Mitarbeiter der Finanzabteilung vom Lieferanten retrospektiver Zahlen oder Auswertungen erst zum Business Partner ihrer internen Kunden und schließlich zum Value Designer. In dieser Funktion dienen sie nicht nur als Sparringspartner für Kollegen in anderen Abteilungen oder Geschäftsbereichen, sondern sogar auf Ebene des Top-Managements. Sie können Produktverbesserungen und Prozessoptimierungen ebenso diskutieren wie ambitionierte Zukunftsprojekte. Und sie helfen mit ihrem fundierten Input, große strategische Entscheidungen abzusichern. Konkret bedeutet diese Transformation der Aufgaben:

- Beschränkt ein Business Partner seine Tätigkeit nur auf die finanziellen Ziele eines internen Kunden, analysiert der Value Partner zum Wohle des Unternehmens die Ziele eines gesamten Geschäftsmodells.
- Nimmt ein Business Partner lediglich einzelne Kostenstrukturen unter die Lupe, durchdenkt und beeinflusst der Value Partner die komplette Struktur der Wertschöpfung.
- Hat der Business Partner ausschließlich Kostentransparenz und klassisches Kosten- und Ergebnismanagement im Auge, nimmt der Value Partner die Komplexitätskosten ins Visier.
- Liefert ein Business Partner vornehmlich Reports und unterstützt die Budgetplanung, ermöglicht der Value Partner eine Steuerung in Echtzeit und Zero Based Budgeting.
- Übernimmt ein Business Partner lediglich das klassische Risikomanagement, liefert der Value Partner durch den Einsatz von Big Data Analytics oder Künstlicher Intelligenz vorausschauende Entscheidungsunterstützung.

## Der Finanzbereich könnte noch viel mehr zur Wertschöpfung beitragen

Endgültig gewinnen dürfte der Finanzchef die Unterstützung der Führungsmannschaft für die neue strategische Ausrichtung der Finanzfunktion sowie die veränderte Rolle des CFO, wenn er die Vorteile für das Unternehmen in eine Checkliste packt und bei seiner Präsentation möglicherweise noch das Potenzial der einzelnen Punkte für den Wertbeitrag zum wirtschaftlichen Erfolg in Zahlen fasst (siehe Abbildung 16):

- **Treffsichere Planungen und Prognosen:** In einem höchst volatilen wirtschaftlichen Umfeld hat jede Vorausschau ein kürzeres Verfallsdatum. Digitale Technologien geben den Verantwortlichen neuartige Methoden und Werkzeuge, mit denen sie schnell, agil sowie flexibel auf sich verändernde Rahmenbedingungen reagieren können.
- **Optimierte Buchhaltung und Compliance:** Der Einsatz digitaler Technologien minimiert Fehler bei der Compliance, eine verstärkte Prozessautomatisierung erhöht die Effizienz in der Buchhaltung und verbessert auch hier die Kontrolle.
- **Verbesserte Entscheidungsfindung:** Der Zugriff auf mehr und aktuellere Daten erleichtert die Suche nach Mustern und Trends, die Anregungen zur Produktverbesserung oder Entwicklung neuer Geschäftsmodelle geben könnten. Vor allem der Einsatz von Künstlicher Intelligenz, ML oder Predictive Analytics verspricht hier ganz neue Erkenntnisse.

Abbildung 16: Wertschöpfung durch den Finanzbereich

*Quelle:* AVL List GmbH

- **Kostensenkungen und Fehlerreduzierung:** Eine Software kann viele Aufgaben schneller, besser und genauer erledigen als ein Mensch – und das auch noch ohne Ruhepausen. Gerade regelbasierte und standardisierte Aufgaben lassen sich durch Robotic Process Automation (RPA) erheblich effizienter erledigen als in Handarbeit.
- **Weniger Risiko und höherer Ertrag:** Die Finanzabteilung stärkt schon allein durch das bessere Management von Liquidität, Währungsrisiken oder Aktivitäten am Kapitalmarkt die Finanzkraft des Unternehmens. KI und ML können diesen Effekt deutlich verstärken, indem sie verlässlichere Vorhersagen zu Veränderungen liefern und damit ein besseres cash und Investment Management ermöglichen.

### Roadmap bis 2025 entwickeln und schnell niedrig hängende Früchte ernten

Natürlich lassen sich nicht sofort alle Früchte der Digitalisierung ernten. Der CFO/Finanzchef sollte eine überzeugende Roadmap bis 2025 oder 2030 erstellen. Dabei muss er – auch unter dem Aspekt knapper personeller sowie finanzieller Ressourcen (siehe Abschnitt 4.2.) – abwägen, welche niedrig hängenden Früchte er zuerst pflücken will, damit die digitale Transformation aufgrund nachweislicher Erfolge möglichst nachhaltig Fahrt aufnimmt. Was diese sogenannten Quick Wins angeht, dürfte die Transformation in jedem Unternehmen mit unterschiedlichen Projekten beginnen, die rasche Erfolge bei niedrigen Kosten versprechen. Sie zu identifizieren, ist eine Aufgabe des Teams aus dem Finanzbereich, das den Einsatz digitaler Technologien vorantreiben soll. Sicher nicht in diese Kategorie fallen ambitionierte, umfassende Projekte wie die Installation einer One-ERP-Lösung. Wer dies als ersten Schritt zur weiteren Digitalisierung betrachtet, dürfte höchstwahrscheinlich scheitern. So ein Projekt kostet erfahrungsgemäß Millionen, dauert Jahre und liefert statt schneller Erfolge viele frustrierende Erlebnisse – was der digitalen Transformation eher das Tempo nimmt, als sie zu beschleunigen. Schnellen return versprechen hingegen die Umsetzung der Automatisierung von Teilprozessen oder von bisher manuell abgearbeiteten Schnittstellen.

Ebenfalls zu beachten ist, dass bestimmte Themen grundsätzlich ganz oben auf die Agenda gehören, weil die gesamte Digitalisierung sonst nicht funktioniert – selbst wenn solche Projekte keinen schnellen Return versprechen, sondern zunächst nur Geld kosten. In diese Kategorie gehört die Entwicklung eines Data-Governance-Konzeptes auf der Datenebene. Die Finanzabteilung muss durchgängig konsistente Strukturen sowie Prozesse im Umgang mit Daten festlegen und auch für die Einhaltung der Standards sorgen – etwa, indem entsprechende Kalkulationsmethoden hinterlegt sind. Dies ist ein wichtiger Schritt zur Vereinheitlichung der Daten. Flankiert werden sollte er durch eine Säuberung und einheitliche Aufbereitung der Stammdaten. Zwar lässt sich hierfür kein Business Case rechnen. Aber schon der gesunde Menschenverstand sagt, dass dies eine Voraussetzung für den effektiven Einsatz von Software ist. Schnittstellen zwischen verschiedenen Lösungen lassen sich programmieren. Wenn Daten jedoch an diversen Orten in völlig unterschiedlicher Form vorliegen, kann man sich deren Auswertung auch gleich sparen – die Ergebnisse wären kaum belastbar. Ohne konsistente Daten und Datenstrategie ist die digitale Transformation zum Scheitern verurteilt. Je stärker die Datenintegration auf der einen Seite sowie auf digitalen Prozessen auf der andren Seite basierende Geschäftsmodelle Geschäfts-essentiell werden darf der Themenkomplex Cybersecurity und Datensicherheit in diesem Kontext mit auf die Roadmap.

Abschließend gilt für den Finanzbereich genauso wie für das gesamte Unternehmen, dass die Verbindlichkeit einer Roadmap nur dann Wirksamkeit entfaltet, wenn diese in Verantwortlichkeiten, verbindliche Teilziele, Meilensteine und KPI runtergebrochen um den Fortschritt sowie den Wertbeitrag regelmäßig berichtet wird.

Der Autor des Beitrages dankt Herrn Dr. Martin Noestlthaller-Kropf, Leiter Konzernfinanzen & Konzerncontrolling AVL List GmbH sowie Herrn Christian Neugebauer, CIO AVL List GmbH für ihre wertvollen Hinweise.

## 2.4 Neue Anforderungen an die Finanzfunktion & Controlling

Bernard Schäferbarthold, CFO, Hella KGaA Hueck & Co.

Noch nie hat sich die Automobilindustrie so schnell und weitreichend verändert wie in den vergangenen drei bis vier Jahren. Die wichtigsten Trends sind Elektrifizierung und Autonomisierung. Beim Antrieb geht es immer stärker in Richtung Elektromobilität: Die Fahrzeughersteller und ihre Zulieferer müssen sich darauf einstellen, dass der Verbrennungsmotor längerfristig ein Auslaufmodell ist. Getrieben wird die Entwicklung insbesondere durch ambitionierte $CO_2$-Ziele in Regionen wie Europa und China. Auch das Fahren selbst verändert sich nachhaltig: Moderne Assistenzsysteme machen Autos sicherer und steuern sie schon heute teilautonom sowie bald vermutlich völlig autonom durch den Straßenverkehr. Möglich wird dies vor allem durch neue digitale Technologien und regelmäßige Software-Updates, die oft binnen kurzer Zeit massive Leistungsverbesserungen bringen. Man könnte also fast sagen: Künftig besteigen die Menschen einen mit Strom betriebenen Supercomputer, der sie selbständig ans Ziel chauffiert.

**Automobilindustrie muss sich transformieren**

Für etablierte Unternehmen der Automobilindustrie sind die beiden parallel verlaufenden Entwicklungen eine große Herausforderung. Sie müssen gleichzeitig den fossilen Antrieb durch einen Elektromotor ersetzen sowie die Fahrzeugsteuerung intelligenter machen, also ihre Produkte grundlegend neu denken. Sie müssen dies tun, während sie weiter hohe Umsätze mit demnächst auslaufenden Benzin- und Diesel-Modellen machen, die derzeit noch das Geld für die Zukunftsinvestitionen einspielen. Sie müssen neue Herausforderer abwehren, die aus anderen Branchen genau jene Fähigkeiten mitbringen, auf die es künftig auch im Fahrzeugbau ankommt, insbesondere Digital- und Softwarekompetenz. Und sie müssen sich mental sowie organisatorisch darauf einstellen, dass die gewohnten geregelten Produktzyklen von sechs bis acht Jahren bald der Vergangenheit angehören. Künftig ist, auch wegen des Wettbewerbsdrucks durch zusätzliche Konkurrenten, umfassendes agiles Arbeiten gefragt. Rasch entwickelt werden müssen nicht nur neue Automodelle, sondern ebenso völlig neue Geschäftsmodelle – und dies gilt für die großen Fahrzeughersteller ebenso wie für ihre Zulieferer.

## Geschäftsmodelle müssen öfter und anders hinterfragt werden als früher

In der Automobilindustrie mögen die Umbrüche derzeit besonders tiefgreifend sein. Aber viele Branchen erleben vergleichbare Entwicklungen, denn überall hinterlässt die Digitalisierung mehr oder weniger deutliche Spuren. Geschäftsmodelle müssen heute regelmäßiger und ganz anders hinterfragt werden als früher. Nicht nur, weil sich die Veränderungen bei Technologien und im Marktumfeld zunehmend beschleunigen. Sondern auch, weil es gilt, angesichts der Globalisierung neue Prioritäten zu setzen und andere Spielregeln in wichtiger werdenden Wirtschaftsregionen zu beachten. Vielen deutschen Konzernen hat es lange Zeit ausgereicht daheim entwickelte Produkte oder Geschäftsmodelle erfolgreich auf den Weltmarkt zu bringen. Heute entstehen spannende Innovationen, wettbewerbsfähige Angebote, zukunftsweisende Geschäftsmodelle überall rund um den Globus. Deutsche Unternehmen müssen rasch und umsichtig auf die neuen Herausforderer und grundlegenden Veränderungen im Wettbewerbsumfeld reagieren, indem sie Trends aufgreifen sowie aktuellen Entwicklungen mit mehr Flexibilität begegnen als früher. Das bringt – quer durch alle Branchen und Betriebsgrößen – auch tiefgreifende Veränderungen in den Anforderungen an die Finanzfunktion und das Controlling. Um die Wettbewerbsfähigkeit des Unternehmens zu stärken, müssen andere Informationen oder interne Dienstleistungen zur Verfügung stehen als bisher. Und dafür muss der Finanzbereich sich einer umfassenden Transformation unterziehen, die ihrerseits ebenfalls getrieben ist von neuen Möglichkeiten, die der Einsatz digitaler Technologien eröffnet.

## Der Finanzbereich muss auch den Wertbeitrag von Software fassbar machen

Vor der (digitalen) Transformation des Finanzbereichs steht jedoch die umfassende Bestandsaufnahme und ehrliche Analyse der aktuellen Aufgaben und Wertbeiträge von Finanzfunktion und Controlling sowie eine klare Definition was diese künftig zum Unternehmenserfolg beitragen müssen. Zielgerichtet umbauen kann nur, wer sein Ziel und den Weg dorthin kennt. Dass sich die wirtschaftlichen Rahmenbedingungen schnell und tiefgreifend verändern, ist unbestritten. Aber jeder Finanzchef muss individuell für sein Unternehmen analysieren, welche Konsequenzen daraus für Produkte und Geschäftsmodelle folgen, wie das Unternehmen selbst sich künftig ausrichten muss, was der Finanzbereich hierzu beitragen kann und wie er künftig die internen Kunden unterstützen muss. Dafür gilt es, zum Ursprung des aktuellen Geschäftsmodells zu gehen und es ebenso auf seine Tragfähigkeit zu prüfen wie die einzelnen Produkte im Portfolio auf ihren Wertbeitrag sowie ihre künftigen Umsatzchancen: Wie ist die aktuelle Positionierung, welche Veränderungen in Technologien und Marktumfeld zeichnen sich ab, wo liegen künftig die besten Wachstumsperspektiven? Wichtig ist dabei, diese Fragen unter Einbeziehung des Software-Aspekts zu beantworten.

> *Praxistipp: Harmonisierung von Geschäftsmodell und Supportfunktion*
> Digitale Schnittstellen machen immer mehr Produkte intelligenter und neue IT-Lösungen revolutionieren die interne Zusammenarbeit ebenso wie den Kundenservice. Bestes Beispiel dafür ist das Auto, neuerdings quasi ein Rechner auf Rädern, der über Nacht per Software-Update neue Features erhalten kann und vielen Menschen inzwischen als ein rollendes Büro mit permanenter Server-Anbindung dient. Wer in der Strategiefindung oder Produktentwicklung nicht auch solche Veränderungen berücksichtigt und seinen Entscheidungen keine belastbaren Zahlen dazu aus Finanzfunktion sowie Controlling zugrunde legen kann, wird im Wettbewerb um die Gunst der Kunden zurückfallen.

Dies wiederum bedeutet, dass in Finanzen und Controlling nicht nur verstärkt digitale Technologien eingesetzt werden müssen. Mit dem ihm zur Verfügung stehenden – und neu zu schaffenden Instrumenten – muss dieser Bereich außerdem in der Lage sein den Wertbeitrag und die einzelnen finanziellen Aspekte smarter Produkte sowie smarter Services in Zahlen zu packen oder damit Simulationen zu fahren. Diese Daten zunächst ins Bewusstsein des gesamten Unternehmens zu bringen und danach offensiv mit ihnen sowie auch den traditionellen Kennzahlen zu arbeiten, wird eine wesentliche Aufgabe des Finanzchefs.

## CFO wird vom Chef-Steward zum Co-Piloten

Was heißt das für den Finanzbereich? Kurz gesagt, der CFO selbst muss – wo dies noch nicht geschehen ist – stärker in die Verantwortung gehen und sich eher als Co-Pilot verstehen denn als Chef-Steward. Es reicht nicht mehr, die von internen Kunden und externen Interessenten etwa am Kapitalmarkt gewünschten Finanzinformationen in die gewohnten, nachträglichen Auswertungen und Analysen zu packen. Vielmehr sollte sich der CFO in enger Abstimmung mit dem CEO über die Grenzen seines Ressorts hinweg mit dem gesamten Geschäft des Unternehmens auseinandersetzen und dafür sein Rollenverständnis grundlegend ändern. Finanzfunktion und Controlling müssen weiter ihre bisherige Kernaufgabe erfüllen – Zahlungsvorgänge ermöglichen sowie Zahlen sammeln, auswerten und kontrollieren. Aber sie müssen zusätzlich auf eine neue, vorausschauende Weise analytisch aktiv sein: Indem sie ihre Zahlen so aufbereiten und Erkenntnisse so zur Verfügung stellen, dass damit bessere Entscheidungen möglich sind, von der Entwicklung einzelner Produkte bis zu großen strategischen Weichenstellungen im Geschäftsmodell. Dafür muss nicht nur der CFO selbst die Funktion des Co-Piloten übernehmen. Er muss auch seine Mitarbeiter quasi operativ schalten. Finanz- und Controlling-Experten agieren als Sparringspartner auf Augenhöhe mit anderen Abteilungen oder Geschäftsbereichen. Sie tauschen sich im Team mit ihren Kollegen frühzeitig über alle wichtigen Themen aus. Sie liefern mit ihrem fachlichen Input permanent Ideen für Verbesserungen von Produkten oder Prozesse und geben im Idealfall sogar den Anstoß für komplette Neuentwicklungen.

In vielen Unternehmen sind die Voraussetzungen zur weiteren Entwicklung von Finanzfunktion und Controlling in diese Richtung gut: Dort ist der CFO bereits in jüngster Vergangenheit stärker in die Verantwortung gegangen und hat begonnen, mit Hilfe seiner Informationen, Zahlen und Einschätzungen die bestehenden Produkte und Strategien fundierter zu hinterfragen sowie gegebenenfalls sogar Alternativen zu formulieren. Dies trifft insbesondere für die Branchen zu, in denen Veränderungen etwa durch Globalisierung und Digitalisierung schnell und mit weitreichenden Konsequenzen zu spüren waren. Eher früher als später dürfte künftig aber auch jedes andere Unternehmen davon betroffen sein – dort sollte der CFO ebenfalls möglichst schnell die Funktion eines Co-Piloten übernehmen. Gut gelingen dürfte dies Finanzchefs, in deren Verantwortungsbereich auch die IT fällt. Sie kommen bereits qua Funktion stärker mit neuen digitalen Technologien in Berührung und können deshalb besser einschätzen, wie Finanzfunktion und Controlling selbst durch den Einsatz moderner Software schlagkräftiger werden und so die gesamte Organisation besser unterstützen können. Aber auch Finanzchefs ohne direkten Zugriff auf die IT sollten dringend die Chancen nutzen, die eine ambitionierte Digitalisierung in ihrem Bereich dem Unternehmen bietet.

**Wer mitsteuern will, muss auch sein eigenes Steuerungsmodell überdenken**

Wesentliches Merkmal der neuen Anforderungen an Finanzfunktion und Controlling ist, dass die Experten in diesen Bereichen künftig ganzheitlich auf das Unternehmen blicken. Früher ging es in der Regel um einzelne Produkte, Divisionen, Regionen oder Prozesse, für die ausgewählte Zahlen retrospektiv aufbereitet wurden. In Zukunft gilt es den punktuellen, nach hinten gerichteten Blick zu ergänzen um den übergreifenden, nach vorne gerichteten Blick inklusive eines fundierten Szenario Managements, idealerweise verknüpft auch mit externen Daten: Wie könnten sich Rahmenbedingungen entwickeln, was würde das für die Branche bedeuten, wie sollte das Unternehmen reagieren, um seine Position zu verbessern? Stichwort: Analyse per Künstlicher Intelligenz. Damit übernimmt der CFO die Funktion eines Co-Piloten, der maßgeblich die Richtung der strategischen Reise mitbestimmt. Wer so mitsteuern will, muss allerdings auch sein eigenes Steuerungsmodell stärker überdenken, damit es die gewünschten Informationen liefern sowie Entscheidungen erleichtern kann: Über welche Kennzahlen lässt sich das Unternehmen in Zukunft besser führen? Welche Steuerungsmethoden, welche Reportings und welche Technologien sind nötig, damit aus einem bislang weitgehend statisch-retrospektiven System ein Continuous Reporting auf Basis stets aktueller Zahlen wird, das agiles Agieren ermöglicht?

Generell steht jede Finanzabteilung vor der Aufgabe, sich einerseits technisch besser aufzustellen und andererseits im Tagesgeschäft enger mit den operativen Einheiten zusammenzuarbeiten. Das sind zwei Seiten einer Medaille: Erst wenn der Einsatz neuer digitaler Technologie beispielsweise in Form von weiterer Prozessautomatisierung die Mitarbeiter im Finanzbereich von zeitfressenden, repetitiven Erfassungstätigkeiten entlastet, können sie mit ihrem Zahlenwissen in regelmäßigen Teammeetings an der Entwicklung neuer Produkte teilnehmen. Andererseits lernen sie im direkten Austausch mit den operativen Geschäftseinheiten, welche zusätzlichen Aspekte in Kennzahlen gepackt und mithilfe digitaler Technologien analysiert werden könnten, um den wirtschaftlichen Erfolg oder das Verbesserungspotenzial bei einem Produkt zu erfassen. So lassen sich die modernen IT-Lösungen für weitere hilfreiche Auswertung und Simulationen nutzen.

## Finanzorganisation muss sich den Veränderungen im Geschäftsmodell anpassen

Dies erfordert jedoch den Aufbau neuer analytischer Fähigkeiten, die ein gutes Stück über das hinausgehen, was derzeit in vielen Unternehmen getan wird. Und auch die Mitarbeiter im Finanzbereich müssen sich anpassen: Gefragt ist dynamisches und agiles Arbeiten beim Bewerten von Themen, wobei konzeptionell und lösungsorientiert nach vorne gedacht werden sollte. Dazu gehört auch die Fähigkeit, nicht nur neue Technologien zu bedienen, sondern ebenso Ergebnisse von Auswertungen im Unternehmen bereichsübergreifend zu kommunizieren und bei deren Anwendung beraten zu können. Idealerweise versteht sich jeder Mitarbeiter des Finanzbereichs als Mit-Unternehmer, der im Team mit Experten anderer (operativer) Abteilungen ein Produkt erfolgreich macht und daran seinen persönlichen Erfolg misst. Den Beschäftigten diese Einstellung zu vermitteln, dürfte künftig eine Hauptaufgabe des CFO sein. Denn er kann nur als Co-Pilot agieren, wenn seine Leute bei ihren Tätigkeiten auf den jeweiligen Ebenen ebenfalls mitsteuern wollen.

Außerdem sollte der CFO darauf achten, dass sich die Finanzorganisation im Gleichschritt wandelt, falls das Unternehmen sein Geschäftsmodell oder den Fokus verändert. Nur eine lebende, sich anpassende Finanzfunktion kann stets genau jene aktuellen Auswertungen und vorausschauenden Analysen liefern, die agilen Unternehmen weiterhelfen. Deshalb sollte der Finanzbereich so organisiert sein, dass stets die Wertschöpfung im Mittelpunkt der Aufmerksamkeit steht. Insbesondere das Controlling muss immer schneller nachziehen und überlegen, mit welcher Organisation, welchen Methoden und welchen Ansätzen das Unternehmen künftig am besten gesteuert werden kann. Dabei gibt es keine allgemeingültigen Weisheiten mehr: Jeder Finanzchef muss sich permanent hinterfragen und prüfen, ob es inzwischen bessere Wege zum Ziel gibt. Dazu gehört auch Risiken im Blick zu haben, die früher zu wenig Beachtung fanden, von Industriespionage über Handelskonflikte und regulatorische Anforderungen bis zu Gesundheitsthemen wie Epidemien, um schnell auf damit möglicherweise im Unternehmensumfeld verbundenen Auswirkungen zu reagieren: Bei Mitarbeitern, bei Kunden, in der Produktion oder in der Lieferkette.

## Vorausschauende Analysen und Simulation werden zur Kernkompetenz

Insbesondere über das Controlling ist der CFO, der sich als Co-Pilot versteht, künftig viel stärker in die unternehmerische Führung eingebunden. Sein Bereich liefert nicht länger einfach einen Report, in dem alte Zahlen hübsch strukturiert die Vergangenheit beleuchten – und das war's. In Zukunft ist dieser Report lediglich der erste Schritt hin zu einem aktiven Portfoliomanagement, bei dem der CFO eine führende Rolle übernimmt. Bei ihm liegt das Management von Chancen und Risiken. Von ihm kommen fundierte Ausarbeitungen, die Basis für große strategische Investitionsentscheidungen bildet. Mithilfe digitaler Lösungen und moderner Strukturen generierte Informationen – der Blick in die Vergangenheit ebenso wie der in die Zukunft – weisen dann den Weg zur optimalen Finanzierung von

Akquisitionen, erleichtern den Beschluss zu Diversifikation und Desinvestitionen oder liefern fundierte Argumente, um ein nur scheinbar noch gut laufendes Geschäftsmodell frühzeitig in Frage zu stellen. Dies ist eine in ihrer Bedeutung kaum zu unterschätzende Aufgabe des CFO: Denn das in einer digitalisierten, globalisierten Wirtschaft über Dekaden ein Geschäftsmodell unverändert trägt, gibt es heute kaum noch – und der moderne Finanzchef liefert durch vorausschauende Analysen den Anstoß, sich schnellstmöglich mit diesem unliebsamen Thema zu beschäftigen, um die Weichen in Richtung Zukunft zu stellen.

Bereits heute sind zahlreiche Technologien verfügbar, die der CFO einsetzen kann, um seine Rolle als Co-Pilot zu erfüllen. Natürlich erfordert das oft eine Konsolidierung der Daten sowie eventuell neue Schnittstellen, Standardisierungen und Prozesse, denn die Lösungen sollen sich ja sinnvoll im ganzen Unternehmen einsetzen lassen. Aber es gibt keinen Grund die Ausrichtung von Finanzfunktion und Controlling auf die neuen Anforderungen weiter zu verschieben. Im Gegenteil: Wer nun immer noch zögert, die Finanzabteilung umzubauen und in neue digitale Technologien zu investieren, verliert wertvolle Zeit. Etwa bei der Vorbereitung auf das, was man mit Recht eine kleine Revolution nennen darf: Der Umstieg von SAP R/3 auf SAP S/4HANA verspricht einen Quantensprung bei der vorausschauenden Auswertung von Finanzdaten sowie bei der Fähigkeit, durch Simulationen mögliche Auswirkungen von Entscheidungen durchzuspielen. Wer sich nicht jetzt organisatorisch und mental auf diese neuen Möglichkeiten einstellt, kann die damit verbundenen Chancen kaum zeitnah nutzen.

### Chefetage muss das Thema Digitalisierung gemeinsam voranbringen

Denn die digitale Transformation eines Unternehmens beziehungsweise auch nur seiner Finanzabteilung ist kein Sprint, sondern ein Marathon.

> *Praxisbeispiel: Transformationsprogramm bei Hella*
> 
> Bei Hella soll das Ziel im Jahr 2025 erreicht sein, aber schon die deutlich davor liegenden Zwischenziele versprechen große Vorteile für die Organisation. Höchste Priorität hat das Konsolidieren der vorhandenen Daten und – soweit möglich – der Systemlandschaft, die wie in vielen anderen Unternehmen teilweise sehr heterogen gewachsen ist. Transparente Daten, eine weitgehend homogene IT-Umgebung, konzernweit standardisierte Prozesse sowie die konsequente Digitalisierung und Automatisierung einfacher, repetitiver Prozesse sind der Kern des laufenden Transfor-

> mationsprogramms. Das wird weltweit kommuniziert und gemeinsam einheitlich umgesetzt: Die Warenentnahme aus dem Lager etwa lässt sich nur dann automatisiert und standardisiert online weiterverarbeiten sowie stringent in Zahlen packen, wenn der Prozess überall gleich läuft statt in zehn verschiedenen Varianten. Also muss der neue Prozess in allen Standorten, Werken und Regionen parallel eingeführt werden, weshalb alle Betroffenen frühzeitig ins Projekt einzubinden beziehungsweise zu informieren sind. So wird das Fundament für die weitergehende Digitalisierung gelegt.

Entscheidend ist, dass es bei der Bewertung dieses Themas keine zwei Meinungen gibt und die Chefetage an einem Strang zieht, weil der Markt die Veränderung einfach fordert. Selbst zunächst skeptische Kollegen haben in den vergangenen Jahren die Bedeutung der digitalen Transformation im Finanzbereich erkannt. Sie haben verstanden, welche Implikationen der Einsatz neuer Technologien, von denen man inzwischen auch fast jeden Tag in der Zeitung liest, für das eigene Unternehmen mit sich bringt. Und in der Führung des Finanzbereichs existiert ein klares gemeinsames Bild, wohin die Entwicklung der eigenen Organisation inklusive ihrer künftigen Funktion für das Unternehmen gehen soll. Zu den konkreten Transformationsprojekten zählt insbesondere „Transform", die umfassende Migration auf S/4HANA in die neue SAP-Welt – unterfüttert durch eine Konsolidierung der Systeme und Prozesse, die letztlich ein homogenes Gesamtbild über die Wertschöpfung des Unternehmens geben soll. Hier bietet sich der größte Hebel für Verbesserungen, weil derzeit so komplex gearbeitet wird, dass einzelne Veränderungen oft gar nicht so viel bringen würden.

**Auch kleine Erfolge geben der digitalen Transformation ein Momentum**

Trotzdem sind auch schnelle kleine Veränderungen wichtig. Ein S/4HANA-Projekt dauert vergleichsweise lange, ohne dass sich gleich positive Auswirkungen zeigen. Damit lassen sich viele Mitarbeiter nicht so einfach motivieren. Wichtig ist deshalb, das große Ziel klar und gut erklärt zu kommunizieren, aber trotzdem rasch für kleinere Aha-Erlebnisse zu sorgen. Das funktioniert, indem man zwar auch das Riesenprojekt erläutert, den Elefanten aber zugleich in einzelne Scheiben schneidet: Konkret abgrenzbare kleine Projekte, bei denen sich sofort Verbesserungen zeigen. Etwa, indem die Beteiligten sagen können, dass ihr individueller Aufwand bei einer Tätigkeit stark reduziert wurde oder die Qualität eines Prozesses nachher deutlich höher ist. Auch die Frage der Selbstermächtigung spielt eine wichtige Rolle: Wenn es Mitarbeitern gelingt, binnen weniger Tage einen Roboter einzusetzen, mit dem sich monotone, zeitaufwändige Aufgaben automatisieren lassen freuen sie sich über ihre persönlichen Fortschritte bei der Digitalisierung. Das gibt ihnen ein gutes Gefühl und der digitalen Transformation insgesamt mehr Momentum. Die kleinen Schnellboote helfen eine gewisse Trägheit der Organisation zu überwinden und das Unternehmen mit zunehmender Geschwindigkeit in Richtung Agilität zu bewegen.

**Weiterentwicklung der Shared Services durch Automatisierung**

Ein Kernthema bei der digitalen Transformation von Finanzfunktion und Controlling ist die Weiterentwicklung der ja bereits länger etablierten Shared Services – aber nicht als klassisches Kostenthema, sondern mit Blick auf die neuen Anforderungen in diesem Bereich. Der Ansatz, repetitive Aufgaben an einem möglichst preiswerten Standort zu bündeln, hat sich in gewisser Weise überholt. Für bestimmte Aufgaben dürfte das zwar weiterhin interessant sein, aber insgesamt bewegt sich das Thema Shared Services jetzt auf einer neuen Stufe: Automatisierung in Form von Robotic Process Automation (RPA) bedeutet, dass die Eingabe oder Auswertung von Daten künftig Maschinen übernehmen. Die Menschen müssen einerseits dafür sorgen, dass die Daten homogen oder die Prozesse standardisiert sind. Und gewinnen dadurch andererseits mittel- und langfristig selbst mehr Zeit dafür, die maschinell gelieferten Auswertungen in ihrer Rolle als Sparringspartner für die Geschäftseinheiten bei der gemeinsamen Suche nach grundlegenden Verbesserungen von Produkten und Prozessen zu nutzen. Diesen zielgerichteten Einsatz aufbereiteter Zahlen wiederum kann kein Roboter leisten, hier sind menschliche Intelligenz und Intuition gefragt – und das wird letztlich bei der Standortentscheidung ebenso wichtig wie der Blick auf die reinen Kosten.

**CFO muss die Digitalisierung auch durch intelligente Personalpolitik pushen**

Der Faktor Mensch gehört sogar in mehrfacher Hinsicht zu der Frage, welchen Anforderungen sich Finanzfunktion und Controlling künftig stellen müssen. Erstens geht es natürlich darum die Mitarbeiter von weniger anspruchsvollen Tätigkeiten zu entlasten und sie im Umgang mit neuen digitalen Technologien fit zu machen. Dies erfordert nicht nur die Fähigkeit, ihnen die neue Ausrichtung des Finanzbereichs zu erklären und sie zur Übernahme von mehr Verantwortung als Mit-Unternehmer zu überzeugen. Wer das erreichen will, muss ein klares Konzept entwickeln wie er seine

Mitarbeiter mit Schulungen oder anderen Arten der Unterstützung so für neue Aufgaben qualifizieren kann, dass diese sich mitgenommen fühlen. Zweitens stellt sich beim Einsatz neuer digitaler Technologien die Frage wer sie bedienen soll. Das können eigene Mitarbeiter sein, die eine entsprechende Schulung absolviert haben. Es dürften aber bei manchen Themen, etwa dem Einsatz Künstlicher Intelligenz, zunächst externe Experten sein, die bei der Einführung und vorübergehend im Regelbetrieb unterstützen. Für Lösungen, die das Unternehmen als langfristig strategisch wichtig erachtet, muss dann aber rasch eigene Kompetenz aufgebaut werden. Sie zu schaffen, gehört zu den Hauptaufgaben des Finanzchefs, da die Digitalisierung sich nur mit den richtigen Fachleuten im eigenen Haus vorantreiben lässt. Dies erfordert – drittens – unkonventionelle Ideen. So könnten Tätigkeiten in einer Unit fern der Firmenzentrale gebündelt werden, falls dort die gesuchten Fachkräfte verfügbar sind. Digitale Themen werden für Hella beispielsweise stark in Indien bearbeitet – dort sind etwa Spezialisten mit der IT-Expertise zu finden, um Roboter für den ganzen Konzern zu entwickeln und betreiben. Und für Prozessexzellenz sind bei Hella die Kollegen in Rumänien zuständig. Die entsprechenden Prozesse werden konzernweit ihren Verbesserungsvorschlägen angepasst – was durch Standardisierung und Optimierung wiederum die weitere Digitalisierung erleichtert.

# 3 Impulse für ein Finanz-Zielbetriebsmodell 2025+

## 3.1 Moderne Unternehmenssteuerung in einer VUCA-Welt

Gori von Hirschhausen, Finance Consulting Leader Europe, Partner, PwC Deutschland

„Wenn ich eine Stunde Zeit hätte, um die Welt zu retten, würde ich 55 Minuten dafür verwenden, das Problem zu definieren, und nur 5 Minuten, um Lösungen zu finden", soll der Physiker Albert Einstein gesagt haben. Ein CFO muss zwar nicht die Welt retten, aber zumindest die Zukunft seines Unternehmens sichern, von der ja ebenfalls das Schicksal vieler Stakeholder abhängen kann, etwa Mitarbeiter oder Kapitalgeber. Auch er sollte sich deshalb bei Fragen von grundlegender Bedeutung und großer Tragweite ausreichend lange und intensiv mit dem Auswerten der Informationen sowie dem möglichst konkreten Beschreiben des Problems beschäftigen, um es gut zu durchdringen – und erst auf dieser Basis entscheiden, was die beste Lösung ist.

Dies gilt natürlich vor allem mit Blick auf das künftige Zielbetriebsmodell der Finanzfunktion. Es bildet die Grundlage für die technische, strukturelle sowie prozessuale Neuausrichtung der ganzen Finance-Organisation und wirkt weit in die Zukunft. Deshalb muss diese Neuausrichtung auf einem soliden Fundament aus umfassender Bestandsaufnahme und tiefgehender Problemanalyse basieren, aus der sich dann die beste Lösung ableiten lässt. Der CFO sollte also viel Zeit und Energie in die möglichst genaue Analyse der konkreten Herausforderungen stecken, vor denen die Finanzfunktion steht. Dazu gehört etwa die Frage, was die wesentlichen Aufwandstreiber sind; Wo die tatsächlichen Ursachen für Probleme liegen; ob sie mithilfe neuer technischer Lösungen oder organisatorischer Maßnahmen beseitigt werden könnten. Erst wenn hier Klarheit besteht, kann der CFO das neue Zielbetriebsmodell festlegen, mit dem sich diese Herausforderungen wirklich bewältigen lassen.

**Das Unternehmen muss sich künftig sicherer durch eine VUCA-Welt steuern lassen**

Eine Abkürzung sollte der CFO dabei stets im Hinterkopf haben: VUCA. Sein Unternehmen muss sich mit dem neuen Zielbetriebsmodell der Finanzfunktion besser durch ein wirtschaftliches Umfeld steuern lassen, das zunehmend geprägt ist von Volatilität, Unsicherheit, Komplexität und Unklarheit. Was das in der Praxis bedeutet, hat gerade die Corona-Krise gezeigt: Unternehmen müssen binnen kürzester Zeit auf überraschende Veränderungen aus unerwarteten Richtungen reagieren. In den ersten Pandemie-Monaten haben sich die meisten Finanzabteilungen als insgesamt handlungsfähig erwiesen und in herausfordernden Zeiten belegt, dass sie ihr Handwerk verstehen. Durch konsequentes Cash- und Liquiditätsmanagement hielten sie den Betrieb am Laufen. Aber mit der anhaltenden Krise wurde immer klarer, vor welch großen strukturellen Herausforderungen das VUCA-Umfeld die Finanzfunktion stellt. Gefragt ist die Fähigkeit zum agilen, differenzierten und pro-aktiven Handeln, das stärker auf die Zukunft ausgerichtet ist – dies muss der neue Anspruch der Finanzfunktion sein. Gerade weil sie in der Krise ihre Bedeutung unter Beweis stellen konnte und gleichzeitig die Notwendigkeit einer strukturellen Weiterentwicklung immer offensichtlicher wurde, sollte der CFO jetzt mit guten Argumenten die Unterstützung für entsprechende Veränderungen in seinem Bereich einfordern.

Um den neuen Anspruch der Finanzfunktion in der Praxis umsetzen zu können, braucht es also entsprechende professionelle und moderne Strukturen. Gute Rationalisierungssicherung erfordert das richtige organisatorische, prozessuale und Governance-Setup plus das passende Handwerkszeug in Form von Technologie und Kompetenz – dies muss Eingang ins neue Zielbetriebsmodell finden. Bei dessen Entwicklung ist zudem das Thema Nachhaltigkeit zu berücksichtigen – nicht nur, weil es regulatorisch geboten ist, sondern weil Nachhaltigkeit auch als Performance-Treiber dienen kann. Hinzu kommt ein weiterer Performance-Treiber: Allgemein bekannt ist, dass der Erfolg eines Unternehmens maßgeblich von der Mitarbeiterzufriedenheit abhängt. Gerade bei diesem Aspekt zeigt sich, welche neuen Möglichkeiten mit dem Einsatz digitaler Technologien verbunden sind und welche Chancen das beim Entwickeln eines neuen Zielbetriebsmodells eröffnet. Früher nämlich ließ sich die Zufriedenheit der Mitarbeiter kaum messen und in Zahlen fassen. Die Digitalisierung liefert nun die Instrumente dafür, Mitarbeiterzufriedenheit zu messen und in einen klaren Zusammenhang beispielsweise zur Profitabilität zu setzen. Wer auf diese Weise nicht nur Korrelationen, sondern auch Kausalitäten ermitteln kann, hat eine fundierte Basis für Optimierungsmaßnahmen in Sachen Mitarbeiterzufriedenheit und kann deren Erfolg wiederum anhand belastbarer Zahlen messen.

Unter Einbeziehung all dieser Aspekte muss der CFO eine ganzheitliche Vision entwickeln und umsetzen, wie die Finanzfunktion künftig eine differenzierte Unternehmenssteuerung ermöglichen soll. Was etwa zu tun ist, wenn das Geschäft in einer Division einbricht, während der Umsatz in einer anderen nach oben schießt. Oder wenn ein Bereich drastische Kostensenkungen verordnet bekommen müsste, während ein anderer hohe Investitionen benötigt. Das neue Zielbetriebsmodell sollte es erlauben, an den jeweils richtigen Stellen gleichzeitig unterschiedliche Dinge zu tun. Aber auch das Zielbetriebsmodell selbst muss schon in der Konzeptionsphase gezielt auf Flexibilität ausgerichtet werden. In einer VUCA-Welt muss es sich schnell und ohne großen Aufwand an stark veränderte Bedingungen anpassen lassen – nur durch Feinjustierung auch beim Zielbetriebsmodell bleibt die Steuerungsfähigkeit des Unternehmens jederzeit möglichst hoch.

**Einzelne Verbesserungsprojekte genügen nicht, es braucht ein integriertes Zielbetriebsmodell**

Um angemessen auf das zunehmend komplexe Geschäftsumfeld reagieren zu können, treiben viele Unternehmen bereits einzelne Verbesserungsprojekte voran. Die allerdings können nur Teilaspekte des bestehenden Betriebsmodells verbessern und Impulse geben, nicht jedoch eine grundlegende Veränderung anstoßen. Will der CFO ein neues, zukunftsfähiges Zielbetriebsmodell entwickeln und umsetzen, braucht er eine klare Vision, die allen Beteiligten Lust auf die Zukunft macht und sie motiviert, voll mitzuziehen. „Hat man sein Warum? des Lebens, so verträgt man sich fast mit jedem Wie!", schrieb der Philosoph Friedrich Nietzsche. Dieses „Warum" muss der CFO seinem Team vermitteln und dabei alle Dimensionen des integrierten Zielbetriebsmodells darstellen – sowie die Aussicht, dass die Bedeutung der Finanzfunktion insgesamt eine erhebliche inhaltliche Aufwertung erfährt und die Arbeit der dort Beschäftigten von der Organisation als wichtig wahrgenommen wird. Erst das macht die aktuellen technologischen und wirtschaftlichen Veränderungen sowie die damit verbundenen Auswirkungen für alle Beteiligten zum greifbaren Thema, für das es sich zu begeistern lohnt. Dann kann das neue digitale Zielbetriebsmodell wirkungsvoll dabei helfen, die Unternehmensvision und -strategie sowie die daraus abgeleitete CFO-Strategie in die Praxis umzusetzen. Hier gilt es natürlich stets die Zukunft im Blick zu behalten: Mögliche Veränderungen und künftige Szenarien sowie sich dann anbietende Technologien sind in der Konzeptionsphase und bei der späteren Weiterentwicklung unbedingt zu berücksichtigen. Dies stellt sicher, die für das Unternehmen optimale Lösungen zu finden und am Ball der Zeit zu bleiben.

Das neue Zielbetriebsmodell muss individuell für die jeweilige Organisation entwickelt werden, abhängig von der Unternehmensstruktur. Die Kunst dabei ist, die Qualität der natürlich weiterhin erforderlichen transaktionalen Tätigkeiten kontinuierlich zu steigern und zugleich die analytischen Fähigkeiten der Finanzfunktion deutlich zu erhöhen – idealerweise sollte der Anteil der analytischen Tätigkeiten über dem der transaktionalen liegen. Wer sich einer so weitgehenden Transformation unterzieht, sollte einerseits durch die umfassende Evaluation des Ist-Zustands sowie eine klare Definition seiner Ziele dafür sorgen, dass die Neuausrichtung des Betriebsmodells zu Kosteneinsparungen und Effizienzgewinnen führt sowie die Komplexität reduziert. Andererseits gilt es darauf zu achten, dass die Finanzfunktion durch die Transformation vom Zahlenverwalter zum strategischen Geschäftspartner ihrer internen Kunden mit einem Blick für Risiken und Chancen der Zukunft wird. Als echter Business Partner kann die Finanzfunktion dann die künftige Entwicklung und das Wachstum des Unternehmens intensiv mitgestalten, indem sie datengestützte Einblicke und daraus abgeleitete Handlungsempfehlungen liefert. Erst die Kombination beider Aspekte macht die Stärke eines modernen digitalen Zielbetriebsmodells aus. Zur Realisierung bedarf es einer Roadmap, in der die einzelnen Handlungsfelder von der Prozessarchitektur über die Technologie bis zu den Mitarbeitern nach Prioritäten geordnet abgebildet sind und strukturiert bearbeitet werden können. Ziel ist die schnelle und umfassende Implementierung digitaler Technologien sowie ein gemeinsames „Digital Level" aller Mitarbeiter – dadurch entsteht eine Finanzfunktion, die effizient und effektiv dem Kerngeschäft dient. Leitmotiv dabei sollte sein, dass die gesamte Organisation künftig den Menschen in den Mittelpunkt stellt, also human-zentriert denkt, arbeitet und sich weiterentwickelt.

> ***Impulse Betriebsmodell: Fünf Dimensionen eines digitalen Zielbetriebsmodells der Finanzfunktion (siehe Abbildung 17)***
>
> **Strategie & Vision:** Das neue Zielbetriebsmodell muss auf einer Strategie und Vision für die Finanzfunktion basieren, die im Einklang mit der Unternehmensstrategie steht und diese positiv beeinflusst. In den Fokus gehört das Konzept der Business Partnerschaft zwischen Finanzabteilung und den jeweiligen Fachbereichen sowie der Einsatz von Advanced Analytics, um datengesteuerte Geschäftsentscheidungen zu ermöglichen und zu fördern. Strategie und Vision sollten dabei so formuliert sein, dass sie den Beschäftigten den tieferen Sinn ihrer Arbeit in der Finanzfunktion vermitteln, sie emotional überzeugen und zum begeisterten Mitziehen motivieren, nach der Devise: Wir liefern zum richtigen Zeitpunkt die richtigen Informationen für bessere Entscheidungen des Unternehmens. Der Erfolg von Strategie und Vision lässt sich nicht nur an der Profitabilität des Unternehmens messen. Es geht um die ganzheitliche Betrachtung des Themas, Strategie und Vision lassen sich nur durch Mitarbeiterzufriedenheit und -engagement mit Leben füllen.

**Organisation & Governance:** Theoretisch gilt die Forderung, dass der Organisationsaufbau dem Ablauf folgt. In der Praxis allerdings muss bei der Entwicklung des neuen Zielbetriebsmodells die Frage diskutiert werden, ob die optimale Lösung wirklich so aussieht. Wichtig ist beispielsweise die Überlegung, ob die Finanzfunktion künftig nicht primär nach der Art der Aufgabe und erst sekundär nach Unterfunktionen wie Accounting oder Controlling organisiert werden sollte. Und bei der Governance geht es in vielen Unternehmen vor allem darum, was von der Finanzfunktion über die Zentrale, die Geschäftsbereiche sowie die lokalen Organisationen verteilt ist. Hier gilt es, ein Gesamtzielbild zu verfolgen, wie eine neue optimale Verteilung aussehen könnte.

**Prozessarchitektur:** Zum neuen Zielbetriebsmodell sollte auch die Verankerung einer End-to-End-Perspektive gehören, um abteilungsübergreifende Prozesse durch kontinuierliche Verbesserungen stetig optimieren sowie damit internen und externen Kunden den besten Service bieten zu können. So entsteht eine effektive und effiziente Prozesslandschaft, die ohne ineffiziente Schnittstellen durch passende Technologien unterstützt und automatisiert wird und frei von organisatorischen Silos ist.

**Daten & Technologie:** Hier geht es erstens um ein umfassendes Daten- und Informationsmodell, das alle internen wie auch externen Daten berücksichtigt, die helfen könnten Antworten auf die wichtigsten Fragen zur Unternehmenssteuerung zu geben. Die größte Herausforderung dabei ist sicherlich die Datenqualität. Zweitens geht es um den Aspekt der Technologien, die zum Einsatz kommen (sollten). Da ist einerseits das ERP-System als Fundamentsystem der Finanzfunktion, dass die internen Daten zur Basis hat, sie verwaltet und neue Daten erzeugt. Und da sind andererseits jene Systeme der Kategorie Beyond ERP, die sowohl interne wie auch zum Teil externe Daten auf modernste Weise analysieren.

**Mitarbeiter & Kultur:** Damit das neue Zielbetriebsmodell der Finanzfunktion funktioniert, ist nicht nur eine Definition aller benötigten Rollen sowie Fähigkeiten der Mitarbeiter erforderlich, sondern vor allem auch der Start von digitalen Upskilling-Initiativen. Generell dienen sie dazu, eine agile und innovative Kultur zu fördern. Für den einzelnen Mitarbeiter bieten sie individuelle Schulungen und befähigen ihn so, die künftigen Anforderungen an ihren Arbeitsplatz erfüllen zu können. So können die Beschäftigten emotional engagiert einer Strategie und Vision folgen, die ihnen auch den tieferen Sinn ihrer Arbeit in der Finanzfunktion vermittelt und sie so motiviert.

## 3 Impulse für ein Finanz-Zielbetriebsmodell 2025+

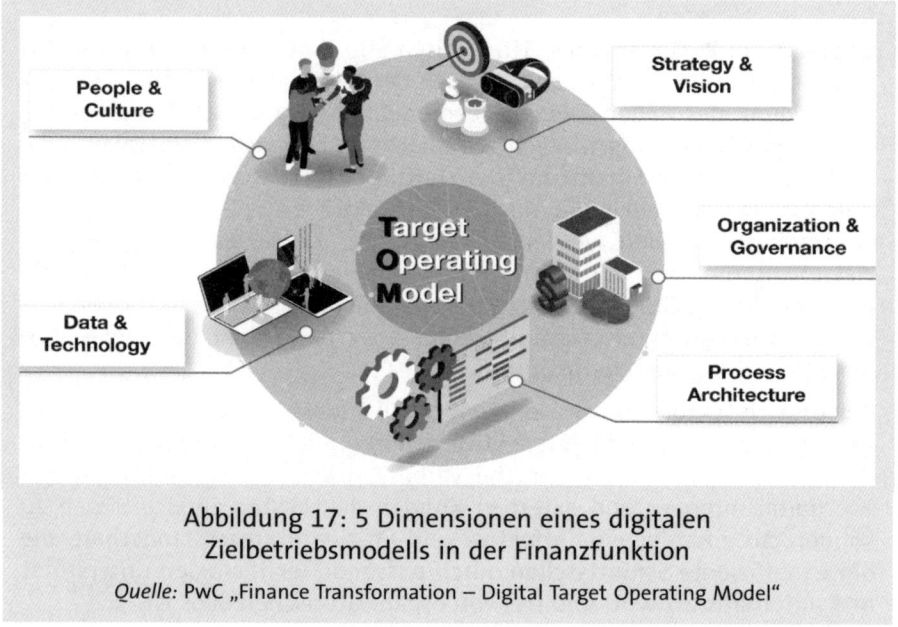

Abbildung 17: 5 Dimensionen eines digitalen
Zielbetriebsmodells in der Finanzfunktion
*Quelle:* PwC „Finance Transformation – Digital Target Operating Model"

**Funktionen und Wechselwirkungen im neuen Zielbetriebsmodell möglichst genau beschreiben**

Wer ein in sich stimmiges und in der späteren Praxis wirksames Zielbetriebsmodell entwerfen will, muss sich die einzelnen Elemente beziehungsweise Handlungsbereiche detailliert vornehmen und möglichst konkret formulieren, was sich dort verändern soll. Dabei reicht es nicht, mit einfachen Stichworten wie etwa „Business Partnerschaft" zu operieren. Das Konzept sollte in Ausprägung und Wirkung so genau beschrieben werden, dass sich die Funktion und die Wechselwirkung mit anderen Elementen des Zielbetriebsmodells erschließt und alles aufeinander abgestimmt werden kann. Auf dieser Basis lässt sich dann die konkrete Transformation zum Zielbetriebsmodell in einer Roadmap festhalten und schrittweise implementieren.

Business Partnering etwa ist ein wichtiger Aspekt des neuen Zielbetriebsmodells und dürfte künftig in vielen Finanzfunktionen rund ein Viertel der Tätigkeit umfassen. Deshalb sollten auch konkret die damit verbundenen neuen Strukturen und Aufgaben festgehalten werden: So bietet ein Business Partner Finance beispielsweise ganz konsequent ein Produktions- und Werkscontrolling für die Produktionsstätten an, die er begleitet. Hier fokussiert er dann auf Dinge wie Make-or-Buy-Entscheidungen, Kostenkalkulationen oder Supply-Chain-Optimierung. Er hilft dabei, dass die Organisation ihr Handeln durchdenkt. Dabei hat er den geschäftlichen Kontext im Blick und fordert nicht nur das Erreichen von Zielen, sondern unterbreitet auch Vorschläge, wie dies konkret geschehen könnte. Dafür müssen allerdings konsequent die datentypistischen Aufgaben abgegeben werden und Challenger-Kompetenzen sowie im Zweifel auch gewisse Unabhängigkeiten im lokalen Management realisiert werden. Auf diese Weise entsteht quasi die Funktion eines systemautonomen Agenten. Wichtig ist, die richtigen Personen für solche Aufgaben zu identifizieren und sie gezielt zu qualifizieren – es geht schließlich um einen Topjob mit höchster Bedeutung. Analog dazu erfolgen könnte etwa die Unterstützung der Produktverantwortlichen bei Preisfindung, Markteinführung oder Provisionsmodell sowie der Geschäftsbereiche bei Portfolio-Analyse, Übernahmen oder Business Intelligence. Alle Business Partner stehen für ihre Themen im engen Austausch mit den Experten der Shared Service Center, Center of Excellence oder auch Center of Expertise, wo sie geballtes Fachwissen anzapfen sowie Analysen in Auftrag geben können. Nur wer diese Elemente des Zielbetriebsmodells mit ihren Abhängigkeiten detailliert beschreibt, kann die künftigen Organisationsstrukturen optimal ausrichten.

Das gilt für alle Themenbereiche sowie die damit verbundenen Prozesse. Axel Kauhausen, Managing Director der Beiersdorf Shared Services GmbH, erläutert zum Beispiel in seinem Beitrag, wie im Rahmen des neuen Zielbetriebsmodells eine Shared Service Center Organisation mit einem dort neu geschaffenen Center of Excellence zum Treiber für transaktionale Exzellenz

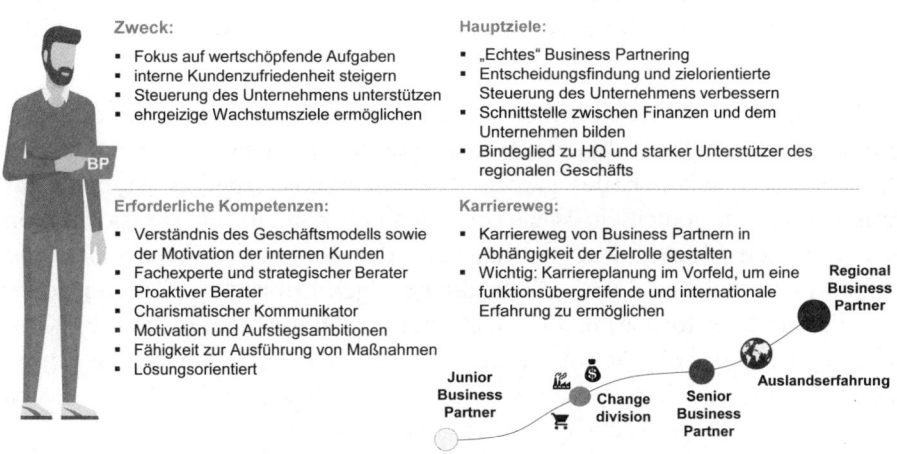

Abbildung 18: Auszug des Business Partner Profils

*Quelle:* PwC „Finance Transformation – People & Culture"

und die Digitalisierung allgemein werden kann. Dabei hat Kauhausen innerhalb des Zielbetriebsmodells auf ein adaptives Betriebsmodell gesetzt, um die Prozesse kontinuierlich weiter zu optimieren und so die Aufgaben künftig noch besser erfüllen zu können. Und Dr. Holger Feist, Chief Strategy Officer (CSO) der Messe München GmbH, hat ein neues Steuerungsmodell für Controlling verankert: Die Controller liefern nicht nur rückblickende Auswertungen, sondern unterstützen die operativ Verantwortlichen mithilfe neuer digitaler Tools dabei, bei veränderten Rahmenbedingungen die Auswirkungen für jeweilige Veranstaltung zu kalkulieren und sofort fundierte, sprich gleich durchgerechnete Gegenmaßnahmen einzuleiten.

## Auch neue KPIs etwa zur Nachhaltigkeit bei der Digitalisierungs-Roadmap berücksichtigen

Auf die Digitalisierungs-Roadmap gehören allerdings nicht nur stark operativ geprägte Themen wie transaktionale Prozessoptimierung. Sondern insbesondere auch Themen, die sich früher – vor allem mangels technischer oder analytischer Möglichkeiten – nicht leicht bearbeiten beziehungsweise in Zahlen fassen ließen. Das ist beispielsweise der gesamte Bereich Data Analytics, also die fundierte und idealerweise vorausschauende Auswertung großer Datenmengen, die wertvolle Einblicke für eine bessere Unternehmensplanung und -steuerung liefert. Aber es geht auch um die Betrachtung neuer Kennzahlen, die bislang so nicht existiert haben und sich erst mithilfe moderner digitaler Technologien in KPI-Form darstellen lassen. Nicolette Behncke, Partnerin Sustainability Services bei PwC Deutschland, beschreibt in ihrem Beitrag, warum Kennzahlen zur Nachhaltigkeit wie etwa Mitarbeiterzufriedenheit oder Klimaschutz – in Form von $CO_2$-Neutralität – auf die Roadmap gehören.

Das Zielbetriebsmodell mit der dazu passenden Roadmap bildet die Basis für eine zielgerichtete digitale Transformation nicht nur der Finanzfunktion, sondern letztlich des ganzen Unternehmens. Aber es ist nicht für immer in Stein gemeißelt. Viele Unternehmen können die Transformation schon wegen beschränkter finanzieller oder personeller Kapazitäten nur sukzessive vollziehen. Dann gilt es, die richtigen Prioritäten zu setzen sowie die digitale Transformation als längere Reise zu betrachten, meint Olaf Klinger, CFO der Symrise AG. Außerdem gilt: Auch viele kleine Schritte führen zum Ziel. Manchmal erweisen sich sogar Umwege als segensreich, weil sich unterwegs neue Eindrücke gewinnen lassen. Oder wenn unerwartete Ereignisse zwar den direkten Weg zum Ziel versperren, aber genau die dann nötigen Umwege sich als letztlich vielleicht sogar zielführender erweisen. Wichtig ist nur, dass die generelle Richtung stimmt. Und damit das so bleibt, braucht der CFO den Mut, sich regelmäßig zu hinterfragen sowie zu prüfen, ob eventuell eine Feinjustierung des Zielbetriebsmodells erforderlich ist. Vor allem neue Technologien könnten neue Perspektiven eröffnen, die Anpassungen sinnvoll machen. Eines aber ist grundsätzlich festzuhalten: Wer jetzt ein neues digitales Zielbetriebsmodell für die Finanzfunktion realisiert, hat den entscheidenden Schritt in die Zukunft schon gemacht. Er kann moderne digitale Technologien zur besseren Unternehmensplanung und -steuerung sowie zur effektiven und effizienten Prozessabwicklung einsetzen – und dann auf dieser soliden Basis schrittweise seine Finanzfunktion strukturiert weiterentwickeln. Was die künftige Digitalisierung angeht, erwartet Professor Dr. Jörg H. Mayer, Leiter des Schmalenbach Arbeitskreises „Digital Finance" und des Kompetenzzentrums „Unternehmenssteuerungssysteme" an der Technischen Universität Darmstadt, zunächst mehr Evolution als Revolution. Wer hingegen jetzt den Zug der Digitalisierung verpasst, dürfte bald auch im Wettbewerb den Anschluss verlieren.

## 3.2 Finanz-Zielbetriebsmodell eines nachhaltig wachsenden Unternehmens

Olaf Klinger, CFO der Symrise AG

**Die digitale Transformation ist eine kontinuierliche Evolution**

„Erstens kommt es anders, und zweitens als man denkt" – mit dieser Bemerkung soll der Dichter und Karikaturist Wilhelm Busch auf den Punkt gebracht haben, dass im Leben nur wenig absolut vorhersehbar ist und vieles nicht so abläuft wie erwartet. Auch die meisten Manager dürften – trotz aller Sorgfalt bei der Zielsetzung – bereits die Erfahrung gemacht haben, wie eine scheinbar gut durchdachte Weichenstellung in schnelllebigen Zeiten eine fortlaufende Anpassung erfordert. So wie bei der Symrise AG das vor rund 15 Jahren zu Zeiten des Börsengangs sinnvoll erscheinende Outsourcing der kompletten IT an einen externen Dienstleister – leider verlor das Unternehmen so ein Stück weit die Hoheit über die weitere Digitalisierung. Entscheidend ist allerdings nicht die falsche Einschätzung selbst – null Fehler passieren nur dort, wo gar nichts entschieden wird. Sondern die Reaktion darauf – wenn sie im Mangel an Lernfähigkeit, Unwillen zum Umsteuern und Festhalten an Fehlentscheidungen besteht.

Vor allem die immer schnellere und weitergehende digitale Transformation stellt die Reaktionsfähigkeit sowie Veränderungsbereitschaft von Unternehmen auf die Probe. In einem sich rasant verändernden wirtschaftlichen Umfeld bestehen können nur Organisationen mit dem Mut zu Entscheidungen, der Bereitschaft zum Erkennen und Eingestehen möglicher Fehler sowie der Fähigkeit, auf Basis systematischer Analysen und permanenter Weiterentwicklung die richtige Erfolgsspur zu definieren. Bei Symrise existiert darum wieder eine – durch die strategische Partnerschaft mit dem früheren Outsourcing-Dienstleister unterstützte – eigene IT-Abteilung. Jetzt lassen sich die mit dem Einsatz digitaler Technologien verbundenen Vorteile schnell, gezielt sowie selbstbestimmt nutzen. Und auch die digitale Transformation der Finanzfunktion ist bei dieser Neuausrichtung der IT zu einem wichtigen Zukunftsthema geworden.

## Jedes Unternehmen muss seinen eigenen Weg finden, kann aber viel von anderen lernen

Letztlich muss natürlich jedes Unternehmen die individuell passenden Antworten auf aktuelle Herausforderungen finden und eine maßgeschneiderte Strategie entwickeln. Dennoch kann es nicht schaden, von anderen zu lernen. Symrise etwa hat sicher eine besondere Historie und manche strukturelle Eigenheit – beispielsweise das frühere IT-Outsourcing. Und trotzdem dürften einige grundlegende Vorgehensweisen und Erfahrungen bei der Bestandsaufnahme sowie Strategieentwicklung auf dem Weg zum Finanz-Zielbetriebsmodell auch andere Unternehmen interessieren. Viele international agierende deutsche Mittelständler, die als Hidden Champions zu den der Öffentlichkeit kaum bekannten, aber in ihrer Branche wichtigen Akteuren zählen, sehen sich vermutlich mit ähnlichen Fragen konfrontiert wie Symrise. Daher lassen sich aus dem Beispiel des Experten für Duft- und Geschmacksstoffe mit rund 3,5 Milliarden Euro Umsatz, 10.000 Mitarbeitern und weltweit circa 6.000 Kunden vermutlich Anregungen gewinnen, wie das Thema der digitalen Transformation in der Finanzfunktion angegangen werden könnte.

## Lessons learned: Fünf wichtige Erkenntnisse aus der Digitalisierung der Finanzfunktion bei Symrise

- **Ausgangssituation:** Die Digitalisierung der Finanzfunktion ist die Antwort auf konkrete Herausforderungen im Unternehmen. Sie muss nicht zwangsläufig als eigenes Großprojekt starten, sondern kann auch durch das Lösen von Problemen in anderen Bereichen angestoßen werden. Das Vorzeigeprojekt der Digitalisierung war bei Symrise zunächst die Produktverbesserung und -entwicklung durch Big-Data-Analysen vorliegender Daten zu Rohstoffen und Kreationen. Dies führte zur Optimierung der Rohstoffbasis sowie finanziellen Effekten beim Working Capital – und gab den Impuls, die Daten der Finanzabteilung mithilfe digitaler Technologien generell besser zu nutzen sowie dabei Prozesse, Strukturen und die IT insgesamt weiterzuentwickeln.

- **Kundenorientierung:** Die Digitalisierung der Finanzfunktion zielt auch auf eine Harmonisierung und Standardisierung der Prozesse und Strukturen auf Basis homogener Daten ab. Das aber kann die Agilität des Unternehmens schwächen. Weil aufstrebende, schnell wachsende Unternehmen von ihrem Wettbewerbsvorteil leben, agil und individuell auf Kundenwünsche eingehen zu können, muss der CFO die Harmonisierung und Standardisierung im Finanzbereich vorantreiben, ohne die Beweglichkeit der Organisation im Kundenkontakt einzuschränken. Bei der Digitalisierung sollte deshalb über den Einsatz einer kaufmännischen Lösung als digitaler Kern des Unternehmens ebenso nachgedacht werden wie über die Optimierung der Kundenbeziehung fokussierende CRM-Lösungen.

- **Rentabilitätsprognose:** Schon erste Schritte in Richtung Digitalisierung haben gezeigt, welchen Datenschatz Symrise nicht nur in den Entwicklungslaboren, sondern auch im kaufmännischen Bereich besitzt – und dass er sich mithilfe moderner digitaler Lösungen monetarisieren lässt. Möglich ist dies aber nur durch viele kleine Schritte. Kein aufstrebendes Unternehmen dürfte die personellen und finanziellen Ressourcen haben, um auf einen Schlag binnen kürzester Zeit eine digital durchsetzte Finanzfunktion aus dem Boden zu stampfen. Wichtig ist, dass der Finanzchef sich nicht vom theoretischen Potenzial der Digitalisierung blenden lässt, sondern einen ebenso ambitionierten wie realistischen Fahrplan mit gut erreichbaren Zwischenzielen zum neuen Finanz-Zielbetriebsmodell aufstellt.

- **Timing und Planung:** Gerade aufstrebende Unternehmen mit limitierten Ressourcen sollten beim Einsatz neuer Technologie oder dem Umbau von Strukturen nie einem Trend folgen, nur weil es die anderen tun. Sie müssen ihren eigenen Weg finden – selbst, wenn sie dadurch eine Entwicklungsstufe auslassen. Symrise etwa forcierte nie die Auslagerung transaktionaler Tätigkeiten der Finanzfunktion in zentrale SSC im kostengünstigen Ausland. Dafür besteht jetzt mithilfe digitaler Technologien die Möglichkeit, steigende Volumina an Transaktionen verschiedener Symrise-Gesellschaften in der deutschen Zentrale zu bündeln und über Skaleneffekte entsprechende Effizienzgewinne zu generieren. Beim strategisch wichtigen Thema SAP S/4HANA dagegen ist Symrise gleich dabei. Das ERP-System erhalten zuerst jene Einheiten, die bisher ganz ohne SAP auskommen mussten – dann soll die neue Technologie konzernweit eingeführt werden.

- **Work in Progress:** Zumindest bei stark wachsenden Unternehmen ist die Digitalisierung nie zu Ende. Erst wenn der CFO dies sich selbst, seinem Team und den Vorstandskollegen klar gemacht hat, kann eine realistische Roadmap hin zum Finanz-Zielbetriebsmodell entstehen. Der Plan muss überarbeitet werden, sobald neue technische Lösungen oder veränderte Anforderungen des Unternehmens eine Anpassung der Route sinnvoll machen oder sogar zwingend erfordern. Die digitale Reise ist unendlich – und wer sich irgendwann entspannt zurücklehnt, weil er sich am Ziel wähnt, steckt vermutlich eher in einer Sackgasse.

## Ein Pilotprojekt in der Produktentwicklung beweist den enormen Wert historischer Daten

Vor jeder weitergehenden Auseinandersetzung mit dem Thema Digitalisierung und insbesondere bei Diskussionen über das Finanz-Zielbetriebsmodell muss Klarheit darüber herrschen, was Digitalisierung für das Unternehmen bedeutet und wie dahinterstehende Technologien sowie damit verbundene Konzepte das Geschäftsmodell und die Organisation betreffen. Für Symrise ist die Digitalisierung – im Gegensatz zu IT-Konzernen, aber auch Autoherstellern oder vielen anderen (Industrie-) Unternehmen – kein integraler Bestandteil des Geschäftsmodells. Sie ist ein Mittel zum Zweck und kommt dort zum Einsatz, wo sie das Arbeiten erleichtert oder bessere Ergebnisse ermöglicht. Symrise wuchs über Jahre hinweg durch Übernahmen, Zusammenschlüsse sowie das Erschließen neuer Geschäftsfelder und hat eine dezentrale Unternehmensstruktur. Das bedingt heterogene IT-Strukturen und im kaufmännischen Bereich teils sehr unterschiedliche Prozesse in den einzelnen Unternehmenseinheiten. Die damit verbundenen Nachteile wurden jedoch mehr als aufgewogen durch große Kundennähe und hohe Reaktionsfähigkeit, die steigende Umsätze und Gewinne brachten. Insofern erschien die Digitalisierung zwar durchaus als möglicher Effizienztreiber und vielversprechender Ansatz, um die Geschäftstätigkeit überall bestmöglich zu unterstützen. Aber eben nur als Mittel zum Zweck, um über Harmonisierung und Standardisierung die Effizienz zu steigern oder durch schnellere Prozesse die Kundenorientierung zu erhöhen. Keinesfalls durfte mit der Digitalisierung der Finanzfunktion das Risiko verbunden sein, wesentliche Aspekte des Geschäftsmodells negativ zu beeinflussen – also keine Digitalisierung um der Digitalisierung willen.

Erste Erfahrungen mit den Chancen einer ambitionierten Digitalisierung machte das Unternehmen deshalb auch nicht in der Finanzfunktion, sondern durch ein Pilotprojekt in F&E. Um die von den Kunden gewünschten Duft- oder Geschmacksstoffe zu entwickeln und zu produzieren, setzt Symrise tausende von Rohstoffen ein – ein Parfüm kann aus mehr als 50 verschiedenen Bestandteilen bestehen. Lassen sich dabei begeisternde Dufterlebnisse durch die Kombination preiswerterer Rohstoffe erreichen, hat das enorme finanzielle Effekte. Entsprechende Versuche sind jedoch zeitraubend und teuer. Deshalb fiel die Entscheidung, mithilfe von Big-Data-Analysen und künstlicher Intelligenz, vorliegende Daten zu Rohstoffen und schon erprobten Formulierungen so auszuwerten, dass die Kombination der Bestandteile optimiert werden kann. Das führte nicht nur zu kostenoptimierten Kreationen, sondern auch zur erheblichen Verbesserung der Vorratshaltung – immerhin müssen an diversen Standorten tausende von Rohstoffen in ausreichenden Mengen verfügbar sein. Außerdem bewies die KI am praktischen Beispiel, dass sich aus rund 1,5 Millionen Datensätzen zu bereits entwickelten Formulierungen am Rechner neue Parfüme kreieren lassen. Durch die gestiegenen Kapazitäten zur Datenverarbeitung und moderne Software-Lösungen steigt der Wert historischer Daten also erheblich. So belegte die Digitalisierung in F&E mit ihren Auswirkungen auf Produktion oder Bevorratung auch aus Sicht der Finanzabteilung, welch massive Kostenvorteile mit dem richtigen Einsatz digitaler Technologien verbunden sein können. Lag der Fokus zunächst auf der Produktion, so fiel anschließend auch der Startschuss zur gezielten Digitalisierung der Finanzfunktion in Form des Finanz-Zielbetriebsmodell. Denn das Pilotprojekt hatte gezeigt, wie wertvoll saubere Daten auch im Finanzbereich sein dürften, wenn sie überlegt für ein unternehmensweites Steuerungsmodell, in einem ansonsten weiter von der heterogenen Struktur profitierenden Konzern, genutzt werden.

## Die Entscheidung für ein ERP- oder CRM-System bedeutet eine langfristige Weichenstellung

Unternehmensweit einheitliche Daten und standardisierte Prozesse erlauben es der Finanzfunktion, effektiver und effizienter zu arbeiten sowie den in diversen Datenbanken verborgenen Datenschatz gewinnbringend zu heben – soweit ist das Ziel der anstehenden Digitalisierung klar. Nach der Bestandsaufnahme in Sachen IT steht allerdings eine große Frage im Raum: Welche Technologie verspricht die besten Ergebnisse? Die historisch gewachsene IT-Umgebung bestand bei Symrise aus zwei parallel betriebenen, unterschiedlichen SAP-Plattformen, die aus einer Zeit stammten, als diese Geschäftsbereiche noch eigenständige Unternehmen waren. In einigen Konzernbereichen gibt es nicht-SAP-basierte ERP-Systeme unterschiedlichster Ausprägung. Generell sind Software und Betriebskonzepte in allen Bereichen auf ein Höchstmaß an Agilität und Kundennähe ausgerichtet – nicht auf Standardisierung und Zentralisierung für einen bereichsübergreifenden Datenaustausch.

Zur Weiterentwicklung einer modernisierten IT-Abteilung, die in einer strategischen Partnerschaft mit dem ehemaligen Outsourcing-Dienstleister die Digitalisierung vorantreiben soll, gehörte deshalb auch eine systemtechnische Grundsatzentscheidung. Die bestehenden SAP-Systeme sowie die Möglichkeiten von S/4HANA, über offene Schnittstellen auch die Speziallösungen von anderen Anbietern nutzen zu können, lieferten die Begründung dafür, dass künftig die kaufmännische Lösung von SAP den digitalen Kern des Unternehmens bildet. Für Symrise war jedoch wichtig, parallel sowohl in der Finanzfunktion wie auch in der Kundenbeziehung zu digitalisieren – und das dürfte im kaufmännischen Umfeld besser mit SAP funktionieren. Überzeugend war vor allem das Argument der zentralen Speicherung der Daten, auf die angeschlossene Systeme zugreifen können. Zwar muss der digitale Kern von SAP sukzessive mit Leben gefüllt werden und die Lösungsumgebung noch wachsen, er verspricht jedoch für die Zukunft die für Symrise entscheidenden Funktionalitäten gerade mit Blick auf das Finanz-Zielbetriebsmodell.

Große Projekte wie eine ERP-Einführung müssen insbesondere in aufstrebenden, sich schnell entwickelnden Unternehmen in kleine Portionen aufgeteilt werden, damit sich die Organisation nicht daran verschluckt. Bei Symrise ergab die Analyse der Ausgangssituation, dass der Konzern künftig mit S/4HANA arbeiten soll. Bei der Planung der schrittweisen Umstellung fiel dann die Entscheidung, alle Bereiche ohne SAP-Einsatz nicht zuerst auf die bestehenden SAP-Lösungen umzustellen. Sondern dort sofort mit S/4HANA zu starten. Das erspart den Mitarbeitern in diesen Bereichen die Schulung auf einem veralteten System, das zeitnah von einer neuen Version abgelöst werden würde. Dass die Bereiche mit nicht-SAP-basierten ERP schnell mit SAP arbeiten sollten, war von Beginn an klar, weil für sie der Vorteil am größten ist. Im Stufenplan zum Umstieg können sie nun als Pilotanwender die Entwicklung optimaler Templates unterstützen – sukzessive kommen die neuen S/4HANA-Lösungen und -Prozesse dann konzernweit zum Einsatz, wenn der Umstieg von den beiden älteren SAP-Systemen auf S/4HANA ansteht. Es geht also in mehreren kleinen Schritten in Richtung Zukunft – auch bei den Inhalten. Priorität haben homogene Masterdaten, weitere wichtige Themen sind etwa die systemtechnische Abbildung der operativen Transferpreise oder der Aufbau eines integrierten Planungsmodells. Langfristig sollen dann auch Business-Intelligence-Lösungen neues Wissen in Marketing und Sales schaffen – die Digitalisierung in der Finanzfunktion mit dem Finanz-Zielbetriebsmodell kann so zum Werttreiber im operativen Geschäft werden.

## Wer sich bei der digitalen Transformation am Ziel wähnt, steckt wohl eher in einer Sackgasse

Voraussetzung dafür ist natürlich, dass die einzelnen Schritte seriös geplant und aufeinander abgestimmt sind – hier steht der CFO in der Verantwortung, dass wichtige Themen rasch vorangetrieben werden, ohne durch schlechte Umsetzung oder Verzetteln irgendeinen Geschäftsbereich ins Risiko zu stellen. Der Finanzchef muss dem Vorstand die Bedeutung der digitalen Transformation im Finanzbereich für das gesamte Unternehmen anschaulich verdeutlichen sowie zugleich die IT-Abteilung und den Finanzbereich zum Mitziehen bewegen. Bei Symrise wird einmal jährlich die große Richtung der IT-Strategie diskutiert. Es kommen alle Themen auf den Tisch, damit CFO und Vorstand entscheiden können, was zwingend notwendig ist und Priorität bekommt. Dies gilt vor allem mit Blick auf die Ressourcen, wobei es meistens nicht an finanziellen Möglichkeiten fehlt, sondern an den Fachleuten, die diese speziellen Projekte umsetzen können. Wichtig ist, dass knappe Ressourcen nicht zu Denkverboten führen. Ohne offenen Austausch lässt sich das ganze Potenzial der digitalen Transformation sicher nicht nutzen.

Bei Symrise kümmern sich diverse Teams um bestimmte Aspekte und Aufgaben. Der IT-Leiter realisiert dabei die IT-Strategie. Und in der Finanzorganisation existiert ein Umfeld, in dem die Mitarbeiter sich kreativ Gedanken über die ideale Finanzfunktion der Zukunft machen: Wie wäre der Bereich technisch und strukturell optimal aufgestellt, wie sollte die Verzahnung mit anderen Abteilungen aussehen, welche Lösungen und Prozesse gehören auf der Tagesordnung nach ganz oben? Wäre es beispielsweise machbar, irgendwann eine tagesaktuelle Konsolidierung für die Geschäftssteuerung zu nutzen, obwohl heute noch in Monaten gedacht wird? Konkret eröffnen die neuen technischen Möglichkeiten etwa die Chance, ohne Schaden für die Kundenorientierung mehr zu harmonisieren, standardisieren und automatisieren – etwa durch die Zentralisierung transaktionaler Tätigkeiten in einem stärker zentralisierten Business Service Umfeld. Das bedeutet heutzutage nicht länger kostensenkendes Offshoring ins Ausland, sondern zielt auf eine qualitätssteigernde Konzentration von Kompetenzen bei gleichzeitiger Effizienzsteigerung ab.

Die Priorisierung und Abstimmung der diskutierten Projekte sollte beim CFO liegen, damit alle Maßnahmen ineinandergreifen sowie strukturiert der Roadmap folgen. Auf der sollte auch ein grundsätzliches Bekenntnis stehen, wie sich die Finanzfunktion in den nächsten Jahren insgesamt weiter verändern sollte – quasi als Mission Statement der Finanzfunktion. Das Ziel sollte sein, nicht nur als Dienstleister das Geschäftsmodell mithilfe moderner digitaler Lösungen bestmöglich zu unterstützen und idealerweise weiterzuentwickeln. Sondern sich aktiv als Business Enabler zu positionieren, der dem Konzern neue Möglichkeiten eröffnet und damit zum unverzichtbaren Werttreiber wird. Wobei allen Beteiligten klar sein sollte: Die digitale Transformation ist eine kontinuierliche Evolution, sie ist eine fortlaufende Aneinanderreihung von Veränderungen – und die digitale Reise, aufgrund der sich stetig weiterentwickelnden Technologien, Lösungen und Methoden, unendlich. Wer sich irgendwann entspannt zurücklehnt, weil er sich am Ziel wähnt, steckt vermutlich eher in einer Sackgasse.

## 3.3 Das digitalisierte Controlling als proaktiver Impulsgeber und Mitgestalter

Dr. Holger Feist, Chief Strategy Officer (CSO), Messe München GmbH

Was für eine entscheidende Rolle einem guten Steuerungsmodell im Unternehmen zukommt, hat zuletzt die Corona-Pandemie besonders eindrucksvoll aufgezeigt. Wer trotz vorher völlig unvorhersehbaren, massiven exogenen Veränderungen der Umfeldbedingungen seine Zahlenwelt fest im Griff hatte, wer seine Kosten- und Umsatztreiber und ihren Ergebniseffekt stets gut kannte, wer Maßnahmenprogramme schnell aufsetzen und in ihrer Wirkung gut einschätzen konnte – der war zu jedem Zeitpunkt der Krise klar im Vorteil. Eine große Hilfestellung ist dabei ein modern ausgerichtetes Controlling, das sich als proaktiver Impulsgeber und Mitgestalter versteht. Jedoch sah die Realität in vielen, gerade kleinere und mittleren Unternehmen leider lange ganz anders aus.

Die gefühlte Wahrheit war doch: Bis vor kurzem galt das Controlling dort in anderen Unternehmensteilen oft als die Heimat der Kontrolleure und Spielverderber. Die gefühlte Aufgabe: Erst akribisch genau die Zahlen zusammenstellen, dann nach kleinsten Fehlern suchen und diese nach oben melden. Oder fantasievolle Ideen aus Marketing und Vertrieb so lange immer weiter in ihre Einzelteile zu zerlegen, bis genug Gegenargumente gefunden waren, um auch das letzte Fünkchen Kreativität zu ersticken. Controlling bedeutete dann fast ausschließlich nachträgliche Zahlenkontrolle. Hochrechnungen oder Unternehmensplanungen beruhen im Wesentlichen auf leicht adaptierten Fortschreibungen historischer Daten. Aus dieser Perspektive war weder eine weitergehende analytische, geschweige denn eine strategisch beratende Funktion des Controllings vorstellbar. Controlling übersetzten sich viele als Kontrolle, nicht als Steuerung.

Glücklicherweise hat das mit der Wirklichkeit in den meisten Unternehmen heute nichts mehr zu tun. Dort positionieren sich moderne Controller als Lotsen, die der Geschäftsleitung auf Basis ihrer Zahlen und Erkenntnisse dabei helfen, das Unternehmensschiff sicherer durch die See zu manövrieren. Sie erkennen rechtzeitig drohende Untiefen, wechselnde Strömungen oder aufkommende Stürme und finden alternative Wege zum Ziel – eine Aufgabe von unschätzbarem Wert in einem wirtschaftlichen Umfeld, das geprägt ist durch Volatilität, Ungewissheit, Komplexität sowie Mehrdeutigkeit. Zugenommen hat die Bedeutung des Controllings für das Steuerungsmodell vieler Unternehmen bereits vor der inzwischen überall angelaufenen

Digitalisierung. Aber durch den Einsatz modernster digitaler Technologien kann das Controlling seinen Wertbeitrag jetzt noch einmal massiv steigern sowie selbst zum Treiber der digitalen Transformation innerhalb der Organisation werden. Mit dem richtigen Selbstverständnis, der richtigen Qualifikation, den richtigen Strukturen und der richtigen Technik wird der früher bisweilen als kühler Zahlenmensch eher noch gefürchtete, als wirklich wertgeschätzte Controller zum entscheidenden (Mit-) Gestalter der Unternehmenszukunft.

### Der CFO muss ein neues Zielbetriebsmodell zur Unternehmenssteuerung realisieren

Voraussetzung dafür ist jedoch ein umfassendes Umdenken – nicht nur bei den Mitarbeitern im Controlling, sondern auch auf oberster Führungsebene von Unternehmen. Denn entfesseln lässt sich das noch nicht voll ausgenutzte Potenzial des Controllings zur strategischen Unternehmenssteuerung nur im Rahmen eines neuen Zielbetriebsmodells. Die zentrale Voraussetzung für die neue Rolle des Controllings in der VUCA-Welt ist die Entwicklung echter strategischer Fähigkeiten. Dies gelingt durch den Einsatz modernster Technologien, vor allem aber durch das Engagement spezialisierter Experten, die sich nicht nur als Sammler und Bewerter von Zahlen verstehen, sondern als Werttreiber ihren Beitrag zum Unternehmenserfolg liefern wollen. In enger Abstimmung mit seinem CEO muss der CFO deshalb ein neues Zielbetriebsmodell zur Unternehmenssteuerung realisieren, dass die entsprechenden organisatorischen, strukturellen sowie technischen Voraussetzungen bietet und es den Mitarbeitern dadurch ermöglicht, ein neues Mindset zu entwickeln.

### Wie das Controlling die strategische Unternehmenssteuerung bestmöglich unterstützt

**Partner zum Steigern der Wertschöpfung:** Das Controlling spielt eine wesentliche Rolle innerhalb des unternehmensweiten Netzwerkes zur Leistungserbringung für die externen Kunden. Dabei geht es nicht nur um Kostenkontrolle und -senkung, sondern um gemeinsam erarbeitete Ansätze zur Verbesserung der Wertschöpfung – etwa auch durch die Entwicklung neuer Produkte, die Optimierung von Prozessen und Strukturen oder die Identifikation künftiger Märkte auf Basis der Controlling-Zahlen.

**Konsequente interne Kundenorientierung:** Deshalb sollte sich der Controller als Business-Partner und Lotse verstehen, der allen Abteilungen die von ihnen gewünschten Informationen rasch und komfortabel zur Verfügung stellt sowie darüber hinaus proaktiv prüft, welche weiteren Daten oder Analysen relevant sein könnten. Diese enge Zusammenarbeit macht die Organisation insgesamt reaktionsschneller und handlungsfähiger in einem sich rasch und weitreichend verändernden Umfeld.

**Hohe Transparenz bei aktuellen Zahlen:** Als Basis zur Positionsbestimmung kann das Controlling seinen internen Kunden sowie der Unternehmensleitung jederzeit die neuesten Zahlen liefern, idealerweise in Echtzeit. Sie lassen sich in jeder gewünschten Form und Kombination darstellen beziehungsweise aufbereiten.

**Fähigkeit zum Szenario-Management:** Über die aktuelle Positionsbestimmung hinaus kann das Controlling mithilfe der vorliegenden Zahlen diverse Entwicklungen der Zukunft simulieren. Voraussetzung dafür ist, als Business-Partner gemeinsam mit den operativ Verantwortlichen die entscheidenden Werttreiber und Parameter zur Betrachtung von Produkten oder Märkten zu definieren und daraus plausible Modelle für das Szenario-Management zu erstellen.

**Treiber der digitalen Transformation:** Erfüllen kann das Controlling diese Aufgaben aber nur, wenn es technisch dazu in der Lage ist. Das Sammeln und Auswerten von Daten in Echtzeit erfordern ebenso den Einsatz spezieller Lösungen wie die vorausschauende Analyse. Das Controlling muss daher in moderne Anwendungen investieren, die sich gut skalieren und flexibel einsetzen lassen, ohne übergroße Scheu vor Open-Source- oder Cloud-Lösungen. So wird das Controlling schlagkräftiger und gleichzeitig zum internen Vorbild für Digitalisierung.

## Aus der statischen Perspektive wird eine proaktive Rolle mit einem Blick weit in die Zukunft

Das herrschende Controlling-Denken orientiert sich heute in vielen Unternehmen an den wichtigsten Grundfunktionen der ERP Controlling Module. Sie beschäftigen sich im Wesentlichen mit einer rudimentären Umsatzerfassung (Einzelanalysen bitte besser im Sales-Modul fahren), dem Produktkosten-Controlling, dem Gemeinkosten-Controlling, der Ergebnis- und Marktsegment-Rechnung und der Profitcenter-Rechnung. Tatsächlich liefert diese Betrachtungsweise der Zahlen wichtige Informationen und wird auch künftig ihren Platz haben – wie auch die aktuell gerne quartalsweise erfolgenden Hochrechnungen zum Jahresergebnis. Nur genügt bereits heute weder ein eher statisches, rückwärtsgewandtes Sammeln und Auswerten von Daten, noch ein einfaches Fortschreiben oder Hochrechnen von Ergebnissen, um ein Unternehmen erfolgreich in zunehmend volatileren Märkte agieren zu lassen. Die Rolle des Controllers ist nicht länger nur reaktiv. Er oder sie liefert nicht nur in regelmäßigen Abständen die gewohnten Auswertungen, Berichte und Prognosen. Vielmehr betrachtet der Controller seine Zahlen sowie auch die dahinterstehenden Produkte oder Geschäftsmodelle, wenn nicht bereits heute, dann doch künftig durch eine proaktive Brille. Aus einem holistischen Blickwinkel versucht er bisher verborgene Zusammenhänge sichtbar zu machen und gibt Zahlen so eine neue Bedeutung oder fasst bestimmte Prozesse erstmals in Zahlen und er beschränkt sich nicht länger auf die Bewertung der Vergangenheit sowie die Bestandsaufnahme der Gegenwart. Er nutzt seine Daten und seine Erkenntnisse über die dahinterstehenden Zusammenhänge auch für einen fundierten Blick in die Zukunft, um die Chancen neuer Produkte und Geschäftsmodelle oder mögliche Bedrohungen für die bestehenden Geschäftsfelder zu analysieren.

Der Controller muss sich darum künftig als Business-Partner und Lotse seiner internen Kunden positionieren, die er mit seinem Verständnis für Geschäftsmodelle und Prozesse sowie mit seiner hohen Kompetenz im Umgang mit Zahlen auf den Punkt genau beraten kann. Lange Zeit bestand die wesentliche Kompetenz eines Controllers darin, Plan-Ist-Abweichungen festzustellen, zu kommentieren und zu berichten. Damit ist es nicht mehr getan. Über das Feststellen der Abweichungen hinaus muss der Controller als Sparringspartner auf Augenhöhe mit den operativ Verantwortlichen besprechen, was dazu geführt hat und wie am besten gegengesteuert werden könnte. Bei dieser Analyse helfen bessere Datenmodelle, mit denen sich aktueller und tiefergehender hinterfragen lässt, was (falsch) gelaufen ist und die unterschiedlichen Simulationen ermöglichen, wie eine bessere Alternative aussehen könnte. Wenn Controller und operativ Verantwortliche gemeinsam die Parameter weiter verfeinern, mit denen sie ein Produkt betrachten und diverse Simulationen erstellen, liefert das nach vorn gerichtete Controlling wertvolle Erkenntnisse zur besseren Planung und Steuerung von der Produkt- über die Bereichs- bis zur Unternehmensebene.

Im Messegeschäft bedeutet dies beispielsweise, dass sich anhand der Profitabilitätstreiber einer Veranstaltung gut hinterfragen lässt, wie sich die Veränderung einzelner Parameter auf die Rentabilität der Gesamtveranstaltung auswirken würde. Höhere oder niedrigere Quadratmeterpreise für Stände – wie würde sich das auf die Gesamtfläche und damit den Umsatz- und Ergebnisbeitrag daraus auswirken? Teurere oder billigere Eintrittspreise für die Besuchertickets – wie würde sich das auf die Besucherzahl und damit den Umsatz- und Ergebnisbeitrag daraus auswirken? Passen die Parameter auf Aussteller- und Besucherseite noch gut zusammen? Soll die Veranstaltung insgesamt weiterwachsen und auf Masse gehen, oder wäre gar eine

## 3.3 Das digitalisierte Controlling als proaktiver Impulsgeber und Mitgestalter

Verkleinerung erstrebenswert, um mit einer stärkeren Fokussierung zur kleineren, aber feineren und möglicherweise höher bepreisbaren Love Brand einer spezifischeren Zielgruppe zu werden? Um bei der Richtung, in die sich Veranstaltungen künftig entwickeln werden, notwendige kaufmännische Orientierung und den einen oder anderen kreativen Impuls geben zu können, ist die Qualität zu Grunde liegender Treibermodelle und der virtuose Umgang damit für das Controlling ganz entscheidend.

> *Praxistipp: Vier Kernfähigkeiten eines proaktiven Controllers (siehe Abbildung 19)*
> 
> **Controlling-Wissen:** Natürlich muss der Controller sein eigenes Handwerkszeug perfekt beherrschen. Das Sammeln und Auswerten von Zahlen ist Basis seiner Tätigkeit. Dadurch kann er eine kritische Analyse der Vergangenheit sowie eine aktuelle Bestandsaufnahme liefern. Außerdem entsteht so das Fundament für einen seriösen Blick in die Zukunft anhand diverser Szenarien. Wirklich belastbare Erkenntnisse liefert dieses Szenario-Management allerdings nur, wenn der Controller zuvor auch die richtigen Werttreiber und Parameter für das jeweilige Produkt oder Geschäftsmodell identifiziert hat.
>
> **Produkt-Verständnis:** Daher braucht der Controller künftig ein viel größeres Verständnis für die Produkte und Geschäftsmodelle seines Unternehmens. Er muss sich nicht so detailliert damit auskennen wie der operativ Verantwortliche, aber doch zumindest gut genug, um mit ihm auf Augenhöhe die Werttreiber und Parameter zu besprechen, die über Erfolg oder Misserfolg entscheiden. Nur so kann der Controller möglicherweise weitere wichtige Aspekte erkennen und diese Parameter in seinen Simulationen berücksichtigen sowie insgesamt in seinen Systemen korrekt hinterlegen, wie sich Veränderungen einzelnen Parameter auf das Ergebnis der Simulation auswirken.
>
> **Technische Expertise:** Die Bedienung solcher modernen digitalen Lösungen zur besseren Erfassung und Auswertung von Daten sowie zu den vorausschauenden Analysen in Form komplexer Szenarien erfordert ausreichend IT-Kompetenz. Controller müssen im Einsatz dieser Systeme geschult werden. Zudem müssen sie sich künftig stärker mit der Frage beschäftigen, ob und in welcher Weise operativ Verantwortliche und Führungskräfte direkten Zugriff auf Simulations-Tools haben sollten, damit auch die schnell und zielgerichtet Ideen hinterfragen können. Controller und IT-Abteilung sind gemeinsam für die Realisierung solcher Self-Service-Tools zuständig.
>
> **Hohe Sozialkompetenz:** Das beste Zahlenverständnis nützt wenig, wenn man die damit verbundenen Einsichten nicht teilen kann. Eine besonders große Herausforderung dürfte für viele Controller sein, als Business-Part-

ner in einen kontinuierlichen, konstruktiven Diskurs mit den operativ Verantwortlichen zu gehen. Einen anderen freundlich im Ton, aber hart in der Sache, auf den Pfad der Zahlen mitzunehmen, kann ziemlich anspruchsvoll sein. Wer vom kritischen Analytiker zum unterstützenden Business-Partner werden soll, braucht kommunikative Fähigkeiten und Einfühlungsvermögen, um zu überzeugen, statt zu urteilen. Hier lohnt der Einsatz von Schulungen besonders.

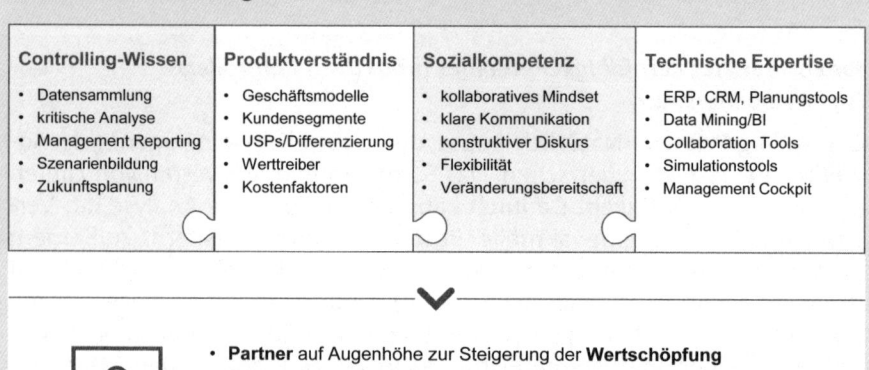

**Abbildung 19: Kompetenzprofil eines proaktiven Controllers**
*Quelle:* Messe München GmbH

Bei der Messe München ist die Entwicklung des neuen Zielbetriebsmodells im Controlling darum auch eng verbunden mit der weiteren Befähigung der Mitarbeiter. In Schulungen und in der Praxis lernen sie, wie sie durch die Verbindung von betriebswirtschaftlichem Know-How, neuen technischen Möglichkeiten und innovativem Denken zum Performance-Treiber für das Geschäft werden. Dazu gehört natürlich das Training für den Umgang mit den entsprechenden Tools. Vor allem aber gilt es in der täglichen Routine zu verinnerlichen, Fragen stets durch die Brille des operativ Ergebnisverantwortlichen zu betrachten und den Blick dabei immer weiter nach vorne zu richten. Nur mit reiner Controlling-Kompetenz die passenden Antworten auf Herausforderungen zu finden, bleibt unwirksam, so lange dieses Wissen in der Fachsprache des Zahlenmenschen verhaftet bleibt und den Anderen nicht erreicht. Nur wenn es gelingt, oftmals komplexe Zusammenhänge verständlich zu kommunizieren und im Ringen um die richtige Lösung klar nachvollziehbar zu argumentieren, kommen gute Argumente zur Wirkung und gelingt auch die Positionierung als geschätzter Business Partner. So ändert sich das Rollenbild des Controllers massiv. Er selbst bekommt eine andere Vorstellung von seiner jetzt anspruchsvolleren, werttreibenden Aufgabe und Position im Unternehmen und die Beschäftigten in den Fachabteilungen lernen ihn für genau diese neuen Aufgaben schätzen.

Für die meisten Controller sind mit dem künftigen Zielbetriebs- und Steuerungsmodell neue Aufgaben und Herausforderungen verbunden, denen sie sich gern stellen. Denn wie so oft bei der Digitalisierung gilt auch hier: Beim Einsatz digitaler Lösungen fallen vor allem einfache oder repetitive Routinetätigkeiten weg, wodurch den Beschäftigten mehr Zeit zur Erfüllung anspruchsvollerer Aufgaben bleibt. Die Arbeit wird so interessanter, werttreibender und von den meisten Angestellten als sinnvoller empfunden. Daher dürften in vielen Unternehmen gute Chancen bestehen, dass sich der überwiegende Teil der Controller gern an den neuen Vorgaben orientiert, insbesondere falls sie entsprechend qualifiziert werden. Für das Unternehmen zahlt sich diese Investition aus, da es viel leichter ist, einem erfahrenen Controller neue digitale Tools sowie die Soft Skills des neuen Zielbetriebs- und Steuerungsmodells näher zu bringen, als genug frische Fachkräfte zu finden, die bereits die gewünschte Mischung aus Controlling-Know-how, IT-Verständnis sowie Spaß an der Beratung interner Kunden mitbringen – die dann noch die Eigenheiten einer neuen Branche und eines neuen Unternehmens erkennen müssen.

### Excel wird Geschichte – beim Treibermodell kommt es auch auf die User Experience an

Controller sollen künftig also nicht nur wie bisher mit schöner Regelmäßigkeit ihre traditionellen Kostenrechnungen, Lageberichte und Hochrechnungen erstellen und an die designierten Empfänger schicken, sondern sich im kontinuierlichen direkten Kontakt mit den operativ Verantwortlichen um die Steigerung der Wertschöpfung kümmern. Das verändert deutlich die Art und Weise, wie das Controlling in Zukunft seinen – auch noch erheblich erweiterten – Service bereitstellt und die Controller als Business-Partner mit den operativ Verantwortlichen zusammenarbeiten. Der persönliche Austausch gewinnt erheblich an Bedeutung, weil eine Steigerung der Wertschöpfung insbesondere von der Identifizierung der entscheidenden Werttreiber sowie der sie beeinflussenden Parameter abhängt. Controller und operativ Verantwortliche müssen sich deshalb gemeinsam bemühen, mit ihrer kombinierten Markterfahrung und Zahlenkenntnis die einzelnen Parameter immer weiter zu isolieren und deren Wechselwirkung zu betrachten, um ein Modell für möglichst präzise Simulationen zu erstellen. Solche Modelle setzt dann allerdings nicht der Controller in Form eines Programms um, sondern in der Regel ein Data Scientist zusammen mit der IT.

Der Controller fungiert also einerseits als Sparringspartner des operativ Verantwortlichen und dient andererseits auch als Scharnier in die IT, damit dort Softwareanwendungen entstehen, die das Erstellen von Simulationen im Tagesgeschäft erleichtern.

Ziel des Controllers sollte in dieser Konstruktion sein, den Bedarf für seine direkte Arbeitsleistung im Tagesgeschäft weitgehend zu minimieren. Das bedeutet: Sind für ein Produkt oder ein Geschäftsmodell alle Werttreiber und Parameter sowie die jeweiligen Wechselwirkungen bei Veränderungen sauber definiert, entsteht auf dieser Basis ein Modell, mit dem der operativ Verantwortliche die im Tagesgeschäft erforderlichen Simulationen allein erstellen kann. Mit dem Controller muss er sich nur noch dann kurzschließen, wenn plötzlich Veränderungen auftauchen, die eine Anpassung bestehender oder sogar Integration neuer Parameter erforderlich machen. Generell ist bei der Realisierung solcher Lösungen maximale User Experience ein absolutes Muss und darüber hinaus ein Gamification-Ansatz empfehlenswert: Wenn eine Software intuitiv leicht zu bedienen ist und ihr Aufbau sich den Spieltrieb des Menschen zunutze macht, wird sie viel lieber eingesetzt als eine dröge Formelfunktion. Natürlich funktionieren auch mit der Excel-Analyse bereits gute Was-Wäre-Wenn-Berechnungen. Aber ein Aha-Effekt kommt zustande durch wiederholte Simulationen, in denen man diverse kleine Veränderungen mit vielleicht großen Wirkungen durchspielen kann. Sei es mit einer großartigen App auf dem Rechner oder Mobilgerät, um die Wirkungen einzelner Parameteränderungen auf das große Ganze selbst durchzuspielen. Oder sei es der große Screen im Board Room, auf dem schnell mal eben Parameter angepasst und in Echtzeit die Gesamtwirkung auf Umsatz und Gewinn aufgezeigt werden kann: Mit der Kombination von gutem Treibermodell und herausragender User Experience ist das eindrucksvolle Aufzeigen von Ursache-Wirkungs-Zusammenhängen auf jeder Managementebene ein Leichtes.

**Wer Simulationen erstellen will, muss die Parameter und ihre Wirkungen verstehen**

Die Kür der Handy-App für operativ verantwortliche Mitarbeiter und ihre individuellen Simulationszwecke unterwegs ist bei der Messe München zwar noch nicht im Einsatz. Die Simulations-App auf dem Laptop des Controllers mit einer ansprechenden grafischen Anmutung existiert allerdings bereits und lässt sich bequem auch auf jeden smarten Großbildschirm spielen. Diskutiert das Team also die Planung, lassen sich mit dem Planungstool in der Besprechung schon viele aufkommende Fragen auf den berühmten Knopfdruck hin klären. Die Basisfunktionalitäten sind aufgebaut und die variable

## 3.3 Das digitalisierte Controlling als proaktiver Impulsgeber und Mitgestalter

Treiberlogik ins Programm integriert; nun geht es darum, Details bei den Parametern weiter zu optimieren, neue Geschäftsfelder in ähnlicher Logik zu integrieren und das Modell bei den Wechselwirkungen unterschiedlicher Parameter weiter zu verfeinern. Der Controller als Business-Partner zeigt dem Verantwortlichen für eine Veranstaltung dann in Echtzeit am Rechner, wie sich das Ergebnis der Veranstaltung ändert, wenn sich diverse Treiber wandeln. Etwa das Erlösmodell: Was passiert, wenn eine Veranstaltung nur real, nur virtuell oder in hybrider Form stattfindet? Die Preisgestaltung: Wie ändern sich die Einnahmen durch niedrigere oder höhere Preise für Eintrittskarten und Stände? Die Zusatzservices: Welche Dienstleistungspakete könnten sich zu welchen Preisen lohnen? Und natürlich auch aktuelle Einflüsse: Wie wirken sich regulatorische Vorgaben im Rahmen der Corona-Pandemie, wie etwa eine Deckelung der Besucherzahl, auf die Profitabilität der Veranstaltung aus? Ein ideales Steuerungsmodell wird daraus, wenn die operativ Verantwortlichen ihre Veranstaltung mit einem Self-Service-Tool völlig selbständig durchplanen können. Mit dem Controller müssen sie dann nur noch große oder neue Fragen diskutieren, aber nicht mehr jene vielen Standardparameter, die einmal in ihrer Bedeutung sowie ihren Auswirkungen analysiert und programmiert worden sind und danach nur noch hin und wieder auf Aktualität überprüfen werden müssen.

Idealerweise hat also bald jeder operativ Verantwortliche im Tagesgeschäft ein kleines Steuerungscockpit auf dem Bildschirm, mit dem er die Profitabilität seiner Produkte eigenständig überprüfen sowie optimieren kann. Das wäre die bodenständige Komponente des neuen Steuerungsmodells. Ebenso wichtig ist es, dass die vorausschauende Analyse, die Simulation, das Szenario-Management auf der obersten Leitungsebene verankert ist – im Boardroom, wo Zahlen und Simulation optisch gut aufbereitet auf großen Touchscreens dargestellt werden können. Auch Vorstands- oder Geschäftsleitungsmitglieder wissen gute User Experience zu schätzen und die Freude und Verweildauer beim Zahlenwerk steigt nicht nur mit Spaß an Gamification – sondern vor allem, wenn einfache Fragen modellgestützt direkt simuliert und beantwortet werden können. Denn wie viel besser ist die Diskussion und Entscheidungsfindung, wenn zunächst die grundlegenden Aspekte übersichtlich auf einem Screen erscheinen und dann mit wenigen Bewegungen bestimmte Veränderungen sowie ihre Auswirkungen in Echtzeit simuliert werden können? Die Möglichkeit, verschiedene Szenarien in Echtzeit durchzuspielen, wird die Qualität von Entscheidungen auf keiner Leitungsebene verlangsamen oder verschlechtern.

## Digitalisierung braucht Zeit, Geld und Engagement – ein veraltetes Steuerungsmodell kostet vielleicht die Existenz

Eine wesentliche Voraussetzung für die bessere Zusammenarbeit zwischen Controlling und den operativ Verantwortlichen beziehungsweise der obersten Führungsebene ist, dass CFO und Controlling-Leiter schon bei der Planung des neuen Zielbetriebsmodells darauf achten, die fachlichen und technischen Anforderungen genau zu definieren und Kompetenzlücken in der Organisation zu identifizieren. Die Kunst bei dieser Transformation ist, Technik und Menschen sowie Strukturen und Prozesse so zu verändern, dass sich die strategische Steuerung des Unternehmens wirklich nachhaltig verbessert und ein neues Niveau erreicht. Es kostet Zeit und Geld, aber noch mehr Engagement, ein solches Konzept zu entwickeln und zu realisieren – daher dürften sich viele Unternehmen mit der Frage konfrontiert sehen, ob das denn wirklich sein muss und was das überhaupt bringt. Dabei darf man sich nicht von letzten Kleinigkeiten wie der App für den Controlling-Mitarbeiter oder den großen Simulationsscreen im Board Room leiten lassen. Letztlich ist doch klar: Kein Unternehmen kann auf ein modernes Steuerungsmodell verzichten und jeder, der bei diesem Thema zögert, verliert nur wertvolle Zeit, um die Wettbewerbsfähigkeit seiner Organisation durch eine bessere Analyse- und schnellere Reaktionsfähigkeit zu erhöhen. Denn jedes Unternehmen in jeder Branche kann über Nacht durch abrupte Veränderungen vor massiven Herausforderungen stehen. Wer die Arbeitsweise des Controllings schon hin zu einer proaktiven Rolle entwickelt hatte, wer schon ein funktionierendes modernes Steuerungsmodell aufgebaut hatte und lediglich krisenbedingt veränderte Parameter anpassen musste, wer schon Kostensenkungsprogramme anstoßen konnte, bevor die große Welle der Absagen kam – der war klar im Vorteil. Wer dagegen zu lange an den Konzepten und Lösungen von gestern festgehalten hat, verlor in der Krise schnell wertvolle Zeit und flog auf Sicht. Das kann sich als existenzbedrohend erweisen, wie die Corona-Pandemie leider in vielen Unternehmen gerade zeigt.

Für das neue Steuerungsmodell der Messe München war die binnen weniger Wochen voll durchschlagende, weltumspannende Gesundheitskrise eine Feuerprobe, die in der Konzeptionsphase noch kaum denkbar schien – und doch hat das System sie insgesamt bravourös bestanden. Damit eignet es sich auch als gutes Praxisbeispiel für eine bessere Reaktions- und Steuerungsfähigkeit von Unternehmen, deren Controlling konsequent mit dem Blick nach vorne agieren kann. Die wesentlichen Corona-Auswirkungen auf die Messe München in Kurzform: Von 15 in Deutschland geplanten Eigenveranstaltungen konnten 2020 nur sechs als Präsenzmesse stattfinden, der

Umsatz lag damit rund 70 Prozent unter Plan. Als die Pandemie die Politiker rund um den Globus zu harten Lockdown-Entscheidungen zwang, machte das Unternehmen damit unmittelbar nach einem Rekordjahr 2019 nun im Frühjahr 2020 eine Vollbremsung auf der Überholspur.

**In der Pandemie hat das neue Steuerungsmodell seine Feuerprobe mit Bravour bestanden**

Wer binnen kürzester Zeit massiv an Umsatz verliert, weil er sein Geschäft zusperren muss, braucht Antworten auf viele Fragen. Welche Ausgaben stehen weiter an? Wo lässt sich was einsparen? Welche geplanten Einnahmen kommen noch? Gibt es Möglichkeiten für zusätzliche Umsätze? Wie entwickelt sich die Liquidität, wann droht ein Engpass? Dank des bereits weit fortgeschrittenen Fitnessprogramms im Controlling war die Messe München in der Lage, diese Fragen mithilfe der neuen Tools schnell und strukturiert zu beantworten. Dabei half auch, dass sich das Unternehmen angesichts eines absehbar zu Ende gehenden Konjunkturzyklus schon grundlegend mit dem Thema Kosten beschäftigt hatte. Bereits als Ende Januar die ersten Anreisen aus China zu einer Messe in München abgesagt wurden und sich die Krise abzuzeichnen begann, nahmen die Controller mit ihren Business-Partnern sofort die betroffenen Veranstaltungen unter die Lupe, um die finanziellen Auswirkungen und Initiativen für konkrete Kostensenkungen zu prüfen. Als Anfang März die erste Messe in München ausfallen musste und weitere auf der Kippe standen, begann das Unternehmen als Ganzes rasch umzusteuern. Binnen weniger Wochen wurden 950 Maßnahmen umgesetzt, vom Reduzieren der Repräsentationsleistungen und Kürzungen bei Reisekosten oder Werbemitteln bis zu Standardisierungen im Standbau.

Das Controlling muss unabhängig von möglichen Krisen immer auf gutes Kostenmanagement achten, doch die zu befürchtenden Corona-Folgen erhöhten die Ambitionen nochmal erheblich. Als sich das volle Ausmaß der Krise abzeichnete, nutzten die Controller und ihre Business-Partner die neue Programmstruktur als Basis, um das Niveau der Einsparungen weiter zu erhöhen. Die Erfolge all dieser außergewöhnlichen Maßnahmen wurden individuell gemessen und das Gesamtvolumen stets aktuell berechnet. Außerdem ließen sich die Zahlen jederzeit in die laufende Finanzplanung des Konzerns übernehmen. Indem Controller sowie Business-Partner nicht nur konkrete Kostensenkungen mit Geschäftspartnern aushandelten, sondern die daraus folgenden Veränderungen auch gleich in Planung und Forecasting einfließen ließen, ermöglichten sie eine stets aktuelle, zutreffende und umfassende Information des Managements. Das Beziffern von

Wahrscheinlichkeiten und Risiken der weiteren Entwicklung erwies sich dabei als die anspruchsvollste Aufgabe, doch toolgestützt ließ sich eine Diskussion entlang verschiedener Szenarien modellieren und schließlich regelmäßig hervorragend führen. Diese Szenarien bildeten dann auch die Grundlage für ein präzises und vorausschauendes Liquiditätsmanagement. Bei drohenden Unterdeckungen in der Zukunft lagen die entsprechenden Informationen zu Zeitpunkt und Höhe so früh vor, dass ausreichend Zeit blieb noch mehr an der Kostenschraube zu drehen oder passende Finanzierungsmaßnahmen zu realisieren. Durch ihr neues Steuerungsmodell, das eigentlich eher die strategisch beratende Funktion des Controllings stärken sollte, kam die Messe München in der Corona-Krise rasch vor die Welle und gewann so viel Handlungsspielraum zurück.

**In der Krise liegen tatsächlich auch Chancen, man muss sie nur zu nutzen wissen**

Maßgeblich dazu beigetragen hat auch, dass die im neuen Steuerungsmodell vorgesehene strategisch beratende Funktion des Controllings sowie das Team aus Controller und Business-Partner gut funktionierte. Denn dadurch ließen sich rasch Daten und Fakten recherchieren sowie Businesspläne schreiben, als die Messe München während der Pandemie sogenannte digitale Ergänzungsprodukte an den Start brachte. Realisiert wurden diese Digital- und Hybridveranstaltungen vom jeweiligen Messebereich, die betriebswirtschaftliche Grundlage allerdings lieferte das Controlling durch seinen Beitrag zur vernünftigen Planung. Geld lässt sich mit virtuellen Veranstaltungen zwar aktuell kaum verdienen, doch die seriöse Bewertung der Businessmöglichkeiten und das konsequente laufende Kostenmanagement bei zunächst 17 digitalen Events sorgte für realistische Erwartungen, ermöglichte durch schnelles veranstaltungsübergreifendes Lernen bestmögliche Kosteneffizienz und sicherte dadurch die Präsenz der Messemarken bei ihrem Publikum. In dieser Zeit konnte das gesamte Unternehmen, auch das Controlling, bei der Planung und Realisierung digitaler Produkte und Geschäftsmodelle eine steile Lernkurve durchlaufen. Corona wirkte damit als Turbo-Beschleuniger für die weitere Digitalisierung. Die Krise war aber auch eine Qualitätsbestätigung für den bereits eingeschlagenen Kurs im Controlling. Denn wer die Zahlenwelt seines Unternehmens stets klar im Blick hat und auf Veränderungen im Umfeld rasch reagieren kann, hält damit das Steuerrad für den richtigen Zukunftskurs fest im Griff. In der Krise liegen also durchaus Chancen, man muss sie nur zu nutzen wissen.

## 3.3 Das digitalisierte Controlling als proaktiver Impulsgeber und Mitgestalter

*Lessons Learned: Das hat die Messe München in der Corona-Pandemie in Sachen Controlling gelernt*

**1. Schnelligkeit im Controlling steigert Resilienz:** Gerät ein Unternehmen in unruhiges Fahrwasser, muss es so schnell wie möglich vor die Welle kommen und steuerungsfähig bleiben, statt sich treiben zu lassen. Wer frühzeitig ins Controlling sowie in ein durchdachtes Frühwarnsystem investiert, legt dafür die Grundlagen und steigert die Resilienz, beziehungsweise reduziert die Krisenanfälligkeit des Unternehmens.

**2. Geeignetes Arbeitsumfeld verbessert Ergebnisse:** Controller sind Menschen mit bestimmten Fähigkeiten und individuellen Vorlieben für Dinge, die sie besonders gut und gerne tun. Wer sie motiviert, richtig fördert sowie ihnen die passenden Tools an die Hand gibt, schafft die Voraussetzungen dafür, dass sie zur Höchstform auflaufen.

**3. Flexibilität erhöht wirtschaftlichen Erfolg:** Unternehmen mussten in der Covid-19 Pandemie schnell digitale Geschäftsmodelle entwickeln, wie zum Beispiel die Messe München mit digitalen Veranstaltungen. Durch die Flexibilität unter anderem im Controlling konnten schnell Business Cases dafür entwickelt und entsprechend der gezogenen Lehren von Veranstaltung zu Veranstaltung iterativ angepasst werden, um bestmöglichen wirtschaftlichen Erfolg sicherzustellen.

## 3.4 Nachhaltigkeit – Topthema der Performancesteuerung der Zukunft

Nicolette Behncke, Partnerin Sustainability Services,
PwC Deutschland

**Für eine moderne Unternehmenssteuerung sind Nachhaltigkeitskennzahlen unabdingbar**

Seit Jahrzehnten läuft in Wissenschaft, Wirtschaft, Gesellschaft und Politik eine Diskussion über die Aussagekraft des BIP. Sollte man Wachstum und Wohlstand eines Landes wirklich mit einem Indikator messen, der bessere Werte anzeigt, wenn es den Menschen schlechter geht? Schließlich legt das BIP auch durch Verkehrsunfälle mit Sachschaden oder Verletzten zu – das Ausrücken der Rettungsdienste, Behandlungskosten für Fahrzeuginsassen, Ersatzinvestitionen in neue Autos und Lkw sowie der Einsatz von Anwälten und Sachverständigen zur Klärung von Schuldfragen führen allesamt zu mehr Umsatz bei den Auftragnehmern und dadurch zu mehr Wirtschaftswachstum. Auch fahrlässig verursachte Umweltverschmutzung, absichtlich gelegte Brände oder andere billigend in Kauf genommenen Kollateralschäden bei menschlichem Fehlverhalten steigern die Wirtschaftsleistung, sobald Geld zur Beseitigung der Folgen fließt. Dabei wäre es für die Lebensqualität der Menschen eigentlich doch besser, solche Vorfälle zu verhindern, statt sie zu einer Grundlage des statistischen Wachstums zu machen.

Eine gemeinsame Antwort auf diese Frage haben Wissenschaft, Wirtschaft, Gesellschaft und Politik bislang nicht gefunden. Von 2010 bis 2013 diskutierte die Enquete-Kommission „Wachstum, Wohlstand, Lebensqualität" des Deutschen Bundestags, wie ein moderner Wohlstandsindex aussehen könnte, der das BIP ergänzt oder ersetzt. Praktisch umgesetzt wurde davon nichts. Dafür gibt es seit 2015 die UN-SDG, die Ziele der internationalen Staatengemeinschaft für eine nachhaltige Entwicklung. Auf ihnen basiert inzwischen auch die deutsche Nachhaltigkeitsstrategie. Dabei ist das Wirtschaftswachstum in Form des BIP eingebettet in ein System aus diversen Zielen und Indikatoren, vom Primärenergie-Verbrauch über die Eutrophierung der Ökosysteme oder den Anteil von Frauen in Führungspositionen der Wirtschaft bis zum Gini-Koeffizient, der die Verteilungsgerechtigkeit des Einkommens in einer Gesellschaft beschreibt. Tatsächlich aber finden die meisten dieser Themen und Indikatoren in der breiten öffentlichen Diskussion zu wenig statt. Symptomatisch dafür ist, was bei der Frage nach den Folgen der Corona-Pandemie und ihrer Bewältigung regelmäßig im Mittelpunkt des Interesses stand: Vor allem die Entwicklung des BIP.

## Klassische KPIs wie Umsatz- und Ertragswachstum zeichnen ein eindimensionales Bild von den Aktivitäten einer Organisation

Für Unternehmen ging es bei der Beurteilung ihres wirtschaftlichen Erfolgs lange ebenfalls im Wesentlichen nur um zwei KPIs, die in ihrer Ausrichtung dem BIP ähneln: Auch Umsatz- und Ertragswachstum zeichnen ein eindimensionales Bild von den Aktivitäten einer Organisation und lassen negative, aber gegebenenfalls auch positive Konsequenzen ihres Wirkens auf andere außer Acht. Für die Unternehmen wird es allerdings kein „Weiter so" mit einer ausschließlichen Fixierung auf rein finanzorientierte Leistungsmessung geben. Denn für das Umsatz- und Ertragswachstum sowie weitere Finanzkennzahlen gilt: Ebenso wie beim BIP mit Blick auf die gesamtwirtschaftliche Entwicklung, wird auch das Ausmaß ihrer Bedeutung für die Unternehmen hinterfragt – mit dem Unterschied, dass hier bereits diverse ergänzende nicht-finanzielle Kennzahlen als Ausdruck für unternehmerischen Erfolg existieren, die sich praktisch nutzen lassen und beim Fachpublikum viel Zuspruch finden – gerade bei den Geldgebern.

> *Investorensicht: Für Investoren spielen die Anlagekriterien ESG eine wichtige Rolle*
> Unternehmen, die sich den ESG-Themen ESG (Umweltschutz, soziale Verantwortung und Corporate Governance) widmen, um die gesellschaftlichen Auswirkungen beziehungsweise die Nachhaltigkeit ihrer Tätigkeit bewerten und auf Basis dieser Beurteilung verantwortungsbewusst handeln zu können, gelten als besseres Investment im Vergleich zu jenen, die nicht-finanzielle Kennzahlen schlicht ignorieren.

Schon lange ist in der Wirtschaft bekannt, dass der Anteil der Vermögenswerte und Schulden am Marktwert eines Unternehmens von Jahr zu Jahr schwindet, laut einer aktuellen Studie sind es mittlerweile nur noch zehn Prozent, nicht finanzbezogene Faktoren wie die Zufriedenheit von Kunden, Lieferanten und Mitarbeitern oder der verantwortungsbewusste Umgang mit natürlichen Ressourcen machen dagegen 90 Prozent aus. Nun ist die Zeit endgültig reif für eine engere Verbindung traditioneller Finanz-KPIs mit jenen Leistungsdaten, die sich nicht immer exakt in Euro und Cent messen lassen, aber trotzdem eine immens hohe Bedeutung für die Zukunft des Unternehmens haben. Das Dashboard zur Unternehmenssteuerung wird künftig ganz anders aussehen als bisher – und komplexere Informationen liefern. Denn Unternehmen müssen nicht nur zu Finanzkennzahlen, sondern auch zu sozialen und ökologischen Themen sprechfähig sein. Damit gemeint sind nicht wohlklingende Erklärungen, man stelle sich seiner Verantwortung. Gefragt sind vielmehr glasklare Aussagen zur individuellen Reaktion des Unternehmens etwa auf die Herausforderungen durch den Klimawandel, die wiederum auf der Erfassung und Analyse belastbarer Daten beispielsweise zum $CO_2$-Ausstoß über die gesamte Wertschöpfungskette basieren sollten.

**Kunden, Investoren und Politiker zwingen die Unternehmen, sich zunehmend mit dem Thema Nachhaltigkeit zu beschäftigen**

Dass Nachhaltigkeit für viele Unternehmen zunehmend an Bedeutung gewinnt, liegt vor allem an drei Faktoren (siehe Abbildung 20).

Erstens rücken Bewegungen wie „Fridays for Future" oder „Equal Pay Day" die ökologischen oder sozialen Aspekte des unternehmerischen Wirkens stärker ins öffentliche Bewusstsein und versuchen, das Image eines Unternehmens mit seiner Sensibilität für diese Themen zu verbinden. Wenn dies gelingt, drohen dem Unternehmen ohne entsprechende Reaktion bald Umsatzverluste.

Zweitens verändert die Politik durch regulatorische Vorgaben nachhaltig die Rahmenbedingungen für unternehmerisches Handeln, indem sie die Wirtschaft mit klaren Vorgaben unter Druck setzt: Etwa mit Überlegungen bezüglich eines $CO_2$-Preises, mit dem sich kalkulieren lässt, um wie viel sich ein Produkt verteuern wird, wenn sie ihre Emissionen nicht reduzieren. Oder per Lieferkettensorgfaltspflichtengesetz, nach dem Unternehmen in ihrem eigenen Geschäftsbetrieb sowie beim unmittelbaren Zulieferer auf menschenrechtliche und umweltrechtliche Sorgfaltspflichten zu achten,

Abbildung 20: Modell zur Erreichung von Verlässlichkeit und Transparenz über nicht-finanzielle Informationen

*Quelle:* PwC

sowie ein entsprechendes Compliance-System einzurichten haben. Oder durch feste Recyclingquoten, die die Müllberge bis 2030 halbieren könnten und deren wirtschaftliche Auswirkungen sich ebenfalls ungefähr berechnen lassen. Verbunden sind mit dem Green Deal der EU und ihrem Aktionsplan für eine nachhaltige Finanzierung eine weitere Verschärfung von Vorgaben, mit dem Ziel, das nachhaltige Finanzwesen zu stärken und letztlich auf eine nachhaltige Unternehmensführung hinzuwirken. Mithilfe einer einheitlichen Definition für Schwellenwerte, die wirtschaftliche Aktivitäten in „grüne" und „nicht grüne" Aktivitäten sortieren, sind Lenkungswirkungen auf den privaten und öffentlichen Sektor zu erwarten. Wer grüne beziehungsweise nachhaltige Aktivitäten nachweisen kann, dem winken Förderprogramme und günstigere Kreditkonditionen.

Drittens erwartet die Politik schließlich mehr Transparenz gerade bei der Klimaberichterstattung. Schon heute müssen große kapitalmarktorientierte Unternehmen, Kredit- und Finanzdienstleistungsinstitute sowie Versicherungen über ihre Aktivitäten im Bereich CSR informieren. Die CSR-Richtlinie verlangt von ihnen Offenheit bei ökologischen und sozialen Aspekten, vor allem bei Umwelt-, Sozial- und Arbeitnehmerbelangen sowie bei der Beachtung der Menschenrechte und der Bekämpfung von Korruption und Bestechung. Das CSR-Richtlinie-Umsetzungsgesetz ist seit dem Geschäftsjahr 2017 auf Lageberichte anwendbar. Aktuell steht die Überarbeitung der CSR-Richtlinie auf der Agenda der EU und die kürzlich veröffentlichten Veränderungsvorschläge in Form der „Corporate Sustainability Reporting Directive" führen zu einer Verschärfung der Tranzparenzvorschriften ab 2023. Es werden deutlich mehr Unternehmen viel detaillierter über Nachhaltigkeit berichten müssen als in der Vergangenheit. Darüber hinaus regelt die EU aber auch jetzt schon direkt über das Instrumentarium der Verordnung die nationalen Berichtspflichten

Denn die sogenannte Taxonomie-Verordnung definiert nicht nur „grüne" und „nicht grüne" Aktivitäten der Unternehmen. Sie verpflichtet die Unternehmen anzugeben, wie groß der Anteil ihres gemäß den Vorgaben als grün zu definierenden Umsatzes sowie den als grün zu definierenden Investitions- bzw. Betriebsausgaben ist. Kapitalgeber könnten dadurch gut vergleichen, wer sich bereits zukunftsfähig aufgestellt hat und wer noch überwiegend von alten, weniger umwelt- oder künftig auch sozialverträglichen Geschäftsmodellen und Produkten abhängt. Zwar wird dadurch kein Unternehmen verpflichtet, grüner zu werden. Aber dennoch übt die EU mit diesem Aktionsplan mehr als nur sanften Druck aus. Denn die so erzwungene Transparenz dürfte dafür sorgen, dass grüne Unternehmen künftig leichter und günstiger an Kapital kommen als jene mit einer eher grauen Perspektive. Bei den Nachzüglern dürften Aufsichtsräte und Geldgeber den Vorstand massiv dazu drängen, die Strategie des Unternehmens in Richtung Nachhaltigkeit zu verändern.

### Die Finanzfunktion ist unternehmensweit vernetzt und datenerfahren – der CFO sollte die ESG-Themen an sich ziehen

Spätestens an diesem Punkt sollte die Stunde des CFO schlagen. In vielen Unternehmen ist derzeit zu beobachten, dass niemand so wirklich die Verantwortung für die Umsetzung der Anforderungen der neuen Nachhaltigkeits-Taxonomie zum Ausweis der Umsatzerlöse, Investitions- und Betriebsausgaben übernehmen will. Tatsächlich ist die Finanzorganisation aber genau der richtige Ort für dieses Thema. Erstens muss der Finanzchef sich für die künftige Kapitalbeschaffung sowieso damit beschäftigen. Er wird vor Investoren und Bankern verstärkt erklären müssen, wie „grün" der Umsatz des Unternehmens bereits ist und wie intensiv in grüne Aktivitäten investiert werden soll. Zweitens ist die Finanzorganisation mit ihrer Erfahrung mit dem Sammeln, Verarbeiten und Auswerten von Daten dafür prädestiniert, in enger Abstimmung mit anderen Fachbereichen als Dreh- und Angelpunkt der neuen Nachhaltigkeitssteuerung und -Berichterstattung zu fungieren, indem sie sich auch um nicht-finanzielle Kennzahlen kümmert. Drittens eröffnet sich der Finanzorganisation dadurch ein zusätzliches Betätigungsfeld mit anspruchsvollen Aufgaben, auf dem viele jener Mitarbeiter aktiv werden könnten, deren Jobs etwa durch die Digitalisierung und Automatisierung möglicherweise gefährdet sein dürften.

Bereits jetzt verfügt die Finanzabteilung über eine hohe Schnittstellenkompetenz, da sie in alle Richtungen der Organisation arbeitet und gut vernetzt ist. Zu einer vorwärts gerichteten CFO-Strategie sollte deshalb gehören, den Umgang mit nicht-finanziellen Kennzahlen als weitere Kernkompetenz in Accounting, Reporting und Controlling zu definieren. Die traditionellen KPIs sollten dann in einem innovativen Dashboard mit den neuen, über Öko- oder Sozialthemen informierenden nicht-finanziellen Kennzahlen verbunden werden, die zur Strategiefindung und Feinsteuerung des Unternehmens zunehmend wichtiger werden. Einmal in die Kernsteuerung integriert, müssten diese Themen und KPIs dann mit klaren Zielen und Maßnahmen versehen werden, deren Erreichung sich regelmäßig messen lässt. Bei der Dekarbonisierung etwa würde die Absichtserklärung, 2050 kein $CO_2$ mehr auszustoßen, nicht reichen – es müssten mit fixen Daten versehene Zwischenschritte der geplanten Emissionsreduzierung angepeilt und für eine hohe Glaubwürdigkeit dann natürlich auch erreicht werden.

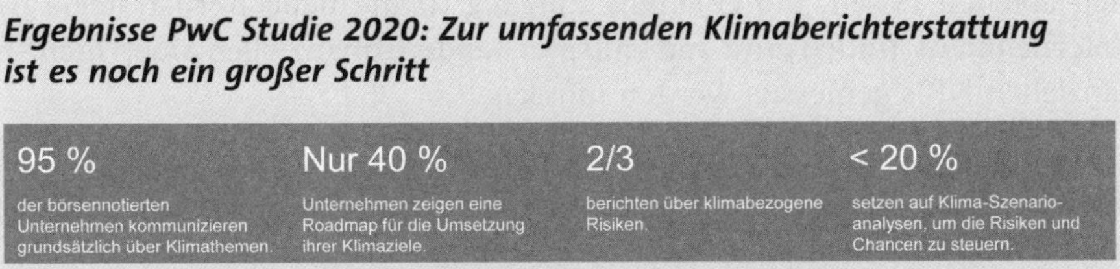

## 3.4 Nachhaltigkeit – Topthema der Performancesteuerung der Zukunft

*Ergebnisse PwC Studie 2020: Zur umfassenden Klimaberichterstattung ist es noch ein großer Schritt*

| 95 % | Nur 40 % | 2/3 | < 20 % |
|---|---|---|---|
| der börsennotierten Unternehmen kommunizieren grundsätzlich über Klimathemen. | Unternehmen zeigen eine Roadmap für die Umsetzung ihrer Klimaziele. | berichten über klimabezogene Risiken. | setzen auf Klima-Szenarioanalysen, um die Risiken und Chancen zu steuern. |

Abbildung 21: PwC Studie 2020 –
Klimaberichterstattung börsennotierter Unternehmen

*Quelle: PwC*

Zwar berichten inzwischen mehr als 95 Prozent der börsennotierten Unternehmen in Deutschland, Österreich und der Schweiz über Klimathemen, so das Ergebnis der Ende 2020 veröffentlichten PwC-Studie „Klimaberichterstattung bei börsennotierten Unternehmen" (siehe Abbildung 21). Tiefe und Qualität lassen aber oft zu wünschen übrig. Die meisten der im deutschen DAX 30 und MDAX sowie im österreichischen ATX 20 und im Schweizer SMI 20 gelisteten Aktiengesellschaften kommunizieren demnach zwar über ihre Klimaziele. Doch nur wenige haben einen konkreten Plan mit Meilensteinen sowie einer Roadmap entwickelt, der im Detail beschreibt, wie sie diese Ziele erreichen und die Fortschritte messen wollen. Enttäuschend ist beispielsweise, dass über zwei Drittel über klimabezogene Risiken berichten, aber nur rund die Hälfte die Chancen betrachtet, die sich aus Klimaveränderungen ergeben könnten. Und nur weniger als jedes fünfte Unternehmen (18 Prozent) nutzt Klimaszenarioanalysen im Reporting, um zu zeigen, wie klimabedingte Risiken und Chancen identifiziert und gesteuert werden. Es bleibt hier also noch viel zu tun.

### Nicht-finanzielle Kennzahlen gehören in ein modernes Dashboard zur Unternehmenssteuerung – und in die Kernstrategie

Glücklicherweise muss kaum ein Unternehmen bei Null anfangen wenn es das Thema Nachhaltigkeit mehr in den Fokus rücken will. Zumindest mit dem Klimawandel hat sich mittlerweile bereits fast jede Organisation mehr oder weniger intensiv beschäftigt. In der Regel existiert schon eine Wesentlichkeitsanalyse, und die meisten Unternehmen wissen mittlerweile auch ziemlich genau, welche nicht-finanziellen Werttreiber für ihr Geschäft grundsätzlich wichtig sind. Was aber erfahrungsgemäß oft fehlt, ist die fundierte und qualifizierte Analyse der Auswirkungen des eigenen Tuns auf die Gesellschaft, sprich eine umfassende Untersuchung der sozialen und ökologischen Konsequenzen dieser wirtschaftlichen Aktivitäten. Erst diese fundierte Impact-Analyse liefert so tiefe Einsichten, dass sich daraus Maßnahmen ableiten lassen, die ebenfalls Eingang in die neue Kernstrategie des Unternehmens finden und mit entsprechenden finanziellen oder nicht-finanziellen KPIs gemessen werden müssen.

Wer sich mit Blick auf die nicht-finanziellen Kennzahlen allerdings nur einen einzigen Aspekt herauspickt, beispielsweise das Trendthema Klimawandel, und dann ein paar Maßnahmen zur Reduzierung des $CO_2$-Ausstoßes im eigenen Unternehmen beschließt, der agiert letztlich nicht strategisch genug und begnügt sich mit Stückwerk. Erstens ist $CO_2$ ein zwar wichtiges, aber eben doch nur ein ESG-Thema, und zweitens müssten dann wenigstens die $CO_2$-Emissionen im gesamten Prozess betrachtet werden, vom ersten Zulieferer über die interne Produktion bis zum Einsatz sowie zur Verschrottung des Produktes. Ziel sollte stets sein, dass nicht mehr nur in EBIT-Dimensionen gedacht wird, sondern in Wirkungsketten. Natürlich braucht kein Unternehmen 100 verschiedene nicht-finanzielle KPIs, um eine wirksame Nachhaltigkeits-Strategie zu entwickeln und umzusetzen. Aber es sollte zumindest fünf bis zehn wichtige Werttreiber beziehungsweise Auswirkungen seiner Tätigkeit auf alle Stakeholder in der Gesellschaft identifizieren sowie sie in ein entsprechendes Kontroll- und Steuerungssystem einbauen.

Dabei gilt es, individuell auf das Geschäftsmodell und die Produkte einzugehen. Für die Automobilindustrie würde dies beispielsweise bedeuten, das Thema $CO_2$ von der Lieferkette über die Fertigung, den Einsatz sowie bis zum Recycling eines Autos zu betrachten – also die Herkunft seiner Materialien und Vorprodukte zu überprüfen, den Flottenverbrauch zu optimieren beziehungsweise durch das Angebot von Elektroautos zu senken, und Fahrzeuge konsequent nach den Anforderungen der Kreislaufwirtschaft zu entwickeln. Neben dem $CO_2$-Thema gehören für Autohersteller aber ebenso die Auswirkungen der Digitalisierung zu den wesentlichen nicht-finanziellen KPIs – nämlich in Form der zahlreichen im Betrieb anfallenden, personenbezogenen Fahrerdaten, die alle Konzerne sammeln und auswerten. Hier dürften beispielsweise Kennzahlen zum Niveau von Datenschutz und -sicherheit nicht nur in Euro und Cent ausdrücken, wieviel ein Konzern dafür ausgibt – sondern auch zeigen, wie sicher die Kundendaten bei ihm im Vergleich mit direkten Wettbewerbern, wie auch branchenübergreifend sind. An solchen Kennzahlen dürften Kunden, Geldgeber sowie Aufsichtsbehörden sehr interessiert sein – was die Aufnahme dieser KPIs in das Dashboard zur Unternehmenssteuerung rechtfertigen würde.

## Nicht-finanzielle KPIs müssen fest in den Governance-Strukturen verankert sein und konzernweit gleich gehandhabt werden

Eins ist klar: KPIs sind nur Mittel zum Zweck. Ihre Anzahl, Art und Natur müssen sich an der strategischen Ausrichtung der Ziele orientieren und darauf einzahlen. Und es braucht sinnvolle Messgrößen als Basis für Entscheidungen. Wer strategische Ziele wie „effiziente Nutzung natürlicher Ressourcen", „Erhöhung des Kundenfokus" oder „Erhöhung der Attraktivität als Arbeitgeber" formuliert, muss geeignete nicht-finanzielle Kennzahlen festlegen, etwa $CO_2$-Effizienz, Werte zur Kundenzufriedenheit oder externe beziehungsweise interne Arbeitgeberrankings. Strategische Ziele und passende Indikatoren muss der Vorstand absegnen und in der konzernweiten Nachhaltigkeits-Roadmap festhalten, die wiederum integraler Bestandteil der Kernstrategie des Unternehmens sein muss. Derzeit lässt sich leider vielerorts beobachten, dass versucht wird, ESG-Themen losgelöst von der Kernstrategie zu bearbeiten – etwa, weil sie keine so griffigen Zahlen liefern oder sich nicht so leicht monatlich messen lassen wie Umsatz und Ertrag. Dadurch bleiben diese Ziele bei Entscheidungen von großer Tragweite aber ein Fremdkörper: Was nicht im Vorstands-Reporting auftaucht, spielt eine untergeordnete Rolle. Dabei wäre es problemlos möglich, wichtige nicht-finanzielle Kennzahlen im Reporting zu zeigen und sie in größeren als beispielsweise monatlichen Zeiträumen zu aktualisieren – Hauptsache, sie sind im Blick und finden so regelmäßig Beachtung.

> *Praxistipp: Ohne konzernweite Harmonisierung haben ESG-Kennzahlen nicht genug Aussagekraft*
>
> Wichtig ist, auch die nicht-finanziellen KPIs konsequent unternehmensweit zu nutzen sowie alle Mitarbeiter für die generelle Bedeutung des Themas sowie die konkrete Beachtung der jeweiligen weichen Kennzahlen zu sensibilisieren. Nach einer Firmenübernahme etwa sollten nicht nur die Finanzkennzahlen angeglichen werden, sondern auch die ESG-KPIs für die entsprechenden Bereiche. Ein „Unfall" beispielsweise muss konzernweit gleich definiert sein sowie nach einem einheitlichen System gemeldet werden. Eine Voraussetzung dafür ist, dass auch die nicht-finanziellen KPIs fest in den Governance-Strukturen verankert sind. Die Unternehmensleitung muss das Thema ernst nehmen und vorleben, wie man mit diesen Kennzahlen umgeht – nur dann wird es gelingen, den Gedanken der Nachhaltigkeit auf allen Ebenen und in allen Prozessen so gut zu verankern, dass die Mitarbeiter ihn kaum noch vergessen können.

Damit alle Führungskräfte – weit über das Topmanagement hinaus – die Bedeutung nicht-finanzieller KPIs für ihr Unternehmen verinnerlichen, sollten diese Kennzahlen nicht nur im Steuerungs-Dashboard verankert sein, sondern auch im Entlohnungssystem. Je nach Hierarchieebene und Verantwortungsbereich lassen sich viele Arten von messbaren sozialen oder ökologischen Zielen vereinbaren, an denen der variable Gehaltsbestandteil hängt. Führungskräfte in der Produktion könnten so darauf verpflichtet werden, die Zahl der Arbeitsunfälle zu reduzieren: Mehr Arbeitssicherheit senkt die Krankheitskosten und steigert die Mitarbeiterzufriedenheit. Der Vertrieb könnte nicht nur am Umsatz, sondern auch am Index der Kundenzufriedenheit gemessen werden: Glückliche Stammkunden sind für jedes Unternehmen eine sichere Bank. Die IT-Abteilung müsste sich daran messen lassen, wie gut sie Hackerattacken abwehrt: Jedes Unternehmen, das Datenschutz und -sicherheit lebt, kann mit dieser dokumentierten Tatsache bei den (Neu-) Kunden punkten sowie sich von Mitbewerbern abheben, die hier verwundbarer sind. Erste Unternehmen machen die Tantieme der Führungskräfte deshalb bereits von der Erreichung vorgegebener ESG-Ziele und Werten wie beispielsweise Mitarbeiterzufriedenheit oder $CO_2$-Reduzierung im operativen Geschäft, abhängig.

### Die ESG-Kennzahlen müssen zum Geschäftsmodell passen – nicht immer reichen $CO_2$-Ausstoß oder Mitarbeiterzufriedenheit

Die Auswahl der entscheidenden nicht-finanziellen Kennzahlen sollte natürlich nicht vom Finanzbereich allein erfolgen. Diese Aufgabe sollte der CFO im Auftrag der obersten Führungsebene und mit ihrer vollen Rückendeckung unter Berücksichtigung der Gesamtstrategie koordinieren und sich dann für die endgültige Auswahl das Plazet seiner Vorstands- oder Geschäftsführungs-Kollegen holen. Im Auswahlprozess können sich Mitarbeiter aus allen betroffenen Bereichen unter Leitung von Experten der Finanzfunktion an einen Tisch setzen, um die für das Unternehmen wichtigsten Themen und die sich daraus ergebenden nicht-finanziellen KPIs zu identifizieren. Hier ist die Schnittstellenerfahrung der Finanzleute sicher von großem Wert. Außerdem können sie mit ihrem guten Zahlenverständnis dabei helfen, Mess- und Bewertungssysteme für die neuen KPIs zu entwerfen.

Die Experten der Finanzabteilung können dabei helfen, in sich stimmige und aussagekräftige KPIs festzulegen. Sie können die Mitarbeiter in den Fachabteilungen darin beraten, wie die korrekte Datenerfassung und -weitergabe aussieht. Sie können für andere Bereiche die Veränderungen bei den als wichtig erkannten nicht-finanziellen KPIs berechnen sowie erste Auswertungen liefern. Und sie können sogar versuchen, zumindest für ausgewählte nicht finanzbezogene Kennzahlen durch den Abgleich mit anderen Daten und eigenen Prognosen ihre finanzielle Bedeutung annäherungsweise in Euro und Cent umzurechnen. Bei einem Softwarekonzern kam dabei beispielsweise heraus, dass er jährlich bis zu 60 Millionen Euro an Betriebsergebnis verlieren würde, wenn sich der Mitarbeiter-Engagement-Index um nur ein Prozent verschlechtert. Grundlage für solche Schätzungen im Bereich Mitarbeiter können beispielsweise die bekannten Kosten für die Suche, Auswahl und Einarbeitung neuer Beschäftigter sein. So fallen etwa weniger Ausgaben für Ersatzeinstellungen an, wenn sich die Personalfluktuation reduzieren lässt, weil das Management auf die Warnsignale eines sinkenden Wertes beim Mitarbeiter-Engagement-Index schnell und effektiv reagiert.

**Der Aktionsplan Financing Sustainable Growth der EU fordert schon ab 2020/21 grüne Kennzahlen – und das ist erst der Anfang**

Kein Unternehmen oder – falls diese Aufgabe direkt dort angesiedelt ist – keine Finanzabteilung ist bei der Suche nach den individuell wichtigsten Nachhaltigkeitsthemen sowie den dafür passenden KPIs auf sich allein gestellt. Im Austausch mit Partnern finden sich Anregungen und sogar konkrete Vorbilder – auch in strukturierter Form. Die 2019 gegründete gemeinnützige Organisation „Value Balancing Alliance e.V." beispielsweise beschäftigt sich nicht nur mit der Frage, welche Beiträge die Unternehmen in ökologischer, sozialer sowie finanzieller Hinsicht für die Gesellschaft leisten. Die zahlreichen internationalen Mitglieder – unter anderem BASF, Bosch, Deutsche Bank, Novartis oder SAP – wollen einen Standard erarbeiten, mit dem sich die ökonomischen, ökologischen und sozialen Auswirkungen der Geschäftstätigkeit entlang der Wertschöpfungskette monetär bewerten lassen. Das Modell zur Berechnung dieser vieldimensionalen Wertschaffung könnte zur besseren Vergleichbarkeit und so für mehr Transparenz bei diesem Thema sorgen.

*Praxisbeispiel: So betrachtet der Chemiekonzern BASF das Thema Klimawandel*

Besonders gut lernen lässt sich am konkreten Beispiel. Der Chemiekonzern BASF beschäftigt sich schon lange mit dem Thema Klimawandel und veröffentlicht bereits seit 2008 eine umfassende $CO_2$-Bilanz. Als Kennzahl bei Wirtschaftlichkeitsbetrachtungen bestehender Anlagen oder geplanter Investitionen dient ein regional differenzierter $CO_2$-Schattenpreis, den ein Expertenkreis mit zeitlicher Differenzierung bis 2035 bildet und jährlich überprüft. Er zeigt die direkte und indirekte $CO_2$-Kostenbelastung aus dem Energieeinkauf. Das Thema Klimawandel ist jedoch noch nicht umfassend reguliert, so dass die $CO_2$-Kosten nicht die vollständigen Kosten

> für die Gesellschaft abbilden. Parallel dazu ermittelt BASF daher – basierend auf dem Konzept der „social cost of carbon" – die $CO_2$-Schadenskosten der Geschäftsaktivitäten entlang der gesamten Wertschöpfungskette – von der Lieferkette über die Standorte bis hin zu den Kundenindustrien. Bereits 2015 nahm man hier einen global einheitlichen Wert von zirka 70 Euro pro Tonne $CO_2$ an – im Vergleich dazu wirkt der nationale Emissionshandel in Deutschland gemäß Klimaschutzprogramm 2030 der Bundesregierung mit seinem $CO_2$-Preis von 25 Euro pro Tonne ab 2021 wenig ambitioniert. Außerdem stellt BASF im Rahmen seines „value-to-society"-Ansatzes den $CO_2$-Schadenskosten sowie anderen umweltbezogenen gesellschaftlichen Kosten den positiven ökonomischen und sozialen Unternehmensbeitrag etwa durch Nettogewinn, Steuern, Löhne, Gesundheit und Sicherheit gegenüber, um den gesellschaftlichen Beitrag der eigenen Wirtschaftstätigkeit darzustellen

Konzernen, die sich bereits lange mit verschiedenen Aspekten des Themas Nachhaltigkeit beschäftigen, fällt es durch ihre Erfahrungen naturgemäß leichter, auf regulatorische Änderungen zu reagieren. Wer die Auseinandersetzung mit ESG- und CSR-Themen bisher auf die lange Bank geschoben hat, ist jetzt in einer schlechteren Startposition – er muss möglichst schnell seinen Rückstand aufholen. Die Rahmenbedingungen für den Aktionsplan Financing Sustainable Growth stehen bereits, die Berichtspflichten über grüne Finanzkennzahlen sind erst der Anfang der erweiterten, verbindlichen Berichterstattung zur Nachhaltigkeit. Schon jetzt ist absehbar, dass bald entsprechende Anforderungen für weitere ökologische und auch soziale Themen folgen werden. Spätestens damit sind ESG und CSR nicht länger eine Frage der Überzeugung, sondern werden zu essenziellen nicht-finanziellen KPIs, die über das Schicksal kompletter Geschäftsmodelle und Unternehmensstrategien entscheiden können. Es liegt insbesondere in der Hand – und im Interesse – des CFO, rasch die entsprechenden Strukturen und Instrumente zu schaffen, um die klassischen Finanzkennzahlen um die neuen ESG- und CSR-KPIs zu ergänzen.

## 3.5 Quo vadis Digitalisierung: Evolution anstelle Revolution

Professor Dr. Jörg H. Mayer, Leiter des Schmalenbach Arbeitskreises „Digital Finance" und des Kompetenzzentrums „Unternehmenssteuerungssysteme" an der Technischen Universität Darmstadt

Alle Bereiche eines Unternehmens müssen dazu beitragen, dass die Organisation effizienter und effektiver arbeitet sowie ihr Geschäftsmodell kontinuierlich weiterentwickelt. Dabei führt an der *Digitalisierung* kein Weg vorbei. Eigentlich sollte die Finanzfunktion dafür prädestiniert sein, als Treiber der digitalen Transformation zu agieren. Nicht nur, weil die Finanzwelt traditionell technikaffin ist – sie arbeitet schon lange mit ERP und BI oder Tabellenkalkulationen wie Excel und sollte daher auch neue digitale Technologien problemlos für sich nutzen können. Darüber hinaus laufen im Finanzbereich die Geschäftszahlen zusammen. Und seine Mitarbeiter leisten in den meisten Unternehmen als Business Partner bereits wertvolle Dienste für die anderen Abteilungen.

Aber in der Praxis lässt sich beobachten, dass vielerorts die Finanzfunktion beim Thema Digitalisierung nicht das Tempo vorgibt, sondern links und rechts überholt wird. Mal prescht Marketing & Sales vor und sammelt wertvolle Kundendaten ein, um mit einem – machine-learning (ML)-gestützten – Blick in die Glaskugel zukünftige Absätze vorherzusagen. Mal investiert die Fertigung in Industrie-4.0-Lösungen und erhält so zusätzliche Daten aus der Herstellung ihrer Produkte oder über ihren Einsatz beim Kunden. Freigegeben werden Investitionen in solche Projekte, weil der Vorstand darin die Chance auf **mehr Umsatz** oder **geringere Kosten** sieht. Aktuell sind die finanziellen Mittel knapper als früher und sollen deshalb in zielführende Vorhaben gesteckt werden. Reines Spielgeld für die Digitalisierung – das einige Jahre lang in Unternehmen großzügig verteilt wurde – steht jetzt kaum noch zur Verfügung. *Auch Digitalisierungsprojekte müssen sich rechnen!*

Für den Finanzchef (CFO) heißt dies: Im Wettbewerb um knappe finanzielle Ressourcen mit den anderen Abteilungen im Unternehmen braucht es eine **Digital Finance Roadmap** (siehe Abbildung 22): Einen Plan, wie sich die Finanzfunktion in den nächsten Jahren – beispielsweise bis 2025 – verändern soll. Dieser Plan sollte drei bis fünf Anwendungsfälle pro Jahr zum Einsatz digitaler Technologien enthalten, die gut durchführbar, wertschöpfend und binnen einer überschaubaren Zeit auch erfolgreich umsetzbar sind. Solche Projekte belegen dann, dass die Digitalisierung im Finanzbe-

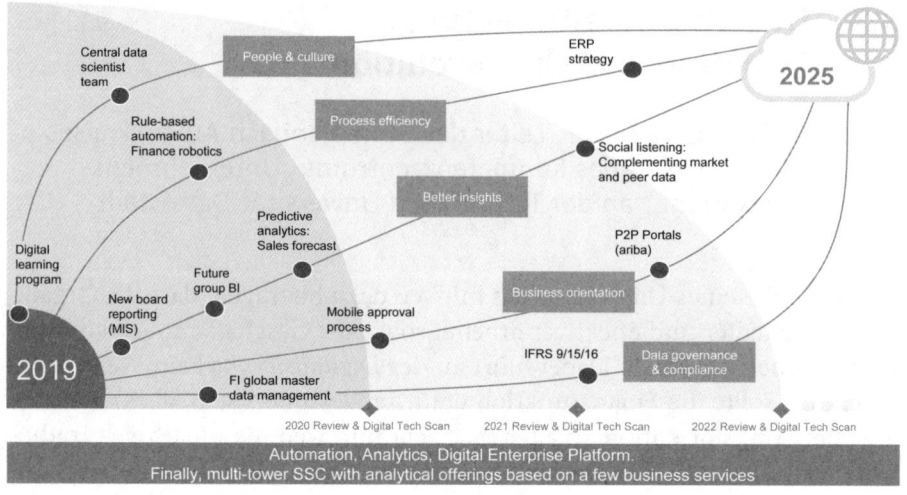

**Abbildung 22: Digital Finance Roadmap**

*Quelle:* Mayer, JH., Campagna, C., Chamoni, P., Hornung, K., Kuhnert, M., Quick, R.: Die Buchhaltung macht der Computer – Digitalisierung durchdringt das ganze Unternehmen. Wie sieht in zehn Jahren die Finanzabteilung aus? Frankfurter Allgemeine Zeitung (FAZ) „Der Betriebswirt", Nr. 95 vom 24. April 2017, S. 18.

reich dem Unternehmen nicht nur auf lange Sicht einen **hohen Wertbeitrag** bringt, sondern mit ihren Ideen auch schon nach kurzer Zeit den **richtigen „Drive"** ins Unternehmen bringt. Und somit zeigen, dass die Finanzfunktion erfolgreich als Treiber der Wertschöpfungssteigerung durch Digitalisierung agieren kann.

### Gute Digitalisierungsprojekte verdienen ein Triple „E" Rating: Sie steigern Effizienz, Effektivität und Erfahrung

Die Finanzfunktion sollte beim Thema Digitalisierung kein Erkenntnisproblem haben. Zwar tauchen immer wieder neue Aspekte oder Lösungen auf. Doch ein Großteil der Technologien, die den Finanzbereich schlagkräftiger machen, ist seit Jahren bekannt, weshalb auch die Möglichkeiten für ihren Einsatz auf der Hand liegen. Stehen erst mal die Struktur und Priorisierung mit der zukunftsweisenden Digital Finance Roadmap, geht es um die Umsetzung. Nicht nur bei komplexen Themen wie dem Analytics Einsatz, sondern schon bei der Automatisierung mithilfe von Robotic Process Automation (RPA). Mit dem richtigen Plan lässt sich diese Herausforderung aber in den Griff bekommen: Indem nämlich Digitalisierungsprojekte mithilfe eines Ratings beurteilt werden und auch die finanziellen Vorteile einzelner Vorhaben konkret berechnet werden.

## 3.5 Quo vadis Digitalisierung: Evolution anstelle Revolution

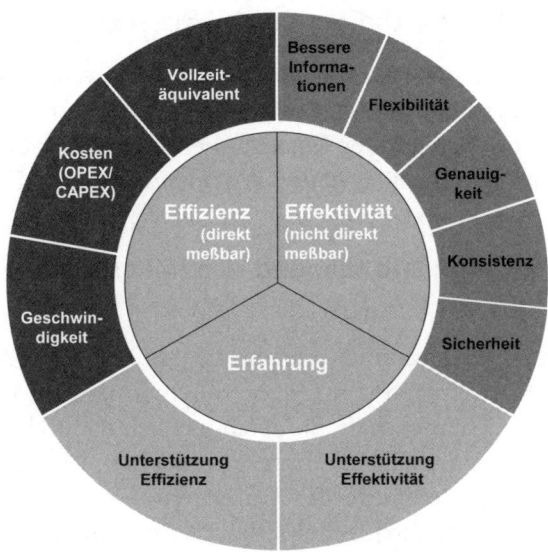

Abbildung 23: Triple „E" Rating

*Quelle:* Mayer, JH, Esswein, M., Ulusoy, B.: First-Class Digital Projects Deserve a Triple „E" Rating. CONTROLLING – Zeitschrift für erfolgsorientierte Unternehmenssteuerung 33 (3), 2021, pp. 45–50

Bei Krediten ist das AAA das beste Urteil, das der Kapitalmarkt vergeben kann. Bei der Digitalisierung sollte bewertet werden, ob das Digitalisierungsprojekt ein solides Rating verdient – also eine kontinuierliche Zunahme von **Effizienz, Effektivität sowie (digitaler) Erfahrung,** die zu einer Verbesserung der operativen Tätigkeiten und/oder strategischen Fähigkeiten führt: Das Ergebnis wäre profitables Wachstum für das ausführende Unternehmen (siehe Abbildung 23). Zu klären ist dabei, ob mehr Effizienz und Effektivität zu Kosteneinsparungen führen, ob sie das Unternehmen durch bessere Informationen, höhere Geschwindigkeit, größere Flexibilität oder bessere Datenqualität und Sicherheit schlagkräftiger machen, und ob digitale Lerneffekte schließlich bewirken, dass der Organisation die zielgerichtete Digitalisierung zukünftig leichter fällt. Plant, realisiert und kontrolliert der Finanzbereich seine Digitalisierungsprojekte in diesem Sinne, verschaffen ihm die nachweislichen Erfolge nach dem Triple „E" Rating einen Vorteil im Wettbewerb um interne Ressourcen und machen ihn zum Nukleus der weiteren Digitalisierung.

## 1. Automation – Werte schaffen durch Effizienz

Werte schaffen durch höhere Effizienz – mit diesem Aspekt der Digitalisierung befasst sich der Finanzbereich schon in vielen Unternehmen. Hier geht es vor allem um das Senken der Kosten, aber auch die Entlastung der Mitarbeiter von Routinetätigkeiten über RPA-Bots und erste ML-Lösungen.

### RPA sollte bereits Standard sein und sich in der Skalierungsphase befinden

RPA, diese kleinen Programme, erleichtern das Erledigen standardisierter Prozesse wie das Übertragen von Daten von einem System in das andere in einer heterogenen IT-Landschaft. Sie zeichnen sich dadurch aus, dass sie bei Bedarf auch rund um die Uhr im Hintergrund laufen können. Ein Bot kann beispielsweise die **Kontostände des Unternehmens** so abfragen, dass der Leiter Treasury und der Finanzchef jeden Morgen die neuesten Zahlen in ihren Dashboards finden oder im Unternehmen durchgängig mit **aktuellen Wechselkursen** gearbeitet wird. Oder ein Bot kann einen **Rechnungslauf** erst dann starten, wenn die bestellte Ware auch tatsächlich im Lager eingetroffen ist, worüber ihn wiederum ein anderer Bot informiert. Richtig programmiert, können Bots anstelle eines Menschen fehlerfrei einfache Ja-Nein-Entscheidungen treffen, indem sie die dafür festgelegten Informationen abfragen. Der beste Roboter bei einem Unternehmen aus dem Arbeitskreis Digital Finance der Schmalenbach-Gesellschaft braucht 30 Sekunden für einen Prozess, mit dem zuvor selbst gut eingearbeitete Fachleute drei Minuten beschäftigt waren. Solche harten Zahlen als Beleg der Effizienzsteigerung lassen sich für jeden Bot-Einsatz berechnen und erleichtern der Finanzfunktion die Argumentation, warum sich ihre Digitalisierungsprojekte – teils binnen kürzester Zeit – rentieren.

RPA sollte daher nicht nur fester Bestandteil der Digitalisierung im Finanzbereich sein. Gerade ihr Einsatz muss sich rasch das Prädikat Triple „E" verdienen. Werden die richtigen Prozesse für ein RPA-Projekt identifiziert, ist das schon mal gut. Entlastet ein fehlerfrei arbeitender Roboter die Mitarbeiter, steigert das die Effektivität durch fehlerfreie Daten, aber auch die Effizienz durch eine Verlagerung der Arbeit auf die Maschine. Dies bedeutet nicht, dass dadurch Kreditoren- oder Debitorenbuchhalter freigesetzt werden. Vielmehr haben sie durch den Einsatz von RPA jetzt mehr Zeit für kreativere Aufgaben wie die Durchführung komplexer Buchungen oder deren Kommentierung. Und durch den Einsatz diverser RPA-Lösungen wächst die Erfahrung mit dieser Art der Digitalisierung.

Tatsächlich betreiben viele Unternehmen heute schon zahlreiche solcher Bots für unterschiedlichste Prozesse. Wer es mit der Digitalisierung ernst meint, der sollte bei dieser Art der Automatisierung bereits in der Skalierungsphase sein: Das heißt, die Prototypen laufen schon länger erfolgreich, jetzt müssen die Muster-Bots eins bis fünf sich im Regelbetrieb weiter beweisen und es sollten rasch die Bots sechs bis 50 folgen.

**Durch ML bewältigen Roboter komplexere Aufgaben. Erste Projekte zeigen, dass es funktioniert und sich auch rentieren kann**

Nicht ganz so weit ist die Entwicklung anspruchsvollerer Lösungen, der sogenannten kognitiv-basierten Automatisierung. Dabei erkennt die Maschine mithilfe von Künstlicher Intelligenz (KI) bestimmte Zusammenhänge einer Transaktion und lernt mit der Zeit, eigenständig zu agieren. Dieses sogenannte ML ist als untere Stufe der KI der nächste Schritt zum breiteren Einsatz von Robotern für komplexere Aufgaben. Beim Bearbeiten von **Rechnungen ohne Auftrag** beispielsweise kann der Bot aus historischen Buchungsdaten lernen und so Vorschläge machen, welches Belegkonto, welches Finanzen/Controlling (FI/CO)-Element oder welcher Freigabeberechtigte im Einzelfall betroffen ist. In einem weiteren Schritt ist es möglich, dass die Maschine in einem vorab definierten Erwartungsbereich die von ihr eindeutig identifizierten Fälle selbständig durchbucht und nur unklare Rechnungen dem Sachbearbeiter zustellt. Der durchdachte Einsatz dieser kognitiv-basierten Automatisierung steigert Effizienz und Effektivität ebenfalls nachhaltig und gehört unbedingt in die Digital Finance Roadmap. Wer sie bereits jetzt nutzt, dürfte auch hier bald das Triple „E" Siegel verwenden können – denn mit dem zunehmenden Einsatz sammelt sich ein Erfahrungsschatz an, der den Finanzbereich schlagkräftiger macht und seinen Wertbeitrag zum Unternehmenserfolg steigert. Erfahrungen aus erfolgreichen Projekten zeigen, dass sich auch hier die Investitionen rechnen: Bei 500.000 Rechnungen ohne Auftrag und einer Trefferquote der Maschine von 75 Prozent beim korrekten Bearbeiten der Rechnungen ließ sich bei einem Referenzkunden aus dem Arbeitskreis Digital Finance der Schmalenbach-Gesellschaft die Arbeitszeit von drei Vollzeitbeschäftigten jährlich einsparen, wodurch sich die Investition ins Anlernen der Maschine binnen zwölf Monaten amortisierte.

**2. Analytics – Werte schaffen durch Effektivität**

Werte schaffen durch höhere Effektivität – das ist der Aspekt der Digitalisierung, mit dem sich gerade die Finanzbereiche in vielen Unternehmen beschäftigen. Mittelfristig muss das Werteversprechen der Digitalisierung breiter gesehen werden – nicht nur mit Blick auf Buchungstransaktionen, sondern auch auf die Planungsprozesse bis hoch zur Konzernebene betrachtet werden. Während es bei der Automation darum ging, die Dinge richtig zu tun, muss der Einsatz von Analytics ein Unternehmen in die Lage versetzen, das Richtige zu tun.

**Der Einsatz von Predictive Analytics on Big Data macht die Planung deutlich zielgenauer und faktengetriebener – dies über die „reine" Finanzfunktion hinaus**

Die Digitalisierung der Finanzfunktion macht ein Unternehmen dann nachhaltig schlagkräftiger und eröffnet neue Perspektiven für mehr Umsätze, wenn Daten aus der Vergangenheit sich dazu nutzen lassen, die **Zukunft besser vorherzusagen**. Hierbei geht es um Predictive Analytics on Big Data, also den ML-gestützten Blick in die Glaskugel – und dies nicht nur unter Einbezug finanzieller Kennzahlen, sondern auch von Parametern, die das Marktumfeld beschreiben. Bereits heute helfen die vorausschauenden Analysen nicht nur punktuell beim finanziellen Forecast. Der Planungsprozess wird so auf eine solide Basis gestellt, der Zeitaufwand für den Forecast erheblich reduziert, der Korridor für Abweichungen von der Prognose enger, die Chance zur schnellen Korrektur früherer Erwartungen aufgrund neuer Erkenntnisse und Entwicklungen viel größer. Predictive Analytics on Big Data eignet sich aber auch einfach als Korrektiv für das, mit dem bislang viele Vertriebsleute in die Planung gehen: Ihr Bauchgefühl.

Ein Beispiel: Die Auswertung historischer Daten in Kombination mit Informationen zu aktuellen Marktentwicklungen kann die Sechs-Monats-Planung im Vertrieb genauer machen. Das wiederum ist ein wichtiges Forecast-Element bei der Produktionsplanung für das Unternehmen: Sie müssen die erwartete Auslastung ihrer Fertigung genau prognostizieren, weil sich die Anlagen bei plötzlichen Auftragsschwankungen nicht so einfach hoch- oder runterfahren lassen. Erste Lösungen für den Einsatz von Predictive Analytics on Big Data bieten bereits die Möglichkeit, genaue Vorhersagen für ausgewählte Entwicklungen wie Absatzmengen einzelner Kunden und Branchen zu treffen.

**Die Königsdisziplin wäre eine Jahresplanung, die ziemlich genaue Angaben zu den zukünftigen Absatzmengen, -erlösen und schließlich den Ergebnissen machen kann**

Bislang lassen sich mit Analytics relativ gut die Mengen planen, also der reine Absatz. Schwieriger ist schon die Planung von Absatzerlösen, weil neben den Mengen noch die Absatzpreise mit ihren variablen Mengenrabatten oder Skonti modelliert werden müssen. Und für die Vorhersage einer Gewinn- und Verlustrechnung (GuV) wären dann zusätzlich Herstellungskosten zu berücksichtigen. Die Königsdisziplin wäre somit eine mit Predictive Analytics erstellte **„komplette" Jahresplanung**, die ziemlich genaue Angaben zu den Absatzmengen, Absatzerlösen und schließlich den Ergebnissen machen kann.

Bis es soweit ist, dürfte allerdings noch einige Zeit vergehen, denn hier müssen verschiedene komplexe stochastische Verfahren mit belastbaren Daten gefüttert werden. Ebenso ist die „einfache" Aggregation der Zahlen nicht so einfach. Dies zeigte uns eine Umsetzung. Geschätzte Einzelwerte wie Absatzerlöse und Herstellungskosten lassen sich nicht einfach zu einer GuV und somit einem geschätzten EBIT-Gesamtwert aggregieren. Wer also meint, nur weil die Sache mit den Robotern schon so gut funktioniert hat, da sei der Einsatz von Analytics für die Planung ebenfalls ein Spaziergang, unterschätzt die Größe der Herausforderung. Komplexe statistische Verfahren richtig anwenden – das ist eine enorme Herausforderung. Doch es gibt bereits Unternehmen, die ambitioniert voranschreiten und erste Erfolge erzielen: Sie versuchen eine Mengenplanung in der Fahrzeug-Produktion mit der Maschine zu machen, sagen den Cashflow für einen bestimmten Zeitraum voraus, wagen gar erste Vorhersagen der GuV auf die Sicht von 18 Monaten. Und sammeln dabei wertvolle Erfahrungen, um das Verfahren stetig zu optimieren.

Des Weiteren können Auswertungen zum Zahlungsverhalten einzelner Kunden dem Vertrieb bei der **Segmentierung in A-, B- und C-Kunden** helfen. Berücksichtigt diese Analyse der Finanzabteilung außerdem noch Informationen aus anderen Quellen wie das allgemeine Finanzgebaren eines Kunden, könnte sich so frühzeitig feststellen lassen, ob etwa Zahlungsausfälle drohen, also Vorauskasse bei nächsten Anfragen zu vereinbaren ist. Durch ihre Fähigkeit als informierter Sparringspartner unterstreicht die Finanzfunktion so ihre Bedeutung für das Unternehmen. Die Finanzfunktion sollte sich also ernsthaft mit dem Analytics-Thema beschäftigen.

Nicht zuletzt, weil Predictive Analytics auch die **Kapitalmarktkommunikation** verbessern kann. Ein Vorstand, der sich noch kurz vor Ende des Geschäftsjahres auf das Bauchgefühl anderer verlassen muss, ist oft wenig später gezwungen, per Ad-Hoc-Meldung das Verfehlen der Ziele einzuräumen – sein Unternehmen gibt so kein gutes Bild in der Öffentlichkeit ab. Wer die Planungen aber per Predictive Analytics on Big Data hinterfragen und anpassen kann, hat die Chance, Investoren rechtzeitig und faktengetrieben – und somit vergleichsweise unaufgeregt – über die neuen Ziele zu informieren. Über diese modernen Instrumente einer Unternehmensteuerung sollte der Finanzchef dabei offen informieren, um das Vertrauen der Geldgeber in die Handlungsfähigkeit seiner Organisation zu stärken. Und da Predictive Analytics so viele Vorteile verspricht, gehört dieses Thema in jede Digital Finance Roadmap, auch wenn zunächst vermutlich nur kleinere Projekte das Triple „E" Rating verdienen. Wer aber nichts ausprobiert, kann keine Erfahrungen sammeln. Wer dagegen rasch beginnt, mit Predictive Analytics on Big Data zu arbeiten, kann den richtigen Mix aus langfristigen Trends sowie kurzfristigen Schwankungen für seine Algorithmen herausfinden und so die gängigen erfahrungsbasierten Prognosen ergänzen.

### 3. Digital Enterprise Plattform – Werte schaffen durch Erfahrung

Echte Zukunftsmusik bei den meisten Unternehmen ist immer noch die **One-ERP-Lösung**, die Grundlage für eine allumfassende Digital Enterprise Plattform. Diese Kombination aus ERP und BI sollte die transparente Beschaffung, Speicherung und Auswertung von granularen, fehlerfreien Stamm- und Bewegungsdaten im und über das Unternehmen hinweg sicherstellen: Im zentralen Data Lake kann die Finanzfunktion schnell und einfach auf verschiedene Daten zugreifen, die sie für ihre Auswertungen, Kommentierungen und Empfehlungen braucht. So ein Projekt sollte sich in einer exponierten Stellung der Digital Finance Roadmap finden und das Ziel am Ende der Digitalisierungsreise markieren, die kompletten Zahlen und Erfahrungen des Unternehmens als Grundlage für seine Steuerung zu nutzen – also eine Intelligent Enterprise zu schaffen.

### Erst mal die Hausaufgaben machen: Harmonisierung und Standardisierung im Vordergrund ...

Erste Erfahrungen zeigen, dass bei einem S/4HANA-Projekt rund zwei Jahre an Vorbereitungszeit erforderlich sind, um die Digital Enterprise Plattform auf konsistente Füße zu stellen. Alles beginnt mit der **Harmonisierung und Standardisierung** – schließlich müssen nach dem Umstieg alle Einheiten des Konzerns das neue System auch nutzen. Zu klären ist etwa, was mit den diversen Z- und P-Individualprogrammen im Unternehmen geschieht, die bei so manchem Tochterunternehmen um eine SAP-Lösung herum gebaut wurden und wichtige Funktionen erfüllen. Vor ganz besonderen Herausforderungen stehen dabei jene Konzerne, die viel zugekauft haben und dies auch weiter tun, weshalb sie immer wieder neue Töchter mit anderer IT in ihre künftige One-ERP-Welt integrieren müssen.

### ... dann die Automation und Analytics Lösungen auf die neue Plattform heben

Im nächsten Schritt sind dann die kleinen, aber wirkungsvollen „Schnellboote" der Digitalisierung wie RPA oder Analytics auf die neue Plattform zu heben. Der Aufwand der vergangenen Jahre darf dabei nicht umsonst gewesen sein und nur so werden diverse digitale Technologien zukünftig elegant ineinandergreifen und die Organisation schlagkräftiger machen. Die Digital Enterprise Plattform ist daher wohl das **größte Projekt der Finanzfunktion!** Auf diesem Weg gilt es, die Organisation bei Laune zu halten und stets aufzuzeigen, dass die Finanzfunktion durch die Digitalisierung sowohl ihr Werteversprechen erfüllen und der wesentliche Treiber der Digitalisierung im Unternehmen sein kann. Ohne die erfolgreiche Konzeption und Umsetzung einer Digital Enterprise Plattform wird sich daher kein Finanzvorstand als Treiber der Digitalisierung positionieren können.

### Der Finanzvorstand entwickelt funktionsübergreifende Business Services und steuert sie am Ende zentral und „End-to-End"

Eng verbunden mit der Entscheidung, welche digitalen Technologien die Finanzfunktion künftig für welche Zwecke einsetzt, ist auch die Frage der **Zusammenarbeit mit den anderen Fachabteilungen.** In den meisten Unternehmen verstehen sich die Finanzleute heute nicht mehr als reine Buchhalter oder Erfüller gesetzlicher Anforderungen, sondern als Business Partner ihrer internen Kunden: Sie helfen ihnen, effizienter zu arbeiten oder bessere Entscheidungen zu treffen, um so gemeinsam einen höheren Wertbeitrag zu liefern. Dieser Funktionswandel im Finanzbereich hat die Unternehmen insgesamt schlagkräftiger und profitabler gemacht.

Mit dem Einsatz neuer digitaler Technologien sollte sich die innovative, zukunftsorientierte Finanzfunktion allerdings noch umfassender positionieren. Der Finanzvorstand sollte mit guten Argumenten darauf hinarbeiten, dass **neue Prozessketten** gedacht werden, denn digitale Technologien entfalten ihr volles Potenzial erst im funktionsübergreifenden Einsatz. Deshalb sollte der Finanzbereich seine Kernprozesse so mit den Beschaffungs-, Produktions- und Absatzprozessen zu **funktionsübergreifenden Business Services** weiterentwickeln, dass sich komplette Abläufe über die bestehenden Abteilungsgrenzen hinaus „End-to-End" vom Finanzbereich steuern lassen. Spätestens wenn die Business Services zentral über eine Digital Enterprise Plattform zur Verfügung stehen, sollte die Prozess- und IT-Verantwortung beim Finanzvorstand liegen, der dann als zentraler Ansprechpartner für diese Themen fungiert. In der Endausbaustufe funktioniert dies alles in einem funktionsübergreifenden „multi tower" SSC mit ersten analytischen Angeboten basierend eben auf diesen wenigen Business Services im Unternehmen.

Der Order-to-Cash-Prozess etwa, der heute bei der Kreditwürdigkeitsprüfung ansetzt, sollte dann als neuer **Customer Service** direkt beim Kundenzugang beginnen. Oder im neuen Record-to-Report-Prozess könnte die Finanzfunktion mithilfe von KI zentral die Lagerreichweiten je Produktgruppe und Produkt überprüfen und auf diese Weise die Kapitalbindung besser reduzieren als ein Einkäufer, der aktuell meist auch nach Bauchgefühl entscheidet.

Die digitalen Instrumente, um solche Aufgaben zu erfüllen, hat der Finanzvorstand bereits. Er muss nur klarmachen, dass die jeweiligen Abteilungen keinen Bedeutungsverlust erleiden, wenn sie dem Finanzbereich die Prozesshoheit überlassen. Im Gegenteil: Die Finanzfunktion der Zukunft gibt ihnen mit dem Weben neuer, funktionsübergreifender Prozessketten mehr Zeit, ihrer eigentlichen Funktion (wieder) nachzukommen, sei es die Koordination der Zulieferer, die Optimierung von Produktion und Logistik oder die zielgerichtete Kundenpflege. Gleichzeitig demonstriert der Finanzvorstand, dass er nicht nur der geschätzte Business Partner ist, sondern darüber hinaus ein **teamorientierter Treiber der Digitalisierung**, der zum Vorteil des gesamten Unternehmens neue Trends und Technologien erkennt, ausprobiert und sie zum Nutzen aller zur Verfügung stellt. Und der aufgrund seiner Fähigkeit, Zusammenhänge zu verstehen sowie über den eigenen Tellerrand zu blicken, das Motto **„Digital is most powerful beyond Finance"** akzeptiert. Denn die größten Umsatzsteigerungen oder Einsparungen durch die Digitalisierung werden wohl nicht in der Finanzabteilung, sondern in der Beschaffung, Produktion (einschließlich Logistik) und dem Vertrieb realisiert werden.

## 3.6 Optimierung der Compliance durch Robotics und KI

Dr. Thomas Ull, Partner Familienunternehmen & Mittelstand und Christoph Gruß, Partner Capital Markets & Accounting Advisory Services, PwC Deutschland

**Controller und Wirtschaftsprüfer müssen künftig auch Roboter oder Smart Contracts verstehen und inspizieren**

Vertrauen ist gut, Kontrolle ist besser. Das gilt natürlich auch für die Finanzen eines Unternehmens. Deshalb unterliegen alle Zahlen des kaufmännischen Bereichs quasi einer dreistufigen Qualitätssicherung. Erstens legen eindeutige gesetzliche beziehungsweise regulatorische Bestimmungen fest, wie im Finanzbereich grundsätzlich zu arbeiten ist. Daran sind Strukturen und Prozesse des gesamten Unternehmens auszurichten. Zweitens prüfen Controlling- und Compliance-Abteilungen als innerbetriebliche Kontrollinstanzen kontinuierlich, ob die gesetzlichen, regulatorischen und internen Vorgaben eingehalten werden. Dafür müssen sie personell sowie technisch optimal ausgestattet sein und ihre Aufgaben mit kritischer Distanz erfüllen. Und drittens bescheinigen schließlich die Wirtschaftsprüfer mit ihrem Testat nach intensiver Untersuchung des Zahlenwerks als externe Instanz, dass der Jahresabschluss korrekt ist.

Natürlich führt die Digitalisierung auch bei Regulatorik und Compliance zu erheblichen Veränderungen – für die Wirtschaftsprüfer sowie für die Unternehmen selbst. Um neue Entwicklungen frühzeitig erkennen und darauf reagieren zu können, sollten sich CFOs möglichst eng mit ihren Stakeholdern austauschen. Das gilt für den konkreten Einsatz moderner digitaler Technologien im Unternehmen und die hierfür geltenden Rahmenbedingungen ebenso wie für die Frage, welche zusätzlichen regulatorischen oder gesetzlichen Vorgaben die Unternehmen künftig insgesamt erfüllen müssen. Auch die Antwort darauf lässt sich mithilfe digitaler Technologien leichter finden. Einem Finanzchef sollte deshalb klar sein, dass es bei jeder Transformation zum neuen Zielbetriebsmodell auch darum gehen muss, wie sich künftig die Themen Regulatorik und Compliance in den Organisationsstrukturen und Arbeitsabläufen optimal abbilden lassen. Das ist nicht zuletzt deshalb so wichtig, weil die Behörden bei Compliance-Verfehlungen immer härter durchgreifen und hohe Bußgelder verhängen. CFOs sollten also die Digitalisierung zum Anlass nehmen, ihren Bereich auch in diesen Punkten noch besser aufzustellen. Vor allem mit Blick auf handels- und steuerrechtliche Fragen lassen sich aktuelle Entwicklungen bei der Compliance außerdem durch einen Jour Fixe für den regelmäßigen Austausch zwischen Mandaten und Abschlussprüfern sehr gut abbilden. Newsletter der Wirtschaftsprüfungsgesellschaft liefern ebenfalls laufend Informationen über Neuerungen.

> **Praxisbeispiel: Robotic Process Automation (RPA) beschleunigt und vereinfacht die Jahresabschlussprüfung**
> Bei der Prüfung des Jahresabschlusses durch den Wirtschaftsprüfer kommen inzwischen diverse digitale Technologien zum Einsatz, die zumindest teilweise auch schon in vielen Unternehmen verbreitet sind. PwC setzt beispielsweise auf Robotic Process Automation (RPA), um diese Dienstleistung effektiver und effizienter erbringen zu können. Natürlich liegt die Prüfung großer Unternehmen weiter in der Verantwortung eines umfassenden Expertenteams, das sich durch zahllose Geschäftsvorfälle arbeitet und deren zutreffende Zusammenfassung im Jahresabschluss beurteilt – ganz zu schweigen vom inhaltlichen Hinterfragen etwa bestimmter Abgrenzungsposten. Einige der PwC-Spezialisten arbeiten vor Ort beim Mandanten, wo sie direkten Zugriff auf Unterlagen sowie Belege haben und bei komplexen Fragestellungen schneller eine Klärung durch persönliche Gespräche erreichen. Die Prüfung der dem Jahresabschluss zugrunde liegenden Buchführung läuft inzwischen aber auch über einen Mix aus Robotern und SSC, wo Experten die Geschäftsvorfälle und Belege unter die Lupe nehmen.

Der Vorteil dieser Arbeitsteilung: Die kaufmännisch ausgebildeten Beschäftigten spezialisieren sich in kleinen Teams auf bestimmte Aspekte, etwa die Kreditoren- oder Debitorenprüfung. Weil sie diese unternehmensübergreifend bei vielen Prüfungen bearbeiten, erwerben sie immer mehr Kompetenz und gewinnen tiefere Einblicke. So können sie mit ihren Erfahrungen aus anderen Prüfungen ungewöhnliche Fälle besser einordnen und sogar leichter Betrugsversuche aufdecken. Unterstützen lassen sich die Experten im SSC hierbei von autonom arbeitender Software. Diese sogenannten Bots erledigen die jeweilige Aufgabe rund um die Uhr völlig fehlerfrei und dokumentieren in den Arbeitspapieren selbständig die von ihnen durchgeführten Prüfungstätigkeiten. Ein Experte muss also im Idealfall nur noch jene wenigen Geschäftsvorfälle hinterfragen, die der Bot nicht beurteilen kann und ihm zuweist. Er kann sich somit den komplexeren wertschöpfenden Themen der Jahresabschlussprüfung widmen.

Derzeit reichen PwC zehn Bots, um den Großteil der Belegprüfungen teilweise automatisch abzuwickeln. Für alle Prozesse beziehungsweise Arbeitsschritte existieren klar definierte Standards, etwa für das Anfordern der Unterlagen und Belege beim Kunden, das Anlegen der Dokumentation oder das Prüfen von Belegen und Zahlen. Darauf basieren die Programmierungen der Bots, die – einmal gestartet – ihre Aufgaben ohne weitere menschliche Betreuung fehlerfrei erledigen können. Typischerweise fordert ein Bot für eine Jahresabschlussprüfung autonom die benötigten Standardunterlagen beim ihm benannten Ansprechpartner des Mandanten an. Per Bot lässt sich dann etwa eine erhaltene Aufstellung als Grundgesamtheit nach Schema F auswerten und daraus eine Stichprobe ziehen, die detailliert geprüft werden soll. Bei einer Forderungsprüfung beispielsweise klärt ein Bot erst, ob die Salden von Haupt- und Nebenbuch übereinstimmen. Dieser Plausibilitätsprüfung folgt das Ziehen der Stichprobe. Beleg für Beleg ermittelt der Bot für jedes Stichprobenelement, ob das Angebot zur Bestellung passt, die Bestellung zum Lieferschein, der Lieferschein zur Rechnung, die Rechnung zum Zahlungseingang. Mithilfe intelligenter Texterkennung – der sogenannten OCR – können Bots die vorliegenden Belege schon ziemlich gut autonom verstehen und bewerten. Ein gewisser Prozentsatz der Belegprüfungen funktioniert so ganz automatisiert, ohne dass ein Mensch die Dokumente nochmal ansehen muss. Teilbereiche einer Prüfung bearbeiten Bots im Einzelfall schon bis zu 80 Prozent autonom und fehlerfrei – so können sich die Spezialisten gleich auf die komplexeren Themen und den steigenden Zukunftsbezug der Prüfung konzentrieren und nebenbei den immer kürzer werdenden Deadlines gerecht werden.

**Big Data und Analytics erlauben vollumfängliche Datenanalysen und umfassende Verknüpfungen**

Die Digitalisierung und Automatisierung per Bot-Einsatz ist allerdings nur ein erster Schritt hin zur Abschlussprüfung der Zukunft, die digital, intelligent und fortlaufend sein dürfte. Die heutige Abschlussprüfung ist noch stichtagsbezogen und basiert auf einem risikoorientierten Prüfungsansatz, bei dem Stichproben gezogen werden, um die Prüfungsnachweise zu erlangen. Künftig bilden Big-Data-Technologien die Basis für vollumfängliche Datenanalysen zur intelligenten Auswertung kompletter Konten – statt einer Stichprobe wird die Grundgesamtheit untersucht. Zudem werden Transaktionen des zu prüfenden Unternehmens bislang jeweils einzeln analysiert und nur selten miteinander verknüpft. Bei der manuellen Prüfung sind Zusammenhänge zwischen Transaktionen aufgrund der zeitlichen Unterschiede, der unterschiedlichen Nebenbücher und der abweichenden Beträge in der Regel nicht möglich. Künftig ermöglicht der umfassende Einsatz digitaler Technologien – insbesondere von Künstlicher Intelligenz – es den

Abschlussprüfern, Transaktionen miteinander zu verknüpfen, derzeit verborgene Zusammenhänge zwischen Transaktionen zu erkennen und damit eine noch höhere Prüfungssicherheit zu erreichen.

Ordert heute etwa ein Unternehmen für 100 Euro plus 19 Prozent Umsatzsteuer beim Lieferanten und lässt die Ware vom Spediteur für 10 Euro plus 19 Prozent Umsatzsteuer liefern, lösen diese beiden Rechnungen zahlreiche Buchungen aus. Der Wareneinkauf führt zu Verbindlichkeiten von 130,90 Euro brutto. Zugleich führen die direkt zurechenbaren Kosten zu Vorratsvermögen von 110 Euro. Die entrichtete Umsatzsteuer löst eine Umsatzsteuerforderung des Unternehmens von 20,90 Euro aus. Heute werden dann in der Jahresabschlussprüfung die Salden der Bilanzpositionen am Stichtag oft isoliert geprüft, ohne Zusammenhänge zwischen den zugrunde liegenden Buchungen herzustellen. Das Vorratsvermögen wird durch Inventurbeobachtungen auf Vorhandensein untersucht, die Verbindlichkeiten werden über Saldenbestätigungen geprüft. Eine Verbindung von Vorratsvermögen und Verbindlichkeiten erfolgt, wenn überhaupt, per analytischer Prüfungshandlungen. Die Herausforderung in der Verknüpfung der Transaktionen liegt darin, dass diese sowohl zeitversetzt vorliegen als auch in der Identifizierung von Zusammenhängen. Die zurechenbaren Gemeinkosten entstehen oft erst im Rahmen zeitversetzter Transaktionen. Werden später auch noch Skonti in Anspruch genommen, führt dies wiederum erneut zu einer Anpassung der Anschaffungskosten sowie der Umsatzsteuerverbindlichkeiten. Hier dürften Big Data und KI für erheblich mehr Transparenz und Verknüpfung sorgen.

Bereits heute unterstützen bei PwC automatisierte Prüfungstools die Abschlussprüfung. „Halo" beispielsweise dient dazu, große Datenmengen effizient zu analysieren, und verknüpft intelligente Auswertungsalgorithmen mit einer interaktiven grafischen Oberfläche. „Halo for SAP" durchleuchtet beispielsweise die Transaktionsflüsse in SAP-Systemen auf potenzielle Risiken, indem es Beleg- und Prozessdaten im System liest, strukturiert, kombiniert, analysiert und visuell aufbereitet. So lassen sich Anomalien anzeigen, etwa eine fehlende Bestellung. Bei anderen Tools, wie „ALI", kommen modernste Algorithmen der Künstlichen Intelligenz zum Einsatz, um in unstrukturierten Dokumenten – wie etwa Anhängen – die richtigen Textstellen für die gesetzlichen Anforderungen zu finden und Abstimmungshandlungen vorzunehmen. Anmerkungen bei der Bearbeitung werden direkt in die zugrundeliegenden Dokumente übernommen, was die Kommunikation zwischen Mandant und Prüfer vereinfacht. Das Tool „GL.ai" schließlich dient dazu, große Datenmengen zu analysieren und Risikobereiche zu identifizieren. Die Algorithmen sind so trainiert, dass sie den Entscheidungsprozess der Prüfer replizieren. Das Tool analysiert jede einzelne Transaktion, jeden Nutzer, jede Summe und jeden Account, um Fehler oder Betrug aufzudecken.

## Moderne Tools finden Schwachstellen im internen Kontrollsystem und erleichtern die Datensammlung

Solche Tools und Methoden sind nicht nur beim Jahresabschluss ein Thema, sie können einem Unternehmen auch bei der Organisation von Compliance und Controlling helfen. Mit „Halo for SAP" beispielsweise lassen sich nicht nur im Rahmen einer Abschlussprüfung die Daten komplett analysieren. Das Tool kann auch eine automatisierte Prüfung der Rechnungswesensysteme vornehmen – auf Basis der von „Halo" gelieferten Ergebnisse lassen sich die Systemeinstellungen im Unternehmen effizienter sowie qualitativ hochwertiger gestalten und Schwachstellen im internen Kontrollsystem identifizieren.

Auch das Datensammeln per Bot erleichtert dem Finanzbereich erheblich die Arbeit. Früher musste beispielsweise per Fragebogen an die Mitarbeiter im Vertrieb ermittelt werden, welche Preise für bestimmte Produkte oder Dienstleistungen zum Zeitpunkt X gängig sind. Heute lassen sich solche Marktdaten viel schneller und öfter als in der Vergangenheit ermitteln, indem eine entsprechend programmierte Software einen Preisüberblick für das definierte Marktsegment erstellt. Das erleichtert beispielsweise das Festlegen und Dokumentieren interner Verrechnungspreise. Ändert sich der Preis, kann ein Bot automatisch melden, dass hier nachzujustieren ist. So ist das Unternehmen bei Betriebsprüfungen auf der sicheren Seite. Zudem lassen sich so mögliche Betrugsversuche einfacher aufdecken. Ergibt die Preisrecherche des Bots, dass jemand im Unternehmen ein bestimmtes Produkt regelmäßig deutlich über dem Marktpreis bestellt, können diese Transaktionen gezielt überprüft werden. Digitale Technologien verhelfen Controlling und Compliance so zu mehr Transparenz und Geschwindigkeit. Deshalb sollte der CFO gerade bei diesen Themen besonders eng mit den Wirtschaftsprüfern zusammenarbeiten, um sich kontinuierlich technischen sowie methodischen Input für die weitere Digitalisierung dieser Aufgaben zu holen.

## Mithilfe digitaler Technologien aufkommende regulatorische Vorgaben frühzeitig erkennen und umsetzen

Der auf Knopfdruck binnen kürzester Zeit konzernweit automatisiert erstellte Jahresabschluss mag derzeit noch wie Zukunftsmusik klingen. Diverse digitale Technologien haben dafür aber schon eine gute Basis geschaffen, und die Digitalisierung schreitet auch hier rasch voran. Spätestens eine neue Digital Enterprise Plattform mit modernem Datenmodell – beispielsweise in Form von SAP S/4HANA – dürfte diesem Thema einen großen Schub geben. Schon jetzt existiert in vielen Unternehmen die Möglichkeit, etwa mithilfe einer zentral ausgerollten SAP vom Hauptquartier aus weltweit die Buchungen zu prüfen. Die zunehmende Digitalisierung wird hier bald für deutlich mehr Transparenz und die Chance für noch mehr Zentralisierung sorgen. Insbesondere den CFOs jener Unternehmen, die sich stark über den Kapitalmarkt finanzieren, ist auch darum an dieser Zentralisierung und Transparenz gelegen, weil sie so leichter gegenüber Analysten und Aufsichtsbehörden darstellen können, wie es um den Konzern steht und dass alle regulatorischen Vorgaben eingehalten werden. Exakt diese regulatorischen Vorgaben stellen aber auch alle Unternehmen vor enorme Herausforderungen. Sie können es erforderlich machen, die Zahlen einer regionalen Tochter doppelt zu verarbeiten – für den Jahresabschluss nach den nationalen Vorgaben sowie im Rahmen der Konzernkonsolidierung. Und, fast noch wichtiger: Es gilt zu erkennen, welche neuen regionalen Vorschriften in absehbarer Zeit auf den Konzern zukommen könnten.

Einerseits versuchen die meisten CFOs, die Prozesse und damit die Zahlen ihres global agierenden Unternehmens weiter zu vereinheitlichen – so wollen sie für mehr innerbetriebliche Transparenz und eine bessere Feinsteuerung sorgen. Andererseits müssen sie nationale regulatorische Entwicklungen im Auge haben beziehungsweise in ihren Prozessen und ihrer Berichterstattung berücksichtigen, die für bestimmte Regionen besondere Vorgaben machen. So sehr das Zielbetriebsmodell des CFO für den Finanzbereich des Unternehmens also auf Standardisierung, Zentralisierung und Vereinfachung ausgerichtet sein mag – für Regulatorik und Compliance muss die Strategie zwingend lauten, alle sich abzeichnenden lokalen Veränderungen bei den Anforderungen in diesem Bereich möglichst früh zu erkennen, zu verstehen und in der eigenen Organisation abzubilden. Das können spezielle Accounting-Standards sein, die ein Land durchzieht, oder völlig neue Vorgaben: In Europa beispielsweise mussten große kapitalmarktorientierte Unternehmen, Kredit- und Finanzdienstleistungsinstitute sowie Versicherungen schon seit dem Geschäftsjahr 2017 über ihre Aktivitäten im Bereich CSR informieren. Seit 2020 sind alle Konzerne durch die europäische Gesetzgebung gezwungen, ihre wirtschaftlichen Aktivitäten unter dem Aspekt ESG (Environment, Social, Governance) nach einer fixen Nachhaltigkeits-Taxonomie transparent und damit für Kapitalgeber sowie Kunden vergleichbar zu machen. Wer sich um solche Themen – insbesondere die wachsende Bedeutung der nichtfinanziellen Kennzahlen – zu spät kümmert, dürfte bei der Umsetzung der neuen regulatorischen Vorgaben ziemlich ins Schwitzen gekommen sein.

**Scannen von Social-Media-Einträgen dient der Compliance und hilft beim Identifizieren von Risiken**

Gerade zu solchen sich erst andeutenden Entwicklungen sollten sich CFOs – nicht nur im Rahmen der Jahresabschlussprüfung – mit ihrer Wirtschaftsprüfungsgesellschaft austauschen. Die Experten dort wissen abzuschätzen, wann Veränderungen von welcher Tragweite auf die Unternehmen zukommen könnten. Auch bei diesem Monitoring spielt der Einsatz moderner digitaler Technologien eine wichtige Rolle. Entsprechende Software analysiert regelmäßig Veröffentlichungen, beispielsweise auf den Websites von Ministerien und Behörden weltweit, um neue Regulatorik-Themen oder veränderte Positionen zu schon bekannten Themen zu erkennen. Mithilfe dieses permanenten und sprachübergreifenden Durchsuchens elektronischer Dokumente lässt sich beispielsweise feststellen, wie weit die Pläne für eine europäische Digitalsteuer, eine Steuer zum $CO_2$-Ausgleich bei Importen in die EU oder die möglicherweise anstehende Überarbeitung von IFRS oder US-GAAP sind. Wo geht es schneller, was wurde verschoben, welcher wichtige Entscheider hat seine Position modifiziert? All das sollten CFOs im Blick haben, um die Wesentlichkeit eines Themas beurteilen sowie ihren Finanzbereich falls nötig frühzeitig auf neue Anforderungen einstellen zu können.

*Praxisbeispiel: Automatisierte Analyse von Social-Media-Posts kann Compliance erleichtern*

Bei PwC ist für diese Aufgabe das Tool „RADAR" im Einsatz. Damit lassen sich nicht nur regulatorische Themen kontinuierlich verfolgen. „RADAR" unterstützt auch die Arbeit der Compliance-Experten im Unternehmen, indem Hinweise auf Fehlverhalten bei aktuellen und potenziellen Geschäftspartnern aufgedeckt werden. Bei PwC sehen sich Spezialisten auch insbesondere an, ob die Analyse von Veröffentlichungen auf den gängigen Social-Media-Kanälen ein ernstzunehmendes Risikopotenzial ergibt – das könnten etwa Berichte von Kunden oder kritische Zeitungsartikel sein, die einen Zusammenhang zwischen einem Unternehmen und einem

> Compliance-relevanten Thema oder Verhalten herstellen. Zur aktiven „RADAR"-Überwachung gehört die
> - Due-Diligence-Prüfung bei risikoreichen Dritten, mit Schwerpunkt auf Bestechung und Korruption,
> - Überwachung komplexer Lieferketten mit einer automatischen Alarmierung bei allen Problemen, die erhebliche Ausfälle oder finanzielle Verluste verursachen könnten,
> - Cyber Security Threat Intelligence,
> - Überwachung laufender Compliance-Prüfungen und erweiterter Due-Diligence-Prüfungen im Finanzdienstleistungssektor, einschließlich Know-Your-Customer (KYC)-Überwachung und Anti-Money-Laundering,
> - Überwachung von Übernahmezielen

Möglich ist zudem eine sogenannte Political und Regional Intelligence. Dabei werden weltweit politische und ökonomische Entwicklungen analysiert. Bei der sogenannten Competitive Intelligence geht es schließlich darum, bestimmte Handlungen der Mitbewerber zu verstehen sowie durch entsprechende Reaktionen darauf die eigene Wettbewerbsfähigkeit zu steigern. Solche detaillierten Beobachtungen und Analysen des regulatorischen wie auch des Wettbewerbsumfelds waren schon immer wichtig und mit Blick auf Regulatorik, Riskmanagement sowie Compliance ein integraler Bestandteil der Arbeit in der Finanzfunktion. Heute lässt sich diese Aufgabe mithilfe moderner digitaler Technologien viel besser erfüllen als früher – und in Zukunft wird die Digitalisierung hier weitere erhebliche Fortschritte bringen.

### Massiver Ausbau der digitalen Fähigkeiten in Controlling, Compliance und Wirtschaftsprüfung

Mit den neuen Möglichkeiten der Digitalisierung kommen aber auch neue Anforderungen an die Beschäftigten im Finanzbereich hinzu – sie müssen gut geschult werden, um die digitalen Technologien selbst nutzen beziehungsweise bei Prüfungen ihren Einsatz in anderen Bereichen nachvollziehen zu können. Exemplarisch dafür ist der Umgang mit sogenannten Smart Contracts. Diese kleinen Programme können bestimmte Routinen vollautomatisch auslösen, beispielsweise die Freigabe einer Überweisung, sobald die entsprechende Bestellung angeliefert wurde. Laufen immer mehr solcher Automatismen ab, könnte es nicht mehr reichen, lediglich einzelne Buchungen zu überprüfen. Künftig müssen Controlling oder Compliance technisch wie auch vom Verständnis her in der Lage sein, die Programmierung eines Smart Contracts oder einer RPA-Lösung nachzuvollziehen beziehungsweise zu überprüfen. Denn findige Kriminelle könnten solche Software dahingehend manipulieren, dass Geld in ihre Richtung umgeleitet wird. Das müssen gar nicht die eigenen Mitarbeiter sein, also ein Insiderjob. Auch Hacker könnten sich unbemerkt ins Firmennetzwerk einklinken und dort massenweise kleine Tools so umprogrammieren, dass in der Menge ein enormer Schaden entsteht. Deshalb müssen – in enger Abstimmung mit der IT-Abteilung – auch in Controlling und Compliance entsprechende Fähigkeiten aufgebaut werden, um solche Attacken zu erkennen und abzuwehren. Besonders anspruchsvoll dürfte die Beurteilung werden, wenn es um Ergebnisse von Prozessen geht, die auf Entscheidungen von Künstlicher Intelligenz basieren. Hier stehen Controlling, Compliance und Wirtschaftsprüfer vor enormen innerbetrieblichen Herausforderungen, die durchaus auf diesem Feld zu erwartenden weiteren Vorgaben der Regulatorik, noch größer werden dürften. Umso mehr gilt auch für diese Themen: Die richtigen Antworten dürften sich in der Regel am besten im Verbund und mithilfe modernster digitaler Technologien finden lassen.

## 3.7 Adaptives Betriebsmodell in einem modernen SSC

Axel Kauhausen, Managing Director
der Beiersdorf Shared Services GmbH

„Wenn wir wollen, dass alles so bleibt, wie es ist, muss alles sich ändern" – dieses Zitat aus dem Roman „Der Leopard" des italienischen Schriftstellers Giuseppe Tomasi di Lampedusa hat schon so manche philosophische Diskussion angestoßen. Geht es hier nun um Verharren oder um Verändern? Was ist es wert, bewahrt zu werden? Und was darf, ja muss dafür dann sogar verändert werden? Oder bedeutet Entwicklung und Fortschritt nicht automatisch, dass sich dann alles ändert – selbst wenn man es eigentlich durch die Veränderung bewahren will? Das sind Fragen nicht nur für die Gesellschaft als Ganzes, sondern für jeden Menschen und jedes Unternehmen – schließlich geht es um die Gestaltung des Gemeinwesens wie auch der individuellen Zukunft.

Allerdings fällt erfolgreichen Unternehmen die Interpretation dieses Zitats vermutlich etwas leichter als Philosophen. Für Unternehmen bedeutet „Wir wollen, dass alles so bleibt, wie es ist...", weiter kontinuierlich den Umsatz und Gewinn zu steigern sowie den Marktanteil auszubauen – kurzum, auf der Erfolgsspur zu bleiben. Um dieses Ziel zu erreichen, „... muss alles sich ändern". Dafür muss der Vorstand nicht nur regelmäßig die Strategie des Unternehmens hinterfragen sowie sein Geschäftsmodell weiter entwickeln – er muss vor allem „seinen Markt" möglichst gut kennen und verstehen. Dieses „Verstehen" basiert nicht mehr nur auf Erfahrung und Bauchgefühl, sondern zunehmend auf der Auswertung der heute verfügbaren großen Datenmengen. Werden sie mit den richtigen digitalen Tools analysiert, eröffnet sich die Chance, selbst komplexe Zusammenhänge besser zu erkennen und so früher Ansatzpunkte zur Entwicklung neuer Produkte oder Geschäftsmodelle zu finden. Jeder Mitarbeiter in jeder Funktion kann einen Beitrag zur Weiterentwicklung des Unternehmens leisten, indem er Ideen für Produkte oder Prozesse einbringt, mit denen die Organisation ihre Leistungsfähigkeit steigern und ihre Angebotspalette sinnvoll erweitern kann. Je besser es gelingt, die Beteiligung zu ermöglichen und vor allem zu orchestrieren, desto erfolgreicher kann das Unternehmen werden.

## Finanzfunktion kann mithilfe digitaler Technologie ein adaptives Betriebsmodell umsetzen

Auch die Finanzfunktion muss sich laufend der Frage stellen, vor welchen Herausforderungen sie steht. Welche mehr oder weniger weitreichenden Veränderungen ergeben sich durch neue Produkte, Märkte, Vertriebswege, Prozesse oder Technologien? Welchen Beitrag kann sie dafür leisten, das Unternehmen noch erfolgreicher zu machen und was heißt das konkret für technische Ausstattung, persönliche Qualifikation sowie Prozesse und Abläufe? Klar ist, dass die Komplexität insbesondere für international agierende Konzerne massiv zunimmt. Compliance muss jederzeit sicherstellen, dass die Anforderungen erfüllt sind, die sich aus globalen Geschäftsmodellen ergeben. Sonst drohen finanzielle, aber auch Reputationsschäden. So wird beispielsweise die Implementierung der notwendigen Kontrollen und deren Überprüfung ein Treiber für Komplexität. Auch der Waren- und Zahlungsverkehr wird bei international agierenden Unternehmen zunehmend komplexer, zumal regionale Besonderheiten, wie etwa Landesspezifika bei Kapitalverkehr und Steuerrecht, hier ebenfalls eine wichtige Rolle spielen. Diese und weitere Veränderungen wirken sich auf das Betriebsmodell der Finanzfunktion wie auch auf die dort eingesetzten Methoden und Technologien aus. Oft hilft der Einsatz neuer digitaler Technologie, die komplexeren Herausforderungen zu bewältigen. Manchmal ist aber auch der Einsatz dieser Technologien selbst zunächst eine Herausforderung. Denn sie sind einerseits Mittel zum Zweck um Veränderungen zu bewältigen, stoßen andererseits aber viele Veränderungen erst selbst an, auf die dann das Unternehmen beziehungsweise die Finanzfunktion reagieren muss, damit sich die neuen digitalen Technologien zielgerichtet nutzen lassen.

Im Spannungsfeld zwischen globalen Geschäftsmodellen, dem Betriebsmodell der Finanzfunktion und den von ihr eingesetzten Technologien herrscht also nie Stillstand. Denn ein Unternehmen muss sich wo immer nötig verändern, damit eines gleich bleibt – der langfristige Erfolg. Bei Beiersdorf entwickelt sich die Organisation deshalb laufend weiter, auch in der Finanzfunktion. Ein wichtiger Ansatzpunkt ist hier das Thema SSC. SSC sind oft Treiber für den Einsatz neuer Technologien oder die Verbesserung von Prozessen. Bei Beiersdorf wurden die Kompetenzen und Verantwortlichkeiten des SSC für die Finanzfunktion angepasst und erweitert, um besser die sich wandelnden Herausforderungen bewältigen zu können. Das Ziel: Ein adaptives Betriebsmodell, mit dem sich Prozesse kontinuierlich optimieren sowie Aufgaben rasch den neuen Anforderungen anpassen lassen. Aber die Überlegungen gingen noch weiter. Das SSC sollte über reine

Effizienz hinaus zusätzlich einen Mehrwert bieten und als Treiber für Operational Excellence wahrgenommen werden – als Plattform für die Standardisierung und Automatisierung mit innovativen Tools, deren Kompetenz beim Einsatz digitaler Technologien anderen Unternehmensbereichen zur Verfügung steht. Die Automatisierung der eigenen Prozesse sowie die damit verbundene Kostensenkung war unter dem Aspekt der Effizienz wichtig. Ebenso wichtig war aber, dass Finanzfunktion und SSC eine neue Relevanz für das Topmanagement bekommen, weil sie potenziellen internen Kunden in allen Regionen der Welt zentral eine bislang unbekannte Qualität von „Mehrwert" bieten können. Dieser Gedanke ist insbesondere in kleineren Organisationen wichtig. Hier stellt sich die Frage, wie man trotz eingeschränkter Möglichkeiten zur Skalierung die Vorteile der Digitalisierung erschließen kann.

### Grundlegende Kompetenz für Robotic Process Automation (RPA) mit Dienstleister erarbeiten

Bei der Frage, wie durch digitale Technologien verbesserte Prozesse und Aufgaben in einem adaptiven Betriebsmodell für die Finanzfunktion der Zukunft aussehen, kristallisierte sich schnell ein gewisser Schwerpunkt heraus – die Automatisierung in Form von Robotic Process Automation (RPA). Viele DAX-Konzerne haben das bereits umgesetzt und auch in kleineren Unternehmen steigt langsam das Verständnis für diese Art der Gestaltung effizienterer Supportprozesse. Denn RPA ist kein Thema nur für große Industriekonzerne. Auch ein weltweit agierendes, aber teilweise noch mittelständisch geprägtes Unternehmen wie Beiersdorf mit seiner speziellen Struktur – die starke globale Marke Nivea, Tesa als eigenständiger Teilkonzern sowie ein Portfolio von führenden, weltweit vertriebenen Markenprodukten wie Eucerin, La Prairie oder Hansaplast – kann Roboter (Bots) oder andere digitale Technologien im Finanzbereich erfolgreich einsetzen, wenn das individuelle Konzept passt. Bei Beiersdorf führte das zu einem vierstufigen Vorgehen: Zuerst generelle Erfahrung mit der Robotics-Technologie sammeln. Dann intern spezielle Kompetenzen in diesem Feld aufbauen. Dabei innerhalb des SSC ein Center of Excellence (CoE) für RPA-basierte Automatisierung und Effizienzsteigerung etablieren und schließlich die so erworbene zusätzliche Digitalisierungskompetenz als Basis dafür nutzen, sich weitere digitale Technologien, wie etwa KI, zu erschließen.

Zunächst musste – wie vermutlich in den meisten Unternehmen – das benötigte Know-how importiert werden. Ein externer Partner baute die ersten Bots und konzipierte zugleich ein Schulungs- und Trainingsprogramm, mit dem ausgewählte Mitarbeiter der Finanzabteilung von Beiersdorf an das

Thema herangeführt werden sollten. Schnell stand fest, dass die geplante Skalierung des RPA-Einsatzes später von einem eigenen Team geleistet, statt einem Dienstleister überlassen werden sollte. Wie richtig diese Entscheidung war, unterstrichen erste Erfahrungen mit den Pilot-Robotern, die nicht so leistungsfähig arbeiteten wie erwartet. Erfolgsentscheidend, das stellte sich rasch heraus, ist nicht nur die korrekte Programmierung eines Bots. Ebenso wichtig ist, dass er die richtigen Aufgaben übernimmt: Einfache, standardisierte Prozesse mit einem hohen Volumen, deren Automatisierung nachhaltig die Effizienz steigert. Die Kooperation mit dem externen Dienstleister zahlte sich aber letztlich aus – dadurch gewann die Finanzabteilung wertvolle Erkenntnisse zur Beantwortung der Frage, wie das adaptive Betriebsmodell mit RPA-Einsatz in der Finanzfunktion künftig praktisch funktionieren soll.

**Bereichsübergreifend arbeitendes Center of Excellence im SSC aufbauen**

Als zweiter Schritt der digitalen Transformation der Finanzfunktion mit Schwerpunkt RPA im SSC wurde deshalb ein internes Kompetenzzentrum etabliert, das inhaltlich sowie strukturell auf den Erfahrungen mit dem externen Dienstleister aufbaute. In diesem Center of Excellence, angesiedelt im SSC, arbeiten Finanzexperten bereichsübergreifend im Team mit Kollegen aus der IT. So lassen sich bei der Entwicklung und Pflege der Roboter stets alle fachlichen Perspektiven berücksichtigen: Die Auswahl und das Design jener Prozesse, deren Automatisierung echte Effizienzsteigerungen bringen; die Berücksichtigung von Compliance-Anforderungen, ohne die sich kein Prozess rechtssicher automatisieren lässt und schließlich die konkrete Programmierung und Einbettung der Bots in das IT-Ökosystem sowie die kontinuierliche Pflege und Weiterentwicklung der Technik. Ein Expertengremium entscheidet auf Basis der CoE-Empfehlung, welche Roboter umgesetzt werden.

Viele Mitarbeiter in den Fachbereichen haben die Technologie inzwischen in ihren Grundzügen verstanden, wissen also, was sie leisten kann und welche Voraussetzungen für den Einsatz erforderlich sind. Wer in seinem Arbeitsumfeld ein Automatisierungspotenzial zu erkennen meint, schildert seine Idee den Experten des CoE. Die klären zunächst, ob es sich überhaupt um einen gut zu automatisierenden Vorgang – also den richtigen Prozess – handelt und das absehbare Prozessvolumen den Roboter-Einsatz rechtfertigt. Dieser Austausch ist sehr wichtig, denn oft stellt sich erst in der Diskussion mit den CoE-Experten heraus, dass die Mitarbeiter der Fachabteilung den Prozess gar nicht so genau kennen, wie sie glauben – sie haben beispielsweise bestimmte Varianten übersehen. Selbst bei prinzipiell gut automatisierbaren Prozessen ist deshalb häufig ein Redesign und/oder eine Standardisierung erforderlich, damit ein Roboter seine Arbeit aufnehmen kann. Kommt es zur Automatisierung, wird der konkrete Prozess exakt mit allen Betroffenen festgelegt, in einem Process Design Document (PDD) festgehalten und dann programmiert – diesen Prozess können auch die Ideengeber aus der Fachabteilung eng begleiten, um ihr Verständnis für Automatisierung zu vertiefen und auf dieser Basis weitere Ideen für Bots zu entwickeln. Beim Design des Prozesses holt sich das CoE gegebenenfalls auch grünes Licht von der Compliance-Abteilung, denn die juristische Belastbarkeit eines Prozesses muss vor der Bot-Programmierung sichergestellt sein. Keinesfalls sollte sie erst bei einer späteren internen Prüfung zum Thema – oder schlimmstenfalls rechtlichen Problem – werden. Die Beurteilung von RPA-Ideen lässt sich nicht nur auf Effizienz und Automatisierung reduzieren: Jeder Prozess ist für Finanzen, Controlling sowie Compliance relevant und sollte daher frühzeitig unter diesen Aspekten auf seine Funktionsfähigkeit sowie Korrektheit hinterfragt werden.

## Nicht nur IT, sondern auch Finanzexperten und andere Spezialisten für Digitalisierung begeistern

Die Realisierung der freigegebenen Bots übernehmen meistens Finanzexperten im Center of Excellence, schließlich handelt es sich nicht um komplexe Programmierungen. Wichtig ist dabei, dass immer strukturiert gearbeitet und eine saubere Dokumentation erstellt wird. Denn der Roboter erledigt zwar rund um die Uhr seine Aufgabe nach Schema F, Eingriffe in die Programmierung werden später aber regelmäßig erforderlich sein – weil sich die IT-Umgebung ändert, der Prozess angepasst werden muss oder sich eine Weiterentwicklung anbietet. Deshalb ist Gründlichkeit in der Dokumentation hier besonders wichtig für die laufende Pflege und damit für die mittel- sowie langfristige Effizienz. Gewährleisten lassen sich strukturiertes Arbeiten und penible Dokumentation durch den Einsatz eines Prozess Design Documents (PDD) sowie eines Solution Design Documents (SDD). Diese Dokumente dienen auch dem Wissenserhalt: Durch sie ist garantiert, dass das Wissen um Prozesse und Lösungen der gesamten Organisation zur Verfügung steht, statt nur in den Köpfen weniger Mitarbeiter vorhanden zu sein und mit deren Ausscheiden aus dem Unternehmen zu verschwinden.

Governance und Betrieb der Bots liegen in diesem verschränkten CoE-Team bei den IT-Experten. Sie müssen darauf achten, dass ein Bot etwa nach SAP-Updates oder Änderungen bei Outlook und Excel weiterhin funktioniert sowie generell alle Roboter technisch auf dem neuesten Stand sind. Das auch Finanzexperten mit ihrer fachlichen Expertise die Bots programmieren können und sich parallel dazu IT-Spezialisten mit ihrem technischen Know-how um die Pflege der Roboter sowie deren Integration in die IT kümmern, hat deutlich die Geschwindigkeit erhöht, mit der Roboter in Betrieb genommen werden können. Auch deshalb, weil die Mitarbeiter ihr Fachwissen laufend erweitern: Die Finanzexperten gewinnen ein größeres Verständnis für IT-Themen, die IT-Experten können Herausforderungen und Denkweisen im kaufmännischen Bereich besser nachvollziehen. Im CoE arbeitet also ein bereichsübergreifend organisiertes Team von Spezialisten aus unterschiedlichen Disziplinen, die sich als interne Dienstleister für die anderen Fachabteilungen sowie als Speerspitze bei der unternehmensweiten Digitalisierung verstehen. Mit der Einführung von SAP Concur etwa haben sie den von ihnen entwickelten Bot zur Erleichterung der Reisekostenabrechnung außer Dienst gestellt, weil dieses Thema künftig über SAP Concur abgebildet wird und sich der Umweg über einen Bot damit erledigt hat. Die Mitarbeiter im CoE wissen, dass sie keine Bots für die Ewigkeit programmieren und eine heute noch relevante Lösung in wenigen Jahren überholt sein kann. Ihnen ist klar, dass ihr Team innerhalb des SSC schnell und flexibel auf neue technische Möglichkeiten sowie inhaltliche Anforderungen reagieren muss – auch das zeichnet das adaptive Betriebsmodell der Finanzfunktion der Zukunft aus.

## Center of Excellence als interne Beratungsstelle für Potenzial der Digitalisierung positionieren

Wie in den meisten Projekten, war auch die Lernkurve beim Thema RPA zunächst flach und stieg mit der Zeit steil an. In der Investitionsphase wurden die Strukturen geschaffen, mit denen sich End-to-End-Prozessketten gezielt automatisieren, vollständig kontrollieren sowie sauber steuern lassen. Getreu dem Motto „Move and Improve" wuchs der Erfahrungsschatz mit jedem neuen Roboter. In der zweiten und dritten Welle ging die Effizienz steil nach oben. Manche Bots wurden nachjustiert, oder es wurden nachgelagert sinnvolle Erweiterungsmöglichkeiten erkannt, die für weitere positive Effekte sorgten. Vor allem stieg die Akzeptanz des Roboter-Einsatzes im Unternehmen deutlich an, weil alle relevanten Zahlen sauber erfasst und transparent dokumentiert wurden, um die Vorteile von RPA zu belegen – hier half etwa der Einsatz von MS PowerBI bei der Visualisierung. Einer der Roboter kann beispielsweise rund um die Uhr über alle Zeitzonen hinweg Voucher in SAP buchen, circa 100.000 Transaktionen pro Jahr. So lässt sich unabhängig von den Bürozeiten der einzelnen Landesgesellschaften alle 24 Stunden eine aktuelle Gewinn- und Verlustrechnung erstellen. Das gibt dem Topmanagement sowie den diversen internen Kunden viel mehr Transparenz bei den Zahlen und so bessere Steuerungsmöglichkeiten. Die Finanzabteilung – und damit das ganze Unternehmen – ist agiler geworden. Dabei war so ein 24-7-365-Modell in diesem Fall nicht mal das Ziel des Robotereinsatzes, sondern ein zusätzlicher Nebeneffekt einer schon aus anderen Überlegungen heraus sinnvollen Digitalisierung und Automatisierung.

Das Ansehen der Finanzabteilung beziehungsweise SSC und CoE hat sich dadurch verbessert. Die Digitalisierungskompetenz wird von den internen Kunden anerkannt und geschätzt, für zunehmend viele Fachbereiche agieren die CoE-Experten inzwischen als Berater in Fragen digitaler Technologien, insbesondere natürlich mit Blick auf den RPA-Einsatz. Dabei geht es hier gar nicht nur um Technik: Oft versteht der Mitarbeiter eines Fachbereichs erst im Gespräch mit den CoE-Experten die wahre Komplexität eines ihn beschäftigenden Prozesses sowie dessen wesentliche Faktoren und Stellschrauben. Als Konsequenz gibt es dann vielleicht kein RPA-Projekt zur Automatisierung, aber dafür einen anderen Ansatz für Prozessoptimierung und Kostenreduzierung. Auch diese Consulting-Funktion gehört zum neuen adaptiven Betriebsmodell der Finanzfunktion – die Lösung muss nicht immer ein Roboter sein, aber eben effektiv und effizient. Im Konzern ist die Kompetenz des CoE für Prozessoptimierung, Bot-Programmierung oder Beratung zum Einsatz digitaler Technologien inzwischen so anerkannt, dass sich sogar die sonst relativ autonom agierende Tochter Tesa jetzt in Fragen der Digitalisierung hier Unterstützung holt.

### Neue digitale Technologien wie KI prüfen und fundierte Make-or-Buy-Entscheidungen treffen

Entscheidend für ein adaptives Betriebsmodell der Finanzfunktion ist natürlich, dass die Experten lösungsorientiert und ohne technische Scheuklappen agieren. Daher beschäftigen sie sich nicht mehr ausschließlich mit Bots, sondern prüfen bereits weitere digitale Technologien mit Blick auf die Frage, wie das Unternehmen von ihrem Einsatz profitieren könnte. KI beispielsweise verspricht weitere erhebliche Produktivitätsgewinne durch die Automatisierung anspruchsvollerer Prozesse. Etwa, in dem eine kontinuierlich lernende Maschine nicht nur einfache Ja-Nein-Entscheidung trifft, sondern bei einer ausreichend hohen Trefferquote selbständig verschiedene Variablen in den richtigen Zusammenhang setzen und dadurch Belege auch unter dem Aspekt der steuerlichen Bewertung richtig verbuchen kann. Solche Anwendungen erfordern jedoch eine so hohe KI-Expertise, dass die Entwicklung und Steuerung zumindest aus Sicht eines punktuell noch mittelständig geprägten Unternehmens wie Beiersdorf schon allein wegen der Skalierbarkeit vermutlich teilweise bei einem externen Dienstleister liegen dürfte. Das Modellieren der Prozesse, Definieren der Bewertungskriterien, Anlernen der Maschine, Einbinden externer Daten sowie laufendes Verfeinern der Algorithmen könnten aber ebenso erfahrene interne Spezialisten übernehmen. Auch bei OCR-Lösungen, also der Weiterverarbeitung von Dokumenten mithilfe von Schrifterkennung, setzt Beiersdorf schon heute auf die Kompetenz solcher Partner.

Deshalb wird die Digitalisierung via SSC und CoE künftig teils intern geleistet, teils an Partner vergeben, um auch modernste, komplexe Technologien nutzen zu können. Dabei müssen die eigenen Digitalisierungsexperten im Blick haben, dass sich klassische Büroprogramme wie etwa MS Excel, RPA-Lösungen, zukunftsweisende Tools a la KI und das ERP-System, das selbst kontinuierlich um neue Module und Fähigkeiten ergänzt wird, sinnvoll miteinander kombinieren lassen – möglich ist vieles. Lebensmittel-Discounter beispielsweise prognostizieren bereits mit einfachen Analytics-Lösungen die Nachfrage nach bestimmten Produkten: Freitag, gutes Wetter und Fußballspiele am Wochenende etwa heißt, dass genug Fleisch und ausreichend Zubehör fürs Grillen im Markt sein muss. Bei Beiersdorf dürfte der Einsatz solch digitaler Technologien mittelfristig deutlich zunehmen. Dabei ist es wichtig, eine gute Balance zwischen der zunehmenden Nutzung ausgefeilter Lösungen von Dienstleistern einerseits sowie Eigenentwicklungen andererseits zu finden – denn in wichtigen Technologiebereichen sollte das Unternehmen selbst eine Grundkompetenz behalten. Das gehört ebenfalls in ein adaptives Betriebsmodell: Es muss fähig sein, den neuen Game-Changer zu erkennen und ins eigene System zu integrieren – egal ob Make oder Buy.

## Management mit Zahlen überzeugen, Mitarbeiter mit Kompetenzgewinn und Jobsicherheit

So ein adaptives Betriebsmodell funktioniert natürlich besser, wenn alle im Unternehmen mitziehen – von der Konzernspitze bis zu den Angestellten in Fachbereichen oder Landesgesellschaften. Die anderen Vorstandsmitglieder kann der Finanzchef relativ leicht ins Boot holen, indem er eine überzeugende Digitalisierungsstrategie mit Business Case präsentiert. Diese sollte den mittel- und langfristigen Vorteil für das Unternehmen in Zahlen fassen und so angelegt sein, dass konsequentes Reporting möglichst schnell seine (finanzielle) Wirksamkeit in harten Erfolgszahlen widerspiegelt – etwa in Form von sinkenden Prozesskosten, steigender Produktivität, höherer Qualität oder auch mehr Stabilität und Kontrolle in den Konzerngesellschaften.

Das der CFO die Finanzfunktion als wichtigen Werttreiber des Unternehmens positioniert, indem er sie zum Schrittmacher der Digitalisierung und bei diesem Thema zum Sparringspartner für andere Bereiche macht, ist die logische Konsequenz. Durch ein insgesamt adaptives Betriebsmodell in der Finanzfunktion lässt sich die Effizienz deutlich stärker steigern als durch eine reine Prozessoptimierung im SSC zur Personalreduzierung – die Digitalisierung im SSC über ein CoE ermöglicht es dem CFO, Wertschöpfungsketten neu zu definieren und damit die gesamte Organisation auf ein neues Level zu heben.

Trotzdem bleibt ein möglicher Personalabbau natürlich stets ein Aspekt der Automatisierung und kann dazu führen, dass die betroffenen Mitarbeiter dem Thema reserviert bis ablehnend gegenüberstehen – was vielen Digitalisierungsprojekten die Durchschlagskraft nimmt. Wichtig ist deshalb eine offene Kommunikation mit den Beschäftigten, die die Chancen einer beispielsweise Zentralisierung und Automatisierung von Prozessen im SSC und ihre Erledigung durch Bots erklärt. Dies beginnt damit, dass die Sachbearbeiter im Finanzbereich verstehen, was Effizienzsteigerung in einem erfolgreichen Unternehmen auch heißen kann: Nicht Personalabbau, sondern dass die gleiche Zahl an Mitarbeitern mehr Aufgaben erledigt, die durch stetiges Umsatzwachstum anfallen. Ziel kann also höhere Pro-Kopf-Produktivität durch den Einsatz von Bots sein, ohne dass automatisch Jobs abgebaut werden müssen. Auch mit Blick auf die Arbeitsplätze könnte es also heißen: „Wenn wir wollen, dass alles so bleibt, wie es ist, muss alles sich ändern" – soll die Zahl der Jobs erhalten bleiben, muss sich Inhalt und Qualität der geleisteten Arbeit stetig weiterentwickeln.

Außerdem geht es um eine klare Aufgabenteilung und Spezialisierung beispielsweise mit Blick auf die Landesgesellschaften. Eine kleine regionale Finanzabteilung kann nie so kompetent sein und effizient arbeiten wie ein zentrales SSC. Deshalb profitieren die Landesgesellschaften davon, dass viele repetitive Aufgaben schnell und kostengünstig über das SSC laufen und dadurch mehr Zeit bleibt, die speziellen Regionalthemen noch besser konzentriert vor Ort zu bearbeiten. Gleichzeitig können sich die Finanzleute in der jeweilgen Landesgesellschaft darauf konzentrieren, den lokalen Vertrieb und Servicebereich optimal bei der Kundengewinnung oder -betreuung zu unterstützen. Ein Aspekt eines adaptiven Betriebsmodell ist eben auch, immer wieder zu überprüfen, wo sich welche Aufgaben am besten erledigen lassen, damit die Organisation insgesamt optimal im Sinne der Kunden und Geschäftspartner funktioniert. Also gehört zur Erfolgsgeschichte, die den Mitarbeitern erzählt werden sollte, dass sie beispielsweise durch Roboter von monotonen Aufgaben entlastet werden und so wertschöpfendere Aufgaben für ihre internen Kunden übernehmen können und übrigens so lange kein Jobverlust droht, wie die Finanzfunktion durch ihre Serviceorientierung und Schlagkraft dazu beiträgt, das Unternehmen auf einem starken Wachstumskurs zu halten.

# 4 Die Transformation zum Zielbetriebsmodell

## 4.1 Das Zielbetriebsmodell erfolgreich implementieren

Gori von Hirschhausen, Finance Consulting Leader Europe, Partner, PwC Deutschland

Was bringt ein hochgezüchteter Antrieb, wenn es dem Fahrer nicht gelingt, diese Leistung kontrolliert zu nutzen? Moderne Elektromotoren entfalten heute enorm hohe PS-Werte, können atemberaubend beschleunigen und bieten inzwischen teils auch eine stattliche Reichweite. Die theoretischen Bestwerte helfen jedoch wenig sollte man unterwegs mit leerer Batterie liegenbleiben. Voraussetzung für das ultimative Fahrerlebnis ist die zur Verfügung stehende Leistung optimal einzusetzen. Es gilt, die PS in den richtig temperierten Vorschub umzuwandeln und dabei zugleich auf Fahrstrecke sowie Laufzeit zu achten. Erst in dieser Kombination lässt sich das anvisierte Ziel möglichst ökonomisch im berechneten Rahmen erreichen. Genau darum geht es auch mit Blick auf das neue Zielbetriebsmodell der Finanzfunktion. Damit es sein volles Potenzial entfalten und so das Unternehmen richtig voranbringen kann, muss der CFO es konsequent, aber wohl dosiert in die Praxis umsetzen. Deshalb ist es entscheidend, bei der Transformation zum Zielbetriebsmodell die wesentlichen Schritte und Parameter im Auge zu behalten, statt mehr oder weniger planlos das Gaspedal voll durchzudrücken.

Im Kern geht es um vier Punkte. Der CFO muss dafür sorgen, dass rasch die im Zielbetriebsmodell definierten organisatorischen Veränderungen umgesetzt werden; dass umgehend die erforderlichen technischen Lösungen zum Einsatz kommen; dass die Beschäftigten mit einem durchdachten Change Management von der Notwendigkeit der Veränderung überzeugt sowie mit Schulungen für das neue Arbeiten fit gemacht werden; und dass leicht realisierbare Pilotprojekte möglichst schnell durch sichtbare Erfolge belegen, wie wirkungsvoll die Transformation schon binnen kürzester Zeit ist – mit diesen Quick Wins lassen sich die Mitarbeiter vom Vorhaben überzeugt sowie zu starken Befürwortern der Transformation machen. Dies allerdings funktioniert nur, wenn die verschiedenen Elemente kontrolliert zusammenwirken. So wie beim Elektroantrieb die Steuerungseinheit einen optimalen Leistungseinsatz gemäß der Routenplanung ermöglicht, legt bei der Transformation zum neuen Zielbetriebsmodell der Finanzfunktion die Roadmap möglichst detailliert und gut aufeinander abgestimmt die einzelnen Schritte der Veränderungen fest. Ohne diesen Plan – der natürlich eine gewisse Flexibilität erlauben muss, um auf aktuelle Ereignisse reagieren zu können – droht die Gefahr, bei der Transformation falsche Prioritäten zu setzen. Bestenfalls bleibt das Projekt dann unter den Erwartungen, schlimmstenfalls scheitert es an hakenden Prozessen, fehlender Technik oder inneren Widerständen der Mitarbeiter, die um ihre Zukunft fürchten oder keine Chancen für sich sehen. Vor Beginn der Transformation muss der CFO deshalb zwingend eine wohl durchdachte Roadmap erstellen – andernfalls schickt er sein Unternehmen auf eine Reise ins Ungewisse.

## Voraussetzung für eine erfolgreiche Transformation ist eine konkrete Wegbeschreibung

Wer nicht weiß, wo er steht, dürfte sich schwer damit tun, die richtigen Prioritäten zu setzen. Daher beginnt die konkrete Transformation der Finanzfunktion mit einer detaillierten Bestandsaufnahme der aktuellen Situation. Erst auf dieser fundierten Basis lässt sich die beste Route zum neuen Zielbetriebsmodell planen. Oft ist beispielsweise auf der Managementebene gar nicht bekannt, wie auf der Sachbearbeiterebene einzelne Arbeitsschritte manuell erledigt werden. Die daraus resultierende mangelnde Produktivität gilt es im Ist-Zustand transparent zu machen. Dazu empfiehlt sich eine an die Medizin angelehnte Vorgehensweise. Zuerst wird die Organisation quasi mit einem Röntgenblick durchleuchtet. So lassen sich große Aufwandstreiber erkennen. Zu den wichtigsten Fragen gehört in diesem Zusammenhang, wo die Finanzfunktion relativ große Kapazitäten hat, wo derzeit viele Qualitätsprobleme im Buchungsstoff entstehen, wo es aufgrund manueller Arbeitsschritte lange Durchlaufzeiten oder iterative Schleifen gibt und wo

Das Potential von Process Mining ist vielschichtig: vom Management Dashboard hin zur Detailanalyse – so lassen sich schnell Rückschlüsse ziehen und gleichzeitig identifizierte Schwachstellen bis ins Detail analysieren.

**Abbildung 24: Praxisbeispiel Process Mining**

*Quelle:* PwC „Finance Transformation – Transactional Excellence"

die hohe Auslastung darauf beruht, dass aktuell viele Prozessvarianten für Ausnahmen existieren. Zur Ermittlung dieser Fakten sollte Process Mining eingesetzt werden, weil nur so belastbare Daten ans Licht kommen, die zwingende Schlussfolgerungen erlauben. Dies ist ein wichtiger Schritt hin zu einer evidenzbasierten Unternehmenssteuerung.

Letztlich werden allerdings selbst mit der besten Untersuchung zunächst nur diverse Folgen des Grundproblems offengelegt. Auf dieser Basis lässt sich noch keine passende Behandlung starten. Wer etwa lange Durchlaufzeiten aufgrund zu vieler Prozessvarianten als Kostentreiber erkannt hat, kann natürlich auf verschiedene Weise versuchen, diese Symptome sofort zu beseitigen. Er erreicht mit unterschiedlichen Herangehensweisen kurzfristig auch eine gewisse Linderung. Das eigentliche Ziel jedoch sollte sein, nicht nur Symptome zu behandeln, sondern durch eine zutreffende Diagnose die wahren Ursachen der Probleme zu erkennen und so die Grundlage für ihre Beseitigung oder zumindest eine weitgehende Linderung zu legen. Für die Finanzfunktion bedeutet dies, dass eine zusammenfassende Gesamtschau unter Berücksichtigung aller Dimensionen des Betriebsmodells erforderlich ist, um herauszufinden, warum es an welchen Stellen tatsächlich hakt. Die vielen Prozessvarianten beispielsweise könnten sich auf verworrene Zuständigkeiten ebenso zurückführen lassen wie auf unzureichende systemtechnische Abbildungen von Prozessen. Vereinbart der Vertrieb etwa Ratenzahlung mit den Kunden, obwohl das bisher nicht vorgesehen ist, verursachen Aufträge im kaufmännischen Bereich plötzlich manuellen Mehraufwand. Deshalb ist eine tiefgehende, zutreffende Diagnose die Voraussetzung dafür, nicht nur kurzfristig offenkundige Symptome, sondern nachhaltig die eigentlichen Ursachen anzugehen. Erst auf so einer fundierten Basis lässt sich dann die passende Therapie finden sowie daraus ein konkreter Behandlungsplan aufstellen.

**Praxistipp: Die evidenzbasierte Ermittlung von Handlungsfeldern in der Finanzfunktion[8]**

**Problem:** Vor der Therapie steht stets die Festlegung, was überhaupt untersucht und behandelt werden muss. Hinweise dazu können generelle organisatorische Schmerzen ebenso liefern wie konkrete Rückmeldungen der internen Kunden auf Unzulänglichkeiten oder auch Benchmark-Vergleiche.

**Röntgen:** Ist der Untersuchungsbereich definiert, folgt die exakte Bestandsaufnahme zum aktuellen Zustand der Finanzfunktion. Wer nicht weiß, wo er startet, wird sich schwer damit tun, Prioritäten zu setzen oder überhaupt die richtige Route zum Ziel zu finden.

**Diagnose:** Wer nicht nur Symptome behandeln will, muss die wahren Ursachen für die Schmerzen identifizieren und die richtige Diagnose stellen. Das erfordert eine zusammenfassende Gesamtschau unter Berücksichtigung aller Dimensionen des Betriebsmodells.

**Therapiewahl:** Steht die Diagnose, muss die passende Therapie gefunden werden. Das bedeutet für die Finanzfunktion, alle in Frage kommenden organisatorischen und technischen Veränderungen sowie den dann erforderlichen Schulungsbedarf bei den Überlegungen zu berücksichtigen.

**Therapieplan:** Die erforderlichen Maßnahmen sind mit Blick auf Priorität, Sequenz, Intensität sowie den Zeitablauf exakt aufeinander abzustimmen. Dabei ist es unabdingbar, die benötigten Kompetenzen, Kapazitäten sowie Investitionen qualitativ und quantitativ zu definieren.

**Patientengespräch:** Mit einer Change Story sollte innerhalb der Organisation das Bewusstseins für die Notwendigkeit sowie Wirksamkeit der Veränderungen geschärft werden. Informations- und Schulungsprogramme sollten alle Mitarbeiter nach ihren individuellen Bedürfnissen erreichen.

**Behandlung:** Steht der Therapieplan und sind die Mitarbeiter an Bord, ist das Projekt entsprechend umzusetzen und laufend an Veränderungen anzupassen. Nach jedem Behandlungsabschnitt sollten Post Completion Audits stattfinden, um den Erfolg zu prüfen und Feinjustierungen vorzunehmen.

**Behandlungserfolg:** Per Businessplan sollten einzelne Projekte und die Transformation als Ganzes in Zahlen gefasst werden. Das macht das Vorhaben greifbarer und erleichtert die Argumentation bei der Diskussion um weitere Investitionen. Ganz wichtig sind Optimierungsmaßnahmen, die schnelle Erfolge bringen. Quick Wins machen die Wirksamkeit der Veränderungen binnen kürzester Zeit für die Mitarbeiter sichtbar. Das motiviert sie noch mehr zum Mitziehen.

---

[8] In Anlehnung an „Evidence-Based Management", siehe Sutton, R. I., www.evidence-basedmanagement.com

## Die Roadmap sollte mit Blick auf knappe finanzielle und personelle Ressourcen entstehen

Für die Finanzfunktion bedeutet das, nicht nur ein Maßnahmenpaket aus neuer Technik und neuen Systemen sowie organisatorischen Veränderungen und dem entsprechenden Schulungsbedarf zu schnüren, sondern diese Maßnahmen dann auch mit Blick auf Priorität, Sequenz, Intensität und den Zeitablauf exakt aufeinander abzustimmen. Erst dadurch entsteht eine orchestrierte Roadmap für die Transformation. Darin sollte der CFO die gesamte Strecke der Transformation mit ihren einzelnen Etappen und Zwischenzielen so klar strukturiert und detailliert beschreiben wie möglich. Das mag banal klingen, ist aber von größter Bedeutung. Denn es hilft einem Unternehmen wenig, wenn zwar ein wohlklingendes neues Zielbetriebsmodell formuliert wird, dann aber die praktische Umsetzung der theoretisch perfekten Lösungen misslingt, weil keine vernünftige Roadmap existiert. Aus dem Zielbild entsteht ein Umsetzungsplan und der lässt sich nur mit ausreichender Umsetzungsfähigkeit realisieren. Das wiederum erfordert multidisziplinäre Kompetenzen sowie ausreichende personelle und finanzielle Ressourcen. Wer eine Roadmap erstellt ohne an Kompetenzen, Kapazitäten und Investitionen zu denken sowie diese Themen konkret in seiner Planung zu berücksichtigen, macht sich de facto planlos auf den Weg.

Die Transformation zum Zielbetriebsmodell erfordert also eine konkrete Roadmap für die einzelnen Umsetzungsschritte. Was in der CFO-Strategie generell beschrieben sowie mit der Definition des Zielbetriebsmodells in klare Strukturen gegossen wurde, muss der CFO in der unternehmerischen

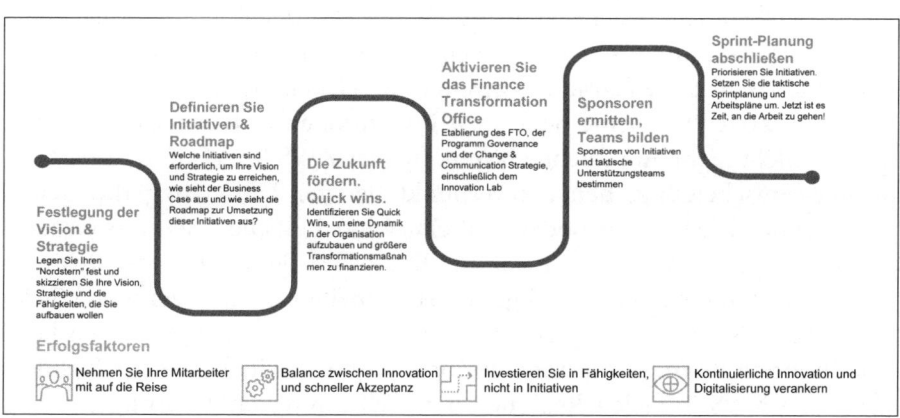

Abbildung 25: Unser Vorgehen zur ganzheitlichen Weiterentwicklung der Finanzfunktion

*Quelle:* PwC „Finance Transformation – CFO Strategy"

Praxis mit Leben füllen. Hier gilt es, die für die eigene Organisation wichtigsten Handlungsfelder zu definieren, die erforderlichen Maßnahmen zu priorisieren und dadurch Schritt für Schritt die Transformation entsprechend der eigenen Roadmap voranzutreiben. Schon hier stehen viele CFOs vor der ersten Herausforderung. Weil die Transformation zum neuen Zielbetriebsmodell nicht nur eine Frage der besten Lösung, sondern auch der verfügbaren Mittel ist, müssen sie abwägen, wo der Einsatz knapper finanzieller und personeller Ressourcen sich am meisten lohnt. Dabei geht es um mehr als nur schnelle Ergebnisse auf der Kostenseite. Die für die digitale Transformation zur Verfügung stehenden Ressourcen sollten nicht nur konkrete Einzelprojekte ins Rollen bringen, deren Wertbeiträge der Digitalisierung mehr Momentum geben – das wären gerade die Quick Wins. Sie sollten auch dazu dienen, eine bessere Grundlage für die weitere nachhaltige Digitalisierung zu schaffen, und müssen deshalb zumindest punktuell gezielt in Basisthemen wie die Standardisierung der Stammdaten, die Harmonisierung der IT-Landschaft, die Reorganisierung und Automatisierung der Prozesse oder auch den Kompetenzaufbau etwa bei Data Design und Data Analysis gehen – so beschreibt es Dr. Yorck Schmidt, Chief Financial Officer der AVL List GmbH.

Auf der einen Seite steht also die Knappheit der Mittel, auf der anderen Seite die Wirksamkeit der Investitionen entweder in Form direkter finanzieller Ergebnisse oder grundlegender Verbesserungen bei den Voraussetzungen zur weiteren Digitalisierung. In diesem Spannungsfeld ist eine Roadmap zu entwickeln, die konkrete Maßnahmen für die einzelnen Bereiche so vorgibt, dass daraus eine insgesamt stimmige Transformation zum neuen Zielbetriebsmodell entsteht. Hier muss jedes Unternehmen natürlich seine eigenen Schwerpunkte setzen, je nach Geschäftsmodell, technischem oder organisatorischem Reifegrad in einzelnen Bereichen, der Dringlichkeit zum Lösen konkreter Probleme oder auch Investitionen in technische Systeme, die sich nicht mehr aufschieben lassen. Bei der KWS SAAT SE & Co. KGaA fiel die Entscheidung, den Schwerpunkt bei der Umsetzung des neuen umfassenden Zielbetriebsmodells auf eine Global Business Services Organisation zu legen. Erklärtes Ziel war, die Backoffice-Funktionen der Business Units so zu bündeln, dass gleichgerichtete Arbeiten an einer zentralen Stelle mit höherer Spezialisierung gebündelt und so besser erledigt werden können. In ihrem Beitrag erklärt Finanzvorständin Eva Kienle, wie die Business Units von KWS in vielen Regionen der Welt ihren Markt künftig deutlich agiler bearbeiten können, weil sie durch das Projekt GLOBE vom zentralen Backoffice mit den richtigen Services versorgt werden.

## Das Ziel ist eine Finance Transformation powered by ERP & Beyond Technology

Der Sinn organisatorischer, struktureller und prozessualer Veränderungen im Rahmen des neuen Zielbetriebsmodells ist klar: Es soll eine hoch-funktionale und performante Organisationseinheit Finanzen entstehen. Hochfunktional meint, dass sie jeweils zur richtigen Zeit eine optimale – will heißen umfassende, aber nicht allumfassende – Informationsversorgung bietet sowie natürlich alle Anforderungen an die Rechnungslegung erfüllt. Dadurch lassen sich bessere unternehmerische Entscheidungen treffen, die darauf abzielen, das Richtige richtig zu tun. Performant meint, dass die Finanzfunktion möglichst effizient agiert. Dafür wird automatisiert, was sich automatisieren lässt, sowie kontinuierlich an Verbesserungen und Erneuerungen gearbeitet. Die Erfahrung zeigt, dass sich dieser Anspruch durch die operative Hektik im Tagesgeschäft oft nicht erfüllen lässt und manchmal ganz verloren geht. Genau auf diesen Anspruch sollte sich aber ein CFO besinnen, der die Finanzfunktion für die Zukunft fit machen will – und dabei berücksichtigen, dass Technologie eine wichtige Komponente der Transformation ist. Sie dient als Ermöglicher und Beschleuniger sowie als Basis, um Antworten auf neue Herausforderungen zu finden. Entscheidend dabei ist die grundsätzliche Unterscheidung zwischen dem ERP als Fundamentalsystem sowie jenen Lösungen, die klassische ERP-Systeme erweitern oder über sie hinaus gehen. Direkt an das ERP angedockt, um es punktuell zu erweitern, werden beispielsweise Tools für Process Mining oder Robotic Process Automation – diese Kategorie ist On-Top-of-ERP. Über die klassischen ERP-Systeme hinaus geht alles, was sich um Analytics, Enterprise Performance oder vergleichbare Management-Lösungen dreht – diese Kategorie ist Beyond ERP.

Klassische ERP-Systeme werden weiter das Rückgrat des Unternehmens bilden, quasi den digitalen Kern der kaufmännischen Organisation. Der CFO muss allerdings genau überlegen, welche ERP-Strategie er verfolgen will. Klar ist, dass hier eine Modernisierung etwa in Richtung SAP S/4HANA ansteht. Denn die derzeit vielerorts noch laufenden Legacy-Systeme stammen konzeptionell aus den 1980er oder 1990er Jahren und wurden implementiert in den 1990er oder 2000er Jahren. Seither ist technologisch viel passiert. Zu den wichtigsten Fortschritten des vergangenen Jahrzehnts gehört die Entwicklung der In-Memory-Datenbanken sowie die Umstellung auf die Cloud als Betriebsbasis für das ERP. Dies bedeutet vor allem, dass sich theoretisch jederzeit von jedem Ort schnell auf enorme Datenmengen zugreifen lässt. Außerdem können über Schnittstellen diverse Speziallösungen an das ERP andocken, was viele neue Möglichkeiten schafft. Vom CFO verlangen diese Entwicklungen und Möglichkeiten aber eine bewusste Entscheidung, in welche Richtung er sich bewegen will. Es ist ein unterschiedliches Scoping für den ERP-Funktionsumfang zu beobachten. Prinzipiell besteht die Wahl zwischen Full-Blown-ERP mit von Haus aus maximalem Funktionsumfang oder Finance-Kern-ERP. Hier wird die ERP-Basisfunktionalität um Schwerpunktsysteme erweitert, die der CFO danach auswählt, welche Lösung das für die jeweilige Aufgabe beste Tool ist, das sich ans ERP anbinden lässt. Es geht also nicht nur darum, ob behutsames Renovieren oder ein Neubau sinnvoller wäre, sondern auch um die Entscheidung für ein fixes Fünf-Gang-Menü oder die Sterne-Küche in Büffet-Format.

Hier muss der CFO genau prüfen, welcher Weg aus Sicht der Unternehmens- und CFO-Strategie richtig ist. Dabei können auch unkonventionelle Lösungen herauskommen, wie Yuriy Volosenko berichtet, ehemaliger Director of Enterprise Applications & Architectures bei der Zalando SE. Dort hat sich der CFO zwar für SAP S/4HANA entschieden, lässt ERP-System und Datenbanken nach Rücksprache mit der IT aber bei Amazon Web Services (AWS) statt in der SAP Industry Cloud laufen. So ein Hyperscaler bietet nicht nur die Chance, rasch und zielgerichtet zu skalieren, sondern den Kunden auch die Option, seine modernen Tools zum weiteren Vorantreiben der Digitalisierung der Finanzfunktion zu nutzen. Diese Möglichkeit wollte sich Zalando offenhalten. Außerdem ist wichtig, selbst ein mächtiges Projekt wie SAP S/4HANA in kleinen Schritten anzugehen und so Quick Wins zu erreichen. Bei Zalando enthielt die Roadmap ein Ampelsystem. Damit wurden rund 100 Geschäftsprozesse gezielt darauf überprüft, welche Veränderung hohe Priorität hat, statt alles gleichzeitig anzugehen. Die punktuell spürbaren, massiven Verbesserungen gaben dem Projekt sofort einen Push, während die weniger deutlichen, aber teils aufwändigeren Veränderungen erst später folgen und nicht als Bremse wirken konnten.

### ERP und Technologie als „Ermöglicher" einer modernen Finanzfunktion positionieren

Es ist also genug moderne Technologie verfügbar, die der Finanzfunktion massiv weiterhelfen kann. Aber sie muss nicht nur gemäß den individuellen Anforderungen sehr spezifisch ausgewählt, sondern vor allem mit einem klaren Plan in Betrieb genommen werden. Dies ist nicht zuletzt wegen der Vergangenheit eine große Herausforderung. ERP-Systemeinführungen gelten immer noch als Projekte, die ihr Leistungsversprechen oft nicht erfüllen können. Dazu beigetragen haben vor allem schlechte Erfahrungen der Unternehmen sowie ihrer Beschäftigten mit Blick auf die Projektlaufzeit und die Projektkosten. Hier ist früher häufig ziemlich viel aus dem Ruder gelaufen. Zudem stellte sich zu selten der erwartete Nutzen in Form der erhofften Effizienzsteigerung ein. Tatsächlich ist dies aber meist kein Ergebnis mangelnder Technologie. In der Regel haben solche Vorhaben ihre Ziele verfehlt, weil im Vorlauf der Projekte die schwierigen und diskussionsintensiven Änderungen an Prozessen, Organisation und Governance nicht konsequent durchgezogen wurden. Irgendwann ging es nur noch darum, das System rein technisch ins Laufen zu bringen und den Go-Live-Termin zu halten – und dabei wurde ignoriert, dass die Notwendigkeit zu umfassenden Veränderungen in allen Dimensionen des Betriebsmodells bestehen bleibt. Wer dies nicht von Beginn an einplant und kommuniziert sowie in der Transformationsphase darauf achtet, dass alle Beteiligten und Betroffenen an einem Strang ziehen, muss mit einem Fehlschlag rechnen. Gerade in Konzernen kann ein großes ERP-Projekt mit vielen Ansprechpartnern sein wie einen Sack Flöhe zu hüten – der CFO muss viele Personen und Prozesse im Blick haben und darauf achten, dass niemand aus der Reihe tanzt, um eigene Interessen zu verfolgen. Wenn ihm das gelingt, wird die Finanzfunktion mit einem modernen ERP sowie weiteren zukunftsweisenden Technologien zu einem wahren Beschleuniger und Enabler im Unternehmen.

Ein wesentlicher Erfolgsfaktor ist, sich frühzeitig und umfassend mit einem Thema zu beschäftigen, dem oft zu wenig Aufmerksamkeit gewidmet wird: Das dem Zielbetriebsmodell zugrunde liegende Informations- und Datenmodell ist letztlich das Fundament, auf dem alle Veränderungen aufbauen. Herrscht hier ein Mangel an Standardisierung und Integration statt einer detaillierten gemeinsamen Basis über die Wertschöpfungsstufen hinweg, wird selbst das beste ERP-Konzept scheitern. Gibt es zwischen den diversen Fachabteilungen und Geschäftseinheiten ein babylonisches Sprachgewirr in Form unterschiedlich kodierter oder benutzter Daten, können sie nicht miteinander kommunizieren und entsprechend auch nicht gemeinsam an Verbesserungen arbeiten. Ein gutes Beispiel dafür sind die Logistikkosten. Hier genügt es nicht, dass im Unternehmen darüber Einigkeit besteht, etwa die Transport- und Lagerkosten als einen Teil der Logistikkosten zu betrachten, wenn gleichzeitig die Verpackungen oder Kosten des gebundenen Kapitals unterschiedlich behandelt werden. Das Vermischen diverser Perspektiven oder fehlende zentrale Vorgaben führen zur individualisierten Betrachtungen der Daten statt zu einem gemeinsamen Blickwinkel. Was im Einzelfall richtig sein kann, widerspricht oft dem Standard. Das verhindert Transparenz, Vergleichbarkeit und so jeden Erkenntnisgewinn für Verbesserungen.

## Die Finanzfunktion wird zum wirklichen Verkehrsleitsystem der Wertschöpfung im Unternehmen

Das Informations- und Datenmodell ist gleich zu Beginn der Transformation ein neuralgischer Punkt von entscheidender Bedeutung. Deshalb muss er von allen Beteiligten mit höchster Priorität, unumstößlicher Zielfokussierung und mit maximaler Motivation angegangen werden. Es gilt, dieses für die Transformation der Finanzfunktion so wesentliche Thema konzentriert zu gestalten und gemeinsam eine Lösung zu realisieren, mit der sich die 4C als Voraussetzung für effektives Arbeiten im Finanzbereich optimal erreichen lassen – Completeness, Consistency, Correctness of Syntax sowie Correctness of Semantics. Es geht darum, Daten so zu speichern beziehungsweise so damit zu arbeiten, als wären es Lego-Steine – mit diesem Vergleich kann Heiko Schletz, Leiter Governance für betriebswirtschaftliche Methoden und Systeme der BSH Hausgeräte GmbH, das Thema selbst Laien veranschaulichen: Unbenutzt liegen sie standardisiert und harmonisiert in ihrer ursprünglichen Form im Baukasten. Wer sie benutzen will, kann daraus aber alles bauen, was ihm in den Sinn kommt, weil sie sich eben wegen der Standardisierung in jeder nur erdenklichen Form zusammensetzen lassen. Es geht beim Informations- und Datenmodell also darum, in der digitalen Welt ein System zum Kombinieren von Basisdaten zu schaffen, das genauso funktioniert wie im Kinderzimmer die Lego-Steine mit ihren Noppen.

Das klingt nach Kärrnerarbeit. Aber der Erfolg der Transformation in der Finanzfunktion steht und fällt damit, dass die saubere 4C-Datenbasis dafür eine solide Grundlage bildet. Es ist wie in der Musik: Wer ein Instrument spielen will, muss zuerst die grundlegenden Griffe so lange wieder und wieder proben, bis er sie perfekt beherrscht. Angetrieben wird er dabei von der Sehnsucht, mit seinen neuen Fertigkeiten irgendwann die schönsten Kompositionen erklingen zu lassen. Der CFO sollte seine Mitarbeiter auch durch eine mitreißende Aussicht zur Daten-Kärrnerarbeit motivieren. Den Musiker treibt die Sehnsucht, seinem Instrument durch ein möglichst perfektes Spiel die schönsten Klänge zu entlocken. Die Beschäftigten der Finanzfunktion lassen sich von der Aussicht begeistern, unternehmerische Entscheidungen künftig besser unterstützen zu können. Sie liefern für den Erfolg des Unternehmens sehr wertvolle Informationen. Ihr Input kann sogar überlebenswichtig für die Organisation sein – nachdem sie dafür in harter Kärrnerarbeit die 4C-Datenbasis gelegt haben. Denn nur dadurch existiert im Unternehmen eine Single Source of Truth, in der konsistente Daten als Arbeitsmaterial zur Verfügung stehen, zu denen ein demokratisierter Zugang für jeden Mitarbeiter mit einem legitimen Interesse besteht. Volle Datengranularität bis auf die Ebene aller Einzelbelege bietet dann ein viel größeres analytisches Potenzial als aggregierte Daten. So kann der Fokus sich vom Ist-Ergebnis auf die Frühindikatoren verschieben, also zu Predictive Analytics mit vorhersagenden Auswertungen – und im nächsten Schritt in Richtung Prescriptive Analytics, also zu Auswertungen mit einem empfehlenden Charakter als Vorlage für Entscheidungen. Das macht die Finanzfunktion zum Verkehrsleitsystem der Wertschöpfung im Unternehmen, quasi wie ein Google Maps entlang der Wertströme. Wer seine Mitarbeiter für diese Vision einer inspirierenden, wertschöpfenden Tätigkeit in einer effektiven Finanzfunktion begeistert, muss sie nicht mehr mit theoretischen Details zum Informations- und Datenmodell überzeugen. Er gewinnt ihr Engagement, indem er emotional mitreißend die Bedeutung und Sinnhaftigkeit dieses Informations- und Datenmodells vermittelt.

Mit seiner Analogie der Lego-Steine und dem Google-Maps-Vergleich hat Heiko Schletz nicht nur die Mitarbeiter der BSH Hausgeräte GmbH überzeugt, wo die Transformation der Finanzfunktion auf einem guten Weg ist, sondern auch Anregungen für Diskussionen in Fachkreisen geliefert. Er macht so etwa auf die Herausforderungen für das regulatorische Umfeld aufmerksam. Bestes Beispiel hierfür ist Google Maps und viele andere Technologien die in ihrer Kombination die Grundlage für das autonome Fahren gelegt haben – hier konnten die Autokonzerne in den vergangenen Jahren große Fortschritte erzielen. Aber das autonome Fahren erfordert auch eine Ergänzung der aktuell geltenden Verkehrsregeln, um den rechtssicheren Betrieb von selbstfahrenden Autos zu ermöglichen. Daran feilen Experten schon seit einiger Zeit. Im Accounting sind ebenfalls Veränderungen notwendig, damit neue digitale Lösungen in einem klaren Regulierungsrahmen konform mit neuen, allgemein gültigen Vorgaben eingesetzt werden können. Als einen Standard der Rechnungslegung, der derzeit noch manche Potenziale der Digitalisierung in der Finanzfunktion ausbremst, nennt Schletz die Fremdwährungsbewertung nach IFRS – sicher ein wichtiges Thema für das nächste Buch zur Finanzfunktion der Zukunft.

## Die Umsetzung der Sehnsucht nach dem Ziel fördert die multikompetente Zusammenarbeit in agilen Strukturen und erfordert die human-zentrierte Finance Transformation

Selbst das beste Zielbetriebsmodell der Finanzfunktion – und die Transformation dorthin – ist nicht nur technologiegetrieben, sondern lebt vom Engagement der Mitarbeiter. Jede Organisation wird letztlich von den Menschen geprägt, die dort arbeiten. Die Transformation sollte deshalb keinesfalls auf technische Neuerungen sowie strukturelle oder organisatorische Veränderungen beschränkt sein, die etwa die Neugestaltung einzelner End-to-End-Prozesse auslöst. Gelingt es dem CFO, in seinen Mitarbeitern die Sehnsucht nach dem Ziel zu wecken, legt er so die Grundlagen für weitreichende Veränderungen in der praktischen Zusammenarbeit. Mit dieser Sehnsucht lässt sich ein Verständnis für die Bedeutung der multikompetenten Zusammenarbeit in agilen Strukturen wecken – so werden sie sich gegenseitig unterstützen, wo immer es dem Vorhaben dient. Wichtig ist also eine Finance Transformation, die konsequent human-zentriert ist, und den Menschen bewusst in den Mittelpunkt stellt. Das reicht vom Wecken der Sehnsucht über den Einsatz agiler Methoden und Arbeitsweisen bis zur Integration von Finanz-Fachfunktion und der die Finanzsysteme und -teilsysteme betreuenden IT. Gerade dieser Punkt – die Integration von Finanzexperten und IT-Spezialisten in agilen Teams – lässt die multikompetente Zusammenarbeit aufblühen: Fachleute beider Disziplinen sind quasi Two-In-One-Box, sie ziehen an einem Strang und lösen ihre Aufgaben gemeinsam, weil sie ein gleichgerichtetes Ziel verfolgen. Das erlaubt ein echtes Zusammenführen von Fachanforderungen und systemtechnischen Möglichkeiten sowie das schnelle Finden passender Alternativen, wenn die bevorzugte Lösung irgendwo an Grenzen stößt.

Die ING gilt als beispielhaft beim Aufbau einer agilen Organisation. Norman Tambach, CFO der ING Deutschland, erklärt, was in seinem Unternehmen zum sogenannten One agile Way of Working gehört. Wie sich dort auch die Beschäftigten der Finanzfunktion in Squads, Tribes, Chapters und Centers of Expertise organisieren, als Product Owner fungieren, sich von Agile Coaches in der Anwendung neuer Werkzeuge, Methoden und Instrumente unterweisen lassen oder bei Entwicklungen in Sprints von zwei Wochen arbeiten, um schnell die bestmögliche Lösung zu finden und Teilergebnisse gleich zu testen. Die Beschäftigten nehmen konsequent die Perspektive externer wie interner Kunden ein und erfüllen innerhalb eines einheitlichen Organisationsdesigns sowie mit einheitlichen Arbeitsweisen eigenverantwortlich ihre Aufgaben. In diesem Umfeld sind Fehler kein Sanktionsgrund. Sie dienen den einzelnen Mitarbeitern und der Organisation als Ganzes, um Erfahrungen zu sammeln sowie Dinge künftig besser zu machen – gemeinsames Lernen aus Fehlern und gegenseitige Unterstützung sind ein hohes Gut. Nicht zuletzt dieses Beispiel zeigt, wie deutlich sich die Finanzfunktion künftig noch verändern dürfte. Und wie wichtig es darum ist, den Mitarbeitern im Rahmen der digitalen Transformation richtig Lust auf die Zukunft zu machen, damit sie begeistert mitziehen, weil sie dort für sich eine spannende Aufgabe sehen. Unternehmen, die sich nicht in diese Richtung entwickeln, dürften im Wettbewerb um Talente künftig immer schlechtere Karten haben.

## Ohne durchdachtes Change Management ist eine Transformation zum Scheitern verurteilt

Wer den Mitarbeitern richtig Lust auf die Zukunft machen will, damit sie begeistert mitziehen, weil sie neue spannende Aufgaben erkannt haben und annehmen wollen, muss die Klaviatur des Change Management beherrschen. Grundlegend dafür ist die Erkenntnis, dass Change Management nicht nur aus einer Reihe von Informations- oder Schulungsveranstaltungen besteht. Es sollte eine Botschaft transportieren, die die Mitarbeiter emotional erreicht. Das Change Management gibt den grundsätzlichen Veränderungen einen Sinn, indem es sie einordnet und begründet. Und es gibt den Beschäftigten einen größeren Kontext, in den sie ihre künftigen Aufgaben sowie die sich daraus für sie ergebenden Veränderungen einordnen können. Um solche Botschaften auszusenden und sein Team damit zu überzeugen, muss der CFO die „Betroffenheiten" kennen und thematisieren – ohne zu verharmlosen oder zu dramatisieren, aber immer mit dieser Botschaft: Wer gestaltet, führt; die Umsetzung geht nur gemeinsam, und keiner, der mitziehen will, wird zurückgelassen.

Dass in Wirtschaft, Unternehmen und damit auch im Finanzbereich dramatische Veränderungen zu erwarten sind, dürfte niemanden überraschen. Also gibt es für die Finanzfunktion nur einen Weg in die Zukunft: Sie muss ihr Schicksal in die eigene Hand nehmen. Sie muss den absehbaren Wandel selbstbestimmt und unter Beteiligung möglichst vieler Mitarbeiter selbst vorantreiben, um nicht von anderen gestaltet zu werden. Dieser Wirkzusammenhang sollte den Beschäftigten offen dargelegt werden: Wir müssen mehr und besser arbeiten, um unsere Personalkapazität zu legitimieren; dafür muss unser Geschäft in der Summe wachsen und sich zum Teil wandeln; die Finanzfunktion kann so durch gute Arbeit und eigene Initiativen zur Gestaltung des notwendigen Wandels mit Wachstum als Ziel beitragen. Weil die Digitalisierung auf der Ebene der Arbeitsschritte erfolgt, spielt hier das Engagement der operativen Teams eine entscheiden Rolle, sie rücken in den Fokus. Ehrlichkeit gerade diesen Mitarbeitern gegenüber ist wichtig, denn aus Ehrlichkeit entsteht Freundschaft, wie der Schweizer Schriftsteller und Pfarrer Jeremias Gotthelf gesagt hat. Mit den Beschäftigten sollte also die Prognose des World Economic Forum diskutiert werden, dass 80 Prozent der Aufgaben im Accounting automatisiert werden – was natürlich die Angst vor Jobverlusten schürt. Aber wer diese Betroffenheiten adressiert und Lösungen aufzeigt, wie alle gemeinsam aktiv und zielgerichtet die Zukunft gestalten können, nimmt den Mitarbeitern ihre Angst und gewinnt ihre Loyalität für die künftige gemeinsame Arbeit. Dazu gehört allerdings auch, die mit den Veränderungen verbundenen Herausforderungen und

## 4 Die Transformation zum Zielbetriebsmodell

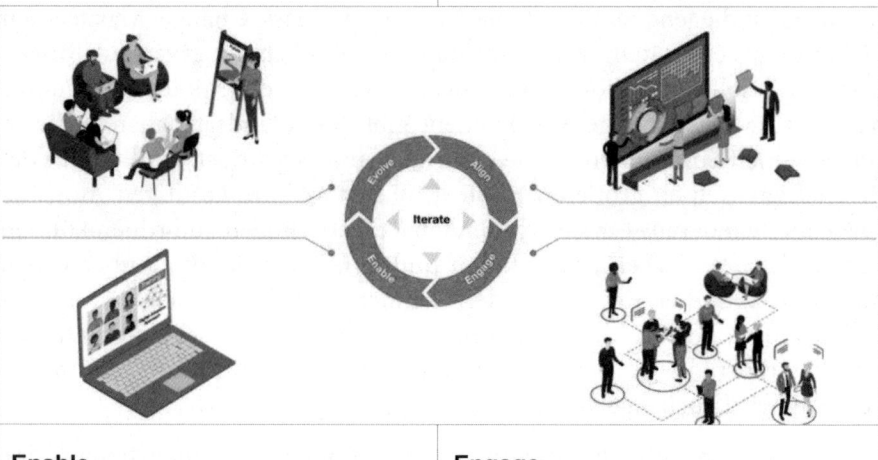

Abbildung 26: Die Bestandteile des Change Management
bei einer erfolgreichen Transformation

*Quelle:* PwC „Finance Transformation – People and Culture"

Härten zu thematisieren und die soziale Verantwortung des Unternehmens zu akzeptieren, falls jemand den gemeinsamen Weg nicht mitgehen will oder kann und darum lieber ausscheidet. Fairness und Verantwortung diesen Mitarbeitern gegenüber signalisiert denen, die an Bord bleiben, dass auch sie auf ihren Arbeitgeber zählen können – dies verstärkt die Loyalität. US-Unternehmen wie AT&T haben das künftige Geben und Nehmen zwischen einem Unternehmen und seinen Beschäftigten in eine prägnante Botschaft gepackt: „You can be a Lifelong Employee, if you are a Lifelong Learner" – wer zum lebenslangen Lernen bereit ist, hat eine Stelle fürs Leben.

## Bei erfahrenen Buchhaltern mit hoher Fachkenntnis die Leidenschaft für Digitalisierung entfachen

Der Erfolg der Transformation hängt also vom erfolgreichen Change Management ab, wie auch Karl Gadesmann erklärt, den man getrost als Elder Statesman unter den CFOs bezeichnen darf. Er war unter anderem CFO bei den Zulieferern Leoni und Dräxlmaier sowie MAN Truck & Bus, ist intimer Kenner des Innenlebens von Konzernen seit seiner Zeit als Bereichsleiter Externe Berichterstattung und Konzernrechnungslegung der Volkswagen AG, versteht als ehemaliger Partner bei PricewaterhouseCoopers Deutschland auch die Perspektive eines Dienstleisters und gibt seine Erfahrungen heute als Mitglied der Geschäftsleitung der nextpractice GmbH an Unternehmen weiter. Immer wieder hat Gadesmann festgestellt, dass Beschäftigte unabhängig von der Branche, Unternehmensgröße oder inhaltlichen Ausrichtung einer Veränderung nur über geschicktes Change Management erkennen, welche neuen beruflichen Möglichkeiten sich ihnen mit der richtigen Schulung und Weiterbildung im Rahmen der Transformation eröffnen – und dann gerne die Chance dazu ergreifen. Der CFO sollte die Betroffenen mitnehmen und zu Beteiligten machen, indem etwa einem Buchhalter genau erklärt wird, welchen Freiraum für interessante Aufgaben er gewinnt, wenn er sich von manuellen, datentypistischen Tätigkeiten verabschieden kann. Wichtig ist, Mitarbeiter gezielt bei der Bewerbung auf für sie potenziell passende Positionen zu unterstützen – und das nicht nur im Interesse des Betriebsklimas während der Transformation. Fachkräfte sind überall gefragt.

Natürlich braucht es immer auch frisches Blut durch den Zugang neuer Mitarbeiter aus der jüngeren Generation. Aber für den CFO dürfte es ebenso wichtig sein, einen erfahrenen Buchhalter mit hoher Fachkenntnis an den Einsatz digitaler Lösungen heranzuführen und seine Begeisterung für die Digitalisierung der Finanzfunktion zu wecken. Nur auf dem Arbeitsmarkt nach Berufseinsteigern zu suchen, die sich mit Digitalthemen auskennt, aber über keinerlei praktische Erfahrungen mit den grundlegenden fachlichen Inhalten im Finanzbereich verfügen, ist keine Alternative. Es ist deshalb auch total kontraproduktiv, beim Change Management insgesamt und vor allem bei den Angeboten für Weiterbildung auf den Cent zu schauen. Wer an der falschen Stelle spart, muss anderswo in der Regel kräftig draufzahlen – sei es in Form stockender Transformationsprozesse oder durch hohe Kosten für Onboarding und Qualifizierung bei den dann dringend benötigten neuen Mitarbeitern. Das ist Karl Gadesmann eine Herzensangelegenheit, betont er doch, dass dies der wahre Grund für das Scheitern vieler Projekte ist.

## Funktioniert die Transformation, wird die Finanzfunktion zum Treiber der Digitalisierung

Wichtig ist, anstehende Veränderungen offen zu kommunizieren und die Mitarbeiter durch diese Transparenz mitzunehmen. Das funktioniert besonders gut, wenn die Roadmap der Transformation von einer Change Story begleitet wird, die zur Unternehmenskultur passt, sowie den Wandel als kontinuierliche Weiterentwicklung der Stärken des Unternehmens und der Beschäftigten erzählt. Bei Würth beispielsweise gelang es mit Offenheit und Berechenbarkeit, mehr Bewusstsein für die Notwendigkeit des Wandels zu schaffen, so Uwe Hohlfeld, Geschäftsführer Finanz und Controlling der Adolf Würth GmbH & Co. KG – nach dem Motto: Der Wandel muss sein, aber jeder kann auch künftig seinen Platz in der Organisation finden. Das wiederum motivierte die Mitarbeiter, über den Tellerrand zu schauen und auch selbst unkonventionelle Lösungen zu suchen, die die digitale Transformation voranbringen. Stolz präsentierten sie dann etwa bei einem Tag der offenen Tür der Geschäftsleitung sowie ihren internen Kunden die digitale Transformation in der Finanzabteilung. Sie zeigten, dass in der Finanzfunktion keine Buchhalter sitzen, die mit Papier und Lochkarten arbeiten. Sondern Prozessoptimierer, die Roboter steuern und andere Abteilungen mit laufend aktualisierten Zahlen oder schnellen Dienstleistungen versorgen. Diese überzeugende Vorstellung veranlasste die Geschäftsleitung zu der Frage, ob andere Abteilungen ihre Produktivität nicht ebenso durch Digitalisierung steigern könnten wie die Finanzfunktion?

Wer die Finanzfunktion entlang der Roadmap sukzessive gemäß des definierten Zielbetriebsmodells entwickelt und dies in der Abteilung selbst wie im Unternehmen gut kommuniziert, kommt also nicht nur mit dem Projekt voran wie gewünscht. Er macht die Finanzfunktion idealerweise zugleich zum Motor des Kulturwandels im ganzen Unternehmen und gibt der Digitalisierung so konzernweit einen Schub. Wenn es den Führungskräften gelingt, ihren Mitarbeitern durch Kommunikation, Transparenz und Schulungen die Angst vor Veränderungen sowie deren möglichen Folgen zu nehmen, können alle gemeinsam zum Vorteil des Unternehmens auf die digitale Reise gehen.

## 4.2 Abwägungen unter Knappheit

Dr. Yorck Schmidt, CFO, AVL List GmbH

Die strategische Neuausrichtung der Finanzfunktion ist eine anspruchsvolle Führungsaufgabe – und doch zumindest beim Vorgehen mit etwas so Bodenständigem wie dem (Um-)Bau eines Bürogebäudes vergleichbar. Zunächst muss der CFO eine klare Vorstellung davon entwickeln, welche Tätigkeiten der Finanzbereich künftig grundsätzlich übernehmen soll und wie hoch dabei die Bedeutung, Wertigkeit sowie Priorität einzelner Teilaufgaben ist. Basierend auf diesen Überlegungen entsteht der Grundriss. Dann gilt es mit Blick auf Zeit, Geld und Expertise einen realistischen Bauplan für die Errichtung beziehungsweise für die Umgestaltung des Gebäudes festzuzurren: Welche handwerklichen Tätigkeiten müssen in welcher Reihenfolge ablaufen, damit das Gebäude möglichst schnell und erfolgreich seiner neuen Funktion zugeführt werden kann? Und wie lässt sich in jeder Bauphase die Finanzierung sowie die Einsatzbereitschaft der für einzelne Aufgaben benötigten Fachleute sicherstellen?

In einer perfekten digitalen Zukunft wäre die Planung für den CFO 4.0 natürlich ein Kinderspiel. Hier übernimmt der Finanzbereich künftig drei Aufgaben: Die optimale Unterstützung der operativen Einheiten im Tagesgeschäft, die strategische Beratung beim Entwickeln von Produkten oder Geschäftsmodellen sowie das Vorantreiben der digitalen Transformation im gesamten Unternehmen. Deshalb zeichnet sich der Grundriss quasi von selbst, das künftige Gebäude besteht aus vier Etagen:

- Im Erdgeschoß beherrscht der Finanzbereich seine Kernkompetenzen inhaltlich perfekt und verbessert durch permanente Prozessoptimierungen kontinuierlich die eigene Performance – das ist das Streben nach transaktionaler Exzellenz.
- Im ersten Stock unterstützt der Finanzbereich als interner Dienstleister andere Fachabteilungen bei der Digitalisierung ihrer Prozesse und treibt so die unternehmensweite Digitalisierung voran – das ist die Funktion als Treiber der digitalen Transformation.
- Im zweiten Stock verbessert der Finanzbereich kontinuierlich die Wertschöpfung auf Produktebene. Dazu gehört neben klassischen Berechnungen auch die Unterstützung beim Anreichern bestehender Produkte um digitale Features oder Services sowie eine enge Begleitung von physischen und digitalen Neuentwicklungen.

- Im Dachgeschoß hinterfragt der Finanzbereich auf Basis seiner Zahlen mithilfe digitaler Technologien die Erfolgschancen bestehender oder neuer Geschäftsmodelle und sichert Investitionsentscheidungen ab – das ist der strategische Sparringspartner der Geschäftsleitung.

Wobei in der Praxis, anders als bei der Errichtung von Gebäuden, an allen vier „Stockwerken" der Transformation gleichzeitig gearbeitet wird.

### Der Finanzchef muss den Einsatz knapper Ressourcen genau planen

In der Realität dürfte es aber kaum ein CFO schaffen, binnen kürzester Zeit alle Stockwerke hochzuziehen sowie gleich komplett bezugsfertig zu machen. Dafür sind die finanziellen und personellen Ressourcen zu knapp – zumal die meisten Finanzchefs nicht auf der grünen Wiese neu bauen, sondern ihre eigene Organisation und betroffene Bereiche anderer Abteilungen quasi parallel zum laufenden Betrieb umbauen müssen. Tatsächlich braucht jedes Unternehmen einen individuellen Grundriss, Bauplan und auch Bezugsplan. Nicht nur wegen finanzieller, personeller sowie branchenspezifischer Rahmenbedingungen, sondern insbesondere auch mit Blick auf die strategische Positionierung der Finanzfunktion. Jeder Finanzchef muss in enger Abstimmung mit Aufsichtsrat und Geschäftsleitung einen durchdachten Plan entwickeln, welche Aufgaben sein Bereich künftig auf welcher Etage übernehmen soll. Dadurch dürften sich Grundrisse und Ausstattungsmerkmale des Finanzgebäudes von Unternehmen zu Unternehmen deutlich unterscheiden. Und an diversen Stellen könnten Mieter einziehen, die bestimmte Aufgaben zum Beispiel in Form von Outsourcing übernehmen – Hauptsache, die Leistung steht dem Unternehmen zur gewünschten Zeit in der erwarteten Qualität zur Verfügung.

Eines sollte der Finanzchef bei Grundriss- sowie Ausstattungs- und Zeitplanung allerdings bedenken: Jedes Gebäude ist nur so stabil wie das Fundament, auf dem es steht. Eine Knappheit bei finanziellen und personellen Ressourcen darf nicht zu Pfusch am Bau führen, weil sich das Projekt so intern besser rechnen beziehungsweise verkaufen lässt. Das gilt insbesondere mit Blick auf den wertvollsten Rohstoff, den eine Finanzabteilung verarbeitet: Die Daten. Auf allen vier Etagen, die ein CFO 4.0 im Idealfall beziehen könnte, hängt die effektive wie effiziente Tätigkeit der Beschäftigten oder Dienstleister an der Qualität der ihnen zur Verfügung stehenden Daten. Voraussetzung für die Stabilität des neuen Finanzgebäudes ist, dass die vorhandenen Stammdaten aller Geschäftseinheiten sowie Funktionsbereiche bereinigt und einheitlich aufbereitet werden. Anschließend ist der homogene Datenpool nur noch unter Einhaltung klarer Prozess- und Formatstandards zu füllen. Zwar lässt sich für so eine Datenbereinigung kein Business Case rechnen. Doch an diesem Punkt muss sich der CFO durchsetzen, geht es doch um viel mehr. Zumal der finanzielle Aufwand hierfür meist überschaubar ist. Vielmehr gilt es mangelnde Qualität bei Prozessen, mangelnde Disziplin und nicht genügend konsequente IT Implementierung auszumerzen. Für den fehlenden Willen Probleme an den Wurzeln anzugehen gibt es sowieso keinen einfachen Business Case, da zu vermuten ist, dass dieses Verhalten im Unternehmen dann wohl breitflächiger zu beobachten ist.

**Schnelle Erfolge erleichtern die Finanzierung größerer Folgeprojekte**

Schon vor Beginn des Bauprojekts braucht der Finanzchef also starke Unterstützer. Relativ leicht dürften diese sich in Unternehmen finden lassen, wo Geschäftsleitung und Aufsichtsrat beziehungsweise Kapitalgeber ausreichend für das Thema Digitalisierung sensibilisiert sind. Oder wenn ähnliche Standardisierungen bereits an anderer Stelle erfolgreich laufen. Fehlen entsprechende Erfahrungen, muss der Finanzchef nachdrücklich mit überzeugenden Argumenten um interne Rückendeckung für sein Vorhaben werben. Die Vorteile homogener Stammdaten liegen auf der Hand: Auch ein Vertriebsleiter oder Produktionschef weiß, dass er damit seinen Bereich genauer steuern kann und sich über intelligente Datenanalysen die Umsätze steigern oder die Kosten senken lassen. Jeder Funktionsverantwortliche ist interessiert an besserem Controlling und Informationen, auf deren Basis sich schnell die richtigen Entscheidungen treffen lassen. Oder an Dienstleistungen eines SSCs, die aufgrund der höheren Datenqualität für geringere interne Kosten schneller bessere Auswertungen liefern. Diese Argumente muss der Finanzchef im Ringen um knappe finanzielle Mittel in die Waagschale werfen, damit das neue Finanzgebäude künftig auf einem soliden Fundament homogener Stammdaten steht.

Allein bereinigte und vereinheitlichte Daten machen die Finanzabteilung natürlich nicht besser. Darum sollte der Finanzchef beim Erstellen seines Bauplans darauf achten, dass auch für Außenstehende rasche Fortschritte und Vorteile der Arbeiten zu erkennen sind. Vor allem die permanente Prozessoptimierung im eigenen Tätigkeitsbereich kann er durch den Einsatz gar nicht so teurer digitaler Technologien vorantreiben. Dabei sollte er gezielt Ressourcen in Verbesserungen bei Aufgaben stecken, von denen benachbarte Abteilungen direkt profitieren. Spüren sie die positiven Effekte einer digitalen Transformation die vom Finanzbereich ausgeht, stehen sie ihr aufgeschlossener gegenüber oder unterstützen sie sogar aktiv.

> **Praxisbeispiel: Einsatz eines neuen Audit-Tools zur Revision**
> Dauert eine Prüfung nur noch drei Tage statt zwei Wochen und müssen dafür kaum noch Mitarbeiter aus der Zentrale anreisen, wird für jeden Beteiligten offenkundig: Digitalisierung macht die ganze Sache viel schneller und billiger, zahlt sich also für das Unternehmen insgesamt sowie auch die eigenen Tätigkeiten und Ergebnisse aus.

### Pilotprojekte nur mit überzeugten Bereichsverantwortlichen starten

Parallel zur Prozessoptimierung in seinem Bereich sollte der Finanzchef dann möglichst bald einige Leuchtturm-Projekte starten, bei denen er eng mit anderen Abteilungen zusammenarbeitet und diese durch die Ergebnisse seines Engagements besser macht. Erfolgsentscheidend für derartige Vorhaben sind zwei Punkte: Unterstützer sowie ein gesundes Kosten-Nutzen-Verhältnis. Tatsächlich ist es oft recht schwierig, einen Unterstützer zu finden, der gern in einem Pilotprojekt mit der Finanzabteilung die Vorteile der Digitalisierung ausprobiert. Eine wesentliche Voraussetzung der digitalen Transformation ist nämlich Transparenz bei Zahlen, Zuständigkeiten sowie Prozessen. Schaut der Finanzchef seinen Kollegen tief in die Augen, dürfte er bei so manchem allerdings erkennen, dass dieser an vollständiger Transparenz gar nicht wirklich interessiert ist. Generell sollten Pilotprojekte aber nur dann stattfinden, wenn die Beteiligten voll hinter dem Konzept stehen. Das ist mit Blick auf den Einsatz knapper Finanzmittel ganz wichtig – halbherzig angegangene Pilotprojekte sind nichts anderes als die Verschwendung von Zeit und Geld. Besonders kritisch ist jedoch, dass dadurch das Vertrauen der Stakeholder und des Finanz Teams in die Entwicklungsfähigkeit der Finanzfunktion stark belastet wird.

### 80/20-Lösungen sind besser als die unendliche Suche nach Perfektion

Ebenfalls wichtig unter dem Aspekt der Knappheit von finanziellen und personellen Ressourcen: Leuchtturm-Projekte strahlen insbesondere dann in die Organisation aus, wenn ihr Kosten-Nutzen-Verhältnis stimmt. Daher sollte der Finanzchef auch hier die digitale Transformation mit kleineren, konkreten Veränderungen beginnen, bei denen sich schnell eine Wirkung zeigt. Zum intelligenten Projektmanagement gehört hier auch bewusst auf 80/20-Lösungen hinzuarbeiten, statt die gerade in Deutschland gerne präferierte 100-Prozent-Lösung anzustreben. 100 Prozent der Leistung für 100

Prozent der Kosten – das sollte nur die Devise für das Bereinigen der Daten sein, also das Fundament des neuen Finanzgebäudes. Bei Pilotprojekten reicht es im definierten Zeitraum für 20 Prozent der Kosten 80 Prozent der Leistung zu erhalten. Weitere 80 Prozent der möglichen Gesamtkosten für lediglich 20 Prozent Mehrleistung auszugeben ist kontraproduktiv. Es macht Projekte unnötig langwierig, kompliziert und teuer. Zumal sich gerade beim Digitalisieren stets die Frage stellt, ob man nicht vielleicht doch noch irgendwo eine Funktion oder einen Prozess weiter optimieren könnte. Dies kann theoretisch unendlich so laufen. Um im Bild zu bleiben: Bezieht eine Abteilung ihr Büro im neuen Finanzgebäude, braucht sie natürlich eine vernünftige Büroausstattung. Müssen dort aber sofort höhenverstellbare Schreibtische und lederbezogene Bürostühle mit Massagefunktion stehen? Wäre schön, würde den Bezug der neuen Räume aber sicher teurer machen und vielleicht auch verzögern, ohne ausschlaggebend für die ersten massiven Effizienzsteigerungen zu ein. Manchmal ist weniger eben mehr.

Was also sollte der Finanzchef gerade mit Blick auf knappe Ressourcen tun?

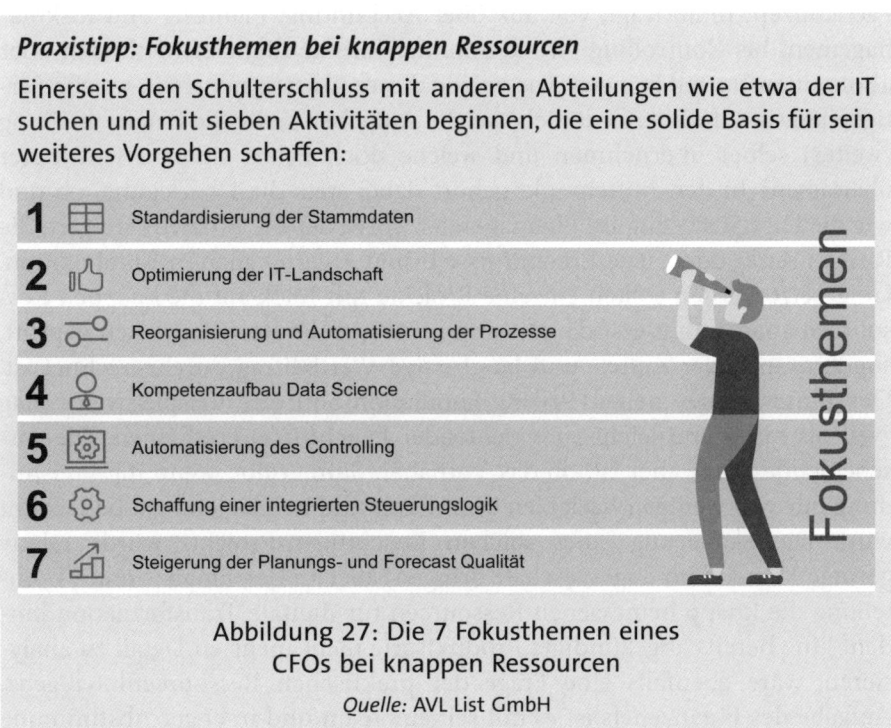

Abbildung 27: Die 7 Fokusthemen eines CFOs bei knappen Ressourcen
*Quelle:* AVL List GmbH

> Und andererseits konkrete, bezahlbare Optimierungen an diversen Stellen forcieren, die schnell sichtbare Ergebnisse der digitalen Transformation liefern. Parallel dazu sollte er auch ausgewählte Leuchtturm-Projekte angehen, die mit spitzem Stift kalkuliert sind und trotzdem eine möglichst hohe Strahlkraft entwickeln indem sie spürbare Verbesserungen bringen. Hüten sollte er sich dabei vor teurem Perfektionismus sowie dem Schaffen zu vieler Inseln, auf denen irgendwann wieder Silos entstehen könnten. Wichtiger ist die rasche Skalierung kleiner, zunächst als Leuchtturm geplanter Verbesserungen. Die mit diesen einzelnen Projekten verbundenen Ergebnis- oder Prozessverbesserungen gilt es offensiv zu kommunizieren, damit sich immer mehr Mitarbeiter für die Digitalisierung begeistern und das Thema ein Momentum bekommt.

### Alle Fachkonzepte im Finanzbereich gehören frühzeitig auf den Prüfstand

Voraussetzung einer vom Finanzbereich ausgehenden, umfassenden digitalen Transformation ist allerdings, dass jede Disziplin im Finanzbereich ihr Fachkonzept hinterfragt, von Tax über Accounting, Planning und Riskmanagement bis Controlling: Wo könnte der Einsatz digitaler Methoden oder Tools einen Vorteil bringen, wie würde dieser Einsatz aussehen, welche Fertigkeiten sind dafür erforderlich, welche Aufgaben sollte die Finanzabteilung (weiter) selber übernehmen und welche doch lieber einem Dienstleister überlassen? In den Mittelpunkt gehört dabei stets die Überlegung, ob und wie die Digitalisierung im Finanzbereich entweder die Effizienz steigert, die Risiken senkt oder neue Erkenntnisse bringt – gerne auch in Kombination. Umgesetzt werden sollten einzelne Projekte mit Blick auf die knappen Ressourcen aber immer erst dann, wenn nicht nur die Realisierbarkeit geprüft, sondern auch der mittel- und langfristige Wertbeitrag durchgerechnet ist. Der Einsatz einer neuen Pricing-Simulation-Software beispielsweise mag zwar als rasch und leicht zu errichtender Leuchtturm erscheinen. Die entscheidende Frage aber ist, ob das Vorhaben Sinn ergibt, wenn die Preisfindung nur von wenigen Variablen beeinflusst und bereits jetzt gut beherrscht wird. Die Skalierung eines solchen Leuchtturm-Projekts würde relativ geringe Vorteile im Tagesgeschäft bringen, aber in der Finanz- und IT-Abteilung die knapp bemessenen Ressourcen für digitale Transformation binden. Eine bereits abgekündigte Produktserie nicht mehr en Detail zu analysieren, wäre ebenfalls eine Frage der praktischen Ressourcenintelligenz. Aufgabe des Finanzchefs ist es mit seinem Team und in enger Abstimmung mit anderen Abteilungen herauszufinden, welche nächsten Schritte zur Digitalisierung mehr Wertbeitrag oder bessere Erkenntnisse versprechen.

Gute Antworten braucht der Finanzchef auch auf die Frage, wer in die einzelnen Etagen und Büros seines neuen Finanzgebäudes einziehen und dort welche Funktionen übernehmen soll. Besondere Brisanz birgt dieses Thema natürlich mit Blick auf Mitarbeiter die ein solides IT-Wissen brauchen, um Prozesse zu verbessern beziehungsweise neue Softwarelösungen zu bedienen. Weil die Digitalisierung ein alle Bereiche von Wirtschaft, Verwaltung und Gesellschaft erfassendes Phänomen ist, buhlen momentan zahllose potenzielle Arbeitgeber um vergleichsweise wenige Fachkräfte wie ERP oder Big Data -Spezialisten. Dieser aktuelle personelle Engpass dürfte Finanzchefs zu einem Mix aus Neueinstellungen, Weiterbildungsangeboten und dem Einsatz externer Dienstleister zwingen. Wichtig ist, die für das eigene Unternehmen und dessen Digitalstrategie passenden Prioritäten zu setzen.

**Digitalisierung erfordert Neueinstellungen, Upskilling und Umstrukturierung**

**Neueinstellungen:** Der Einsatz bestimmter neuer Technologien dürfte ohne das Anheuern ausgewiesener Experten nicht funktionieren. Geht es um Kernfunktionen oder für das Unternehmen strategisch wichtige Themen, muss diese Personalaufstockung sein. Hier gilt es, kreative Lösungen zu finden, damit sich die gefragten Kandidaten für die eigene Organisation entscheiden. Dies könnte beispielsweise bedeuten, dass solche Spezialisten zwar bei einer Finanzabteilung angestellt sind, die am Konzernsitz abseits der Metropolen angesiedelt ist – aber ihren Beitrag tatsächlich per Telearbeit aus dem Home-Office oder einem Büro in einer Großstadt leisten. Vielen Unternehmen dürfte es nämlich schwerfallen, gefragte Digital Natives zu einem Umzug zu bewegen. Vorausschauendes Personalmanagement im Hinblick auf gefragte Qualifikationen betrifft übrigens nicht nur Experten für KI oder Data Analytics, sondern beispielsweise auch den Umstieg von SAP R/3 auf SAP S/4HANA. Und Finanzchefs müssen mit Blick auf die digitale Transformation in ihrem Bereich gut überlegen, in welche der gefragten Spezialisten das knappe Geld am besten investiert wird.

**Upskilling:** Parallel zur Einstellung neuer Experten sollten auch die eigenen Mitarbeiter für den Umgang mit neuen digitalen Technologien qualifiziert werden. Viele Software-Lösungen lassen sich auch von langjährigen Mitarbeitern einsetzen, nachdem diese entsprechende Schulungen erhalten haben. Insbesondere jüngere Beschäftigte betrachten die Digitalisierung nicht notwendigerweise als Bedrohung für ihren Job, sondern sehen darin auch große persönliche Chancen. Wer sie mitnimmt, schafft sich einen gar nicht so kleinen internen Pool möglicher Digitalspezialisten. Nicht jeder hat das Potenzial zum Experten für KI oder Data Analytics. Aber es reicht ja schon, wenn eigene Mitarbeiter künftig beispielsweise auch einen kleineren Roboter programmieren und dadurch z. B. über Robotic Process Automation (RPA) im Rechnungswesen verschiedene Abrechnungen oder Auswertungen nicht mehr manuell erfolgen, sondern dadurch die eigene Prozesseffizienz gesteigert wird.

**Umstrukturierung:** Die Digitalisierung im Finanzbereich sollte auch eine räumliche und inhaltliche Umverteilung bestehender sowie künftiger Aufgaben anstoßen. Neue oder neu gedachte Shared Service Teams etwa könnten mithilfe neuer Technologien und Standards für eine personelle und finanzielle Entlastung der bestehenden Organisation sorgen. Werden bestimmte Aufgaben digital standortübergreifend zusammengefasst erledigt, können sich die Mitarbeiter an anderen Orten auf andere Tätigkeiten konzentrieren und gezielter in diesem Bereich weiterbilden. Auch das Einbinden externer Dienstleister dürfte künftig noch wichtiger werden: Einerseits für die Effizienzsteigerung durch Outsourcing, andererseits für den Zugriff auf Fähigkeiten, die im Unternehmen nicht vorhanden beziehungsweise nicht so schnell zu entwickeln sind.

## Trotz knapper Ressourcen muss der Finanzchef ein Sicherheitsnetz aufspannen

So einfach der Dreisprung aus Einstellungen, Upskilling und Umstrukturierung klingt, so schwierig ist er zu schaffen. Denn der Finanzchef muss natürlich abwägen, wo der Einsatz knapper Ressourcen sich am meisten auszahlt. Dabei geht es allerdings um mehr als nur finanzielle Erwägungen. Die zur digitalen Transformation bereitstehenden Ressourcen sollen einerseits konkrete Projekte ins Rollen bringen, deren schnelle Wertbeiträge der Digitalisierung ein größeres Momentum geben. Andererseits müssen sie aber dazu dienen, eine weitere nachhaltige Digitalisierung zu ermöglichen. Deshalb sind auch interne Kompetenzen und Kapazitäten aufzubauen, die sich nicht sofort in barer Münze auszahlen. Die Data-Governance beispielsweise sollte an einem zentralen Ort mit einem eigenen Team stattfinden, da dies ein strategisch wichtiges Thema ist. Zwar kann ein Dienstleister bei diesem und ähnlichen Themen anfangs unterstützen, aber der Finanzchef sollte für alle wichtigen Projekte einen Ablösepunkt definieren, ab dem das Unternehmen allein und selbstverantwortlich weitermachen kann. Und er sollte für alle Kernkompetenzen im digitalen Bereich eine Personaldecke planen, die das Unternehmen langfristig handlungsfähig hält: Ein Digitalisierungsprojekt darf nicht kollabieren, weil nur ein einziger Experte mit dem Thema betraut und vertraut war, der dann überraschend geht. Insofern braucht der Finanzchef – bei allem Verständnis für die Bedeutung eines effizienten Ressourceneinsatzes – auch Geld und Manpower zum Aufspannen eines personellen sowie organisatorischen Sicherheitsnetz für solche Fälle: Damit die Digitalisierung des Finanzbereichs kein unbeziehbarer Rohbau bleibt.

## 4.3 Ohne CFO-Strategie keine Finance Transformation

Eva Kienle, CFO, KWS SAAT SE & Co. KGaA

**Nicht nur mit Blick auf die Finanzfunktion ist Digitalisierung derzeit vielerorts das beherrschende Thema**

Zahlreiche Unternehmen, Behörden und Institutionen planen den schnellen und weitgehenden Einsatz digitaler Technologien zur Verbesserung ihrer organisatorischen Funktionsfähigkeit oder Leistungserbringung. Manchmal jedoch droht die Perspektive etwas zu verrutschen – wenn die Digitalisierung allmählich zum Selbstzweck wird. Dabei sollte sie meistens lediglich Mittel zum Zweck sein. Nicht nur für die Finanzfunktion, sondern für die Organisation als Ganzes gilt: Der Einsatz digitaler Lösungen allein ist per se kein Garant für eine positive Organisationsentwicklung. Technologie kann helfen, besser zu werden. Doch was genau besser heißt, muss zuerst in Form eines übergeordneten Ziels definiert werden. Dann gilt es, den Weg dorthin zu planen sowie Schritt für Schritt strukturiert zu beschreiten. Nur dadurch ist es möglich, dass digitale Technologie punktuell jeweils so zum Einsatz kommt, wie es der Erreichung konkreter Ziele dient – und sie nicht allein deshalb überall wahllos und unspezifisch genutzt wird, weil sie gerade in Mode ist.

Leider gibt es nicht den einen Knopf, den der Vorstand drücken kann um einen Automatismus auszulösen, der die Organisation wie von Geisterhand effektiver, effizienter, agiler, schlagkräftiger macht. Organisationsentwicklung ist die Kombination einer ehrgeizigen Vision mit harter Arbeit: Erst muss die Führungsebene eine Zielvorstellung definieren, wie ihr Unternehmen wirklich fit für die Zukunft ist. Dann muss sie klären, wie die Transformation ablaufen soll und sicherstellen, dass die dafür benötigten Instrumente bereitstehen sowie die Mitarbeiter dem neuen Kurs überzeugt folgen. Viele zahlengetriebene Wirtschaftsmenschen tun sich mit diesem Prozess schwer. Sie sind es gewohnt alles zu wiegen und zu messen. Aber oft schreiben sie dabei nur Bestehendes in den bekannten Bahnen fort und beziehen reflexartig die neuen, digitalen Technologien ein, ohne traditionelle Strukturen oder Ziele zu hinterfragen. Und wenn sie es tun, wächst angesichts unbequemer Antworten leicht die Angst vor der eigenen Courage, weshalb sie lieber in der Komfortzone verharren. Digitale Technologie kommt zum Einsatz, weil es gut aussieht und sich gerade jeder damit beschäftigt. Echte Veränderungen aber unterbleiben, wenn Entscheidungen nicht auf Basis einer kritischen Bestandsaufnahme sowie einer durchdachten Zukunftsstrategie fallen.

## Neben Organisations- und Prozessdesign und der Auswahl neuer Technologien ist auch Change Management wichtig

Ein neues Zielbetriebsmodell erwächst aus der übergeordneten Unternehmensstrategie sowie der daraus folgenden CFO-Strategie. Sie geben die generelle Richtung und die konkreten Leitplanken für die Route in die Zukunft vor. Damit bilden sie die Grundlagen für die Struktur, das System und die Technologie, mit denen künftig gearbeitet wird. Hierzu gehört auch eine Vorstellung, in welche Richtung sich die Unternehmenskultur und damit die Mentalität der Mitarbeiter entwickeln sollte – ein insbesondere bei größeren Transformationsprozessen für deren Nachhaltigkeit entscheidendes Thema. Das beginnt schon bei der von vielen Beschäftigten gestellten Frage, warum denn überhaupt Veränderungen nötig sind, wenn im Unternehmen aus ihrer Sicht doch alles rund läuft. Zur CFO-Strategie und Umsetzung des neuen Zielbetriebsmodells gehört deshalb nicht nur das Organisations- und Prozessdesign oder die Auswahl neuer Technologien, sondern auch Change Management: In Form einer direkten Beteiligung ausgewählter Mitarbeiter am konkreten Veränderungsprozess sowie ausreichender und gehaltvoller Informationsveranstaltungen oder Schulungen für die Beschäftigten beziehungsweise Betroffenen.

## Ein erfolgreiches Zielbetriebsmodell hat ein hohes Ambitionsniveau

Kein Zielbetriebsmodell entsteht im luftleeren Raum. Es sollte an ambitionierten Zielen orientiert sein, ohne dabei völlig die Bodenhaftung zu verlieren. Darum sollte seine Entwicklung top-down und mit Blick auf die übergeordnete Unternehmensstrategie gemanagt werden, aber immer unter Einbindung von Mitarbeitern in ausführender Funktion. So lassen sich relevante Themen oder potenzielle Stolpersteine in der operativen Praxis entdecken, die die oberste Führungsebene nicht unbedingt kennen muss. Wichtig dabei ist zu unterscheiden zwischen echten „Painpoints" oder anderen Faktoren, die entscheidenden Einfluss auf die CFO-Strategie haben könnten und operativen Allerweltsproblemen, die sich bei Transformationsprojekten quasi im Vorbeigehen lösen lassen. Gutes Beispiel dafür sind Telefon- oder Videokonferenzen, die von vielen Beschäftigten lange abgelehnt wurden. Seit dem Corona-Lockdown steht dieser Art der Digitalisierung nichts mehr im Weg – die meisten Nutzer haben mit dem Pandemie-bedingt erzwungenen Einsatz solcher Lösungen erkannt wie gut sie funktionieren und die Arbeit erleichtern. Derartige vermeintliche Stolpersteine lassen sich oft mit guter Kommunikation und zielgerichteter Schulung überwinden. Sie fallen im Transformationsprozess unter „Mentalität und Unternehmenskultur". Als hilfreich zum Illustrieren der Sinnhaftigkeit von relativ kleinen, aber heiß diskutierten Veränderungen erweist sich immer wieder eine überzeugende Antwort auf die schlichte Frage: „Und was habe ich davon?" Videokonferenzen etwa ersparen den Mitarbeitern lange Anreisen zu oft kurzen Konferenzen – und viele erkennen darin ziemlich schnell einen Gewinn an (Arbeits-)Lebensqualität.

## Intensive Umfeldanalyse und regelmäßige Brainstorming-Sessions legen die Basis für die neue Unternehmensstrategie

Was theoretisch klingt bildet die Grundlage dafür, dass sich KWS seit längerem mitten in der Transformation zu einem neuen Zielbetriebsmodell befindet. Die Diskussion darüber wurde schon 2015 mit dem Beschluss der neuen Unternehmensstrategie angestoßen, die Umsetzung startete 2017 und soll 2022 beendet sein. Zwar ist das Unternehmen in der komfortablen Situation mit einem relativ langfristig angelegten Geschäftsmodell und Produktportfolio zu arbeiten: In der Pflanzenzucht dauert die Entwicklung einer neuen Sorte schon mal sieben Jahre. Deshalb lassen sich große Transformationen in einem größeren Bogen denken. Aber letztlich kommt es immer darauf an, erstens die richtigen Fragen zum richtigen Zeitpunkt zu stellen, zweitens die richtigen Antworten zu finden und ihnen drittens Taten in Form eines Transformationsprojektes folgen zu lassen. Bei KWS stellen sich Geschäftseinheiten und Funktionsbereiche bei der regelmäßigen Überprüfung ihrer aktuellen Position und möglicher Herausforderungen die gleichen Fragen wie überall: Wo stehen wir und wo wollen wir wie schnell hin? Was kostet das, was brauchen wir dafür, wovon müssen wir uns dafür verabschieden? Aus den Antworten ergibt sich der transformatorische Weg den die Organisation beschreiten muss um erfolgreich zu bleiben.

> *Praxisbeispiel: Der Weg zur Strategie des Betriebsmodells bei KWS*
> Die KWS-Unternehmensstrategie von 2015 entstand in diversen Diskussionsrunden vor allem auf erster und zweiter Führungsebene. Einer intensiven Umfeldanalyse folgten regelmäßige Brainstorming-Sessions mit einem ausführlichen Ideen-Pingpong, um die grundsätzliche Richtung der strategischen Weiterentwicklung sowie wichtige Leitplanken festzulegen. Darin gingen auch Anregungen ein, die sich aus Gesprächen mit den Business Units oder Fachabteilungen über mögliche Veränderungen ergaben. Dieser iterative und herausfordernde Prozess zog sich über einen Zeitraum von rund neun Monaten und bedurfte vieler Einzelgespräche.

> Ein Ergebnis: Die regionale und heterogene SSC-Organisation bei KWS wird dahingehend verändert, dass die Backoffice-Funktionen für alle globalen Einheiten künftig standardisiert und zentralisiert erbracht werden, damit die weitere Effizienzsteigerung und Digitalisierung dieser Bereiche das Geschäft in den jeweiligen Märkten massiv beschleunigen und besser bei Wachstum und Ertragssicherung unterstützen können.

**Project GLOBE: Business Units ohne eigene Verwaltung sind agiler – künftig liefert ein zentrales Backoffice die benötigten Services**

Das künftig zentrale Backoffice soll als globaler Dienstleister für die Business Units fungieren. Es soll strukturell in der Lage sein ein im Vergleich zu früher aus räumlicher, zeitlicher und produktbezogener Perspektive heterogenes Wachstum souverän unterstützen zu können. Gleichzeitig soll auch das neue Backoffice selbst künftig von den mit der geplanten Zentralisierung und Standardisierung verbundenen Skaleneffekten profitieren, sprich effektiver und effizienter werden. Ein wichtiger Teil der neuen CFO-Strategie ist dabei das „Projekt GLOBE (Global Business Excellence)". Damit soll die Gruppenstruktur bis 2022 so weiterentwickelt werden, dass die Support-Prozesse der KWS-Gruppe gebündelt sind und deren Führungsorganisation weltweit funktionsorientiert ist, aber zugleich eben auch streng prozessual strukturiert. Das betrifft insbesondere den Finanzbereich, wo der Einsatz digitaler Lösungen bei gleichzeitiger Standardisierung im Rahmen der neuen Struktur viele Verbesserungen verspricht. Es hat aber auch organisatorische Auswirkungen bis in die letzten Ecken des Unternehmens, denn beim „Projekt GLOBE" geht es um folgende Punkte:

> *Kernziele von Projekt GLOBE*
> - Stärkere Fokussierung der Business Units auf das operative Geschäft
> - Weitere Professionalisierung der Support-Prozesse
> - Aufhebung der Reibungsverluste zwischen Corporate Functions und SSC
> - Standardisierung und Digitalisierung von Routineprozessen
> - Nachhaltige Effizienzsteigerung durch eine Reduzierung der Holding

Die neue CFO-Strategie soll also dazu dienen, das Backoffice einem intensiven Transformationsprozess mit dem Ziel zu unterziehen, dass es die operativen Schnellboote effektiv und effizient dabei unterstützen kann das Umsatzwachstum sowie die Ertragssteigerung zu beschleunigen. Das erforderte zunächst Antworten auf diverse Fragen.

**Ist-Zustand:** Wie schneidet die aktuelle KWS-Organisation im Vergleich mit der Idealvorstellung ab und welche vorrangigen Fragen sind zu adressieren? Ist die Struktur geeignet um die Kernfunktionen zu erfüllen? Existieren effektive Prozesse und Systeme für eine effiziente Umsetzung mit hoher Qualität? Haben die Mitarbeiter die erforderlichen Fähigkeiten für veränderte Aufgaben? Fördert oder behindert die momentane Einstellung der Beschäftigten und der Organisation als Ganzes eine effektive Zusammenarbeit bei der Unterstützung der Kernfunktionen?

**Zieldefinition:** Wie sieht die KWS-Organisation im Idealzustand aus, um optimal die Zielsetzungen aus der Strategischen Planung 2015 in einem Portfoliomanagement-Ansatz der Geschäftsfelder zu erfüllen?

**Veränderungsbedarf:** Welche konkreten Maßnahmen sind erforderlich und wie kann die KWS-Organisation dem angestrebten Idealzustand möglichst nahekommen?

## Zentrales Transaction Center und klar strukturierte Center of Excellence statt sich überlappender Zuständigkeiten

Eingang in die Entwicklung der neuen CFO-Strategie fanden Informationen aus diversen Quellen. Besonders wichtig war natürlich die Gegenüberstellung der bestehenden Prozesse und Strukturen mit der Idealvorstellung wie der zentrale Service aufgestellt sein soll. Im alten Organigramm überschnitten sich an den verschiedensten Stellen die unterstützenden Prozesse in regionalen Backoffices, die Kernprozesse in Business Units sowie Holdingfunktionen. Beseitigen sollte das ein zentrales Transaction Center für die konzernweit standardisierte Prozessabwicklung. Zur Bearbeitung spezieller Themen wie Finance, Einkauf oder Controlling, sollten klar voneinander getrennte Fachbereiche entstehen, die ohne permanente inhaltliche Überlappung ebenfalls zentral für alle Konzernbereiche den jeweiligen Service liefern (siehe Abbildung 28).

Eine Kernvorgabe für die neue Struktur lautete daher: Insbesondere durch Minimierung der Schnittstellen muss klar sein wer wofür die Verantwortung („accountability") hat. Wer ist also Policy Maker, wer Prozessgestalter, wer ergebnisverantwortlich („accountable"), wer leistungsverantwortlich („responsible")? Zur Formulierung des Zielbetriebsmodells wurden ergänzend Ergebnisse alter Umfragen zu Herausforderungen in den bis dato existierenden SSCn der Regionen genutzt. Zudem existierten Beschreibungen wie sich interne Kunden in den Business Units eine Verwaltungsorganisation vorstellen, die sie jederzeit wirkungsvoll unterstützt. Aus diesen Informationen und generellen Zielvorstellungen ergaben sich das klar defi-

## 4.3 Ohne CFO-Strategie keine Finance Transformation

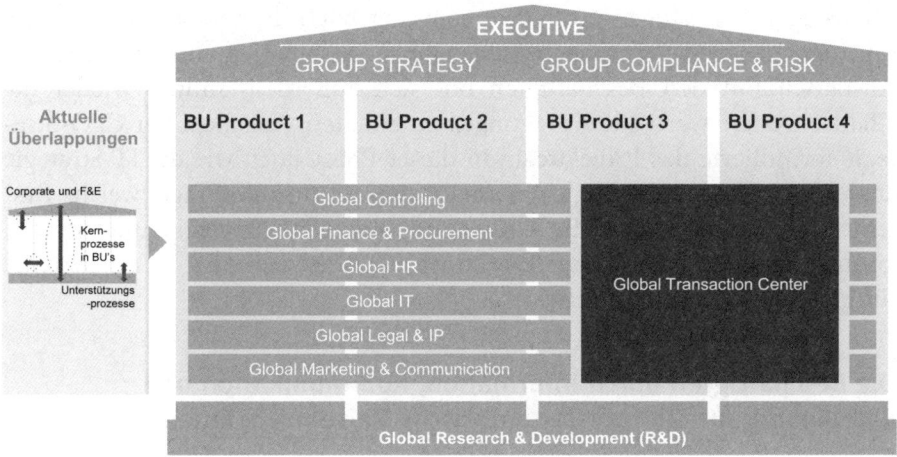

Abbildung 28: KWS Organisationsstruktur

*Quelle:* KWS Saat

niertes Zielbetriebsmodell sowie der grundsätzliche Handlungsbedarf wie und wo die Organisation transformiert werden muss.

### Gesamtstrategie wird auf die einzelnen Fachbereiche runtergebrochen

Auf dieser Basis widmete sich ein Team mit Managern aus allen betroffenen Bereichen der Frage wie die Fachstrategien für die jeweiligen Aufgabenbereiche aussehen sollten. Dafür gab es eine funktionsübergreifende Diagnose mit der Analyse der als vorrangig identifizierten funktionsübergreifenden Themen. Per funktionaler Diagnose wurden außerdem anhand bestimmter Review-Fragen neun Schlüsselfunktionen der Backoffice-Organisation untersucht: Personal, Finanzen, Controlling, Einkauf, IT, Strategie, Marketing & Kommunikation und Legal & Compliance. Das Projektteam kombinierte für die Bestandsaufnahme und das Feintuning des Modells fünf Herangehensweisen: Es nahm eine synthetische Voranalyse des aktuellen Organisationsmodells vor, führte Interviews mit rund 50 Stakeholdern, bildete Strukturen, Verantwortlichkeiten sowie die Besetzung von Schlüsselpositionen ab, beschäftigte sich mit Benchmarks zu funktionsspezifischen beziehungsweise -übergreifenden Themen und nutzte Workshops zur Diskussion der Ergebnisse und zur Entwicklung von Vorschlägen. Ein Jahr lang gingen regelmäßig Statusmeldungen der Arbeitsgruppe zur Konzernführung. Gab es Ergebnisse, wurden die Betroffenen informiert, um sie zu präsentieren. Wichtig war manchmal auch die schnelle Reaktion auf Gerüchte, um den

Mitarbeitern die Angst etwa vor einem angeblich drohenden Outsourcing und dem deshalb vermuteten Stellenabbau zu nehmen. Im permanenten Austausch mit den Beschäftigten bot sich außerdem immer wieder die Chance weitere wertvolle Anregungen zu erhalten. Aus Sicht der CFO-Strategie formulierte das Projektteam in dieser Phase auch wie die IT-Strategie aussehen sollte – hier ging es erstmals konkret um die Frage, welche Systeme und Technologien die Umsetzung der CFO-Strategie unterstützen könnten, etwa in Form neuer Workflow-, Self-Service- und Ticket-Systeme für global nutzbare Plattformen.

**Die Beschäftigten durch Information, Kommunikation und Beteiligung auf die transformatorische Reise mitnehmen**

Kennern der Materie dürfte die fachliche Richtung der CFO-Strategie bei KWS verständlich, nachvollziehbar und gut begründet erscheinen. Viele Konzerne denken derzeit in ähnliche Richtungen: Die Holding verschlanken und die Organisation klar strukturiert aufstellen; transaktionale Prozesse konzernweit standardisieren, vereinfachen und möglichst automatisiert über ein zentrales SSC abwickeln; die Kompetenz für fachliche Themen in einem zentralen Center of Excellence konzentrieren, das allen Geschäftseinheiten oder Bereichen zuarbeitet und auch bei komplexen Fragestellungen idealerweise konzernweit geltende Standards definiert; Business Partner etablieren, die als Scharnier zwischen Backoffice-Funktionen sowie Business Units fungieren und die Geschäftsverantwortlichen so gut unterstützen, dass diese sich auf das Kerngeschäft fokussieren können. So kann das Unternehmen die Kosten senken, die Qualität erhöhen, die Innovationskraft stärken und die Reaktionsfähigkeit verbessern. Bei KWS ist dies aber nur ein Teil der CFO-Strategie – quasi der Plan, welche Strukturen und Prozesse entstehen, welche Arbeiten wie erledigt und welche Technologien dafür genutzt werden sollen.

Ebenfalls zur CFO-Strategie gehört ein Plan, wie sich die Mitarbeiter auf die transformatorische Reise mitnehmen lassen. So mancher Fachterminus ist für sie zunächst ein Begriff ohne Bedeutung – unter Skalierung etwa können sich viele nichts vorstellen. Doch erst das Verständnis für die Bedeutung eines Wortes und des dahinterstehenden Konzepts versetzt Menschen in die Lage, Anweisungen nicht nur blind zu folgen, sondern ihren Sinn zu erkennen und Arbeitsschritte daher bewusst auszuführen. Oder sie mit ihrem neuen Verständnis bestenfalls sogar kritisch zu hinterfragen und so den Anstoß zu weiteren Verbesserungen zu geben.

> **Praxistipp: Change Management als wesentliche Komponente der Transformation**
>
> Ein Teil der Transformation sollte deshalb immer sein, den Beschäftigten die grundsätzlichen Ziele und praktischen Auswirkungen der bevorstehenden Veränderungen nachvollziehbar zu erklären, also quasi die im Managementduktus formulierte CFO-Strategie zu übersetzen in konkrete Veränderungen der Aufgaben und Anforderungen am jeweiligen Arbeitsplatz. Zusätzlich sollten die Betroffenen natürlich in Form von Trainings oder Schulungen mit dem Einsatz neuer Technologien vertraut, für ihre künftigen Aufgaben fit gemacht sowie zugleich in die Pflicht genommen werden das alles ernst zu nehmen – falls nötig durch eine Kombination von Zuckerbrot und Peitsche.

## Transformationen benötigen ihre Zeit und müssen verinnerlicht werden

Für die grundsätzliche Kommunikation der anstehenden Veränderungen sah die CFO-Strategie zum Change Management bei KWS unter anderem Townhall Meetings und Marktplätze vor. Alle Mitarbeiter erhielten bei diesen Gruppenveranstaltungen ausführliche Informationen zum Ablauf und den Zielen der Transformation. Wichtig dabei war, nicht nur den großen Rahmen vorzustellen, sondern auch vermeintlich kleine, aber für die Betroffenen wichtige Neuerungen zu erklären und eine positive Perspektive aufzuzeigen. Beispiel Reisekostenabrechnung: Wenn ein Mitarbeiter sie jetzt selbst machen muss, fürchtet er mehr Verwaltungsaufwand. Tatsächlich ist der Aufwand beim direkten Abrechnen über eine Softwarelösung eher geringer als die bisherige Vorgehensweise, Quittungen auf Papier zu kleben und fein sortiert bei der Sekretärin oder der Buchhaltung abzugeben. Außerdem ist die Rückerstattung der Auslagen im neuen System deutlich schneller auf dem Konto des Reisenden. Der Sekretärin wiederum muss die Furcht genommen werden, dass die digitale Reisekostenabrechnung ihren Arbeitsplatz gefährdet. Ihr sollten gleich neue, idealerweise auch anspruchsvollere Aufgaben in Aussicht gestellt werden – etwa die Pflege der Webseite oder der Einsatz als Teamassistenz.

Diese Art der Kommunikation und Motivation zur Unterstützung der Transformation gilt für alle Ebenen und Funktionen. Selbst im Finanzbereich sitzen viele Mitarbeiter, die sich vielleicht nicht besonders für die Feinheiten einer neuen Steuer- oder Finanzierungsstrategie interessieren, aber hellhörig werden, wenn es um den Aufbau einer zentralen Transaktionsplattform oder mehr Automatisierung geht. Um ihnen die Angst vor der

Veränderung zu nehmen, sollte bei der Vorstellung der CFO-Strategie erklärt werden, welches Potenzial für ihre persönliche Entwicklung mit der bevorstehenden Transformation verbunden ist. Insbesondere im zentralen Transaction Center sowie auch in einem der Center of Excellence können die Mitarbeiter anspruchsvollere Aufgaben oder sogar die Verantwortung für relevante Teil-Prozesse übernehmen. Mit der glaubwürdigen Vermittlung solcher Perspektiven bekommt man das Buy-In der Mitarbeiter, ihre Unterstützung für die beschlossenen Veränderungen.

**Wer die Verantwortung für einen End-to-End-Prozess übernimmt, muss künftig das Gesamtergebnis im Blick haben**

Bis solche Veränderungen durch die Organisation hinweg umfassend gelebt werden, braucht es eine gewisse Zeit. Die Mitarbeiter müssen neue Aufgaben und Prozesse nicht nur verstehen und unterstützen, sondern verinnerlichen. Deshalb sollten sie beispielsweise über ein halbes oder ganzes Jahr hinweg immer wieder die Möglichkeit erhalten ihre Kenntnisse und Fähigkeiten für die neuen Themen aufzufrischen – so lange kann es dauern bis manche Routinen eingespielt sind. In diesem Zusammenhang sollte ihnen aber gleichzeitig klar gemacht werden, dass mit mehr Verantwortung mehr Verantwortlichkeit einhergeht. Bei den Reisekosten ist das leicht: Nutzt jemand die neue Softwarelösung nicht, gibt es kein Geld. Im Rahmen der CFO-Strategie sollte aber feststehen, wie auf Probleme zu reagieren ist, die sich auf andere Beteiligte oder die ganze Organisation auswirken. Wer etwa einen Job hat, der durch die Verantwortung für einen End-to-End-Prozess aufgewertet wurde, muss dafür sorgen, dass dieser Prozess auch in seiner Abwesenheit funktioniert. So zum Beispiel für Eingangsrechnungen. Dort gilt es etwa eine Vertretung zu organisieren die Eingangsrechnungen während des Urlaubs freigibt, damit Lieferanten nicht lange auf ihr Geld warten oder Zahlungsziele verfehlt werden.

Funktioniert das nicht wird das Problem bei KWS schnell und direkt angesprochen. Klappt es weiterhin nicht wird der Fall je nach Thema zeitnah etwa im Service Management Council auf Ebene der Regionalleiter oder unter Businesspartnern behandelt. Das wäre dann die Peitsche der Konsequenzen, weil das Zuckerbrot der zusätzlichen Verantwortung den betreffenden Mitarbeiter nicht dazu motiviert hat sich auch verantwortlich zu fühlen.

## Bei der Digitalisierung schnell für konzernweit einheitliche Lösungen sorgen, damit die Zentralisierung funktionieren kann

Ebenfalls wichtig ist für die CFO-Strategie der differenzierte Blick auf das Thema Technologie. In der Phase der Strategiefindung geht es darum die verfügbaren Lösungen zu kennen und mit diesem Wissen immer wieder zu hinterfragen, ob durch ihren Einsatz vielleicht sogar das Erreichen neuer Ziele möglich ist, von denen früher niemand zu träumen wagte. Aber ein eventueller Strategiewechsel darf nicht nur erfolgen, weil jetzt neue Technologien verfügbar sind. Beim Planen von Strukturen und Prozessen sollte dann natürlich genau die Technologie zum Einsatz kommen, die die besten Ergebnisse verspricht. Hier dürfte die Digitalisierung auch organisatorisch einen großen Schritt nach vorne bringen. In der Realisierungsphase ist dann jedoch darauf zu achten, dass die neuen Technologien konzernweit stringent eingesetzt werden und keine Insellösungen entstehen. Will sagen: Manche technischen Veränderungen sollten vielleicht für eine spätere Phase der Transformation geplant werden, wenn global die Basis dafür existiert und alle Einheiten gleichzeitig umstellen können. Andere Veränderungen dagegen sollten möglichst früh stattfinden, etwa wenn in manchen Ländern die Zuarbeit aus Vorsystemen noch überwiegend manuell erfolgt, weil beispielsweise die Eingabe von Lieferscheinen nicht digitalisiert ist. In solchen Fällen empfiehlt es sich zunächst die betreffenden Prozesse zu digitalisieren, um die Arbeitsweise auf Konzernniveau zu heben – und erst dann die jetzt standardisierten Prozesse auf einen Schlag ins zentrale Transaction Center zu überführen.

## Der Blick in die Zukunft

Und schließlich gilt es auch immer die Zukunft im Blick zu haben: Da in vielen Unternehmen der Umstieg auf die Digital Enterprise Plattform SAP S/4HANA in Planung ist, sollten die damit verbundenen Anforderungen natürlich schon jetzt in der CFO-Strategie ihre Berücksichtigung finden. Bei KWS werden sie teilweise schon genutzt, um Anforderungen an Systeme und Lösungen zu definieren und damit Konzepte zukunftsfähig zu machen die schon vor dem Umstieg auf SAP S/4HANA realisiert werden, aber natürlich auch zu der künftigen Digital Enterprise Plattform passen müssen. Fällt bei der laufenden Transformation auf, dass beispielsweise in Landesgesellschaften etwas nicht mit SAP S/4HANA kompatibel wäre, gehört es auf den Merkzettel mit jenen Nacharbeiten die fällig sind sobald die derzeitige Transformation erfolgreich abgeschlossen ist und die neue Digital Enterprise Plattform eingeführt werden soll.

## 4.4 Transaktionale Exzellenz durch digitalisierte End-to-End-Prozesse

Achim Beisswenger, vormals Vice President Financial Accounting, ProSiebenSat.1 Media SE

Wer transaktionale Exzellenz erreichen will, muss die Realitäten anerkennen. Dies gilt auch für Transformationsprozesse durch Digitalisierung. Viele Konzerne würden am liebsten eine One-ERP-Lösung installieren, in der alle Unternehmensbereiche und Geschäftseinheiten weltweit nach gleichen Standards und mit den gleichen Prozessen arbeiten. So ließe sich die Digitalisierung perfekt vorantreiben. Tatsächlich lässt sich aber bei verhältnismäßigem Ressourceneinsatz weder die vollintegrierte ERP-Lösung kurzfristig realisieren, noch gibt es den einen Königsweg zur durchgängigen Prozessautomatisierung – schon darum, weil viele Unternehmen kaum in der Lage sind, alle externen Partner zur Anwendung ihrer Prozessvorgaben zu motivieren.

Rechnungen etwa dürften auf längere Sicht kaum zu 100 Prozent in einem einheitlichen elektronischen Format eingehen, weshalb weiterhin Varianten bei der Rechnungsverarbeitung erforderlich bleiben. Insbesondere bei der Digitalisierung der Finanzfunktion ist es darum wichtig, nicht alleine auf eine One-ERP-Lösung zu setzen, sondern schon jetzt einerseits die Prozessautomatisierung etwa via SAP so gut wie möglich zu forcieren.

Andererseits geht es darum eben auch Technologien außerhalb der Kernlösung zur kontinuierlichen Verbesserung der End-to-End Prozesskette zu nutzen und sie optimal einzubinden. Dies gelingt mit einem Blick auf das stetig größer werdende Angebot digitaler Tools, bei dem dann beispielsweise Robotic Process Automation (RPA) in den Fokus gerät. Wichtig ist dabei eine klare Zielvorgabe, wie und wohin sich der Finanzbereich durch den Einsatz digitaler Technologien entwickeln soll – nicht nur technisch, sondern vor allem inhaltlich, als wesentliche Unternehmensfunktion, die als interner Dienstleister mit eigener Identität und Methodik den Transformationsprozess des gesamten Unternehmens unterstützt.

**Projekt: Digital Accounting Agenda 2020**

Im Mittelpunkt des Projekts „Digital Accounting Agenda 2020" bei ProSiebenSat.1 stand deshalb zunächst ein klares Bekenntnis, welche Richtung und welche Schwerpunkte der verstärkte Einsatz digitaler Technologie im

Accounting haben soll. Insbesondere das Financial Accounting als interner Dienstleister für rund 60 Gesellschaften, so ein Ziel, sollte noch effizienter und kundenfreundlicher agieren. Schließlich sind potenzielle Kunden – da kein Kontrahierungszwang besteht – nicht verpflichtet, das Accounting SSC zu nutzen. Sie sollten es freiwillig tun – idealerweise aus der Überzeugung heraus, dort neben einem marktgerechten Preis-Leistungsverhältnis für sämtliche transaktionsbasierten Accounting-Prozesse bis zur Abschlusserstellung auch höchstmögliche Compliance und hochwertigen Input für geschäftliche Entscheidungen zu bekommen. Zudem war allen Beteiligten klar, dass das Accounting SSC nicht nur seine klassischen Aufgaben laufend weiter verbessern muss, sondern sein Angebotsspektrum auch hinsichtlich der Entscheidungsunterstützung – etwa durch Realtime Finanz-Dashboards oder Predictive Analytics – verbreitern und die Prozessoptimierung durch Automatisierung entlang der gesamten Prozesskette vorantreiben sollte.

### „Digital Accounting Agenda 2020": 360-Grad-Blick auf Accounting

Diese Zieldefinition erfolgte mit einem erweiterten Blickwinkel. Bei der Entwicklung der „Digital Accounting Agenda 2020" ging es von Anfang an nicht nur um Technologie. Wer bei der Überschrift Digitalisierung nämlich ausschließlich an Hard- und Software denkt, übersieht wesentliche Facetten des Themas und scheitert dementsprechend in der Umsetzung oft an Herausforderungen, die man durch eine verengte Perspektive nie als solche erkannt hätte.

Ziel war also nicht allein neue Technologien kennenzulernen sowie mögliche Einsatzbereiche für bestimmte technische Lösungen zu identifizieren.

Vielmehr ging es darum, einen 360-Grad-Blick darauf zu werfen, wie das Accounting derzeit funktioniert und die einzelnen Beteiligten miteinander arbeiten. Zu überlegen in welche Richtung sich die Arbeit verändern müsste um als SSC die Kunden noch besser unterstützen zu können. Herauszufinden, wie sich dafür die Prozesse und Strukturen optimieren lassen könnten und welche Potenziale dabei der Einsatz digitaler Technologie bietet. Genau zu analysieren was dies für die Beschäftigten bedeuten würde. Denn Digitalisierung ist kein Selbstzweck, sondern Mittel zum Zweck, um – unter Einbeziehung der Mitarbeiter – ein klar definiertes Ziel zu erreichen.

Vor der Frage nach sinnvollen Schritten zur Digitalisierung stand also zunächst die Entwicklung einer Vision (siehe Abbildung 29) für den gesamten Accounting-Bereich und die Einschätzung des Reifegrades von Accounting als Unterstützungsfunktion. Sehr wichtig waren dabei Interviews mit Kunden, um ihre Erfahrungen mit und Erwartungen an das Accoun-

*In 2020, Accounting will be a customer-centric, growth enabling, and agile function. Accounting will be a vital partner and pioneer for (digital) projects, ensuring 100% compliance, providing efficient & high-quality services, and empowering the best Accounting talents.*

**Customer & Growth Focus**      **Functional Excellence**      **Empowered Employees**

Abbildung 29: Accounting Vision und Projektziele

*Quelle:* ProSiebenSat.1 Media SE

ting-Team herauszuarbeiten. Ergänzt wurden diese Gespräche durch eine Analyse des Status quo in den drei strategischen Bereichen von Accounting:

(1) Customer & Growth Focus,
(2) Functional Excellence und
(3) Empowered Employees.

Erst dann folgte die Frage, welche digitalen Lösungen derzeit am Markt verfügbar sind, welche davon wirkliche Vorteile versprechen, was ihr Einsatz dem Unternehmen konkret bringen könnte. Hier, wie später auch bei der Umsetzung konkreter Projekte, kamen verstärkt agile Methoden wie Design Thinking, Lean Start-Up, Kanban und Scrum zum Einsatz – mit ihrer Hilfe lassen sich neue (Denk-)Ansätze finden, kontinuierlich Verbesserungen in laufende Entwicklungen einbauen, Projekte besser managen und Lerneffekte schneller in die praktische Arbeit bringen.

### Die Bandbreite der digitalen Tools reicht von MS Office über RPA bis zu Cloud-Applikationen

Ein Ergebnis der Überlegungen: Es geht nicht nur um mächtige Tools wie beispielsweise SAP. Zwar gehörte zu den schnell und erfolgreich umgesetzten Projekten im Rahmen von „Digital Accounting Agenda 2020" die vollständige Digitalisierung der Reisekostenabrechnung mit SAP Concur innerhalb von 3 Monaten. Aber auch der gezielte Einsatz vorhandener Funktionalitäten aus der MS Office 365 Suite wie MS Excel, MS Forms oder Power Automate (Workflow-Tool) kann die Standardisierung und Automatisierung in Verbindung mit Robotic Process Automation (RPA) vorantreiben. Und die Cloud spielt nicht nur eine wichtige Rolle weil dort zahlreiche Lösungen verfügbar sind, die sich über einfache Schnittstellen mit bestehenden Lösungen kombinieren lassen, sie zwingt die Nutzer auch per se zur Standardisierung.

Nicht zu vergessen ist zudem die Frage, ob man wirklich alles selbst machen muss. Deshalb wurden bereits im Vorfeld des Projekts auch manche internen Tätigkeiten gestrichen oder outgesourct – das Einscannen und Konvertieren von Rechnungen in ein strukturiertes, maschinenlesbares Datenformat beispielsweise können Dienstleister oft besser und billiger.

Schließlich gilt es zu überlegen, wie Digitalisierung den Mitarbeitern der eigenen Abteilung sowie den internen Kunden unter anderem das Abrufen von Informationen oder das Nutzen von Services erleichtert – zum Beispiel mithilfe übersichtlicher Dashboards, intuitiv bedienbar und individuell konfigurierbar. Oder über Self-Service-Center wo der Nutzer selbständig wichtige Formulare finden oder Dokumente hochladen kann. Aus solchen Überlegungen entstand mit Blick auf mögliche prozessuale Verbesserungen, unter anderem durch den Einsatz digitaler Technologien, schließlich eine Roadmap für den Weg zu „Digital Accounting 2020".

Das Ziel: künftig agiert das Accounting maximal kundenzentriert, Prozesse und Leistungen werden stets aus Sicht interner Kunden gedacht und erbracht. Als Pionier beim Einsatz digitaler Technologie arbeitet es agil. Das Accounting versteht sich als interner Partner, dessen hocheffiziente Prozesse und erstklassige Dienstleistungen die operativen Geschäftseinheiten

DIGITAL ACCOUNTING AGENDA

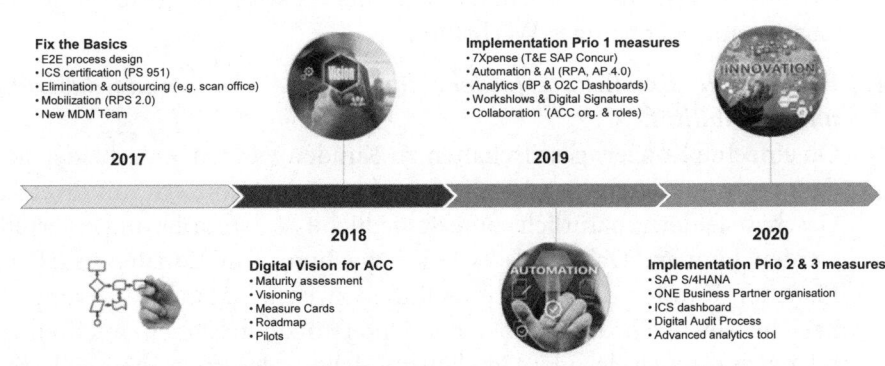

Abbildung 30: ProSiebenSat.1 Media SE Digital Accounting Agenda 2020

*Quelle:* ProSiebenSat.1 Media SE

optimal dabei unterstützen mehr Wachstum zu generieren. Dies erfordert jedoch – zusätzlich dazu, dass die komplette Organisation digital ertüchtigt und insgesamt agiler wird – ein neues Denken in drei wesentlichen Dimensionen.

*(1) Kunden und deren Wachstum stehen im Mittelpunkt.*
Kunden beurteilen die Qualität eines Service stets aus einer End-to-End Perspektive. Das nutzerfreundlichste Tool zur Rechnungsfreigabe kann keinen Mehrwert liefern, wenn der IT-Zugang zu eben diesem Tool nicht störungsfrei arbeitet. Deshalb sind andere Strukturen sowie Prozesse gefragt, als bei rein aus Sicht der einzelnen Fachabteilungen organisierten Prozessen. Abläufe werden vom Anfang bis zum Ende betrachtet und so verändert, dass der Kunde in einem optimalen End-to-End-Prozess mit möglichst geringem persönlichem Aufwand schnell das gewünschte Ergebnis erhält. Er muss sich nicht in umständliche Vorgehensweisen hineindenken, die vielleicht aus Sicht des Accounting sinnvoll sind, ihn aber Zeit und Nerven kosten. Über One-Stop-Shop-Lösungen, wie beispielsweise einem integrierten Portal für HR- und Accounting-Services, erhalten die Kunden ein Komplettangebot, dass sie möglicherweise etwas mehr kostet, ihnen aber auch erheblich mehr Nutzwert bietet – und damit seinen Preis wert ist. In letzter Konsequenz wird der Finanzbereich – weil seine Mitarbeiter künftig unternehmerischer denken und agil handeln – zum Sparringspartner der Kunden in den einzelnen Geschäftseinheiten. Mit seinen Daten und Analysen unterstützt der Finanzbereich aktiv Entscheidungsprozesse (z. B. durch Support beim aktiven Cash-Management) oder kann Business-Konzepte auf dieser Faktenbasis fundierter hinterfragen. Beides ist zum Vorteil des Unternehmens, denn nur der gezielte Einsatz wertvoller Ressourcen für tatsächlich zukunftsträchtige Projekte birgt die Chance auf nachhaltiges Wachstum.

*(2) Funktionale Exzellenz erfordert die Balance von Standardisierung und Flexibilität.*
Ob einzelne Konzerngesellschaften zu Kunden werden, entscheidet sich daran wie gut deren individuelle – und in einem Konzern mit diversen Geschäftsfeldern natürlich unterschiedliche – Anforderungen erfüllt werden können. Daher gilt es zur Erreichung funktionaler Exzellenz für jeden Kunden die Balance zu finden zwischen Standardisierung einerseits sowie Flexibilität bei der Unterstützung schnell wachsender oder sich rasch ändernder Geschäftsmodelle andererseits. Nur so lassen sich insbesondere mithilfe der digitalen Technologien gleichzeitig Effizienzpotenziale wie auch Wachstumschancen erkennen und bestmög-

lich nutzen. Es gibt nicht notwendigerweise die eine funktionale Exzellenz, sondern für einzelne Geschäftsbereiche oder Prozesse diverse Varianten, die mit ihren individuellen Eigenheiten optimal der Kundenorientierung oder Wachstumsbeschleunigung dienen. Die Kunst ist, standardisierte Elemente so zu kombinieren, dass ein stimmiges und beherrschbares System entsteht. Voraussetzung hierfür sind unter anderem die Trennung transaktionaler von anderen Prozessen sowie die Schaffung einer Bibliothek mit mehrfach nutzbaren standardisierten Prozess- und IT-Modulen.

*(3) Mitarbeiter sind die Basis des Transformationserfolgs.*
Ohne hochmotiviertes Engagement der Angestellten dürfte auch künftig so manches Digitalisierungsprojekt scheitern.

Nur der zum Handeln befähigte und mit mehr Entscheidungsbefugnis ausgestattete Mitarbeiter wird insbesondere beim Einsatz digitaler Technologien künftig richtig Spaß an seiner Tätigkeit haben, statt sich der Technik ausgeliefert zu fühlen oder sogar um seinen Job zu fürchten, den bald vermeintlich komplett eine Software übernehmen könnte. Um solche Ängste zu beseitigen ist eine Veränderung der Wahrnehmung neuer Technologien und des individuellen Arbeitsumfelds erforderlich. Die Mitarbeiter sollten in die Lage versetzt werden mehr Verantwortung zu übernehmen und sich in neue Richtungen weiterentwickeln zu können. Attraktive Karriereperspektiven können helfen die Akzeptanz der Digitalisierung durch die Beschäftigten zu erhöhen, ihre Motivation zu steigern und einen generellen Prozess des Umdenkens anzustoßen – hin zum Selbstverständnis als unternehmerisch agierender Finanz- oder Accounting-Experte, der digitale Technologien beherrscht und mit seinen Fähigkeiten maßgeblich zum operativen Erfolg des Konzerns beiträgt. Diese Positionierung macht das Unternehmen darüber hinaus für Digital Natives zum attraktiven Arbeitgeber – ein wichtiges Argument im künftigen Wettbewerb um Fachkräfte.

## Die Mitarbeiter waren von Beginn an stark involviert

Dreh- und Angelpunkt des Projekts „Digital Accounting Agenda 2020" war – neben der intensiven Befragung interner Kunden nach ihren Erfahrungen und Wünschen hinsichtlich der Accounting- Dienstleistungen – eine frühzeitige sowie intensive Einbindung der Beschäftigten im Accounting. So gelang es die Mitarbeiter von Beginn an umfassend zu informieren, direkt zu beteiligen und stark zur Mitwirkung am Veränderungsprozess zu motivieren.

### 4 Die Transformation zum Zielbetriebsmodell

*Praxisbeispiel: Ausrichtung einer unternehmensinternen „Digital Fair"*

Um den Mitarbeitern eine Vorstellung von der Bandbreite sowie den Möglichkeiten digitaler Lösungen im Finanzbereich zu geben, fand eine sogenannte „Digital Fair" im Unternehmen statt. Hier wurden an Messeständen verschiedene digitale Tools vorgestellt und live demonstriert.

- Diese aktive, konstruktive Art der Auseinandersetzung mit neuen Technologien nimmt den Mitarbeitern die Angst vor der Digitalisierung und zeigt stattdessen die einhergehenden Chancen auf,
- verdeutlicht ihnen, dass nicht der Verlust des eigenen Jobs droht, sondern vielmehr die Aussicht auf eine Weiterqualifizierung für interessante, anspruchsvollere Aufgaben besteht und
- spornt die meisten Beschäftigten an die Veränderungen im Finanzbereich aktiv mitzugestalten.

Auf diese Weise wird die Digitalisierung nicht Top-Down vom Management vorgegeben, sondern auch Bottom-Up durch überzeugte und engagierte Mitarbeiter getragen. Im Idealfall machen sich dann einige besonders Interessierte neue Technologien so zu eigen, dass sie von der Idee für eine Einsatzmöglichkeit über die Konzeption eines Use Cases bis hin zum Go-Live die Transformation so eigenständig vorantreiben und außerordentlich gut als Multiplikatoren wirken, dass keinerlei Ablehnung durch das „Not-Invented-Here"-Syndrom droht.

In die konkrete Umsetzung ging das Projekt „Digital Accounting Agenda 2020" mit rund 50 Maßnahmen, die sich auf die Leitungsebene des Accounting sowie die drei Abteilungen Group Accounting & Reporting (die Konzernbilanz) und Corporate Accounting (die Bilanzen der Geschäftseinheiten) sowie Financial Accounting (den transaktionalen Bereich) verteilten. Beim Financial Accounting lag auch die Co-Projektleitung, da dort – im Accounting SSC mit seiner Verantwortung für den transaktionalen Bereich – die größten Veränderungen stattfanden sowie die meisten Mitarbeiter involviert waren. Die Definition der Maßnahmen folgte einem integrativen Vorgehen: Auf Vorschlag von Mitarbeitern sowie bei Digital Experience Sessions wurden mögliche Use Cases für den Einsatz digitaler Lösungen identifiziert, deren Machbarkeit überprüft, ein Business Case erstellt und die Umsetzung im Rahmen einer Digitalisierungs-Roadmap geplant. Ambitioniertere Pilotprojekte noch während der Konzeptionsphase bewiesen, dass sich digitale Lösungen oftmals schnell realisieren lassen und einen nachhaltigen Mehrwert liefern.

## Besonders wichtig sind standardisierte, nutzerfreundliche End-to-End-Prozesse

Überwiegend ging es bei der Digitalisierungs-Roadmap um Standardisierung und Automatisierung, was insbesondere die Effizienz steigert und die Kosten senkt. Stets spielte auch eine entscheidende Rolle die entsprechenden Prozesse für die internen Kunden so benutzerfreundlich wie möglich zu gestalten. Alle sollen in den Genuss eines einfachen und komfortablen End-to-End-Prozesses kommen, der ihr Anliegen optimal löst. Weil in der Regel jeder transaktionale Prozess durch IT unterstützt wird, wurde das Projekt von Anfang an in engem Austausch mit der IT durchgeführt. Das Tool zur Rechnungsfreigabe etwa kam bei den Anwendern in den Geschäftsbereichen zwar grundsätzlich gut an, weil es das Abzeichnen enorm erleichtert. Kritik gab es allerdings daran, dass das Einloggen manchmal etwas lange dauert. Hier galt es also nicht den Prozess an sich nachzubessern, sondern ein – vergleichsweise kleines, aber aus Kundensicht eben entscheidendes – technisches Problem zu lösen. Für den Kunden gehört zu einem überzeugenden End-to-End-Prozess nämlich auch der Anmeldevorgang, selbst wenn der mit transaktionaler Exzellenz im reinen Accounting-Sinne eigentlich nichts zu tun hat. Um die Kunden wirklich zu begeistern ist es deshalb wichtig, dass im Rahmen eines agilen Ansatzes die End-to-End Process Owner regelmäßig Kundenfeedback einholen und daraus resultierende Verbesserungen gemeinsam mit dem Kunden testen. Im Ergebnis wird somit die Servicequalität laufend optimiert.

Dieses Beispiel zeigt: Standardisierung, Automatisierung und Verbesserung der End-to-End-Prozesse mithilfe digitaler Technologien sind kein Selbstläufer. Vor der Entscheidung, welche IT-Lösung zum Einsatz kommen soll steht die Definition was einen guten Prozess ausmacht. Transaktionale Exzellenz wird nie allein durch die aus Sicht des Service Providers erforderliche Optimierung von Zeit, Kosten und Qualität erreicht. Ob transaktionale Exzellenz erreicht ist entscheiden letztlich maßgeblich die internen Kunden dadurch, ob das Preis-Leistungsverhältnis der vom SSC offerierten Dienste zufriedenstellend ist – oder ob sie sich im Markt nach besseren Angeboten umsehen. Deshalb ist es nicht nur wichtig die zu erbringenden Leistungen konsequent aus der Perspektive des Nutzers zu denken und als End-to-End-Prozess zu betrachten. Sondern auch zu akzeptieren, dass der Kunde den Wert dieses End-to-End-Prozesses insbesondere mit Blick auf die Schwachstellen beurteilen dürfte. Letztlich entscheidet der Kunde auf dieser Basis, welchen Wert der Prozess für ihn hat und was er deshalb dafür zu bezahlen bereit ist. Folgerichtig gilt es, das Nutzererlebnis im End-to-End-Prozess zu maximieren und die Kosteneffizienz kontinuierlich zu steigern.

## Prozessoptimierung durch digitale Technologien ist ein Effizienzturbo und Kostenkiller

Im Accounting von ProSiebenSat.1 hat die Prozessoptimierung deshalb eine große Bedeutung – vor allem mit Blick auf die Perspektiven, die die Digitalisierung durch das Projekt „Digital Accounting Agenda 2020" eröffnet. Richtig eingesetzt können digitale Technologien durchaus zum Effizienzturbo und Kostenkiller werden. Sie dürften aber kaum eine nachhaltige Wirkung entfalten, wenn die Prozesse selbst schlicht nicht passen. Als Einstieg in die Prozessoptimierung bietet es sich an überflüssige Prozesse ganz zu beseitigen. Diese Portfolio-Bereinigung kann in Absprache mit den Kunden erfolgen oder auch einfach dadurch, dass ein Service nicht länger angeboten wird. Vermisst ihn niemand, wurde er wohl nicht gebraucht oder konnte leicht substituiert werden.

Wichtig ist weiterhin eine Standardisierung modularer Prozesselemente. Diese sollten sich aus Sicht des Kunden so kombinieren lassen, dass für ihn daraus ein individuell passender Prozess entsteht. Mit so einem Baukastensystem kann das Accounting ohne steigende Kosten sehr flexibel auf Kundenwünsche reagieren. Wesentlich ist in diesem Zusammenhang die Feststellung, dass Standardisierung nicht bedeuten darf allen Gesellschaften dasselbe Prozessmodell überzustülpen. Im Gegenteil: Flexibilität und Anpassungsfähigkeit einzelner Prozesse bei Wahrung der Kosteneffizienz ist für einen Konzern mit sehr unterschiedlichen Geschäftsmodellen eine unabdingbare Voraussetzung für unternehmerischen Erfolg und damit ein Faktor an dem sich transaktionale Exzellenz messen lassen muss. Tatsächlich steht die Schaffung eines flexiblen Prozessmodells gar nicht im Widerspruch zur Standardisierung, sondern wird durch Mehrfachverwendung standardisierter Prozesselemente und Systemfunktionen gerade erst möglich.

Innerhalb des flexiblen Prozessmodells aber sind zwingend bestimmte Standards, Regeln und Vereinbarungen einzuhalten, um unnötige Abweichungen zu verhindern. In jeden Prozessbereich gehören daher drei Elemente:

(1) Klare Prozessdefinition: ist der Soll-Zustand festgelegt und vereinbart?
(2) Nutzerorientierte Kommunikation: wurde der definierte Prozess in verständlicher Weise an alle Beteiligten vermittelt?
(3) Vordefinierte Eskalationspfade: besteht ein Eskalationspfad, der bei Abweichungen vom Soll-Prozess konsequent eingehalten wird?

## 4.4 Transaktionale Exzellenz durch digitalisierte End-to-End-Prozesse

## Wertschöpfende End-to-End-Prozesse erfordern die frühzeitige Einbindung aller Prozessbeteiligten

Standardisierte Prozesselemente und Systemfunktionen sind sehr hilfreich, wenn es gilt, einen aus Sicht des Nutzers sinnvollen sowie komfortablen End-to-End-Prozess zu entwerfen. Hinderlich bei der Umsetzung ist in vielen Unternehmen allerdings die Tatsache, dass ihre funktionale Organisationsform und damit eine fehlende übergreifende Verantwortung für End-to-End-Prozesse eine wirklich begeisternde Nutzererfahrung oft erschwert oder ganz verhindert (siehe Abbildung 31).

*Praxisbeispiel: Rechnungsfreigabe*

Um beim Tool zur Rechnungsfreigabe zu bleiben: Die zur Rechnung gehörende Bestellung stammt aus dem System der Einkaufsabteilung, die Freigabeberechtigungen leiten sich aus der Organisationshierarchie der Personalabteilung ab, die der Bestell- bzw. Rechnungsfreigabe folgende Buchung übernimmt das Accounting, und für das Einloggen ins Workflow-System sowie dessen Stabilität ist die IT-Abteilung zuständig. Der Anwender jedoch erlebt diesen End-to-End-Prozess in seiner Gesamtheit und beurteilt ihn nach seiner schwächsten Stelle. Darum ist es wichtig einerseits alle Process Owner der verschiedenen Funktionen frühzeitig in das Re-Engineering einzubeziehen und durch einen Process Orchestrator effektive Abstimmungsprozesse sicherzustellen. Andererseits gilt es mithilfe digitaler Tools die Prozesse aus der Kunden- und damit End-to-End Perspektive datengetrieben zu analysieren sowie zu optimieren.

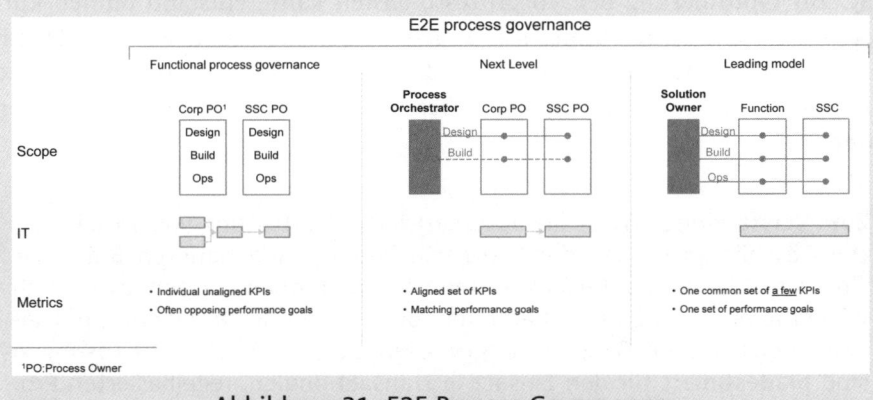

Abbildung 31: E2E Prozess Governance

*Quelle:* ProSiebenSat.1 Media SE

Im Accounting von ProSiebenSat.1 findet die Prozessanalyse mit dem Process Mining Tool Celonis sowie eigenentwickelten Dashboards statt. Beispielsweise werden im SSC KPI-Dashboards für die Performancemessung und Steuerung der Prozesse P2P und O2C eingesetzt. Die Accounting Business Partner setzen für die Analyse der Abschlüsse und die Durchführung von Bilanz-Review-Meetings das sogenannte Business Partner Dashboard ein das neben allen abschlussrelevanten Informationen eine Vielzahl von finanziellen Kennzahlen und Plausibilitätsprüfungen enthält.

Entscheidend für die End-to-End-Perspektive sind funktionsübergreifende, interdisziplinäre Projektteams und Regel-Meetings. Die Projekte werden weitestgehend mit eigenen Mitarbeitern und möglichst wenigen Externen besetzt, weil dies zu besseren Ergebnissen sowie höherer Identifikation und Akzeptanz führt. Die Einbindung der IT erfolgt oftmals durch eine Doppelspitze in der Projektleitung, d.h. Business und IT bilden Co-Leads und durch entsprechende Tandems auf Mitarbeiterebene.

### Mit RPA beginnt eine neue Ära der End-to-End Prozessoptimierung

Wirkungsvolle Prozessoptimierung kann in kleinen Schritten mit nur wenigen Betroffenen stattfinden und zugleich die Digitalisierung insgesamt massiv voranbringen. Ein gutes Beispiel hierfür ist der Einsatz von Robotic Process Automation (RPA) zur Verbesserung der Qualität und Effizienz in der gesamten Prozesskette. Aus der Überlegung heraus welchen Beitrag das SSC zur Optimierung der Vorprozesse leisten kann, entstand binnen kürzester Zeit ein konzerninternes Angebot von RPA as a Service. Damit unterstützt das Accounting SSC jetzt die Automatisierung von End-to-End Prozessen, die im Verantwortungsbereich mehrerer Abteilungen liegen können.

> **Zum Verständnis:** RPA ist die automatisierte Bearbeitung von strukturierten Geschäftsprozessen durch digitale Roboter, sogenannten Bots. Das sind einfache Computerprogramme, die weitgehend automatisch sich wiederholende Aufgaben abarbeiten, ohne dabei auf Interaktion mit einem menschlichen Benutzer angewiesen zu sein. Solche RPA-Lösungen sind prädestiniert für den Einsatz in transaktionalen, regelbasierten Prozessen wie sie in (fast) allen Unternehmensbereichen anzutreffen sind:
> - Erstens finden sich hier viele sinnvolle Use Cases.
> - Zweitens helfen sie Medienbrüche zwischen bestimmten Schritten eines Prozesses zu überwinden.

## 4.4 Transaktionale Exzellenz durch digitalisierte End-to-End-Prozesse

- Und drittens erfordert die Programmierung einfacher Bots kein Expertenwissen – prinzipiell kann jeder Mitarbeiter einen Automatisierungs-Assistenten erstellen, indem er Standardelemente aus einer Bibliothek mit Steuerbefehlen so kombiniert, dass der Bot dann Schritt für Schritt die gewünschte Aufgabe ausführt.

Auch das Streben nach transaktionaler Exzellenz mithilfe von Bots muss natürlich bestimmten Regeln folgen. Mit einem vom Accounting SSC entwickelten Quick Check lässt sich überprüfen, ob ein Prozess für RPA geeignet ist. Er sollte

- standardisiert sein,
- klar definierbaren Regeln folgen,
- einen hohen Anteil manueller Tätigkeiten aufweisen,
- ein mittleres bis hohes Wiederholungsvolumen haben,
- mit einem geringen Risiko verbunden sein und
- sich in einem wiederkehrenden Schema planen lassen.

Im Finanzbereich finden sich viele solcher Prozesse. Gut ein Viertel der Aktivitäten im Accounting erwiesen sich nach einem Assessment als manuelle Aufgaben (siehe Abbildung 32), die zum Großteil von Bots erledigt werden könnten. Dies würde die Beschäftigten gerade beim Suchen nach Daten

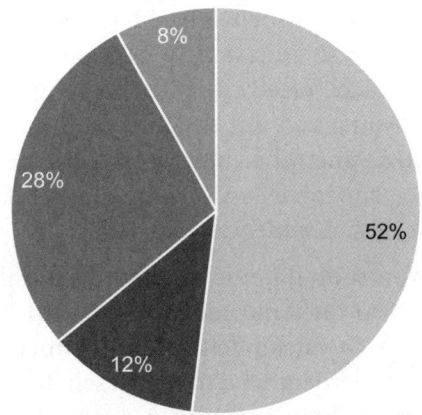

**Activity assessment for Accounting**

▪ Functional Tasks ▪ Admin Tasks ▪ Manual Tasks ▪ Waste Tasks

Abbildung 32: Aktivitäten Analyse im Accounting

*Quelle:* ProSiebenSat.1 Media SE

an diversen Speicherorten und deren Zusammenstellung zu Übersichten oder Auswertungen erheblich entlasten. So entstand beispielsweise ein Bot für das Forderungsmanagement. Zum vorgegebenen Zeitpunkt loggt dieser sich mit eigener Benutzerkennung – wie ein Mensch – selbständig in SAP ein, generiert eine Liste mit offenen Posten, schickt sie per Mail an die designierten Empfänger und spielt später automatisch die Antworten an SAP zurück, ob eine Forderung angemahnt oder zurückgestellt wird. Die internen Kunden erhalten in diesem Fall zwar keinen Mehrwert, aber das Debitorenteam erspart sich je Mitarbeiter einen kompletten Arbeitstag pro Monat, den das manuelle Suchen, Zusammenstellen, Versenden und Zurückspielen dieser Informationen sonst gekostet hätte.

**Bots: Mitarbeiter permanent auf der Suche nach neuen Einsatzmöglichkeiten**

Im Accounting laufen derzeit rund ein Dutzend solcher Bots, die zur transaktionalen Exzellenz beitragen – und es werden immer mehr. Denn die Mitarbeiter sind von der Technik begeistert und suchen permanent nach neuen Einsatzmöglichkeiten für RPA-Lösungen. Dies liegt sicherlich daran, dass sie bereits bei der Digital Fair zu Beginn des Projekts die Gelegenheit hatten das Thema kennen und schätzen zu lernen. Zuerst konnten sie sich dort an generischen Beispielen und künstlichen Use Cases mit Bots vertraut machen. Dann hatten sie die Möglichkeit einen einfachen Roboter selbst zu bauen und auf dem eigenen Rechner einzusetzen. Dadurch lernten sie nicht nur wie ein Bot ihnen die Arbeit erleichtert indem er etwa automatisiert Daten bearbeitet und sie so entlastet. Sie verstanden auch, dass solche Bots einen Beschäftigten nicht ersetzen sollen, sondern zusätzliche Optionen und eine echte Entlastung von unliebsamen Routineaufgaben ermöglichen. Sie verschaffen ihnen einerseits mehr Zeit, um die internen Kunden zu beraten – und dienen andererseits als technisches Hilfsmittel, um dann auch bessere Services für diese Kunden zu realisieren.

Der erste RPA-Workshop für eine begrenzte Anzahl von Mitarbeitern aus Accounting & Taxes war nicht nur inhaltlich ein großer Erfolg, weil die Teilnehmer das Thema rasch verstanden und annahmen. Die dort diskutierten und gebauten Roboter verdeutlichten den Beschäftigten – durch Mund-zu-Mund Propaganda weit über die Grenzen des Finanzbereichs hinaus – was für eine bereichernde Erfahrung die Digitalisierung sein kann und wie man sich dabei mit Spaß an der Sache auch noch persönlich in seinen Fähigkeiten und Fertigkeiten weiterentwickelt. Gerade für ein kreatives Unternehmen mit vielen jungen Mitarbeitern ist dieser Coolness-Faktor ein wichtiger Aspekt für die Mitarbeiterzufriedenheit sowie Image und Recruiting – wenn

## 4.4 Transaktionale Exzellenz durch digitalisierte End-to-End-Prozesse

man bei ProSiebenSat.1 zum Bot-Experten werden kann, ist das vor allem für junge, technikaffine Leute sehr motivierend.

### Accounting SSC betreibt als Dienstleister den RPAccelerator – das „P7S1 Center of Expertise for Robotics Process Automation"

Befeuert wurde die Attraktivität des Roboter-Themas nach dem Projekt erneut durch RPA-Workshops für Mitarbeiter aus allen Unternehmensbereichen. Aus organisatorischen Gründen war die Teilnehmerzahl wiederum begrenzt – das machte die Bots nur noch interessanter. Die große Nachfrage nach automatisierten Lösungen veranlasste das Accounting SSC, mit Unterstützung der IT Corporate Solutions den sogenannten RPAccelerator zu gründen. Über diese Plattform für smarte Prozessautomatisierung kann jeder im Konzern – nicht nur Finanzleute – Ideen für einen möglichen Bot-Einsatz auf ihren Nutzen prüfen. Ist der Einsatz sinnvoll, kann aus den im Baukasten des RPAccelerator vorhandenen Standardprozessen ein Roboter für die speziellen Anforderungen entwickelt werden.

Ausgehend von der Digitalisierung im Finanzbereich mit dem Fokus auf transaktionaler Exzellenz hat sich das Accounting SSC so zum „P7S1 Center of Expertise for Robotics Process Automation" und damit zum wichtigen Faktor bei der weiteren digitalen Transformation des Konzerns entwickelt. Beim Aufbau dieser zentralen Plattform klärte das Projektteam zunächst alle grundsätzlichen Fragen rund um den Einsatz von Robotern. Dazu gehörten neben der Infrastruktur auch Aspekte wie der Bot-Betrieb aus Sicht von Compliance, Risikomanagement, Datenschutz, IT-Security oder Wirtschaftsprüfern. Daraus entstand ein Handbuch für die praktische Bot-Programmierung – auch die folgt klaren Prozessen und Standards damit organisatorischer Wildwuchs vermieden wird. Hierfür existiert eine eigene End-to-End-Lösung zur Prozessautomatisierung mittels Robotics in Form des „RPAccelerator Zusammenarbeitsmodell" (siehe Abbildung 33). Sie gibt die Leitplanken vor wie innerhalb des Konzerns über die offene RPA Plattform transaktionale Prozesse zu vereinfachen, zu automatisieren und neu zu organisieren sind. Bevor ein Roboter seine Arbeit aufnehmen kann muss der Use Case deshalb drei Hürden überwinden.

(1) **Nach der Identifikation des Prozesses sind folgende Fragen positiv zu beantworten:**
- Ist der Prozess wirklich RPA-tauglich oder könnten technische Probleme auftauchen?
- Existiert eine Wirtschaftlichkeitsberechnung mit positivem Ergebnis?

## 4 Die Transformation zum Zielbetriebsmodell

- Gibt es keine SAP-Automatisierung oder andere kostengünstige Alternative?
- Sind die RPA-Ressourcen inklusive Lizenzen für die Umsetzung vorhanden?

**(2) Vor Beginn der Programmierung sind die Anforderungen klar zu definieren:**
- Steht die Entwicklungsumgebung inklusive aller benötigten Input-Dateien und Berechtigungen zur Verfügung?
- Hat der Fachbereich das Prozessdefinitionsdokument abgenommen, das unter anderem den Soll-Prozess, Ausnahmen vom Soll-Prozess sowie bekannte Fehler beschreibt und die Vorgaben des internen Kontrollsystems berücksichtigt?

**(3) Vor dem Go-Live sind folgende Qualitätsaspekte zu klären:**
- Ist das Coding abgeschlossen und QS-geprüft?
- Werden die Standards im RPA-Service-Dokument eingehalten?
- Ist die Dokumentation komplett und abgeschlossen?
- Ist das User Acceptance Testing abgeschlossen und vom Fachbereich abgenommen?
- Existiert ein Business Continuity Procedure als Plan B für den Fall, dass der Bot ausfällt?
- Ist die Überführung vom Test- ins Produktivsystem vorbereitet?

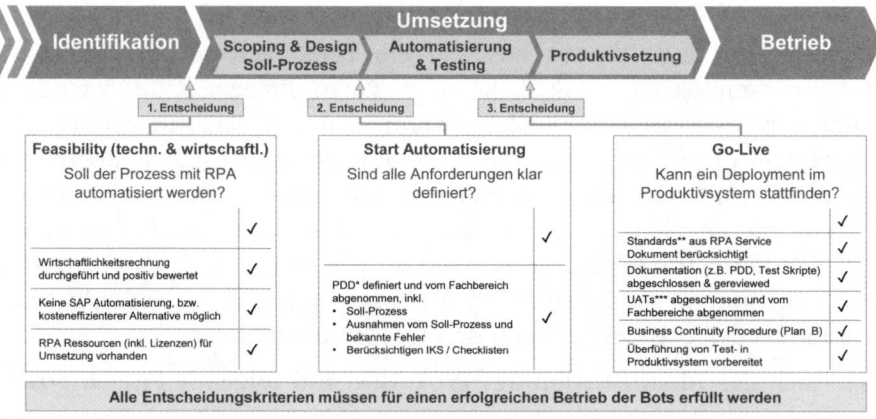

Abbildung 33: Quality Gates für eine erfolgreiche RPA Implementierung
*Quelle:* ProSiebenSat.1 Media SE

## Über die Roboter-Plattform des Accountings treiben andere Abteilungen ihre Automatisierung voran

Mit diesem strukturierten Vorgehen unterstützen das Accounting SSC und IT Corporate Solutions alle Mitarbeiter dabei ihre Arbeit durch den Bot-Einsatz zu vereinfachen und so gleichzeitig die Digitalisierung des Unternehmens voranzutreiben – auch bei dem Accounting vorgelagerten Tätigkeiten, etwa zur Unterstützung der Angebotserstellung im Verkauf.

> *Praxisbeispiele: Robotic Process Automation im Medienunternehmen*
>
> Ein Use Case ist beispielsweise das **Schnüren individueller Vermarktungspakete** dadurch, dass ein Bot Informationen zu den unterschiedlichen Werbeformaten in den diversen Kanälen – etwa vom klassischen TV-Spot bis zur Videoeinbindung via Social Media – aus diversen Systemen nach bestimmten Parametern, also Kundenwünschen, sortiert und entsprechend aufbereitet. Durch diese weitgehende Bot-Vorleistung entstehen Kundenpräsentationen mit viel geringem manuellem Aufwand der Mitarbeiter als früher.
>
> Ein anderer Bot erleichtert die Programmplanung beziehungsweise **Lizenzabrechnung** indem er Informationen zu Laufzeiten oder Gebühren der Rechte an Filmen und Serien aus diversen Datenbanken zusammenträgt. So lassen sich Programme leichter kalkulieren, Lizenzen rechtzeitig verlängern oder Kosten für mögliche Sublizenzen sofort berücksichtigen, wenn es um Lizenzeinnahmen aus eigenen Rechten geht die Dritte nutzen wollen.

Ein SSC das durch Digitalisierung etwa in Form von Robotic Process Automation nicht nur seine transaktionale Exzellenz vorantreibt, sondern die operativen Geschäftseinheiten insgesamt viel schlagkräftiger macht und damit maßgeblich den wirtschaftlichen Erfolg des gesamten Konzerns beeinflusst? Das ist aus Sicht seiner internen Kunden eines sicher nicht: eine Versammlung von Erbsenzählern, wofür Finanzleute und Controller in anderen Organisationen oftmals gelten.

## 4.5 SAP S/4HANA als Momentum für Transformation

Yuriy Volosenko, vormals Head of Enterprise
Applications & Architectures, Zalando SE

Es ist schon erstaunlich: Gut 70 Prozent der für die Lünendonk-Studie „Mit S/4HANA in die digitale Zukunft – Status, Ziele und Trends bei der Einführung von S/4HANA im deutschsprachigen Raum" befragten Manager sagten Ende 2019 ihr Unternehmen wolle erst ab 2022 mit dem Rollout von S/4HANA starten. Dabei dürfte doch jedem klar sein, dass die derzeit noch in vielen Konzernen installierte ERP-Systemgeneration von SAP ein Auslaufmodell ist – Wartung und Support enden 2027. Seit langem sollte eigentlich schon der Umstieg auf den Nachfolger vorangetrieben werden – immerhin stand S/4HANA ab 2015 bereit. Für die neue Version spricht übrigens nicht nur, dass die Unterstützung für das Auslaufmodell absehbar endet. Vor allem eröffnet der Umstieg auf S/4HANA den Nutzern die Möglichkeit ihre Applikationsarchitekturen zu modernisieren und zu flexibilisieren, ihre Prognose- und Reaktionsfähigkeit durch den Einsatz neuer Technologien wie KI oder maschinelles Lernen zu erhöhen sowie ihre Geschäftsprozesse End-to-End zu standardisieren und zu automatisieren. Richtig umgesetzt, kann S/4HANA der digitalen Transformation einer Organisation das entscheidende Momentum geben. Umso mehr überrascht, wie viele Unternehmen sich bei dem Thema derzeit scheinbar immer noch mit Vorstudien oder bestenfalls mit einem Businessplan beschäftigen.

S/4HANA als kaufmännisches Herz oder „digitaler Kern" des Unternehmens – das ist die Kombination einer modernen ERP-Lösung mit einer enorm leistungsfähigen Datenbank, der In-Memory-Plattform HANA (High Performance Analytic Appliance). Als Echtzeit-ERP-Suite verspricht S/4HANA die schnelle Verarbeitung sowohl von transaktionalen wie auch analytischen Daten, sodass sich mit dem System zugleich operative Prozesse beschleunigen und tiefere Einsichten in wettbewerbsentscheidende Zusammenhänge gewinnen lassen sollen. Nicht nur die verbesserte Benutzeroberfläche sowie das vereinfachte Datenmodell dienen diesem Zweck, sondern vor allem auch über Programmierschnittstellen die reibungslose Einbindung spezieller Softwarelösungen anderer Anbieter via Cloud. Wer seine spezifischen Geschäftsprozesse abbilden will kann dafür über die auf die Bedürfnisse ausgewählter Branchen zugeschnittene SAP Cloud Plattform (SCP) hinaus zusätzlich die modernen Entwicklungsplattformen von Amazon, Google oder MS nutzen und so das ERP modular erweitern – beispielsweise zur Optimierung von Supply Chain, Customer Relationship Management oder Omnichannel Sales.

## Das Sammeln und Auswerten von Daten muss einer klaren Datenstrategie folgen

Ob S/4HANA in Sachen Funktionalität und Innovation wirklich die durch entsprechende Ankündigungen teils sehr hohen Erwartungen an die neue ERP-Systemgeneration erfüllt, muss natürlich jeder potenzielle Nutzer individuell aus der Perspektive seines Unternehmens beurteilen. Unabhängig davon führt mittelfristig am Umstieg auf ein modernes ERP sicher kein Weg vorbei. Entscheidend hierbei ist allerdings die passende Migrationsstrategie, um die durch den Umstieg auf S/4HANA erhofften Vorteile realisieren zu können. Zu den unabdingbaren Voraussetzungen für das Formulieren dieser Migrationsstrategie gehören dabei nicht allein eine umfassende technische und prozessuale Bestandsaufnahme, das Festlegen eindeutiger Ziele sowie das Erstellen einer detaillierten Transformationsroadmap. Eigentlich sollte am Anfang solcher Projekte stets eine Antwort auf die grundsätzliche Frage stehen, welcher Data-as-a-Product-Strategie das Unternehmen künftig folgen will und welches Data-Lifecycle-Management sich daraus ergibt. Natürlich steht inzwischen fast überall als Ziel der digitalen Transformation die datengetriebene Organisation im Raum – schließlich gelten Daten generell als *der* Rohstoff für die Wirtschaft des 21. Jahrhunderts. Doch was genau macht eigentlich den Wert von Daten aus? Auf Basis welcher Informationen könnten wirklich neue, sinnvolle Produkte oder Geschäftsmodelle entstehen beziehungsweise einzelne Prozesse nachhaltig effektiver und effizienter gestaltet werden? Und wie lässt sich das Sammeln von Daten mit der Vertrauenswürdigkeit eines Unternehmens in Einklang bringen – nicht nur rechtlich, sondern insbesondere auch aus der Perspektive der Kunden?

Das Sammeln und Auswerten von Daten darf kein Selbstzweck sein, sondern muss einer klaren Datenstrategie folgen. Ein Unternehmen muss seine Daten nämlich nicht nur verstehen, sondern ihren Wert auch möglichst genau benennen können – und entsprechend den Umfang des Datensammelns sowie sein individuelles Data-Lifecycle-Management anpassen. Wer nur planlos alle irgendwo anfallenden Daten in seine Datenbanken schaufelt dürfte selbst eine per se enorm leistungsfähige S/4HANA-Lösung schnell dermaßen vollgestopft haben, dass ein zielgerichtetes Arbeiten mit diesen Informationen kaum noch möglich ist. Nicht nur weil die Technik an ihre Grenzen stößt oder zumindest die Kosten explodieren, sondern weil man irgendwann vor lauter Bäumen den Wald nicht mehr sieht. Man verstrickt sich in der Auswertung zahlloser einzelner Daten, ohne dass sich daraus noch relevante Aussagen ableiten lassen, die ein informatives Gesamtbild eines Produktsegments oder einer Kundengruppe zeigen. Das wäre sicherlich nicht die Art von Momentum das S/4HANA zum Treiber der digitalen Transformation macht.

> *Praxistipp: Das gehört zu einer durchdachten Datenstrategie*
>
> **Sicherheit und Vertrauen:** Datenschutz und Datensicherheit müssen natürlich alle gesetzlichen Vorgaben erfüllen. Ebenso wichtig ist jedoch den Kunden das Gefühl zu geben, dass das Unternehmen generell verantwortungsbewusst mit ihren Daten umgeht. Dazu gehört unter anderem nicht alles wahllos zu speichern sowie gesammelte Informationen zum Vorteil des Kunden zu nutzen.
>
> **Verständnis und Einordnung:** Die Konzentration auf das Sammeln und Auswerten relevanter Daten setzt voraus, dass im Unternehmen eine Vorstellung darüber existiert wofür sich welche Informationen sinnvoll nutzen lassen, sei es in der Produktentwicklung oder Prozessoptimierung. Das erfordert eine kritische Auseinandersetzung mit diesem Thema, um den individuell passenden Weg zu finden.
>
> **Data-as-a-Product-Strategie:** Die entscheidende Frage ist, wie sich Daten monetarisieren lassen. Dies bedeutet jeden Prozess durchzugehen und zu prüfen, in welcher Weise und welchem Umfang dabei Daten anfallen, aus denen sich neue Erkenntnisse ableiten lassen, die zur Geschäftsprozess- oder Produktoptimierung beziehungsweise -entwicklung dienen können und einen hohen Wert haben.
>
> **Data-Lifecycle-Management:** Wer identifiziert hat welche Daten aus welcher Perspektive als werthaltig zu betrachten sind, kann konkrete Konzepte zur Datensammlung, -speicherung und -auswertung formulieren. Dies beeinflusst den Aufbau des IT-Systems – etwa durch die Antwort auf die Frage, wie oft und wie schnell auf welche Daten zugegriffen werden muss. Nicht alle Daten müssen um jeden Preis permanent verfügbar sein.

Aus der Daten- und Digitalisierungsstrategie des Unternehmens ergeben sich zwei weitere Fragen, die für die konkrete Umsetzung eines S/4HANA-Projektes entscheidend sind: Läuft die neue Lösung in der eigenen IT-Umgebung, in der SAP-Cloud oder bei einem der sogenannten Hyperscaler, also MS, AWS oder Google? Und soll der Umstieg mit einem weitgehenden Umbau der bestehenden Prozesse und Strukturen einhergehen, um möglichst viele der mit S/4HANA verbundenen neuen Möglichkeiten nutzen zu können – oder soll nur das technisch Nötigste verändert werden?

## Bei der Wahl zwischen On-Premise, SAP-Cloud und Hyperscaler geht es nicht nur um Kosten

Laut der aktuellen Marktstudie „SAP S/4HANA – Erfahrungen von Unternehmen in der DACH-Region" von PwC planen drei Viertel der Befragten, ihre neue Lösung On-Premise, also in der eigenen IT-Umgebung zu implementieren (siehe Abbildung 34). 15 Prozent wollen in eine Private Cloud gehen, fünf Prozent in die SAP-Cloud. Unabhängig von der Frage, ob diese Ergebnisse jetzt in der Anfangsphase der Migration in Richtung S/4HANA schon wirklich repräsentativ sind, lässt sich daran erkennen, dass immer noch gewisse Vorbehalte gegen die Cloud bestehen. An den Beginn jedes S/4HANA-Projektes gehört jedoch die vorurteilsfreie Beschäftigung mit der Frage, wie die neue ERP-Lösung am besten ihre volle Leistungsfähigkeit entfalten kann – und hier ist die Entscheidung zwischen On-Premise oder Cloud von erheblicher Bedeutung. Selbst wenn die Wahl letztlich auf den Betrieb von S/4HANA im eigenen Rechenzentrum fallen sollte, muss der CFO mit seinem Team zuvor die Cloud-Varianten intensiv geprüft haben. Denn die Zukunft soll doch gerade in der Echtzeit-Nutzung enormer Datenmengen, der schnellen Skalierung der Rechenleistung, dem Einsatz modernster Technologien wie künstlicher Intelligenz oder maschinellem Lernen sowie der einfachen Anbindung von Speziallösungen über entsprechende Schnittstellen liegen. Vor diesem Hintergrund stellt sich schon die Frage, ob die eigene IT-Abteilung das alles zu vertretbaren Kosten im eigenen Rechenzentrum leisten und dabei stets topaktuell ausgerüstet sein kann.

Welches SAP S/4HANA-Implementierungsszenario wollen Sie einführen?
(nur Unternehmen deren Projekt läuft)

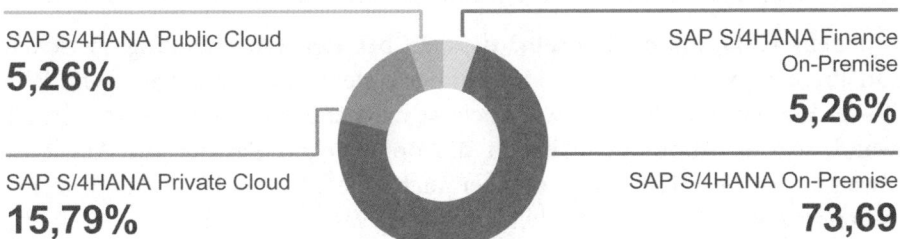

SAP S/4HANA Public Cloud
**5,26%**

SAP S/4HANA Finance On-Premise
**5,26%**

SAP S/4HANA Private Cloud
**15,79%**

SAP S/4HANA On-Premise
**73,69**

Abbildung 34: PwC Studie – Implementierungsszenario S/4HANA-Projekt

*Quelle: PwC*

Tatsächlich liegt die Schlussfolgerung nahe, dass S/4HANA sein Potenzial als Momentum für die digitale Transformation vor allem dann ausspielen kann, wenn Anwender diese Lösung via Cloud nutzen. Hierbei ist allerdings zu unterscheiden zwischen der von SAP forcierten eigenen Cloud-Plattform namens SCP und den Angeboten der großen Cloud-Betreiber AWS, MS sowie Google. SAP lockt Kunden mit der Aussicht, dass auf der eigenen Plattform neben der S/4HANA-Standardlösung auch branchenspezifische Varianten laufen, die zum Beispiel exakt auf die Bedürfnisse in der Automobilindustrie, der Baubranche oder der Versorgungswirtschaft zugeschnitten sind. Noch befinden sich diese Industry-Cloud-Lösungen aber teilweise erst im Aufbau, sodass jeder Interessent individuell prüfen muss, inwieweit seine Anforderungen bereits erfüllt sind. Oder ob eventuell der Umstieg auf S/4HANA doch etwas später erfolgen sollte – nämlich erst dann, wenn die Lösung für seine Branche tatsächlich rund läuft. Zudem bleibt die Frage, ob die von SAP bereitgestellte Plattform so genau zur eigenen Digitalisierungsstrategie passt, dass nur punktuelle Ergänzungen durch andere Lösungen erforderlich sind. Oder ob selbst in der branchenspezifischen SAP-Cloud viele Erweiterungen von Dritten zum Einsatz kommen müssten.

Spätestens dann, wenn nach dem Umstieg auf S/4HANA weiter zahlreiche externe Lösungen oder Eigenentwicklungen in Betrieb bleiben sollen, stellt sich die Frage nach dem Einsatz eines Hyperscalers. S/4HANA kann auch in den Rechenzentren von MS, AWS oder Google laufen. Wer sich für einen dieser Dienstleister entscheidet, hält sich die Option offen direkt von allen Vorteilen zu profitieren, die diese Cloud-Experten ihren Kunden in den nächsten Jahren noch zur Verfügung stellen. Denn die Entwicklung in diesem Bereich war in der Vergangenheit rasant. Die Cloud hat jetzt einen ganz anderen Reifegrad als vor drei Jahren. Und wer weiß was in den nächsten drei oder fünf Jahren alles möglich sein wird. Ob die Kunden dann etwa von neuen Innovationen und technischen Fähigkeiten der Hyperscaler profitieren können, die direkt auf den Einsatz ihrer ERP-Lösung einzahlen?

Jedem CFO muss klar sein, dass es bei der Entscheidung zwischen On-Premise, SAP-Cloud und Hyperscaler erstens ums Finanzielle geht: Was kostet Kaufen oder Leasen, wie hoch ist der Schulungs- und Wartungsaufwand, welche Abomodelle haben die potenziellen Partner im Angebot? Zweitens ist diese Entscheidung aber auch eine Wette auf die Zukunft, insbesondere mit Blick auf die beiden Cloud-Varianten: Gelingt es SAP, die eigene Cloud-Plattform mit komfortablen Branchenlösungen zu füllen und so leistungsfähige Öko-Systeme zu schaffen, die den Kunden enorme Vorteil bieten? Oder überzeugen doch die Versprechen der Hyberscaler, das SAP-Ökosystem zu hosten und zugleich Tools oder Funktionalitäten bereitzustellen, die auf diesem Niveau nur sie anbieten können? Denn die digitale Transformation ist ja mit dem Umstieg auf S/4HANA nicht beendet, sondern bleibt durch die permanente Entwicklung neuer Technologien und Lösungen eine kontinuierliche Reise. Unter diesem Aspekt könnten Cloud und Hyperscaler also Zukunftsperspektiven eröffnen, die weit über die konkrete S/4HANA-Migration hinausgehen. Das muss der CFO sehr genau prüfen, damit die Digitalisierungsstrategie der Finanzfunktion nicht mittelfristig in eine Sackgasse führt.

## Mehr Momentum bekommt die digitale Transformation eher durch die Greenfield-Migration

Eine weitere Frage ist allerdings ebenso wichtig wie die Entscheidung, ob S/4HANA im eigenen Rechenzentrum, in der SAP-Cloud oder bei einem Hyperscaler läuft: Wie umfassend werden im Rahmen der Migration die Geschäftsprozesse verändert? Generell reicht die Bandbreite der möglichen Vorgehensweisen vom schlanken Brownfield-Ansatz bis zur umfangreichen Greenfield-Migration. Beim Brownfield kommt letztlich die sogenannte „Lift and Shift"-Methode zum Einsatz – Daten und Prozesse werden aus der alten IT-Umgebung in die neue Lösung gehoben und nur jenen Veränderungen unterzogen, die aus technischer Sicht unbedingt erforderlich sind. Greenfield dagegen bedeutet, dass die bestehenden Prozesse sowie eventuell sogar Geschäftsmodelle aus Sicht der neuen ERP-Lösung umfassend hinterfragt und konsequent optimiert werden – orientiert an den neuen Möglichkeiten, in diesem Fall von S/4HANA sowie den damit koppelbaren Lösungen.

Wenn S/4HANA der digitalen Transformation wirklich das entscheidende Momentum geben soll, dann dürfte der reine Brownfield-Ansatz für die meisten Unternehmen eigentlich keine Option sein. Am ehesten bietet sich diese schnelle Daten- und Prozessübernahme vermutlich für jene an, die ein noch relativ neues SAP-System in einer homogenen IT-Umgebung betreiben, insgesamt zufrieden mit ihren bestehenden End-to-End-Prozessen sind und in absehbarer Zeit weder durch Marktveränderungen noch durch Zukäufe oder die Entwicklung neuer Geschäftsmodelle erhebliche Veränderungen für ihre Organisation erwarten. Alle anderen sollten sehr genau überlegen, ob sie nicht mit einem kompletten Neubau der Prozesse a la Greenfield besser für die künftigen Aufgaben und Herausforderungen gewappnet sind. Dieser Ansatz reduziert die Komplexität im Unternehmen erheblich, in dem er aus einer heterogenen Prozesslandschaft stark standardisierte Prozesse im gesamten Unternehmen anstrebt. Alternativ gibt es noch einen hybriden Ansatz, also einen Teil der Prozesse aus dem alten ERP-System übernehmen und viele andere von Grund auf neugestalten.

*4 Die Transformation zum Zielbetriebsmodell*

## Jedes zweite Unternehmen will parallele S/4HANA-Einführung und Geschäftstransformation

Der komplette Neubau empfiehlt sich vor allem für Unternehmen mit einer etwa durch viele Übernahmen sehr heterogenen, eventuell veralteten IT, wo kaum einheitliche End-to-End-Prozesse existieren. Aber auch die meisten anderen dürften davon profitieren, wenn im Rahmen der Transformation jeder Prozess auf den Prüfstand kommt. Richtig umgesetzt ist S/4HANA so auch von enormer strategischer Bedeutung, da das System leistungsfähiger, vielseitiger und insbesondere flexibler ist als sein Vorgänger. Über Programmierschnittstellen lassen sich ans von SAP entwickelte kaufmännische Herz des Unternehmens künftig komfortabel und modular viele spezielle Softwarelösungen anbinden. Das verbessert die IT-Architektur erheblich, die sich damit bietenden Chancen müssen jedoch auch genutzt werden. Tatsächlich sind schon mit dem Brownfield-Ansatz aus rein technischen Gründen zahlreiche Veränderung beim Umstieg auf S/4HANA verbunden, da etwa dessen Grundarchitektur ein neues Datenmodell erfordert. Warum also nicht doch zumindest über eine Hybrid-Variante nachdenken, um weitere Vorteile nutzen zu können? Auf den ersten Blick mag die Brownfield-Methode günstiger und schneller sein, aber damit ist der Verzicht auf enorme Potenziale bei Prozessoptimierung und Automatisierung verbunden. Deshalb könnte sich bei solchen Projekten im Rückblick rasch zeigen, dass an der falschen Stelle gespart wurde. Viele CFOs haben dies erkannt. In der PwC-Studie „SAP S/4HANA – Erfahrungen von Unternehmen in der

**Wie steht die Geschäftstransformation zu SAP S/4HANA in Ihrem Unternehmen aus?**
(nur Unternehmen, deren Projekt läuft)

Es erfolgt keine Geschäftstransformation, sondern ein technischer Wechsel mit einzelnen Optimierungen.
**20%**

Zuerst erfolgt – zumindest in Teilbereichen – die Geschäftstransformation, dann die SAP S/4HANA-Einführung.
**10%**

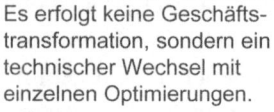

Zuerst erfolgt die SAP S/4HANA-Einführung. Sie ist die Grundlage für weitere Transformationen.
**20%**

Wir integrieren die Geschäftstransformation mit der SAP S/4HANA-Einführung.
**50%**

Abbildung 35: PwC Studie – S/4HANA Transformationsansätze
*Quelle: PwC*

DACH-Region" gaben bei der Frage nach der Geschäftstransformation nur 20 Prozent der Befragten an einen rein technischen Wechsel mit einzelnen Optimierungen anzustreben (siehe Abbildung 35). Zehn Prozent planen die S/4HANA-Einführung nach der Geschäftstransformation, 20 Prozent betrachten die S/4HANA-Einführung als Basis für die weitere Transformation. Jedes zweite Unternehmen setzt darauf S/4HANA-Einführung und Geschäftstransformation parallel zu realisieren.

Und wann ist der richtige Zeitpunkt für den Umstieg auf S/4HANA? Auch hier muss natürlich jedes Unternehmen seinen Weg finden. Ist die grundsätzliche Entscheidung für eine Greenfield- oder Brownfield-Migration gefallen sowie die Wahl zwischen On-Premise, SAP-Cloud oder Hyperscaler getroffen, spielen auch externe Faktoren eine Rolle. Wer beispielsweise in die SAP-Cloud gehen will, wird dies vermutlich erst dann tun, wenn die Industry Cloud für seine Branche erwiesenermaßen rund läuft. Ganz entscheidend dürfte aber vor allem sein, ob dem Unternehmen die benötigten Ressourcen zur Verfügung stehen. Selbst wenn prinzipiell schon klar ist, wie die S/4HANA-Migration aussehen soll – starten kann so ein Projekt erst dann, wenn die erforderlichen personellen und finanziellen Ressourcen vorhanden sind. Und zwar sowohl seitens der IT-Abteilung für die konkrete Umsetzung der technischen Aspekte, also auch seitens der Business-Seite, deren fachliche Kompetenz unabdingbar für die Optimierung der Geschäftsprozesse ist. Fehlt es in einem der beiden Bereiche an den notwendigen Kapazitäten oder sogar am Know-how, kann ein S/4HANA-Projekt sich kaum zum entscheidenden Momentum für die digitale Transformation entwickeln.

Jedes Unternehmen sollte deshalb genau prüfen, wann im individuellen Fall der richtige Zeitpunkt für den Umstieg auf S/4HANA ist. Wer sich als First Mover versteht, der seinen Mitarbeitern wie Kunden stets die besten Lösungen bieten will, sollte bereits begonnen haben oder zumindest in den Startlöchern stehen. Diese Aufgeschlossenheit für moderne Lösungen ist übrigens auch ein wichtiges Signal an potenzielle Mitarbeiter, dass sie in so einem Unternehmen stets mit den aktuellsten Lösungen arbeiten, viel lernen und anspruchsvolle Aufgaben übernehmen können. Wer diese IT-Philosophie verfolgt und offensiv kommuniziert, dürfte im Wettbewerb um qualifiziertes Personal die Nase vorn haben und kann deshalb vermutlich generell aus eigener Kraft früher und mutiger große Veränderungsprojekte anstoßen als viele weniger ambitionierte Mitbewerber. Wer sich der Digitalisierung bisher eher zurückhaltend genähert hat sollte wiederum genau überlegen, ob er seine S/4HANA-Migration genau dann starten sollte, wenn auch die breite Masse soweit ist. Dann stehen alle im Stau und zahlen viel

Geld für gefragte Experten. Oder ob es, falls man nicht zu den First Movern zählt, sogar besser sein könnte die Transformation bewusst etwas langsamer anzugehen, solange damit kein entscheidender Wettbewerbsnachteil in der eigenen Branche droht. Mit diesem Timing ließen sich Projekte seriös und umfassend vorbereiten und man könne sogar aus den Erfahrungen der anderen lernen oder gleich bereits ausreichend erprobte und überarbeitete Lösungen zum Einsatz bringen. Auch so kann ein S/4HANA-Projekt zum individuellen Momentum für die digitale Transformation werden, solange es in sich durchdacht und zielführend ist. Zu lange allerdings sollte kein CFO warten. Den akuten absehbaren Stau zu vermeiden mag eine im Einzelfall sinnvolle Strategie sein, aber ein noch weiteres Zögern führt unweigerlich dazu, dass man den Anschluss verliert.

### Erfahrungen bei Zalando

**Die langfristige IT-Strategie:** Wo stehen wir jetzt, welche absehbaren Herausforderungen sind in fünf und in zehn Jahren zu bewältigen? Wo kann SAP laufen, wo müssen Lösungen anderer Anbieter oder eigene Entwicklungen zum Einsatz kommen? S/4HANA sollte bei Zalando die Basis dafür bilden, dass möglichst viele Geschäftsprozesse End-to-End optimiert, standardisiert sowie automatisiert werden können und der digitale Kern funktioniert – wobei das Datenmanagement unterscheidet zwischen Daten, die schnell oder oft benötigt werden und Daten, die seltener gefragt sind. Die Architektur musste so flexibel sein, dass sich für auf Skalierung ausgelegte Prozesse etwa in der Buchhaltung die beste Lösung am Markt nutzen lässt, für kritische Anwendungen – beispielsweise eine Empfehlungssoftware – aber Eigenentwicklungen zum Einsatz kommen können, für die sich wiederum die modernsten Tools verwenden lassen.

**Greenfield oder Brownfield:** Es war klar, dass für ein wachstumsstarkes Unternehmen wie Zalando ein reines Brownfield-Projekt nicht in Frage kam. Über die Jahre war eine heterogene IT- und Prozesslandschaft entstanden. Priorität hatte stets aktuelle Herausforderungen zu bewältigen und neue Geschäftsmodelle – etwa das Partnerprogramm oder den Marketplace – zu forcieren. Daher fehlten vielerorts Standardisierung und Automatisierung. Wenn aber auf dem Fundament für einen Bungalow bereits ein mehrstöckiges Gebäude steht, wäre es sinnlos darauf sogar ein Hochhaus bauen zu wollen. Die S/4HANA-Migration sollte das Fundament für einen Zalando-Wolkenkratzer bilden, der künftig um weitere Etagen zulegen kann, ohne ins Wanken zu geraten. Da manches System ganz abgelöst und mehr die Cloud genutzt werden sollte, ergab sich ein Hybrid-Ansatz mit 70 Prozent Greenfield-Anteil. Darunter fielen etwa Jahresabschluss oder Vendor Invoice Management – die alten Prozesse wurden hier komplett eliminiert und in S/4HANA neu aufgesetzt. Rund 30 Prozent der bestehenden Prozesse wurden übernommen, weil sie stark individualisiert waren und zugleich ihren Zweck gut erfüllten.

**On-Premise, SAP oder Hyperscaler:** Wer auf S/4HANA umsteigt, stellt die IT-Weichen für 20 bis 30 Jahre. So weit in die Zukunft muss die Flexibilität beim Einsatz neuer Lösungen sowie die Speicher- und Rechenleistung gedacht werden. Für Zalando erwies sich deshalb ein bei AWS gehostetes S/4HANA als beste Alternative. Zur Datenstrategie gehört, dass auf HANA rund 60 verschiedene Datenbanken mit unterschiedlichen Zugriffsrhythmen quasi ein Datenbanknetzwerk bilden und durch diese Architektur eine ausreichende Skalierbarkeit und Flexibilität bei der Arbeit mit den Daten gegeben ist. Zudem lassen sich über die Cloud diverse Lösungen gut anbinden. Und für Eigenentwicklungen können alle modernen Tools genutzt werden die AWS seinen Kunden zur Verfügung stellt. Damit steht weder dem innovativen Einsatz etwa von künstlicher Intelligenz oder maschinellem Lernen etwas im Weg, noch einer weiteren konsequenten Standardisierung, Automatisierung und Skalierung.

**Die CFO-Strategie:** Ein Change-Prozess wie der Umstieg auf S/4HANA erfordert klare Führung. Der CFO muss vor allem dem Vorstand, aber auch den Fachbereichen verständlich und glaubhaft darlegen, warum die Investitionen alternativlos sind und wie sie zum Werttreiber im Unternehmen werden. Dazu müssen Finanzfunktion und IT-Abteilung eine starke Koalition bilden und die anderen Bereiche mit ihrer Überzeugungskraft ins Boot holen. Deren Experten müssen die Strategie kritisch überprüfen und den erwarteten Business Value hinterfragen. Das hilft die notwendigen personellen und finanziellen Ressourcen zu bekommen und ein ambitioniertes „Future of Finance"-Projekt zu starten. Für Zalando war dabei klar, dass ein führendes Unternehmen im Online-Handel auch bei so einem Technologieprojekt ein First Mover sein sollte. Da ein neues IT-Fundament erforderlich, die passende Lösung verfügbar und das notwendige Know-how sowie das benötigte Set an Ressourcen im Unternehmen vorhanden war, ging das S/4HANA-Projekt deutlich früher als anderswo in die Umsetzung.

**Roadmap to S/4HANA:** Auf den ersten Blick sieht S/4HANA wie ein mächtiges Projekt aus, das enorm anspruchsvoll ist. Aber es lässt sich durchaus in kleinen Schritten angehen. Wichtig ist, dass der CFO sich nicht vom generellen Potenzial blenden lässt, gierig wird und alle Versprechen gleichzeitig einlösen will. Bei Zalando wurden etwa mit einem Ampelsystem gezielt rund 100 Geschäftsprozesse darauf überprüft, ob sie sofort optimiert werden müssen oder noch so gut laufen, dass sie zunächst unverändert übernommen und erst später in S/4 verbessert werden können. Die punktuell spürbaren, erheblichen Verbesserungen gaben dem Projekt rasch einen Push während ein paar der weniger deutlichen, aber teilweise aufwändigeren Veränderungen erst später folgen und nicht als Bremse wirken. Die Planungsprozesse und Teile des Einkaufs etwa laufen weiter in der alten Struktur, aber mit den Daten aus S/4HANA, weil das Ergebnis auch so stimmt. Dadurch wurden Komplexität, Kosten und Ressourcenbedarf der Migration nicht unnötig erhöht – allein die Entscheidung, diese beiden Schritte später zu gehen, sparte in einer anspruchsvollen Phase der Transformation rund 4.000 Manntage ein.

## 4.6 Zukunftsorientiertes Informations- und Datenmodell im Kontext von S/4HANA

Heiko Schletz, Leiter Governance, betriebswirtschaftliche Methoden und Systeme, BSH Hausgeräte GmbH

**Die Finanzabteilung – das Google der Unternehmenszahlen**

Vor 20 Jahren ging in München unter dem Codenamen „Suchmieze" ein ambitioniertes Internetprojekt an den Start: Für einen neuen Katalog sollten die besten Websites ausgesucht und kurz kommentiert werden. Die Idee: Gut 150 Journalisten bewerten den Inhalt von Internetseiten und veröffentlichen pointierte Kurzbesprechungen zu den Top-Site-Listings. Das Portal sollte die Welt des Internets durch die ordnende Hand der Mitarbeiter „intelligent" abbilden und auf diese Weise die Inhalte für den Nutzer sinnvoll zusammenführen. Dies war zwar keine wirkliche Neuerfindung der Internetnavigation, schien damals aber immer noch mehr Surfer-Service zu versprechen als die endlosen, unstrukturierten Verzeichnisbäume anderer Suchmaschinen à la Yahoo – weshalb das Produkt dann mit dem prägnanten Werbeslogan „Findmaschine" verkauft wurde, als es 2001 unter dem offiziellen Namen „Netguide" online ging.

**Automatisierte Relevanz**

Das Rennen gemacht hat allerdings weder der Netguide noch Yahoo oder eine andere der alten Suchmaschinen. Wer heute etwas im Internet finden will, der „googelt". Schon allein die Tatsache, dass ein Produktname zur Tätigkeits- oder Gattungsbeschreibung wird, sagt alles über die Marktposition. Man bittet um ein Tempo, man kärchert, man googelt. Den Suchalgorithmen von Google wusste der Netguide mit seinen 150 Journalisten und diversen Kooperationspartnern nichts entgegenzusetzen. Schon seit 1996 hatte das kalifornische Hightech-Start-up auf eine weitgehende Automatisierung der Suche unter dem Aspekt der Relevanz gesetzt: Webcrawler identifizieren selbständig Dokumente und sortieren sie autonom mithilfe ausgefeilter Algorithmen, sodass eine Suchanfrage mit einer Linkliste beantwortet werden kann, deren Ergebnisse dem Nutzer wirklich weiterhelfen. Dieses Konzept hatte Google zunehmend verfeinert und wies, als der Netguide online ging, bereits zwei Milliarden indexierte Dokumente aus. Damit konnte die weitgehend manuelle Kategorisierung des Newcomers aus München nicht mithalten – Google hatte damals, wenn auch noch nicht für alle erkennbar, schon längst die Weichen in Richtung automatisierte Relevanz gestellt.

**Grundlage einer Digital Enterprise Plattform wie SAP S/4HANA ist ein neues „google-like" Informations- und Datenmodell**

Mensch oder Maschine – diese Frage stellt sich bei jedem Digitalisierungsthema: Welche Aufgaben sollten weiter von Menschen erledigt, welche besser einer Maschine – in Form von Softwarelösungen – überlassen werden? Dahinter steht natürlich die Überlegung, wie die Mitarbeiter besonders effektiv sowie effizient mit den digitalen Technologien arbeiten können. Das ist quasi der Google-vs.-Netguide-Moment: In welchen Disziplinen und wie lange können und wollen die Mitarbeiter mit einer Maschine konkurrieren, deren Geschwindigkeit, Flexibilität sowie eventuell sogar autonome Entscheidungsfähigkeit rasant zunimmt? Der Netguide hat gegen Google verloren. Und in gewisser Weise stehen in dieser Hinsicht jetzt auch in der Finanzfunktion – insbesondere mit Blick auf Accounting und Controlling – grundlegende Weichenstellungen an, gerade vor der Aussicht des möglichen Umstiegs auf SAP S/4HANA. Künftig könnten Unternehmen mit einer Digital Enterprise Plattform arbeiten, die die gesamte Organisation flexibler und schlagkräftiger macht, indem sich die verfügbaren Daten automatisiert schneller und besser für mehr Zwecke verarbeiten sowie auswerten lassen. So eine Plattform wäre den Menschen in dieser „Number Crunching"-Disziplin naturgemäß weit überlegen.

Dafür müssten die Unternehmen allerdings nicht nur auf Standardisierung und Automatisierung setzen, sondern ihre Organisation und Prozesse neu denken sowie ein technologiekonformes Informations- und Datenmodell entwickeln. Das Ziel: Durch den Einsatz digitaler Technologien sollten die Mitarbeiter in Accounting und Controlling nicht länger Zeit damit verbringen konzernweite Datenströme mühsam hinein ins Data Warehouse zu aggregieren, um sie anlass- und zweckgebunden mit Hilfe von vorgegebenen Reportingmustern in der Retroperspektive zu analysieren.

**Im Gegenteil:** Sie sollten die bereits heute verfügbare technologische Performanz dazu nutzen die vergangenheitsbezogenen IST-Daten maschinell auswerten zu lassen, um das Unternehmen auf Basis relevanter Echtzeitdaten besser steuern zu können.

**Im übertragenen Sinn sollte der Finanzbereich als Google Search und Google Maps der Organisation agieren:** Also mithilfe der Digital Enterprise Plattform unterschiedlichste Fragen in Bezug auf bereits vorhandene

## 4.6 Zukunftsorientiertes Informations- und Datenmodell im Kontext von S/4HANA

Daten mit höchster Relevanz sofort beantworten und die beste Route zu einem vorgegebenen Ziel unter Einbeziehung auftretender Abweichungen oder Veränderungen laufend aktuell berechnen. Und das gelingt nur auf Basis eines eindeutig-konsistenten Informations- und Datenmodells – sonst könnten in der Unternehmenspraxis alle theoretisch mit der SAP S/4HANA Technologie verbundenen Vorteile mehrheitlich wirkungslos verpuffen.

Nun steht die unternehmensinterne Finanzabteilung – anders als 2001 der Netguide – nicht im direkten Wettbewerb mit externen Dritten und kann sich daher dem Veränderungsdruck noch eine Zeit lang entziehen. Aber sie würde – trotz SAP S/4HANA – weiterhin deutlich unter ihrem Potenzial agieren, falls sie sich nicht an den Prinzipien orientiert, welche sich mit Hilfe der Google-Analogie sehr eindrücklich vermitteln lassen. Um das zu verhindern müssen sich strukturelle, organisatorische und prozessuale Veränderungen in Accounting und Controlling sowie im Denken und Handeln der Mitarbeiter an **fünf Zielen** orientieren:

1. **Automatisierte Datenerfassung und -verarbeitung:** Die manuelle Erfassung, Verknüpfung und Weiterverarbeitung von Daten wird durch automatisierte Datenflussprozesse ersetzt.

2. **Eindeutig-konsitente, bottom-up Datenstrukturierung:** Alle Strukturelemente (etwa Kostenstelle oder Profit Center) sind so miteinander zu verzahnen, dass sie zu eineindeutigen Info-„Legosteinen" kombiniert werden können – frei von jenen Duplizitäten wie sie vielzählig in den gewachsenen Datenstrukturen der meisten Unternehmen anzutreffen sind.

3. **Flexible Auswertungen:** Anstelle von statischen, über Mehrfachstufen aggregierte Reports werden künftig Ad-hoc-Views in Echtzeit zur Verfügung stehen, welche einen bis ins Detail auffächerbaren Blick auf jeden interessierenden Aspekt der Unternehmens-Performance zulassen.

4. **Leistungsfähiges Data Mining:** Die Analyse der Daten nur mithilfe menschlicher Intuition wird durch Data-Mining-Lösungen abgelöst, womit menschliche Arbeitszeit von reaktiver Analysetätigkeit hin zu proaktiver Entscheidungsfindung umgeschichtet werden kann.

5. **Agile Planung:** Starre, über Wochen und Monate hinweg ausgearbeitete Forecasts und Businesspläne weichen dem systemgestützten Durchspielen kongruenter Alternativ-Szenarien und erhöhen die Reaktionsfähigkeit auf dem Weg hin zum gemeinsam fixierten Unternehmensziel.

Dies bedeutet: Das Kernwertversprechen in Accounting und Controlling ändert sich nicht, lässt sich in Zukunft mithilfe neuer Technologien sowie optimierter Strukturen und Prozesse aber besser und deutlich breiter als in

*4 Die Transformation zum Zielbetriebsmodell*

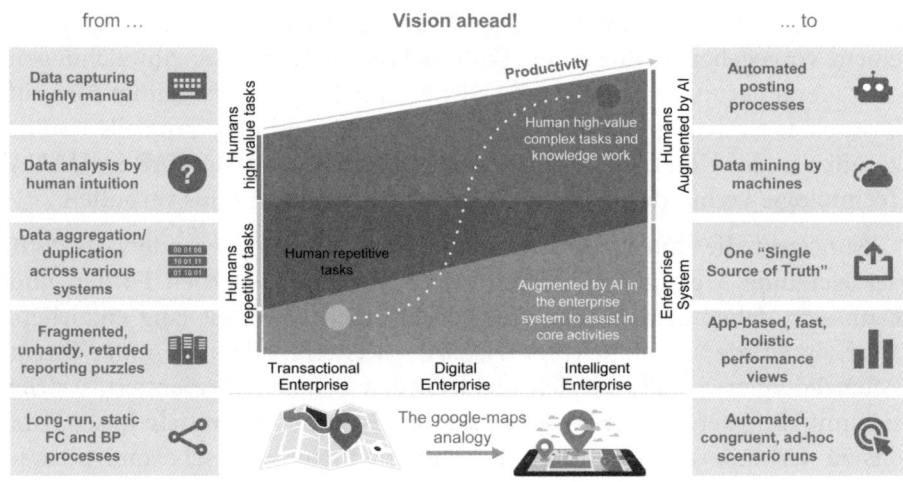

Abbildung 36: Vision für die Digitalisierung der Finanzfunktion bei BSH

*Quelle:* BSH Hausgeräte GmbH

der Vergangenheit erfüllen (siehe Abbildung 36). Und zwar indem das Potenzial der Mitarbeiter nicht länger für repetitives Erfassen und rückwärts gewandtes Analysieren eingesetzt wird, sondern für nach vorne gerichtete, lösungsorientierte Wissensarbeit die dort beginnt, wo der sinnvolle Einsatz von maschineller Performanz und Intelligenz endet.

## Neue Softwarelösungen lassen dem Finanzbereich mehr Zeit zur Unterstützung strategischer Entscheidungen

Selbsterkenntnis ist der erste Schritt zur Besserung. Daher sollte jedes Veränderungsprojekt mit einer kritischen Bestandsaufnahme starten. Für Accounting und Controlling gehört dazu unter anderem die Einsicht, dass zwar Unmengen von Daten vorliegen. Von einer unternehmensweit einheitlich strukturierten Data Source mit standardisierten, duplizitätsfreien Daten kann aber häufig keine Rede sein. Immer noch gibt es vielerorts Datensilos, in denen Informationen so voneinander getrennt lagern, dass sie sich zusammen kaum sinnvoll auswerten lassen – und bisweilen sogar widersprüchliche Ergebnisse zu ein- und derselben Fragestellung liefern. Selbst wenn der technische Zugriff funktioniert, ist der Erkenntnisgewinn oft gering, weil die Daten nicht in standardisierter Form vorliegen. Häufig herrscht ein undifferenziertes Durcheinander von kausalen und nicht-kausalen (im Sinne von allokierten) Daten. Oder Daten sind unterschiedlich kodiert, Schlüsselfelder uneindeutig hinterlegt. Beispielsweise indem spezi-

## 4.6 Zukunftsorientiertes Informations- und Datenmodell im Kontext von S/4HANA

fische Konten durch das Accounting angelegt werden, die dieselbe Information in sich tragen wie ein bereits im Controlling angelegtes Datenelement. Dies liegt unter anderem daran, dass beim Wunsch nach einem neuen Report der beauftragte Fachbereich beginnt den Datenzulauf innerhalb seines Silos entsprechend zu kategorisieren und kodieren – nicht wissend, dass durch Verknüpfung mit Daten des anderen Silos dasselbe Resultat erzielt werden könnte. Ab diesem Moment ist das Risiko groß, dass eine Fragestellung zu völlig unterschiedlichen Ergebnissen führen kann – was im Ernstfall zunächst zu Missverständnissen, dann zur Fehlersuche und schließlich zur manuellen Nachbearbeitung führt.

Fehlende Datenkonsistenz, historisch gewachsene Systemlandschaften sowie die bis dato systemtechnisch nicht mögliche, durchgängige Parallelbewertung konzernübergreifender Transaktionen führen dazu, dass zur Ermittlung der konsolidierten Konzern-Performance sequenziell gearbeitet werden muss: Erst erfolgt der lokale Monatsabschluss, dann die mehrere Tage dauernde Konzernkonsolidierung. Auch wenn sich alle internationalen Konzerne eigene, kalkulatorische Tools geschaffen haben, um wesentliche Kennzahlen nicht nur zwölfmal im Jahr vorliegen zu haben, stellt sich dennoch die Frage, warum eine zukünftig kontinuierliche, vollautomatisierte Sicht auf den Konzern nicht möglich sein sollte. Schließlich geht es um bereits verbuchte interne Daten, die komplett software-basiert konsolidierbar und auswertbar sein sollten. Unterstellt man einen durchweg konsistent-standardisierten Datenbestand in Kombination mit einem hoch performanten System, dann sollte einem vollautomatisierten Konzernabschluss nichts im Wege stehen. Denn rein algorithmisch betrachtet ist das einer Konsolidierung zugrunde liegende Regelwerk relativ überschaubar. Der Einsatz moderner Technologie könnte das Team im Finanzbereich also auch hier massiv entlasten.

### Das Suchen und Zusammenstellen relevanter Informationen muss so leicht funktionieren wie mit Google Search

Was der unternehmensinterne Finanzbereich zukünftig bieten sollte, um als proaktiv-gestaltende Funktion wahrgenommen zu werden, ist eine Digital Enterprise Plattform, die eine Google-ähnliche Suchfunktion ermöglicht. Und die Kunst besteht künftig nicht mehr darin überhaupt Daten zu erstellen, sondern die für die jeweilige Anfrage relevanten Daten sofort verfügbar zu haben. Dafür müssen die notwendigen Voraussetzungen geschaffen werden: Die Daten müssen sauber als granulare kausale Elemente in einer einheitlichen Data Source gespeichert sein. Die bestehenden, zum Teil widersprüchlichen Kodierungen sind auf ihre Sinnhaftigkeit zu überprüfen und sollten im Zweifelsfall lieber gestrichen als beibehalten werden. Im Mittelpunkt muss stehen, dass die Daten auf unterster Ebene mit den zweckspezifischen Merkmalsegmenten (etwa Kostenstelle, Kostenart, Profit Center) so kodiert werden, dass ihre kausalen Informationsbestandteile (etwa welcher Artikel, welcher Vertriebskanal) jederzeit abrufbar hinterlegt sind. Performance-Aussagen auf einer höheren Aggregationsstufe (etwa Land gesamt) könnten dann über eine dynamische Kombinatorik erzeugt werden, das heißt ohne die Persistenz von Zwischenergebnissen. Letztlich funktioniert das wie bei den Lego-Steinen: Die haben als klare Zuweisung die Merkmale Form, Farbe und Anzahl der Noppen. Daraus kann je nach Bauplan die gesamte Bandbreite an Modellen kombiniert werden – oder auch jedes Wunschobjekt frei entstehen. Hier liegt gleichzeitig der größte Unterschied zu der angeführten Google-Search-Analogie: Alle abschlussrelevanten Daten müssen klar strukturiert vorliegen, weil ein „best possible EBIT Hit" für eine Rechnungslegung auch in Zukunft nicht hinreichend präzise sein wird.

Damit sich so in der Praxis auch Ergebnisse liefern lassen, braucht die Digital Enterprise Plattform die Funktionalität einer dynamischen Suchmaschine, die funktioniert wie Google Search: Eine Suchanfrage kann frei formuliert werden, die Software durchkämmt die Data Source und liefert das relevante Ergebnis. In der täglichen Arbeit wären dann keine vordefinierten Reports mit fest verdrahteten, über mehrere Stufen aggregierten Datenzuläufe mehr zu erstellen, nach deren Produktion sich im Falle von Abweichungen dann wiederum die stark durch Intuition und Erfahrung geprägte Suche nach den Ursachen für diese Abweichungen anschließt. Die Mitarbeiter können sich vielmehr flexibel und aktuell exakt die Auswertung zusammenstellen, die sie für eine spezifische Fragestellung brauchen. Sie arbeiten nicht länger mit zweckgebunden angelegten, unflexiblen und zeitlich verzögert vorliegenden Reports, sondern holen in Echtzeit den gewünschten Ausschnitt des Gesamtbilds auf den Bildschirm, den sogenannten „View". Dieser View ist dann bei identischen Anfragen aus verschiedenen Abteilungen auch immer deckungsgleich. Accounting und Controlling schauen also auf denselben Datenbestand nur aus anderen Perspektiven, das Konzernergebnis bleibt dasselbe, während sie heute bei der gleichen Anfrage oft abweichende Ergebnisse bekommen, weil jede Abteilung bei den Daten ihre eigene, leicht unterschiedliche Kodierung hinterlegt hat oder Daten sogar zunächst in eigene Analyse-Tools (oftmals Excel) kopiert werden, um sich die gewünschte Auswertung erstellen zu lassen. Die künftige Auswertung in Form eines View ist dagegen aktuell, flexibel und konzernweit einheitlich, was die Steuerungs- und Entscheidungsfähigkeit erhöht sowie Missverständnisse und Klärungsbedarf zwischen Accounting, Controlling und weiteren Fachbereichen eliminiert. Das wiederum führt zu mehr Transparenz und Wettbewerbsfähigkeit für das Unternehmen als Ganzes.

**Die Digital Enterprise Plattform sollte eine Navigation erlauben, die so komfortabel und gut ist wie Google Maps**

Für den Blick zurück bis zum „hier und jetzt" braucht das Unternehmen also eine Digital Enterprise Plattform, die ähnlich funktioniert wie Google Search: Aus den vorhandenen historischen Daten lassen sich Antworten auf jede Art von performance-bezogener Fragestellung geben, die hohe Relevanz haben und stets tagesaktuell sind. Und für den Blick nach vorne bedarf es einer Szenario- beziehungsweise „Routing"-Funktion – ähnlich wie Google Maps. Heute sind sowohl Forecast als auch Planung stark gekennzeichnet durch einen Mix aus subjektiv wahrgenommener statt analytisch messbarer Kausalität in Bezug auf die Vergangenheit sowie einem zahlentechnischen Taktieren zwischen möglichst erreichbarer und gleichzeitig nicht zu anspruchsloser Zielsetzung. So wird etwa ein Vertrieb im Zuge der Planung tendenziell versuchen das nächstjährige Ziel im aus heutiger Sicht machbaren Bereich zu halten. Ist das Ziel dann gesetzt und mit einem entsprechend hohen Erfüllungsdruck verbunden, wird im neu angelaufenen Jahr durch entsprechende Forecast-Einschätzungen lange versucht werden, eine trotz gegebenenfalls schlechter Performance immer unrealistischer werdende Zielerreichung als weiter erfüllbar zu signalisieren. Dazu dient beispielsweise oft der Verweis auf das traditionell starke letzte Quartal. Deshalb wird die ursprüngliche Planung beibehalten – und für ein notwendiges Gegensteuern geht wertvolle Zeit verloren. Viele Unternehmen haben daher schon begonnen Tools für Predictive Analytics in Forecast- und Planungsprozesse mit einzubauen. Die qualitativen Ergebnisse solcher Tools in Bezug auf korrelative Zusammenhänge bis hinunter zur voraussichtlichen EBIT-Performance einer Unternehmenseinheit stehen aber in direkter Abhängigkeit zum verfügbaren Datenmaterial. Denn auch ein Google Maps wird die falsche Route vorschlagen, wenn ihm keine Informationen über den sich aufbauenden Stau vorliegen.

Die Grundvoraussetzung zur Realisierung einer rechnungslegungstauglichen Google-Search-Funktion sowie einer planungssubstituierenden Google-Maps-Funktion ist somit dieselbe: Standardisierte, eindeutig strukturierte Unternehmensdaten in einer einheitlichen Data Source, der sogenannten Single Source of Truth (siehe Abbildung 37). Nur auf dieser Basis kann die Digital Enterprise Plattform exakte, aktuelle Views liefern und –

4 Die Transformation zum Zielbetriebsmodell

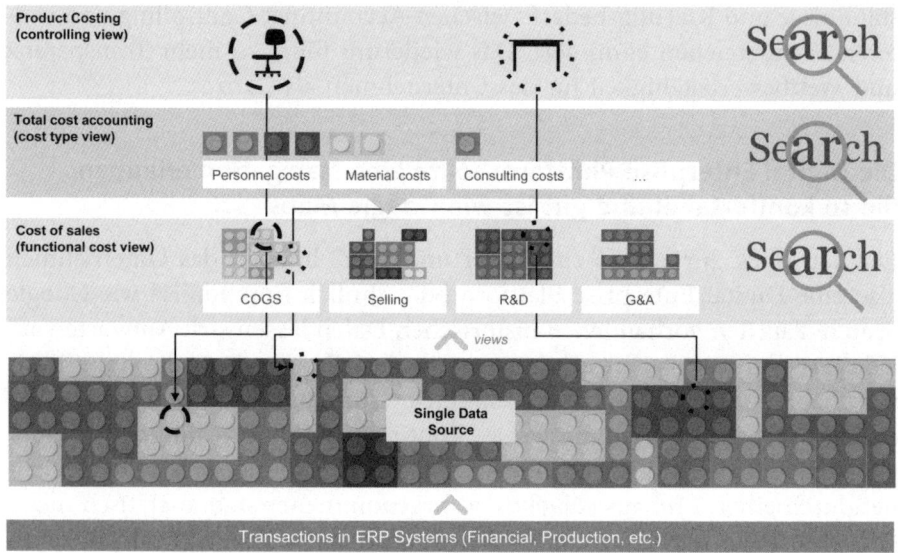

Abbildung 37: Digital Enterprise Plattform
mit verschiedenen Reporting Views

*Quelle:* BSH Hausgeräte GmbH

in Verbindung mit externen Daten – eine solide Basis für den Blick in die Zukunft bereitstellen. Die Ergebnisse wären deutlich belastbarer als jene heutzutage eher bruchstückhaft vorliegenden Korrelationsmuster die viele Unternehmen als Basis für ihre Versuche nutzen Performance-Ziele des nächsten Jahres in Form einer detaillierten Planung zahlentechnisch abzusichern. Die eindeutig strukturierten Vergangenheitsdaten in der Single Data Source erlauben die systemische Berechnung der Korrelationen zwischen den einzelnen Elementen des unternehmensinternen Werttreiber-Baums. Die Stand heute oft herangezogenen groben Daumenregeln (beispielsweise Durchschnitts-Forderungslaufzeit als Bindeglied zwischen Umsatz- und Forderungsplanung) hätten dann ausgedient. Eine ganzheitliche Planung beziehungsweise Vorausschau unter Einbeziehung unternehmensexterner Prämissen wird so einerseits deutlich präziser und kann andererseits mit wenig Aufwand immer wieder neu vom System durchgerechnet werden. Damit wäre die Grundlage gelegt für eine Google-Maps-ähnliche Szenarien-Rechnung zum konsistenten Durchspielen unterschiedlicher Handlungsoptionen.

## Statische Forecasts und Planungen werden durch dynamische Szenario-Rechnungen ersetzt – Analytik erkennt Zusammenhänge abseits subjektiver Erfahrungswerte

Bleiben wir bei der Google-Maps-Analogie: Das System weiß zunächst nicht, wohin jemand reisen möchte. Es erfasst schlichtweg alle verfügbaren Informationen in klar strukturierter Form. Sobald ein Ziel eingegeben wird berechnet das System die möglichen Routen, indem es auf statische Daten wie etwa Geschwindigkeitslimits sowie dynamische Daten wie etwa Staumeldungen zugreift und daraus die momentan beste Strecke ermittelt. Man fährt los, und sobald sich die aktuellen Bedingungen ändern läuft im Hintergrund autonom eine neue Berechnung. Dabei analysiert Google Maps die aktuellsten Daten, die statischen Daten sowie bekannte Korrelationen so, dass es bei Bedarf eine Routenänderung inklusive voraussichtlicher Ankunftszeit bis zum Erreichen des zuvor fixierten Ziels vorschlagen kann. Einbezogen wird dabei etwa der Zeitverlust durch einen Stau, der sich nicht sinnvoll umfahren lässt. Genauso sollte eine zukünftige Digital Enterprise Plattform die Forecast- und Planungs-Prozesse im Unternehmen schneller, einfacher und adaptiver machen. Wer die eigenen Daten präzise strukturiert in Echtzeit vorliegen hat, kann sie systemisch gestützt in Korrelation zu Daten oder Informationen aus externen Quellen setzen lassen, um auf Basis sich abzeichnender Trends und hypothetischer Annahmen konsistente Prognosen mit hoher Genauigkeit zu erstellen und Was-Wäre-Wenn-Handlungsoptionen abzuleiten – so wie Google Maps die adaptiven Routenvorschläge zum Erreichen des gewünschten Ziels. Ein modernes Informations- und Datenmodell ist Grundvoraussetzung für diese Vision.

Das bisherige Forecast- und Planungsmodell der meisten Unternehmen wird sich dadurch signifikant verändern. Bislang wird häufig noch monatelang **eine** Route im Detail geplant – und wenn im Laufe des Jahres plötzlich ein Stau oder eine Straßensperrung auftaucht, erarbeitet man tage- oder wochenlang einen neuen Forecast, um genau **eine** Alternativroute konzernweit durchzurechnen. Künftig erlauben echtzeitbasierte Berechnungen die Bestimmung des aktuellen Standorts (im Sinne von unternehmensweiter Performance), machen sich aufbauende Störungen frühzeitig erkennbar und mögliche Handlungsoptionen bedarfsorientiert berechenbar. Das erhöht die Reaktionsfähigkeit des Unternehmens deutlich. Die Ressourcenallokation im Finanzbereich lässt sich damit von der retrograden Performance-Ermittlung und -Analyse hin zur vorausschauenden Szenario-Bewertung verschieben. Ein DAX30-Konzern lässt Planung und Forecast schon heute mit Hilfe von Predictive Analytics erstellen und das bis hin zum EBIT der einzelnen Unternehmensbereiche. Zeichnen sich im maschinell generierten Predictive Forecast dann Trends ab, die auf eine nachhaltige Abweichung vom Geschäftsjahresziel hindeuten, sind die Verantwortlichen gefordert Maßnahmen zu definieren, um gegenzusteuern. Auf diese Weise entsteht ein wertvolles „Early Bird"-Tool, abseits der zumeist sehr statischen, weitgehend manuell erstellt und taktisch geprägten Forecasts, wie sie heute in sehr vielen Unternehmen vorzufinden sind.

## Mitarbeiter in Accounting und Controlling müssen sich von alten Gewohnheiten und Überzeugungen lösen

Eine Digital Enterprise Plattform, die das Unternehmen mit Lösungen à la Google Search und Google Maps agiler und transparenter macht, liegt mithilfe des richtigen Informations- und Datenmodells sowie der erforderlichen strukturellen, organisatorischen und prozessualen Veränderungen insbesondere in Accounting und Controlling in technologisch vorstellbarer Greifweite – auch wenn der Weg dahin wohl noch einige Jahre dauern wird. Um die Mitarbeiter auf diese Reise mitzunehmen, braucht es einen gewissen Freiraum, damit tradierte Denk- und Arbeitsweisen hinterfragt und bei Bedarf angepasst werden dürfen. Nur ein paar Denkanstöße in diese Richtung:

- **Flexible Views ersetzen starre Reports:** Wer im Finanzbereich arbeitet, ist mit Reports sozialisiert worden. Die Mitarbeiter müssen verstehen, dass sie Informationen viel schneller und besser bereitstellen können, wenn sie granulare kausale Daten per intelligenter Suchmaschine individuell kombinierbar als sogenannte Views abrufen, statt weiter für jeden Report eventuell eigene Kodierungen zu hinterlegen.

- **Paralleles ersetzt sequenzielles Arbeiten:** Wer im Finanzbereich internationaler Unternehmensgruppen arbeitet, ist die sequenzielle Erstellung des Konzernabschlusses gewohnt: Erst kommen die lokalen Abschlüsse, dann die Konsolidierung und am Ende der Konzernabschluss. Zweifelsohne sind beide Abschlüsse in Zukunft weiter notwendig, auch wenn aus der Steuerungssicht des Konzerns der Blick auf die komplette, konsolidierte Value Chain etwa von China über Deutschland bis in die USA deutlich mehr Relevanz hat als die von steuerlichen Erfordernissen geprägten Abschlüsse der Einzelgesellschaften. Doch warum sollte es nicht gelingen kontinuierlich beide Sichten parallel verfügbar zu haben? Schließlich liegen die Informationen für beide Bewertungsräume im konzernweiten Datenbestand vor – leider noch nicht in einer gemeinsamen und eineindeutig strukturierten Datenquelle. Setzt man eine solche hypothetisch voraus, dann steht einer parallelisierten Berichterstattung nicht mehr viel im Weg.

- **Korrelationsrechnungen ersetzen die Kategorisierung in fixe und variable Kosten:** Wer im deutschsprachigen Raum im Finanzbereich arbeitet, kennt die jahrzehntelangen Diskussionen rund um die Frage der „richtigen" Zuordnung von Kostenelementen in die Kategorie „fix" oder „variabel". Geht man zum Kern der Frage, warum diese Zuordnung existiert, lautet die Antwort: Das ist eine Hilfsgröße, um schnell berechnen zu können, wie sich die Unternehmens-Performance bei Plus-Minus X Prozent Umsatzveränderung ändern wird. Es geht also im Grunde um eine Umsatz-Kosten-Korrelation. In Zeiten von weniger performanten Systemen mag diese grobe Kategorisierung sinnvoll gewesen sein, weil es nicht möglich war innerhalb einer vertretbaren Laufzeit eine unternehmensweite, systemgestützte Korrelationsrechnung durchzuführen. Dem ist heute nicht mehr so – und deshalb technologisch der Weg frei sich von bisweilen dogmatisch geführten fix/variabel-Diskussionen zu lösen und Dogma durch Korrelations-Analytik zu ersetzen.

### Der Umstieg auf SAP S/4HANA ist kein IT-Projekt, sondern eine kulturelle Reise mit technischem Hintergrund

Die Umstellung der Konzern-Systeme hin zu einer Digital Enterprise Plattform wie S/4 HANA wird bei internationalen Unternehmensgruppen einige Jahre in Anspruch nehmen. Um Management wie auch Mitarbeiter hierfür zu gewinnen, bedarf es eines überzeugenden Storytellings jenseits von technologischer Terminologie. Für diesen Zweck können Analogien sehr hilfreich sein, beispielsweise das hier mehrfach genutzte Google-Motiv. Jeder nutzt heute Google Search, um in Sekundenbruchteilen relevante Informationen in dem Meer an Daten zu finden die das Internet bietet. Der Nutzen für den Anwender ist daher sehr gut vergleichbar mit einem der Kern-Nutzen, den der Finanzbereich auf Basis der Unternehmensdaten bietet: Die möglichst rasche Bereitstellung der relevanten KPIs. Wer die Schnelligkeit und die individuellen Suchmöglichkeiten von Google wertschätzt, wird erkennen wohin die Reise mit Hilfe einer Digital Enterprise Plattform gehen muss. Schließlich lässt sich heute fast jeder die Route zum Ziel von Google Maps oder ähnlichen Navigationsdiensten vorschlagen, ohne sie anhand einer Straßenkarte nochmals zu prüfen. Die Kernelemente eines fest fixierten Ziels bei gleichzeitig möglichst adaptiver Routengestaltung sind sehr nahe an dem, was ein Finanzbereich mit Hilfe von Planung und Forecasting erreichen will. Auch dieses Beispiel wird klarmachen, dass es nicht mehr darum gehen kann weiter die Falt-Technik der Straßenkarte im Sinne von better Planning/better Forecasting zu optimieren. Das Ziel muss vielmehr sein gar keine papierbasierte Straßenkarte mehr zu brauchen.

*4 Die Transformation zum Zielbetriebsmodell*

Auch wenn diese Analogien verstanden werden, dürfte es weiterhin viele Zweifler geben, die eine Entwicklung des Finanzbereichs hin in diese Richtung für schlichtweg unrealistisch erachten. Dem lässt sich mit einem weiteren Gedankenspiel begegnen. Die Überzeugung, dass in wenigen Jahren autonomes Fahren möglich sein wird, ist bereits heute mehrheitsfähig. Das heißt, die meisten Menschen trauen den Autos von (über-)morgen zu, dass sie nicht nur selbständig den Weg finden, sondern dass sie sogar vollautomatisch in Millisekunden auf plötzliche, unvorhersehbare Ereignisse reagieren können. Wer glaubt, dass dies funktionieren kann und den Autos in Zukunft deshalb sogar sein Leben anvertrauen würde, der sollte doch nicht ernsthaft bezweifeln, dass die Digital Enterprise Plattform per Knopfdruck aus bereits vorhandenen, unternehmensinternen Daten einen Monats- oder Jahresabschluss automatisch erstellen werden kann?

> *Praxistipp: Vereinfachen und Lösung für den Nutzer greifbar machen*
> Wichtig ist bei diesem Storytelling nicht rein technisch im engen Fachbereichskontext zu argumentieren. Es gilt tradierte Denk- und Handlungsmuster mit einfachen, logischen Analogien aus Bereichen zu erschüttern, wo ähnliche Technologien schon längst als Tatsache akzeptiert worden sind. Wichtig ist außerdem, die Grund-Logiken des neuen Datenmodells nicht gleich mit Blick auf das komplexe Gesamtkonstrukt einer internationalen Unternehmensgruppe zu erörtern. Damit droht man selbst die aufgeschlossensten Mitarbeiter von Beginn an zu überfordern. Zielführender ist es, praktische, aufs Wesentliche reduzierte Use Cases aufzubauen und damit die neuen Grund-Logiken durchzuspielen.
>
> Beispielsweise lässt sich die Möglichkeit der Parallel-Bewertung einer grenzüberschreitenden Mehrwährungs-Wertschöpfungskette anhand von drei kleinen Fiktiv-Gesellschaften in drei unterschiedlichen Währungsräumen durchspielen.

Grundsätzliche betriebswirtschaftliche Herausforderungen werden im Rahmen solcher aufs Wesentliche reduzierten Mock-Ups sehr schnell deutlich. In der Komplexität des Gesamtkonzerns gehen die Kern-Mechanismen in ihren End-to-End-Zusammenhängen dagegen oft unter und sind wissenstechnisch über verschiedenste Fachexpertengruppen hinweg verteilt (beispielsweise Accounting, Controlling, Treasury, Logistik). Die anschauliche Erklärung und die Möglichkeit solch simplifizierte Use Cases gesamtheitlich noch verstehen zu können überzeugt die Mitarbeiter. So fällt es ihnen leichter sich die enormen Potenziale einer Digital Enterprise Plattform auf Konzernebene im Vergleich zum heutigen „Way of doing things" vorzustellen. Begleitet werden sollten die Use Cases stets mit der Aufforderung sich von den im Tagesgeschäft üblichen Vorgehensmustern frei zu machen und den eigentlichen Zweck des vorliegenden Use Cases zu hinterfragen – etwa das genannte Thema der fixen und variablen Kosten. Design-Thinking – sowie die Identifizierung und Lösung von heutigen Hindernissen auf dem Weg zu einer perfekten ERP-Welt – spielt in Transformationsprojekten mit solcher Tragweite immer eine wichtige Rolle. Die Kunst ist die Ideen und den Elan dann auch bei der langjährigen Umsetzungsarbeit mit all ihren Rückschlägen aufrecht erhalten zu können.

**Nicht nur Storytelling, auch Schulungen wichtig**

Aber Storytelling allein reicht nicht um die Beschäftigten von den Vorteilen der Digital Enterprise Plattform und des neuen Informations- und Datenmodells zu überzeugen. Sie brauchen natürlich entsprechende Schulungen um sich aktiv in die Gestaltung der neuen Welt des Accounting und Controlling einbringen zu können. Die Perspektive einer künftig anspruchsvolleren und wertschöpfenderen Aufgabe muss greifbar werden. Daher sind rasche Erfolgserlebnisse in Form kleiner Pilotprojekte wichtig die das Zukunftspotenzial transparent und nachvollziehbar machen, welches sich hinter dem Ziel „Digital Finance" verbirgt. Data Analytics und Predictive-Forecast-Aktivitäten bieten sich hierfür an, aber auch der frühe S/4-Go-Live einer kleineren Einheit.

Der in vielen Konzernen anstehende Umstieg auf SAP S/4HANA muss daher gut geplant werden. Dazu gehört das Verständnis, dass es sich nicht nur um ein technisches Vorhaben handelt. Das gesamte Projekt sollte auf einem umfassenden Zukunftskonzept für ein neues Informations- und Datenmodell sowie den damit verbundenen strukturellen, organisatorischen und prozessualen Veränderungen basieren. Unbedingt sollte eine Roadmap existieren, die aufzeigt, wie sich die Mitarbeiter auf diese kulturelle Reise mit technischem Hintergrund mitnehmen lassen. Denn letztlich wird nicht SAP S/4HANA beziehungsweise die Digital Enterprise Plattform per se das Unternehmen voranbringen: Der Erfolg hängt davon ab, wie gut die dahinter liegenden Konzepte sind und mit wie viel Überzeugung die Mitarbeiter das System im Tagesgeschäft mit Leben füllen.

## Wie beim autonomen Fahren müssen auch bei der Digitalisierung der Finanzfunktion Regularien angepasst oder erweitert werden

Erwähnung sollte schließlich ein weiterer Aspekt finden, der bei Diskussionen rund um Digital Finance noch zu selten thematisiert wird: Der Anpassungsbedarf in Bezug auf aktuelle Regularien rund um die Konzernrechnungslegung. An vorderster Stelle zu nennen ist hierbei die heutige Praxis des sequenziellen Konzernabschlusses mit der dazu passenden Translatorik hin zur Konzernwährung. Erst werden die Abschlüsse der lokalen Entitäten auf Basis der jeweiligen Landeswährung durchgeführt, dann die Ergebnisse im zweiten Schritt in die Konzernwährung konvertiert – Bilanzdaten zu Stichtagskursen, Ergebnisrechnungsdaten meist zu kumulierten Durchschnittskursen. Behält man bei der Ergebnisrechnung diese Translatorik bei, wäre ein kontinuierlicher, sich kumulativ bis Jahresende entwickelnder Blick in Echtzeit auf die Performance von Währungsräume überschreitenden Wertschöpfungsketten aufgrund der damit implizit einhergehenden, monatlichen Neu-Konvertierung der Vormonatsergebnisse unmöglich. Die Alternative für Echtzeit-Kontinuität notwendige Umrechnung und Fixierung der Buchungsvorgänge in Konzernwährung zum Zeitpunkt der Transaktion kommt heutzutage meistens nur bei nachweislich vorliegender Hochinflation in einzelnen Landesgesellschaften zur Anwendung. Es wäre zu überlegen, ob dieses aus dem Inflation Accounting bekannte Konvertierungsprinzip in Zukunft auch für das Ziel einer parallelen Rechnungslegung konzernweit genutzt werden kann. Erste Diskussionen gibt es hierzu bereits, die Definition eines einheitlichen Standards dürfte aber noch einige Zeit dauern.

Die Zeit sollte genutzt werden, um im Austausch mit anderen Unternehmen und Industrien gemeinsam den Weg zur Ausschöpfung des vollen Zukunftspotenzials einer Digital Enterprise Plattform zu bereiten. So wie das autonome Fahren neue Verkehrsregeln braucht bedarf es auch für die Arbeit der Finanzabteilung punktuell neuer Regelungen. Regelwerke, die ihren Ursprung in Zeiten limitierter technischer Machbarkeit haben, sollten deshalb kein Hindernis sein, sondern vielmehr ein Ansporn, um proaktiv Problemstellungen zu lösen, die dem Idealbild eines intelligenten, hoch automatisierten ERPs noch im Wege stehen.

## 4.7 Einführung eines agilen Organisationsmodells auch in der Finanzabteilung

Norman Tambach, CFO, ING Deutschland

In der heutigen Zeit sind Firmen wie Netflix, Google und Spotify kaum wegzudenken. Diese Unternehmen haben insbesondere eines gemeinsam: eine agile Organisation. Diese Organisationen sind so aufgebaut, dass sie schnell Veränderungen antizipieren können und dabei ständig lernen und sich weiterentwickeln. Insbesondere in einer Welt, die sich immer schneller verändert und digitaler wird, kann eine hohe Anpassungsfähigkeit von Vorteil sein. Dies hat die ING ebenfalls erkannt und daher vor einigen Jahren entschieden, die agile Transformation in Angriff zu nehmen. Wenn auch gleich eine Bank sehr stark reguliert ist, erscheint es doch sinnvoll, von einer traditionell geführten Organisation in ein agiles anpassungsfähiges Zusammenarbeitsmodell überzugehen. Dies wurde auch für die Finanzfunktion der ING Deutschland als sinnvoll erachtet und daher wurde sie ebenfalls im Zuge der agilen Transformation ebenfalls komplett agil umgestellt.

Inspiriert von unter anderem Tech Unternehmen in Silicon Valley, hat sich die ING Deutschland somit als erste Bank Deutschlands agil umgestellt, um noch schneller und flexibler auf Marktveränderungen und Kundenbedürfnisse reagieren und Change in der Bank effizienter umsetzen zu können. Dadurch kann ein schnelleres Time-to-Market gewährleistet werden – auch in dieser komplexen und sich schnell verändernden Welt.

Einerseits geht es bei den weitreichenden organisatorischen Veränderungen innerhalb der Bank darum, dass sie flexibler und schneller agieren kann, um die Kundenerwartungen noch besser zu erfüllen. Dabei spielt die zunehmende Eigenverantwortung und das agile Mindset der einzelnen Mitarbeiter eine wesentliche Rolle, da diese in der komplexen Welt mit ihrem Know-how noch besser unterstützen können. Andererseits soll die Organisation insbesondere durch den Einsatz agiler Methoden ein noch attraktiverer Arbeitgeber werden, weil insbesondere jüngere Menschen (z. B. ‚Millenials') es bevorzugen, unabhängig zu arbeiten und dabei weniger auf Hierarchien eines Unternehmens achten zu müssen. Denn in einer agilen Organisation sollen die Beschäftigten mehr Eigenverantwortung übernehmen als in klassischen Unternehmensstrukturen. Wer ein inspirierendes, innovationsförderndes Arbeitsumfeld bieten kann, kann dadurch die Mitarbeiterzufriedenheit steigern auch bei dem Wettlauf um die Talente von morgen vorne liegen. Zudem kann die agile Organisation auch dazu verhelfen, schneller Kooperationen mit FinTechs einzugehen, da hierbei die ähnliche Arbeitsweise eine effizientere Zusammenarbeit bewirken kann.

### Die agilen Prinzipien der ING Deutschland

Jedes Unternehmen versteht etwas anderes darunter, „agil" zu sein oder zu werden. Bei der ING Deutschland definiert sich Agilität aus drei Säulen. Damit diese in der Organisation wirkungsvoll verankert werden können, erfordert es das Engagement und Vorleben des Vorstands und des Senior Managements:

1. **Organisation**
   Ein Grundsatz in der agilen Arbeitsweise ist es, Menschen, die zusammen arbeiten auch organisatorisch zusammenzubringen. Daraus entstehen interdisziplinäre Einheiten, die sich auch in der Finanzfunktion aus Business & IT zusammensetzen und als oberstes Ziel haben, die Anzahl an Schnittstellen zwischen Bereichen oder Teams so gering wie möglich zu halten. Diese Einheiten haben die Verantwortung für Run- und Change-the-Bank Themen. Andere Organisationen definieren ihre agile Organisation zum Teil nur für das Change-the-Bank Portfolio. Agilität betrifft also die komplette Bank und nicht nur ausgewählte Bereiche.

2. **Methoden**
   Die ING Deutschland gibt ihrer Organisation keine agile Methode vor. Die Teams entscheiden je nach Tätigkeit, welche agilen Methoden für sie nützlich sind, um ihre Effektivität und Effizienz zu steigern (z. B. Daily Stand-up). Scrum-Elemente sind in Einheiten mit IT-Umsetzung verbreitet, es existieren aber auch Mischformen zwischen z. B. Scrum & Kanban.

3. **Mindset**
   Ein agiles Mindset erwartet die ING Deutschland von allen Beschäftigten, egal ob Mitarbeiter, Führungskraft oder Vorstandsmitglied. Eine agile Führungskraft vertraut ihren Mitarbeitern und setzt ihnen Leitplanken zur Bearbeitung ihrer Aufgaben. Wie die Aufgabe bearbeitet wird oder das Problem gelöst wird, obliegt den Mitarbeitern. Agile Führungskräfte geben den Mitarbeitern Freiräume, um ihre Arbeit selbst zu gestalten. Die Mitarbeiter nehmen die Verantwortung an und erledigen ihre Aufgaben eigenständig.

Bei der agilen Transformation der ING wurde sorgfältig analysiert und erkannt, dass tatsächlich fast das komplette Unternehmen von der Umstel-

## 4.7 Einführung eines agilen Organisationsmodells auch in der Finanzabteilung

lung auf die agile Organisation profitieren sollte. In drei Schritten wurden zunächst der Service-, dann das Business und schließlich die Supportfunktionen transformiert – also auch der Finanzbereich. Nur die interne Revision blieb davon ausgenommen – ansonsten arbeitet inzwischen die gesamte Finanzfunktion agil, mit einem individuell auf die ING zugeschnittenen Konzept.

Dabei folgte der Umbau grundlegenden Prinzipien, die die neuen Arbeitsweisen bei der ING sowie die Einstellungen und Denkmuster der Mitarbeiter auf den Punkt bringen:

---

**8 grundlegenden Prinzipien für den ‚One Agile Way of Working' der ING Deutschland**

**Fokussierung:** Wir setzen klare Prioritäten, um unsere übergeordneten Ziele zu erreichen.

**Teamorientierung:** Wir arbeiten in starken und kompetenten Teams.

**Verantwortlichkeit:** Wir fördern Autonomie und Selbstbestimmung in Teams.

**Personalentwicklung:** Wir fördern Talent und fachliche Expertise für eine Karriere als Experte.

**Standardisierung:** Wir haben ein einheitliches Organisationsdesign und einheitliche Arbeitsweisen.

**Verständlichkeit:** Wir arbeiten einfach, unkompliziert und verständlich.

**Kontinuität:** Wir verbessern Bestehendes, anstatt alles neu zu erfinden.

**Kundenorientierung:** Wir lernen vom Kunden und nutzen dieses Wissen, um uns zu verbessern.

---

### Die agile Organisationsstruktur im Finanzbereich der ING Deutschland

Im Zuge der agilen Organisation haben verschiedene Experten der ING Deutschland in einem bereichsübergreifendem Team (Design Team) die neuen Strukturen der verschiedenen Einheiten der Bank erarbeitet. So wurde auch der Finanzbereich agil umgestellt und dabei individuell gestaltet.

Wie in Abbildung 38 erkennbar, bildet das CoE (Center of Expertise) den Rahmen des ehemaligen Rechnungswesens mit CoE-Lead an der Spitze, der direkt an den CFO berichtet. Im CoE bündelt sich unterschiedliches Fachwissen, das drei Expertisen inklusive Expertise Leads sowie ein Tribe samt Tribe-Lead unter sich vereint. Der Tribe Finances, Processes & IT vereint

## 4 Die Transformation zum Zielbetriebsmodell

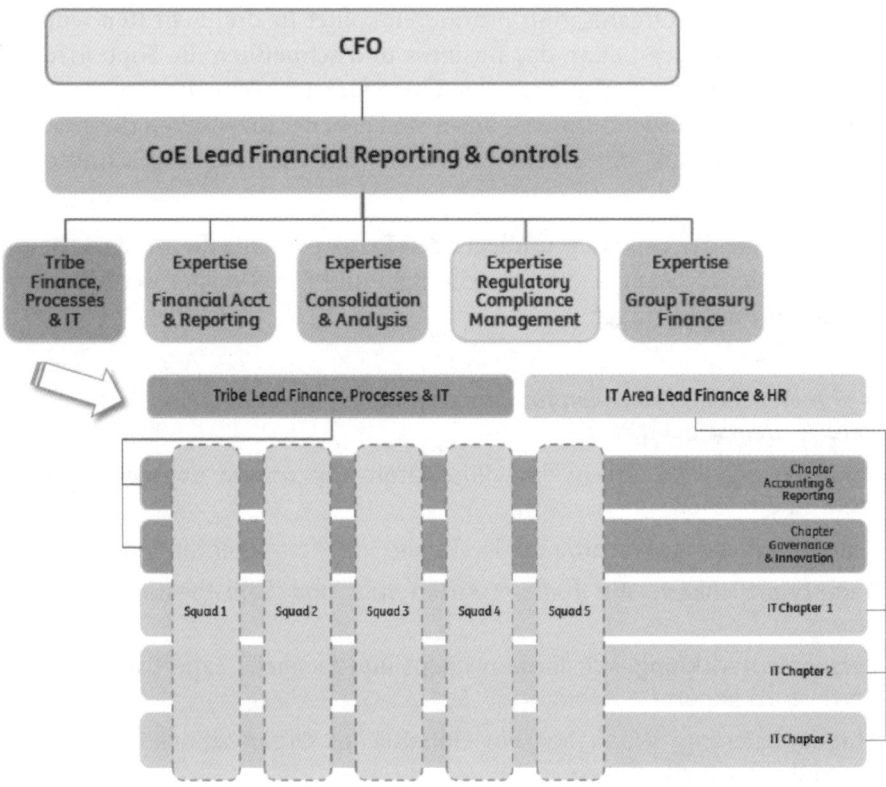

Abbildung 38: Detailliertes Design CoE Financial
Reporting & Controls der ING Deutschland

*Quelle:* ING Deutschland

sowohl Run- als auch Change-Aktivitäten des CoEs. Der Tribe-Lead koordiniert seinen Tribe und ist dessen visionärer Leiter, der die langfristige strategische Ausrichtung verantwortet und gewährleistet. Der Tribe-Lead ist funktional auch für die IT seines Bereiches verantwortlich.

Wie in Abbildung 39 dargestellt, sind mehrere **Squads** in einem Tribe vereint. Hier widmen sich ca. 7–9 Mitarbeiter mit unterschiedlichen Fachkenntnissen gemeinsam einem Ziel bzw. einer Produktvision, das vom **Product Owner** vorgegeben wird. Dieser ist ermächtigt, Entscheidungen über Product Backlog Einträge und ihre Priorisierung zu treffen und hat direkten Kontakt mit dem Entwicklungsteam und den Stakeholdern. Der Product Owner übernimmt die Verantwortung für die Fertigstellung sowie die interne und externe Kommunikation und Abstimmungen mit den Schnittstellen-Bereichen. Hierbei ist der Product Owner kein hierarchischer Lead,

## 4.7 Einführung eines agilen Organisationsmodells auch in der Finanzabteilung

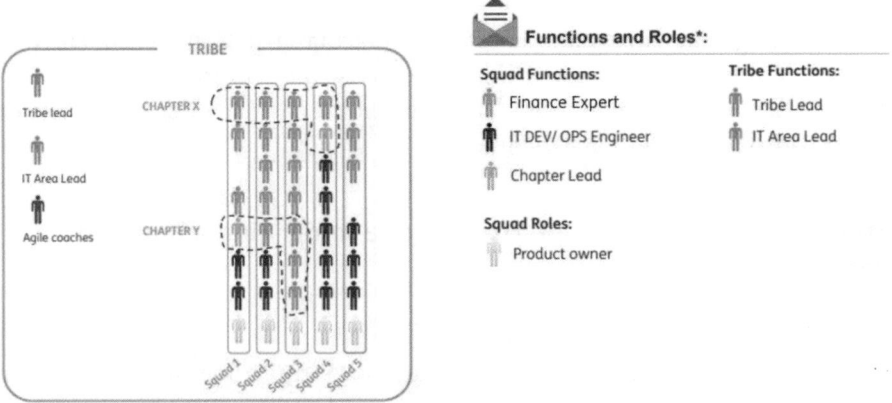

Abbildung 39: Die Rollen im Tribe der Finanzfunktion

*Quelle:* ING Deutschland

sondern wird innerhalb der Mitarbeiter des Squads für einen bestimmten Zeitraum ausgewählt.

Die Mitarbeiter aus verschiedenen Squads bilden gemeinsam einen sogenannten **Chapter**. Diese sind die fachliche und hierarchische Heimat der Mitarbeiter, die mit ihrer Fachexpertise auf die Squads aufgeteilt werden. Durch das Zusammenspiel aus Chapter und Squads ergibt sich eine Matrixstruktur, in der das Squad die Aufgaben (*An was arbeiten wir?*) und das Chapter die Fachexpertise (*Wie wollen wir unsere Aufgaben lösen?*) definiert. Im Chapter tauschen sich die Experten aus einem bestimmten Themenfeld über ihr Fachwissen aus, ähnlich wie in einer Zunft oder Gilde. So lässt sich fachspezifisches Wissen über die Squads hinweg teilen. Innerhalb des CoEs Financial Reporting & Controls gibt es zwei **Business Chapter** – Chapter Accounting & Reporting sowie Chapter Governance & Innovation. Neben den Business Chapter sind außerdem **IT-Chapter** dem Tribe zugeordnet, die hierarchisch an den **IT-Area Lead** berichten. Die hierarchischen Führungskräfte der Mitarbeiter innerhalb eines Tribes sind die **Chapter Leads**, die ebenfalls in Squads mitarbeiten und unter anderem für die Weiterentwicklung ihrer Mitarbeiter verantwortlich sind.

Neben dem CoE- und Tribe-Lead, den Chapter-Leads, Squad-Mitgliedern und Product Owner sind außerdem noch **agile Coaches** eine Schlüsselfunktion der agilen Organisation. Diese werden aus dem CoE Way of Working den unterschiedlichen Bereichen der Bank zugeteilt und unterstützen die Mitarbeiter und Leads beim Einsatz von agilen Instrumenten und Methoden für eine bestmögliche Weiterentwicklung und Performance. So sind auch zwei agile Coaches innerhalb des CoE Financial Reporting & Controls zugeteilt. Innerhalb der ING Deutschland sind aktuell noch rund 60 agile Coaches im Einsatz. Üblicherweise ist die Anzahl der agilen Coaches zu Beginn der agilen Transformation höher als nach der erfolgreichen agilen Umstellung des Unternehmens.

**Erfahrungen mit der agilen Arbeitsweise in der Finanzfunktion der ING Deutschland**

*Mindset und Eigenverantwortung*

Neben dem organisatorischen Aufbau und der Einführung neuer Methoden ist insbesondere ein Punkt wesentlich, um die agile Transformation als erfolgreich bezeichnen zu können: **die Veränderung des Mindsets von Mitarbeitern und insbesondere Führungskräften**. Was sich zunächst einfach anhört, ist ein langer Prozess, den man nicht unterschätzen sollte. Wichtig ist hierbei, gleich ‚oben' anzufangen. Beispielsweise wurden bei der ING Deutschland gleich zu Beginn die Einzelbüros der Vorstände sowie aller Führungskräfte der Bank abgeschafft und in Meetingräume umgewandelt. Bei der ING sitzen die Vorstandsmitglieder zusammen an einem Tisch und leben ihren Mitarbeitern vor, dass die agile Organisation vom schnellen und direkten Austausch lebt. Mit einer solch ambitionierten Transformation, die die Einstellungen der Menschen massiv verändern soll, sollte man gut sichtbar ganz oben anfangen. Das war sicherlich für einige Vorstandsmitglieder und Führungskräfte gewöhnungsbedürftig und für manche zunächst auch unkomfortabel. Aber es hat den Kontakt untereinander verbessert, für mehr Austausch gesorgt und als gutes Vorbild für die ganze Belegschaft gedient. Veränderungen führen nun einmal aus der Komfortzone heraus. Das Mindset der Mitarbeiter und Führungskräfte sollte sich daher nachhaltig verändern. Sie müssen sich komplett auf neue Denk- und Arbeitsweisen einlassen, die ihnen einerseits zwar mehr Freiraum geben, andererseits aber auch die Bereitschaft zur Entwicklung von Eigeninitiativen sowie zur Übernahme von Verantwortung verlangen. Auch das Ausprobieren von neuen Ideen ist ein wesentlicher Teil des agilen Mindsets.

Ein weiterer Aspekt der agilen Organisation in Hinblick auf das Mindset ist die zunehmende **Eigenverantwortung der Mitarbeiter**. Wie bereits erwähnt, vertrauen die Führungskräfte ihren Mitarbeitern und setzen ihnen die Leitplanken für die Bearbeitung ihrer Aufgaben. Die Umsetzung der Aufgabe hingegen soll von den Mitarbeitern selbst entschieden werden. Nur durch diese Freiräume, die für die Mitarbeiter geschaffen werden, können die Mitarbeiter selbst gestalten und sind gewillt, die Dinge selbst in die

## 4.7 Einführung eines agilen Organisationsmodells auch in der Finanzabteilung

Hand zu nehmen. Außerdem hilft der Wegfall von Hierarchieebenen dabei, dass Mitarbeiter auch organisatorisch mehr Spielräume haben und Themen sowie Probleme effizienter bearbeiten können.

Um mehr **Transparenz über Arbeitsinhalte** zu schaffen, hilft es auch sogenannte morgendliche Daily Stand-ups von max. 15 Minuten innerhalb eines Squads oder einer Expertise zu haben, um die relevanten Themen des Tages zu besprechen, Aufgaben im Team zu verteilen sowie sich kurz auszutauschen. Innerhalb der ING Deutschland wird in diesen kurzen Meetings insbesondere besprochen, was seit der letzten Besprechung geklärt wurde, was bis zur nächsten Besprechung geklärt werden soll und vor allem welche Hindernisse (,Impediments') es gibt. Innerhalb des CFO-Bereichs der ING Deutschland existiert daher ein Impediment-Prozess, der gemeinsam mit den agilen Coaches für alle Mitarbeiter erarbeitet wurde. Ein Impediment ist ein Hindernis, das einen Mitarbeiter davon abhält, seine Arbeit fertigzustellen (z. B. Ressourcenengpässe für ein bestimmtes Projekt). Wenn ein Impediment beispielsweise nicht innerhalb des jeweiligen Squads, der Expertise oder des CoEs gelöst werden kann, wird es als letzte Stufe an den CFO weitergegeben, damit es gelöst werden kann. Für alle Mitarbeiter wird dabei transparent festgehalten, auf welcher Stufe sich alle Impediments befinden. Durch das Lösen von Impediments kann die Organisation lernen, kontinuierlich besser zu werden. **Das Eröffnen von Impediments ist in der ING gewollt, da sie Teil der ING-Kultur sind.** Außerdem ist es von Vorteil, Hindernisse zeitnah transparent zu machen und schnell zu lösen, um bspw. die Strategie der Tribes anzupassen und anschließend wieder auf Kurs zu kommen.

### Selbstorganisation der Teams und agile Methoden

Arbeitsweisen und Zusammenarbeit in der agilen Organisation unterscheiden sich wesentlich von dem, was vielerorts noch Standard ist: hierarchisches Silo-Denken, durch das jedes Thema oftmals einseitig aus der Perspektive des eigenen Fachbereichs betrachtet wird und wo bei Entscheidungen der Blick ausschließlich nach oben zum Chef geht, kaum aber über die Abteilungsgrenzen hinaus. Durch die agile Organisation können Silos durchbrochen werden. Diese Strukturen der agilen Welt sind eng miteinander verflochten, damit gewährleistet werden kann, dass Aufgaben in der Regel fachübergreifend bearbeitet werden. So lassen sich Informationsaustausch, Kapazitätsplanung, Qualifizierung und der Zugriff auf zusätzlich benötige Kompetenzen in einem entsprechenden Rahmen organisieren. Innerhalb der Finanzfunktion kann die agile Arbeit für viele unterschiedliche Prozesse vorteilhaft sein, wie beispielsweise für die Entwicklung eines neuen Produktes, die Optimierung eines Prozesses oder auch eine kaufmännische Tätigkeit, wie das Erstellen eines Monatsabschlusses.

In Hinblick auf die Squads in einem Tribe lässt sich ihre Arbeit wie folgt beschreiben: Kleine, interdisziplinär besetzte Teams übernehmen die komplette Verantwortung für einen End-to-End-Prozess, den sie autonom abwickeln beziehungsweise bei Neu- oder Weiterentwicklungen von Prozessen und Produkten in Sprints mit einer Dauer von maximal zwei Wochen laufend optimieren. So wie alle Vorstandsmitglieder der ING Deutschland an einem Tisch sitzen und im schnellen, direkten Austausch große strategische Fragen diskutieren, arbeiten die maximal sieben bis neun Mitglieder eines Squads im schnellen, direkten Austausch daran, gemeinsam ihre Aufgaben bestmöglich zu lösen. Die Verantwortung der Einzelnen wird somit zu einer Team- bzw. Squadverantwortung – wer welches Thema übernimmt, entscheidet das Squad autonom. Wesentlich ist, dass die Arbeit in einem Squad sichtbar gemacht wird und es für alle Mitglieder des Squads transparent gemacht wird, wer an welchem Thema arbeitet und welcher Fortschritt erzielt wurde. Zudem gibt es regelmäßig Retros, die als teaminterner Feedback-Loop genutzt werden, und die Arbeitsweise verläuft iterativ und lösungsorientiert.

Was sich so einfach liest, hat in der Praxis erhebliche Auswirkungen auf die Umsetzung von Projekten, wie im nachfolgenden Beispiel beschrieben.

> *Praxisbeispiel: Schneller Aufbau eines neuen Business-Segments (SME Amazon-Kooperation) mit agilen Arbeitsmethoden*
> Diese Produktentwicklung wurde agil umgesetzt, wodurch ein schnelleres Time-to-Market gewährleistet werden konnte. Es gab keine vorgelagerte Konzeptionsphase inklusive Erstellung des Fachkonzepts, sondern der Einstieg in die Produktentwicklung erfolgte über verständliche Features beziehungsweise User Stories. Die Anforderungen wurden dabei klar und präzise in den User Stories beschrieben und skill-übergreifend besprochen und diskutiert. Lösungswege wurden dann gemeinsam im Squad erarbeitet und kurze Kommunikationswege und ein gemeinsames Verständnis bilden die Basis für eine effiziente Umsetzung des Projekts. Der Fokus des Squads liegt auf wesentlichen Themen, was durch eine gemeinsame Priorisierung möglich ist.
> Die agile Umsetzung fand in sogenannten Sprints mit einer Dauer von jeweils zwei Wochen statt. Im Squad wurde vor jedem Sprint definiert, welche Funktionen nach dem Sprint ausgerollt werden sollen. Im interdisziplinären Team mit Fach- und IT-Experten gab es klare Verantwortlichkeiten, Entwicklertests waren fester Bestandteil der agilen Umsetzung. Da

## 4.7 Einführung eines agilen Organisationsmodells auch in der Finanzabteilung

der Fortschritt zweiwöchentlich validiert wurde, ließen sich Schwachstellen rasch erkennen und ausmerzen. So baute etwa das Squad Retail Banking des Tribes Finance, Processes & IT in nur fünf Monaten ein neues Business Segment an die lokalen Finance Systeme auf. Durch die unterschiedlichen Skills im Squad konnte somit ein Maximum an Qualität erreicht und das Projekt in 5 Monaten umgesetzt werden. Dadurch konnte die ING Deutschland die Kooperation mit Amazon starten, bei der die ING Deutschland kleinen Verkäufern auf dem Marktplatz des Onlinehändlers jetzt Finanzierungsangebote unterbreitet.

Früher wären Entwicklung, Implementierung sowie Anbindung an die lokalen Finance Systeme in sequenziellen Projektphasen erfolgt – per Projektplan gemäß Wasserfallmodell. Schrittweise hätten nacheinander Fach-Konzeption, IT-Konzeption, Umsetzung und Tests stattgefunden. Fach- und IT-Experten hätten das Projekt in eigenen Teilprojekten bearbeitet, Ineffizienzen bei der Übergabe zwischen Fachbereichen und IT inklusive. Am Ende hätte ein Praxistest gezeigt, ob das Produkt funktioniert und eine Projektumsetzung innerhalb von 5 Monaten wäre ziemlich unwahrscheinlich gewesen.

Neben der schnelleren Umsetzung von Projekten können Squads aufgrund ihrer autonomen und lösungsorientierten Arbeitsweise auch weitere Herausforderungen meistern. So war beispielsweise das Squad Wholesale Banking des Tribe Finance, Processes & IT in der Lage aufgrund der agilen Arbeitsweise selbstständig auf Kapazitätsschwankungen zu reagieren. Dies war insbesondere deshalb möglich, da jedes Squad eine Produktvision sowie ein Backlog mit Anforderungen und Optimierungsideen hat und bei freien Kapazitäten eigenständig auf Kapazitätsschwankungen reagieren kann. Dies bedeutet konkret, dass sich ein Squad selbst weitere Features/Stories aus dem Backlog ziehen kann, wenn Kapazitäten wieder frei werden.

Zudem führt das gemeinsame Verständnis zwischen Fach- und IT-Mitarbeitern innerhalb eines Squads dazu, dass Anforderungen schneller gemeinsam vorangetrieben und umgesetzt werden können. Vergleicht man diese agile Arbeitsweise mit der klassischen Organisation, so oblag die Verteilung der Aufgaben an die Mitarbeiter den Führungskräften. Sie planten die Beschäftigten fest für die einzelnen Projekte ein. Bei Kapazitätsschwankungen musste das Management darauf reagieren, dass es in einem Bereich zu viel Arbeit und woanders Unterauslastung gab – die Führungskräfte verteilten Aufgaben neu. Zudem hat die organisatorische Trennung zwischen IT und Business zusätzlich zu Ineffizienzen geführt.

Wie bereits in der agilen Struktur des Finanzbereichs dargestellt, gibt es neben dem Tribe auch Expertisen, die ebenfalls zum CoE Financial Reporting & Controls gehören. Auch wenn es keine Squads innerhalb der Expertise gibt, konnte man bisher schnell erkennen, dass der Einsatz von agilen Methoden auch hier von Vorteil ist. Hier ist wieder das Mindset der Mitarbeiter und Führungskräfte entscheidend, da durch die zunehmende Eigenverantwortung der Mitarbeiter und mehr Transparenz durch Daily Standups Silos vermieden werden und Themen, wie beispielsweise die Erstellung des Monatsabschlusses, aufgrund der lösungsorientierten Arbeitsweise effizienter umgesetzt werden können. Die Mitarbeiter haben ein Grundverständnis für alle Aufgaben und haben gemeinsam als Team das Ziel, einen pünktlichen und sauberen Monatsabschluss vorzulegen. Selbst wenn nicht alles reibungslos abläuft, können sich durch anschließende Retros direkte Optimierungsvorschläge herauskristallisieren, die in der Regel schnell umgesetzt werden. Ein wichtiger Faktor ist das hohe Commitment der Mitarbeiter, die Vorschläge umzusetzen, da diese nicht von der Führungskraft angeordnet werden, sondern das Team sich gemeinsam darauf verständigt. Dies kann wesentlich zur Mitarbeiterzufriedenheit sowie guter Teamatmosphäre beitragen.

---

*Lessons Learned: So profitiert die Finanzfunktion der ING im Tagesgeschäft vom agilen Betriebsmodell*

**Fokussierung und Schnelligkeit:**

Die gemeinsame Priorisierung in Planung und Verfeinerung erleichtert die Konzentration auf die wesentlichen Themen. Weil es weniger Silos gibt, kann interdisziplinär gedacht und gehandelt werden. So lassen sich schneller bessere Lösungen finden sowie konkrete Maßnahmen umsetzen.

**Organisation und Abstimmung:**

Sich selbst organisierende Teams bringen Themen über verständliche User Stories exakt auf den Punkt. Da Individualität und Diversität gefördert und gelebt werden, lassen sich auch neue Ideen realisieren. Statt sich mit Protokollen und redundanten Dokumentationen aufzuhalten, lernen die Teams aus dem Rückblick auf abgeschlossene Projekte in Form regelmäßiger Feedback-Schleifen.

**Qualität und Stakeholder Value:**

Weil im Squad die unterschiedlichsten Fähigkeiten vorhanden sind, lässt sich bei der Suche nach Lösungen und der Umsetzung konkreter Maßnahmen ein Maximum an Qualität erreichen. Dazu trägt die iterative und lösungsorientierte Arbeitsweise im Team ebenso bei wie der direkte und enge Austausch über Feedback-Schleifen mit den diversen Stakeholdern.

## 4.7 Einführung eines agilen Organisationsmodells auch in der Finanzabteilung

**Jedes Unternehmen muss seinen eigenen Weg in die Agilität finden**

Faktoren wie Unternehmenskultur, Geschäftsart und auch regulatorische Anforderungen können Einfluss darauf haben, die passende agile Organisationsform zu finden. Denn zum einen gibt es nicht die eine Blaupause zum Aufbau einer agilen Organisation, sondern diverse Methoden, derer sich Unternehmen bedienen können. Wenn also etwa Toyota mit Kanban erfolgreich war und andere Autokonzerne das Modell studieren sowie eventuell kopieren, ist damit nicht gesagt, dass von dieser Methode automatisch auch ein Geldinstitut profitiert. Und zum anderen gilt es detailliert zu klären, wo und wie die Agilität einer Organisation wirklich weiterhelfen kann. Nicht alle Ideen müssen überall passen.

Ein bereits gut funktionierendes und erfolgreiches Unternehmen in eine agile Organisation zu transformieren bedarf viel Mut und vor allem eins – eine klare Vision, die für die Mitarbeiter nachvollziehbar ist. Eine derartige Veränderung bringt verständlicherweise auch Ungewissheit und Skepsis mit sich, daher ist es unerlässlich, die Mitarbeiter miteinzubeziehen und die Hintergründe und auch Ziele der Transformation klar zu kommunizieren und für Fragen zur Verfügung zu stehen. Denn die agile Transformation steht und fällt mit der Bereitschaft der Mitarbeiter zur Veränderung. Die bislang gewohnte Arbeitsweise, die Unternehmensstrukturen und das Mindset ändern sich grundlegend für die Mitarbeiter und es braucht für einige etwas Zeit, bis diese Veränderungen angenommen werden und der Mehrwert einer solchen agilen Umstellung erkannt werden kann.

Man sollte sich daher im Klaren darüber sein, dass nicht jeder Mitarbeiter diesen Weg mitgehen will. Daher hat die ING einerseits intensiv über die geplante Transformation informiert, Trainings und interaktive Schulungen rund um Agilität veranstaltet und jedem einen Job in der agilen Organisation angeboten, andererseits aber auch mit dem Betriebsrat ein Programm für jene erarbeitet, die nicht auf die agile Reise gehen wollten. Für das Ausscheiden entschieden sich erfreulicherweise nur wenige Mitarbeiter. Die meisten ließen sich von der Aussicht überzeugen, künftig deutlich größere Freiheiten zu haben und mehr Verantwortung übernehmen zu können. Viele langjährige ING-Mitarbeiter haben für sich erkannt, dass sie sich in der agilen Organisation insbesondere aufgrund der gelebten Feedback- und Fehlerkultur noch besser entfalten und weiterentwickeln können. Dies gilt auch für einige ehemalige Führungskräfte, die nun ein fester Bestandteil der agilen Welt sind und bei der ING in einer neuen Rolle nochmals aufgeblüht sind.

Der Aufbau der agilen Organisation war für die ING ein wichtiger Schritt, um das Unternehmen zukunftsfähig zu machen. Effektivität, Effizienz, Flexibilität sowie Innovationskraft haben enorm zugenommen, Veränderungsbereitschaft gehört nun zur DNA der ING Deutschland auch für den Finanzbereich. Die agile Reise ist nie zu Ende – die Organisation lernt ständig dazu und bleibt dadurch in Bewegung, um sich weiterzuentwickeln. Jedes Unternehmen und auch jeder Finanzbereich eines Unternehmens muss allerdings seinen eigenen Weg in die Agilität finden.

## 4.8 Kulturwandel als Basis der Transformation

Uwe Hohlfeld, Geschäftsführer Finanz und Controlling,
Adolf Würth GmbH & Co. KG

Jedes Unternehmen hat seine spezifische Kultur. Sie kann nicht nur die öffentliche Wahrnehmung der Organisation und ihrer Produkte prägen, sondern auch die Mitarbeiter zu einer verschworenen Gemeinschaft zusammenschweißen. Insbesondere bei erfolgreichen Familienunternehmen verkörpert in der Regel der Gründer oder Inhaber die Werte und Traditionen. Er gibt die Ziele vor, reißt die Beschäftigten mit, motiviert sie zu immer neuen Höchstleistungen. Er ist Herz, Hirn und Gesicht des Unternehmens. Die Würth-Gruppe, daran besteht kein Zweifel, ist seit Jahrzehnten geprägt vom heutigen Stiftungsaufsichtsratsvorsitzenden Reinhold Würth. Er hat die 1945 gegründete Firma zum Weltmarktführer im Kerngeschäft – dem Vertrieb von Montage- und Befestigungsmaterial – gemacht, in angrenzende Märkte expandiert, die Diversifizierung in weitere Geschäftsbereiche vorangetrieben. 2019 erwirtschafteten rund 77.000 Mitarbeiter in über 400 Gesellschaften in mehr als 80 Ländern mit gut 3,6 Millionen Kunden einen Umsatz von 14,27 Milliarden Euro.

Den Erfolg verdankt das Unternehmen in erster Linie einem Geschäftsmodell des konsequenten Wachstums durch kompromisslose Kundenorientierung. Eine durchdachte Omni-Channel-Strategie ermöglicht es den Kunden, sich auf verschiedensten Wegen an Würth zu wenden: Sie können bei einem Außendienstler bestellen, der zum Betrieb kommt; selbst in eine der Würth-Niederlassungen gehen; oder direkt im Würth-Onlineshop ordern. Wichtig ist zudem die schlanke Organisation: Die Entscheidungswege sind bei Würth traditionell kurz, die Arbeit wird fokussiert und strukturiert erledigt, nichts auf die lange Bank geschoben oder wegdelegiert. Reinhold Würth hat seinem Unternehmen eine DNA gegeben, die sich mit drei Worten beschreiben lässt: vertriebsorientiert, wachstumsorientiert, produktivitätsorientiert. Das hat Stoff für so manche Anekdote geliefert. Produktivitätssteigerung bei Würth, so schrieben Journalisten amüsiert, heiße, dass der Außendienstler nach Feierabend tanken soll, statt zehn Minuten seiner Arbeitszeit dafür zu verschwenden; oder um 7.30 Uhr schon beim Kunden sein soll, statt dann erst loszufahren. Eins aber steht unabhängig von diesen Anekdoten fest: Der Erfolg gibt Reinhold Würth recht. Der Vertrieb ist Schrittmacher des Unternehmenswachstums, er sorgt für permanent steigende Umsätze. Die anderen Bereiche unterstützen den Verkauf optimal und tragen mit gezielter Effizienzsteigerung in ihrer Disziplin dazu bei, dass sich neben dem Umsatz auch das Ergebnis stetig verbessert. Vertriebsorientierung, Wachstumsorientierung und Produktivitätsorientierung haben einen kleinen Familienbetrieb aus dem Hohenlohekreis zum Weltkonzern gemacht.

**Die Würth-DNA ist geprägt durch Vertriebsorientierung, Wachstumsorientierung und Produktivitätsorientierung**

Doch der Würth-Gruppe liegt noch eine weitere Eigenschaft in der DNA, die ebenfalls unabdingbar für wirtschaftlichen Erfolg ist und vom Unternehmer vorgelebt wird: Innovationsfreude und Veränderungsbereitschaft nicht nur im Vertrieb und bei Produkten, sondern auch in der Prozessoptimierung zum Zweck der Produktivitätssteigerung – etwa durch den Einsatz digitaler Technologien. Reinhold Würth unterstützt die Digitalisierung in allen Unternehmensbereichen, weil sie ein enormes Potenzial zur Verbesserung der Kundenorientierung oder zur Effizienzsteigerung birgt und sich in den letzten Jahren vom theoretischen Trendthema zum praktischen Produktivitätsturbo gewandelt hat. Leistungsfähige Mobilgeräte für Berater im Außendienst sind längst Standard, moderne Softwarelösungen von der App zur Reisekostenabrechnung bis zur internen Online-Bestellplattform für die Niederlassungen steigern bei sinkenden Prozesskosten die Qualität der Arbeit.

Als Vorbild für die digitale Transformation in der Würth-Gruppe dient der Finanzbereich der Adolf Würth GmbH & Co. KG. Die AWKG ist nicht nur die größte operative Einzelgesellschaft des Konzerns mit 7.500 Mitarbeitern und 1,4 Milliarden Euro Umsatz. Hier laufen in ihrer Holdingfunktion auch alle Zahlen der weltweit über 400 Tochtergesellschaften zusammen. Zum dritten Tag des Folgemonats liefert der Finanzbereich die Gewinn- und Verlustrechnung des Konzerns sowie einen Überblick über die Liquidität und damit die Basis für eine schnelle Reaktionsfähigkeit des Unternehmens. Würth zeigt, wie ein traditionsreiches Unternehmen mit eigener DNA sich durch die Öffnung für neue Technologien permanent weiterentwickeln und seine Wettbewerbsfähigkeit stärken kann, ohne seine Identität zu verlieren. Und der Finanzbereich geht mit gutem Beispiel voran, um die Beschäftigten des Konzerns am eigenen praktischen Beispiel von den Vorteilen der Digitalisierung zu überzeugen. Schließlich ist der CFO nicht nur Leiter der Buchhaltung, sondern auch der oberste Betriebswirt des Unternehmens, der ständig von allen Bereichen mehr Produktivität einfordert. Deshalb muss er dafür sorgen, dass sein eigenes Team hocheffizient agiert und die anderen Abteilungen optimal bei ihrer Arbeit unterstützt. Und er sollte dabei zugleich ein Vorbild für die permanente Suche nach weiteren Verbesserungspotenzialen sein – und schon darum den Finanzbereich kontinuierlich weiterentwickeln.

**Die digitale Transformation im Finanzbereich soll neue Möglichkeiten zur Produktivitätssteigerung eröffnen**

Nach der Finanzkrise gewann das Thema Digitalisierung zunehmend an Bedeutung, da der Finanzbereich mit seiner bestehenden Organisation angesichts stark steigender Umsätze und dem damit verbundenen Arbeitsaufwand an seine Grenzen zu stoßen drohte. Tausende eingehende und zehntausende ausgehende Rechnungen pro Tag weiterhin so zu bearbeiten wie immer, hätte bald eine Verdoppelung der Mitarbeiterzahl im Finanzbereich erfordert. Für eine produktivitätsorientierte Organisation wie bei Würth konnte die Alternative angesichts dieser Aussichten nur heißen: Effizienzsteigerung durch einen zielgenaueren SAP-Einsatz, ambitionierte Automatisierung und die Nutzung neuer digitaler Technologien, damit sich deutlich mehr Arbeit mit der gleichen Mitarbeiterzahl bewältigen lässt. Spätestens ab 2017 rückte die Digitalisierung in den Mittelpunkt der Überlegungen, insbesondere durch die Verfügbarkeit produktiver und verlässlicher Lösungen etwa in Form von Robotic Process Automation (RPA). Insgesamt wurden rund 25 Digitalisierungsprojekte geprüft und die zehn vielversprechendsten Initiativen umgesetzt. Der Erfolg spricht für sich: Seit der Finanzkrise hat sich der Konzernumsatz verdoppelt, ohne dass der Finanzbereich massiv Stellen schaffen musste. Tatsächlich ging die Mitarbeiterzahl in der heißen Phase der gezielten Digitalisierung seit 2018 sogar um 15 Prozent zurück, während das Unternehmen weiter stark wuchs.

In innovationsfreudigen Unternehmen dürfen die Mitarbeiter über den Tellerrand hinausschauen und auch unkonventionelle Lösungen vorschlagen. Genauso näherte sich der Finanzbereich bei Würth dem Thema Digitalisierung. Offenkundig erlaubt die Automatisierung von Prozessen mithilfe digitaler Technologien große Effizienzsteigerungen. Diese Erkenntnis allein reicht aber nicht als Basis einer zukunftsgerichteten Digitalisierungsstrategie im Finanzbereich. Damit der wirklich effektiv arbeiten und moderne IT-Lösungen zielgerichtet nutzen kann, muss das gesamte Betriebsmodell auf den Prüfstand: Existieren überhaupt durchdachte Prozesse, die sich sinnvoll digitalisieren lassen? Schließlich sind sie teilweise über Jahrzehnte gewachsen. Oder müssen die Prozesse überarbeitet werden, weil sonst auch die Digitalisierung nichts bringt?

Kritisch wurden die bestehenden Strukturen und Abläufe deshalb dahingehend hinterfragt, ob digitale Start-ups ähnlich agieren und was sie anders, sprich besser machen würden. Mit welchem Ansatz sind etwa Onlinehändler wie Amazon oder Zalando erfolgreich? Das könnten durchaus Vorbilder für einen Onlineshop-Betreiber wie Würth sein. Und was ist das Erfolgsgeheimnis von Konzernen wie Google oder Apple? Mit Experten von PwC wurde intensiv diskutiert, wie in einer digitalisierten Zukunft eine optimale Finanzfunktion aussehen würde, die auf der grünen Wiese neu entsteht. So nahm schließlich die Vision eines Finanzbereichs Gestalt an, der die traditionelle Vertriebs-, Wachstums- und Produktivitätsorientierung des Würth-Konzerns unterstützt, indem er dafür zielgenau innovative digitale Lösungen einsetzt. Und der bei seiner engen Zusammenarbeit mit anderen Unternehmensbereichen auch dort Begeisterung für mehr Digitalisierung hervorruft: Seine gesteigerte Leistungsfähigkeit weckt das Interesse der Mitarbeiter dafür, wie auch ihre Abteilungen durch den Einsatz digitaler Lösungen bei der eigenen Arbeit profitieren könnten.

**Bei weitreichenden Veränderungen müssen Mitarbeiter durch Transparenz zum Mitziehen bewegt werden**

Eine derartige Transformation lässt sich allerdings nicht so einfach umsetzen. Sie erfordert neben uneingeschränkter Unterstützung durch den Unternehmer und die oberste Führungsebene – die bei Würth immer außer Frage stand – auch das Engagement der betroffenen Mitarbeiter. In vielen Firmen existiert eine Lehmschicht, die massiv die Bewegungsfreiheit einschränkt. Die größten Verhinderer einer Veränderung finden sich dann erfahrungsgemäß irgendwo in der mittleren Führungsebene sowie bei den Beschäftigten, deren Job sich stark zu wandeln oder zu verschwinden droht. Überwinden lassen sich solche Hindernisse nur mit guten Argumenten im direkten Gespräch mit den Betroffenen – und sicher nicht durch pathetische Ansagen von der Unternehmens- oder Abteilungsleitung. Auch in dieser Phase profitierte Würth von seiner ganz besonderen Unternehmenskultur: In einer schlanken, transparenten Organisation kennt jeder Beschäftigte seine Funktion und jede Führungskraft den Wert der Mitarbeiter für die Abteilung. Daher wurde in aller Offenheit im Team über die anstehenden Veränderungen sowie die neue Verteilung von Aufgaben und Verantwortung gesprochen. Nur wer seine Mitarbeiter gut informiert, überzeugt und mitnimmt, kann eine große Transformation erfolgreich bewältigen – das gilt nicht nur, aber insbesondere für die Digitalisierung mit ihren weitreichenden Auswirkungen auf den Arbeitsalltag beispielsweise im Finanzbereich.

Offenheit und Berechenbarkeit sind zwei Tugenden, die bei Würth schon seit Jahrzehnten der Eigentümer vorgelebt hat. Dazu zählt auch das Bekenntnis, jeden Mitarbeiter zu fördern, der am Erreichen der gemeinsamen Ziele mitwirken will. Deshalb legte die Leitung des Finanzbereichs bereits zu Beginn der Transformation den Beschäftigten transparent dar, warum das Projekt nötig ist und wie der Finanzbereich mithilfe digitaler Technologie sowie neuer Prozesse und Aufgaben große Produktivitätssteigerungen erreichen soll. Zu dieser Offenheit gehörte auch die Klarstellung, dass weniger anspruchsvolle Aufgaben des Finanzbereichs in der Konzernzentrale in Künzelsau so oder so keine Zukunft haben – entweder werden sie von einem Roboter automatisiert erledigt, oder sie werden dorthin verlagert, wo sie sich kostengünstiger abwickeln lassen. Mit dieser Feststellung verbunden war das Angebot an die Mitarbeiter gemeinsam ein neues Betriebsmodell für den Finanzbereich zu entwickeln sowie eine Weiterbildung zu erhalten, mit der sie künftig anspruchsvollere Aufgaben erfüllen können. Beispielsweise die Bedienung und Weiterentwicklung jener Roboter, die jetzt datentypistische Aufgaben der Erfassung oder Übertagung von Zahlen erledigen. Das beinhaltet automatisch eine Aufwertung der künftigen eigenen Tätigkeit sowie einen Ausbau der persönlichen Kompetenzen, sollte also auch ein Ansporn zur Unterstützung von Veränderungen sein.

**Der Einsatz digitaler Technologien verändert nicht nur Prozesse – sondern das ganze Organigramm**

In dieser Projektphase waren offene Gespräche des CFO und seiner beiden Abteilungsleiter mit den Mitarbeitern notwendig, um herauszufinden, wer den neuen Weg auf welcher Position mitgehen kann und will. Die Pflege und Weiterentwicklung von Robotern beispielsweise erfordert ein hohes technisches Interesse sowie ein Prozessverständnis, das nicht jeder hat. Die Transformation im Finanzbereich ging allerdings weit über technische Fragen hinaus und stieß einen grundlegenden Umbau der Organisation an – der technische Fortschritt bringt auch eine Verschiebung weg von der Arbeit in spezialisierten Gruppen, hin zu mehr übergreifender Teamarbeit. Die Prüfung der Kreditwürdigkeit einer sechsstelligen Zahl von Kunden beispielsweise lief früher weitgehend in Handarbeit und war auf vier Gruppen verteilt, die jeweils die Eigenheiten ihrer Kunden kannten. Mit dem Einsatz eines Roboters, der solche Prüfungen vollautomatisiert und standardisiert erledigen kann, ist die Einteilung in Gruppen obsolet. Jetzt liegt die Aufgabe bei nur noch einem kleineren Team mit einem Leiter, das den Prozess steuert und sich um Ausnahmen oder ganz besondere Fälle kümmert.

Ähnlich weitreichende Veränderungen inklusive personeller Auswirkungen gab es auch bei anderen Aufgabenbereichen. Seit Beginn der Digitalisierung hat sich daher das Organigramm der Finanzabteilung stark verändert. Gut 80 Prozent der jetzt umdefinierten Führungspositionen besetzen nun

Mitarbeiter, die zu Beginn der Transformation noch weniger Verantwortung trugen. Solch tiefgreifende Veränderungen funktionieren nur, wenn – wie bei Würth – Fairness und Offenheit zur Unternehmenskultur gehört. Wer mitziehen will bekommt seine Chance. Für jene, die Probleme mit der Transformation haben, finden sich neue Aufgaben oder eine sozialverträgliche Lösung. Allen Beteiligten ist bewusst, warum die Veränderungen – in diesem Fall die Digitalisierung – sein müssen. Der große Vorteil einer solchen Unternehmenskultur: Ist das Ziel nachvollziehbar erklärt und der Prozess erstmal gestartet, arbeitet sich die Veränderung durch alle Verästelungen des Bereichs, ohne von einer Lehmschicht gebremst zu werden – und dann aus dem Finanzbereich weiter vor zu den anderen Abteilungen des Unternehmens.

## Der Finanzbereich übernimmt bei der Digitalisierung die Pilotfunktion für das gesamte Unternehmen

> *Praxisbeispiel: Tag der offenen Tür in der Finanzabteilung*
>
> Für das gesamte Unternehmen sichtbar, bekannte sich der Finanzbereich zu seiner Pilotfunktion bei der Digitalisierung im Rahmen eines Tags der offenen Tür. Bei dieser Veranstaltung wurde die digitale Transformation in der Abteilung der Geschäftsleitung sowie den internen Kunden anschaulich vorgestellt. Mit viel Engagement hatten die Mitarbeiter verschiedene Präsentationen vorbereitet, die verdeutlichen sollten, dass in der Finanzabteilung keine Buchhalter sitzen, die mit Papier und Lochkarten arbeiten. Sondern Prozessoptimierer, die Roboter steuern und andere Abteilungen mit laufend aktualisierten Zahlen oder schnellen Dienstleistungen versorgen können. Besonderen Eindruck hinterließ bei den Besuchern die Tatsache, dass nirgends mehr Papierstapel auf den Tischen herumlagen – durch den komplett digitalisierten Workflow sieht es in den Büros der Finanzleute aus wie in einem modernen Rechenzentrum. Aus der Präsentation ergaben sich viele Einzelgespräche mit Geschäftsführern oder Gruppenleitern etwa aus den Bereichen Einkauf und Logistik, deren Interesse für eine weitere Digitalisierung in ihrem Verantwortungsbereich geweckt war. Der Tag der offenen Tür, das Vorbild der Finanzabteilung, hatte sie für das enorme Potenzial digitaler Technologien sensibilisiert. Ein besonderes Gewicht bekam die Digitalisierung im Finanzbereich schließlich dadurch, dass die Geschäftsführung nach dem Tag der offenen Tür bei Diskussionen um zusätzliche Stellen für andere Abteilungen regelmäßig zu fragen begann, ob der Personalaufbau denn wirklich notwendig sei: Könne der Bereich seine Produktivität nicht ebenso durch Digitalisierung steigern wie die Finanzfunktion...?

Nachhaltigen Eindruck hat aber nicht nur der Tag der offenen Tür in der digitalisierten Finanzabteilung gemacht. Tatsächlich bekommen immer mehr Würth-Mitarbeiter im regelmäßigen Austausch mit dem Finanzbereich ein Gefühl dafür, was Digitalisierung konkret heißt und wie sie das Arbeiten beschleunigen, erleichtern sowie vor allem produktiver machen kann. Für Vertriebsmitarbeiter im Außendienst beispielsweise funktioniert die Reisekostenabrechnung jetzt komplett papierlos. Früher waren 15 Leute in der Buchhaltung damit beschäftigt für monatlich rund 4.000 Reisekostenabrechnungen per Hand auf Papier geklebte Belege zu bearbeiten. Inzwischen tauschen sich die Vertriebler fast nur noch digital mit der Buchhaltung aus. Sie tanken per Tankkarte, buchen ihr Hotel über ein Würth-internes Portal, das gleich die Bezahlung erledigt und müssen auch beim Werkstattbesuch mit ihrem Dienstwagen kein Formular mehr ausfüllen, das zur Freigabe an die Zentrale gefaxt wird: Das Fuhrparkmanagement läuft ebenfalls völlig digital über eine Plattform.

Die rund 550 Würth-Niederlassungen organisieren Kunden-Events jetzt über eine spezielle Plattform, wo sie von Speisen und Getränken über Servietten bis zur Reinigungsdienstleistung alles zentral bestellen und bezahlen lassen können. Früher mussten sie Aufträge an lokale Lieferanten oder Dienstleister vergeben und dafür Einzelabrechnungen mit der Buchhaltung machen – eine enorme Entlastung der Niederlassungsleiter, die so die Vorteile der Digitalisierung selbst erleben und sich für das Thema begeistern können. Denn in ihrem Fall bedeutet Digitalisierung: Weniger administrativer Aufwand, weniger Fehler, mehr Zeit für die Kundenbetreuung. Auch alle anderen Abteilungen sehen zumindest bei der Rechnungsfreigabe, was die Digitalisierung leisten kann. Früher flatterten täglich bis zu 3.000 Eingangsrechnungen in Papierform ins Haus und mussten aufwändig händisch bearbeitet werden. Jetzt kommen sie elektronischer Form und können in einem durchdachten Workflow schnell und einfach am Bildschirm geprüft, abgezeichnet und weitergeleitet werden. Jeder Betroffene kann den aktuellen Bearbeitungsstatus sehen und dabei erkennen, wie sehr sich durch die Digitalisierung zum Beispiel die Durchlaufzeiten reduziert haben.

**Durch Finanzprozesse die Digitalisierung in allen Unternehmensbereichen und darüber hinaus forcieren**

Auch ein traditionsreicher, inhabergeprägter Mittelständler kann also zum digitalen Unternehmen werden, wenn sich die Organisation selbstbewusst öffnet – dafür steht Würth als Erfolgsbeispiel. Mit dem Finanzbereich als Keimzelle der Digitalisierung kann sich das Thema bis in den letzten Winkel des Unternehmens verbreiten – und sogar darüber hinaus. Mittlerweile läuft bei Würth nicht nur die Weiterverarbeitung von Eingangsrechnungen komplett digital, weil rund 10.000 Lieferanten jetzt eine E-Rechnung schicken. Im nächsten Schritt der Digitalisierung im Finanzbereich lassen sich mit der Umstellung der Ausgangsrechnungen hohe Produktivitätsverbesserungen erreichen. 20 Prozent werden bereits in elektronischer Form versandt, was bei gut 40.000 Rechnungen am Tag eine deutliche Einsparung an Papier, Porto und Handling-Aufwand bedeutet. Und an den restlichen 80 Prozent arbeitet der Finanzbereich auch schon. Würth hat beispielsweise eine Initiative gestartet die Handwerksbetrieben die digitale Abwicklung kaufmännischer Prozesse erleichtern und einen reibungslosen sowie transparenten Datenfluss vom Lieferanten bis zum Steuerberater ermöglichen soll. Die Vertriebsmitarbeiter werden bei Würth zu diesem Thema geschult, damit sie alle ihren Kunden den Vorteil der Digitalisierung aufzeigen können, von den beide Seiten profitieren. Auf diese Weise agiert die Würth-Finanzabteilung nicht nur als Treiber der Digitalisierung im eigenen Unternehmen, sondern sogar der Digitalisierung in der Kernzielgruppe Handwerk. Digitalisierung wird so zum Bestandteil der Würth-DNA und fügt der Unternehmenskultur eine weitere wichtige Facette hinzu. Denn Digitalisierung lässt sich nicht nur nicht verhindern – sie wird künftig sogar überlebenswichtig. Sie gehört dadurch ebenso zu Würth wie Vertriebsorientierung, Wachstumsorientierung, Produktivitätsorientierung sowie Innovationsfreude.

## 4.9 Change Management als wesentlicher Erfolgsfaktor

Karl Gadesmann, Mitglied der Geschäftsleitung der nextpractice GmbH

**Der Erfolg der Transformation steht und fällt mit einem erfolgreichen Change Management**

Der Management-Vordenker Peter Drucker hat die überragende Bedeutung der Unternehmenskultur für eine Organisation mit genau fünf Worten beschrieben: „culture eats strategy for breakfast". Mit dieser Feststellung wollte er sicher nicht den Sinn von strategischer Planung bezweifeln. Er wollte nur eindringlich betonen wie entscheidend die richtige Unternehmenskultur für wirtschaftlichen Erfolg ist. Und dass eine starke Unternehmenskultur manchmal sogar wichtiger sein kann als eine fein ausformulierte Strategie. Heutzutage gilt dies natürlich vor allem auch dann, wenn es um schnelle oder weitreichende Veränderungen innerhalb des Unternehmens geht. Der Erfolg großer Transformationsprojekte steht und fällt mit einem durchdachten Change Management. Und das wiederum muss zur Unternehmenskultur passen – nur dann lassen sich die Mitarbeiter vom Sinn der Neuerungen überzeugen und auf dem Weg zum nächsten Ziel mitnehmen. Im sich immer rasanter wandelnden wirtschaftlichen Umfeld der so genannten VUCA-Welt – sie ist geprägt durch zunehmende Volatilität, Unsicherheit, Komplexität und Mehrdeutigkeit der Märkte – wird eine Unternehmenskultur, die die Veränderungsbereitschaft fördert, zur Überlebensfrage. Erst wenn eine Organisation nicht nur Herausforderungen erkennen und neue Ziele festlegen kann, sondern es auch schafft, die Mitarbeiter darauf einzuschwören, erweist sie sich als wirklich wandlungs- und gestaltungsfähig. Verweigern sich die Mitarbeiter den nötigen Veränderungen oder setzen sie Neuerungen nur halbherzig um, kann ein Unternehmen sein volles Potenzial nicht ausschöpfen und verliert immer mehr an Wettbewerbsfähigkeit.

Gerade mit Blick auf die Veränderungsbereitschaft und -fähigkeit der Organisation lassen sich in deutschen Unternehmen derzeit Defizite entdecken. Viele inhabergeführte Mittelständler beispielsweise haben in der Vergangenheit von einer prägenden Unternehmerpersönlichkeit profitiert, die als Garant für Stabilität die Organisation auf Wachstumskurs hielt. Oft führte das aber dazu, dass sich die Mitarbeiter fast ausschließlich auf den Firmenchef verlassen: Er wird schon wissen was zu tun ist. Dabei wäre es besser, wenn die Mitarbeiter mit ihrer Markt- oder Produktkenntnis aktiv daran mitwirkten die Unternehmenszukunft zu gestalten, indem sie wertvolle Anregungen für neue Prozesse oder Angebote geben. Und so mancher traditionsreiche, jetzt noch erfolgreiche Konzern kämpft mit über lange Zeit gewachsenen (Parallel-) Strukturen: Zahlreiche Mitarbeiter haben sich in einem der Silos in der eigenen kleinen Komfortzone eingerichtet und sehen jeden sich andeutenden Wandel eher als Bedrohung denn als Chance. Initiativen für Veränderungen sind von ihnen kaum zu erwarten, auf die von der Unternehmensleitung angestoßenen Veränderungen reagieren sie oft mit Abwehrverhalten.

Zudem erschwert im Mittelstand wie auch in Großunternehmen ein häufig zu beobachtendes Missverständnis zahllose Transformationsprozesse, insbesondere wenn es um die Digitalisierung geht: Quer durch die Organisation – von der Chefetage bis in die einzelnen Abteilungen – wird die Veränderung als überwiegend technisches Vorhaben betrachtet, weil ja die Einführung neuer IT-Lösungen auf dem Programm steht. Das idealerweise auf die Beteiligung und Überzeugung der Mitarbeiter abzielende Change Management ist dann nur ein kleines Anhängsel zum großen Projekt. Die Leitungsebene plant frei nach dem Motto: „Ach ja, die Betroffenen sollten wir vielleicht auch noch informieren und bei Bedarf schulen". Viele Mitarbeiter wiederum spekulieren zwar untereinander über im Raum stehende Neuerungen und stellen Mutmaßungen über mögliche Auswirkungen an, warten aber letztlich tatenlos, bis sie mit dem Ergebnis der Veränderungen konfrontiert sind. Mit einem gestaltenden Change Management hat das nichts zu tun.

**Das Change-Management-Konzept muss sich an der Unternehmenskultur orientieren**

Wenn heute ein Start-up auf der grünen Wiese entsteht, dann hat es in der Regel flache und flexible Strukturen – Agilität und Veränderungsbereitschaft sind die tragenden Elemente der Unternehmenskultur. Etablierte Mittelständler oder Konzerne können diesem Vorbild nicht ohne weiteres folgen und per Aushang der Unternehmensleitung auf einen Schlag eine Firmenphilosophie verordnen, die von Offenheit und Veränderungsbereitschaft geprägt ist. Aber sie können ihren eigenen Weg finden wie sich die Mitarbeiter für künftig anstehende Transformationen begeistern lassen – und auf diese Weise die Veränderungsbereitschaft sukzessive zu einem wesentlichen Teil auch ihrer Unternehmenskultur machen sowie ein durchdachtes Konzept für das erforderliche Change Management in den einzelnen Projekten entwickeln.

Voraussetzung zur Entwicklung eines sinnvollen Change-Management-Konzepts ist allerdings die Anerkenntnis, dass die Unternehmenskultur überhaupt ein Erfolgsfaktor ist – nicht nur für Transformationsprojekte, sondern generell. In vielen Unternehmen steht das Thema nur einmal im Jahr auf der Tagesordnung. Die Chefetage veranlasst vielleicht eine kleine Umfrage zur Stimmung im Betrieb, ihr fehlt jedoch das Bewusstsein für die einende und motivierende Kraft der Kultur für das Gesamtunternehmen. In solchen Organisationen wurden – wenn überhaupt – irgendwann einmal gemeinsame Werte aufgeschrieben, aber sie spielen im betrieblichen Alltag keine Rolle. Darum fehlt es hier auch an umfassender Kenntnis über die gelebte Unternehmenskultur – oder in durch Fusionen entstandenen Konzernen an Informationen über die Realität parallel existierender Unternehmenskulturen in unterschiedlichen Einheiten. Dabei hat natürlich jede Art von Unternehmenskultur – selbst wenn sie nicht bewusst gepflegt wird – Einfluss darauf wie Veränderungen geplant, kommuniziert und realisiert werden sollten, ohne auf dem Weg zum Ziel die Mitarbeiter zu verlieren.

Deshalb muss das Thema Unternehmenskultur hier zunächst selbst auf die Tagesordnung und strukturiert bearbeitet werden. Nicht um auf die Schnelle eine einheitliche Unternehmenskultur für die gesamte Organisation zu schaffen – das ist ein langwieriger und anspruchsvoller Prozess. In diesem Fall geht es vielmehr darum, zunächst überhaupt zu verstehen, auf welcher unternehmenskulturellen Basis eine anstehende Transformation mit dem passenden Change Management unterstützt werden muss. Häufig wird unter dem „One-Company-Ziel" auch einfach zu viel gewollt – dadurch kann es leicht passieren, dass vorschnell die für den Unternehmenserfolg relevanten und identitätsstiftenden Merkmale und Strukturen einer Organisation „plattgemacht" werden. Harmonisierung und Standardisierung sind kein Selbstzweck, sondern sie müssen einen Mehrwert generieren. Und schon gar nicht dürfen sie Machtspielen eine Plattform bieten. Dabei geht es vor allem um den Blick auf drei Aspekte, die beeinflussen, wie das Change Management von Veränderungsprojekten aussehen sollte.

*Praxistipp: Change Management schlägt die Brücke von der Vergangenheit in die Zukunft*

**Vergangenheit:** Woher kommt das Unternehmen? Ist es organisch gewachsen oder auch durch Übernahmen? Dann dürften an verschiedenen Standorten vermutlich sehr unterschiedliche Unternehmenskulturen existieren. Falls nicht schon früher eine Art Konsolidierung der Unternehmenskulturen zu einer gemeinsamen Kultur stattgefunden hat, ist also auch mit unterschiedlichen Reaktionen auf ein Transformationsprojekt zu rechnen.

> **Gegenwart:** Über die eventuell bereits festgehaltenen gemeinsamen Werte hinaus ist eine breite Bestandsaufnahme erforderlich, was das Unternehmen prägt und wofür es stehen will – mit Blick auf Kultur und Werte sowie im Hinblick auf Denk-, Organisations- und Arbeitsstrukturen. Gerade bei großen Transformationsprojekten mit langer Laufzeit und großem Wirkungsradius könnten hier Themen aufkommen, die bisher nicht im Fokus standen.
>
> **Zukunft:** Die Ausgangssituation sollte mit dem Zielbild abgeglichen werden – sowohl generell bei der Unternehmenskultur wie beim konkreten Transformationsprojekt. Herrscht etwa in einem Konzern hierarchisches und funktionales Denken vor, passt das nicht zum inzwischen vielerorts formulierten Ziel einer modernen Netzwerkkultur mit agilen Arbeitsweisen. Also müssen sich bei einem Veränderungsprozess in so eine Richtung auch die Rahmenbedingungen soweit wandeln, dass die Transformation trotzdem gelingen kann. Aber die Veränderung darf nicht so radikal sein, dass man die Unterstützung der meisten Mitarbeiter verliert.

Auf den ersten Blick scheinen sich Transformationsprojekte im Finanzbereich nur wenig von anderen großen Veränderungsvorhaben zu unterscheiden. Doch der Eindruck täuscht. Die Finanzfunktion ist nicht nur das kaufmännische Herz des Unternehmens, sondern insgesamt ihr organisatorischer Kern. Die Mitarbeiter des Finanzbereichs sitzen wie die Spinne im Netz und haben Kontakt selbst zu den entferntesten Unternehmensteilen – schließlich werden nahezu alle Geschäftsvorfälle auch im Rechnungswesen des Unternehmens abgebildet. Über diese zahllosen Schnittstellen zu regionalen, operativen oder administrativen Einheiten hat deshalb ein großes Transformationsprojekt in der Finanzfunktion direkte Auswirkungen auf das ganze Unternehmen – insbesondere, wenn es um neue, konzernweit standardisierte End-to-End-Prozesse geht die automatisch viele Mitarbeiter außerhalb der Finanzfunktion betreffen. Das ist der Unterschied zwischen einer Transformation im Finanzbereich und Veränderungen etwa in F&E. Selbst wenn in der F&E-Abteilung weitreichend umgebaut würde, wären die Auswirkungen in manchen Unternehmensteilen oft nicht so stark zu spüren. Große Veränderungen im Finanzbereich wirken sich dagegen überall aus. Deshalb gilt es jede Transformation in der Finanzfunktion ganzheitlich zu betrachten, mit all ihren Konsequenzen für interne Kunden quer durch die Abteilungen – und dies erfordert eine Roadmap, die vom ganzen Unternehmen getragen wird. Das gilt vor allem für die Digitalisierung im Finanzbereich in einem Großunternehmen, etwa für ein im Schnitt vier bis sechs Jahre laufendes Projekt zur Einführung von SAP S/4HANA. Solche Vorhaben gehen von der Finanzfunktion aus, aber das Change Management muss sich auf das gesamte Unternehmen erstrecken.

## Die Transformation scheitert nicht an der Technologie, sondern am Widerstand der Mitarbeiter

Entscheidend für ein wirkungsvolles Change Management sind Realismus und Transparenz. Realismus bedeutet, zunächst schonungslos darzustellen, wie es um Technik, Strukturen, Prozesse und Qualifikationen steht. Welchen aktuellen Reifegrad haben Organisation und Mitarbeiter in diesen Punkten? Erst wenn das klar ist, lässt sich ein konkretes Ziel formulieren und der Weg dorthin festlegen. Transparenz bedeutet, alle mit der geplanten Veränderung verbundenen Chancen und Risiken offenzulegen beziehungsweise bei der Planung der einzelnen Transformationsschritte zu berücksichtigen. Wer sich auf eine bei manchen großen Projekten sogar mehrere Jahre dauernde Transformationsreise macht, sollte nicht in ein Wolkenkuckucksheim einziehen wollen. Er braucht eine Roadmap die auf einer ehrlichen Bestandsaufnahme basiert und ein realistisches, über verschiedene Zwischenstationen erreichbares Ziel anpeilt – sowie möglichst genau festhält, welche Ressourcen für das begleitende Change Management erforderlich sind. Das Ziel muss zur Unternehmenskultur passen, mit der bestehenden Mannschaft erreichbar sein und einen so großen Mehrwert versprechen, dass der Aufwand gerechtfertigt ist.

Ohne diese solide Vorbereitung steigt die Gefahr, dass dem Transformationsprojekt unterwegs der Motivationstreibstoff ausgeht. Erfahrungsgemäß scheitern die wenigsten Veränderungsprojekte daran, dass die neue Technologie nicht funktioniert. Meist gelingt es nicht, parallel zur Technologieumstellung sinnvolle Strukturen und Prozesse zu schaffen und/oder die Mitarbeiter für das neue Arbeiten zu begeistern beziehungsweise zu qualifizieren. Wer Begeisterung für ein Transformationsprojekt schaffen will, muss seine Mitarbeiter frühzeitig abholen, indem er ein Gemeinschaftsgefühl entwickelt, ihnen die Angst nimmt sowie für rasche Erfolge sorgt.

> *Praxistipp: Drei Erfolgsfaktoren des Change Management*
>
> **Gemeinschaftsgefühl:** Die Veränderung darf sich nicht wie ein Projekt des Vorstands oder der IT-Abteilung anfühlen, schließlich betrifft es alle im Unternehmen. Gerade Megathemen wie S/4HANA haben eine hohe Bedeutung für die künftige Wettbewerbsfähigkeit, scheinen aber so groß, abstrakt und technisch, dass viele Mitarbeiter damit wenig verbinden oder es als Spielwiese für IT und Vorstand sehen. Zum erfolgreichen Change Management gehört darum allen Mitarbeiter die Wichtigkeit des Vorhabens zu erklären und sie zu überzeugen, diesen Weg auch über Jahre hinweg zum Wohl aller im Unternehmen gemeinsam zu gehen. Ganz wichtig ist die Spaltung der Belegschaft zu verhindern. Oft verdient ein

Bereich das Geld, das die Transformation bezahlt – und soll damit seinen eigenen absehbaren Bedeutungsverlust finanzieren, weil durch die Transformation neue starke Bereiche entstehen sollen. Hier sind insbesondere schlüssige Konzepte zum (neuen) Geschäftsmodell unabdingbar. Außerdem sollten Mitarbeiter laufend Rückmeldungen geben, wie sie die Veränderung bewerten: Das motiviert zu mehr Engagement, zeigt ein realistisches Bild vom Projektverlauf und hilft bei möglichen Problemen frühzeitig gegenzusteuern.

**Angstabbau:** Die Chefetage muss verstehen, dass Transformationsprojekte schnell Verlustängste bei den Mitarbeitern wecken. Sie fürchten um ihre hierarchische Position, ihre Bedeutung, sogar ihren Job. Sie haben Angst, nicht für die neuen Aufgaben oder den Einsatz neuer Tools qualifiziert zu sein. Und viele fühlen sich einfach aus ihrer Komfortzone vertrieben, weil ein altes Regelwerk durch neue Prozesse und Strukturen ersetzt werden soll. Die meisten Menschen haben überdeutlich vor Augen was sie verlieren – aber zu wenig Fantasie, um sich die mit Neuerungen verbundenen Chancen vorzustellen. Rational verstehen sie etwa, dass Automatisierung die Datenqualität verbessert, doch emotional fürchten sie in erster Linie um ihren Job der manuellen Dateneingabe, da oftmals viel zu spät und zu wenig greifbar die konkrete Beschreibung des neuen Aufgabenprofils zur Verfügung steht. Zum Change Management sollte deshalb gehören, jedem einzelnen die konkreten Zukunftschancen anschaulich zu erklären und ihm eine entsprechende Qualifizierung für neue Aufgaben glaubhaft anzubieten. Dann kann er sich eher mit der Transformation identifizieren und ein Teil der Veränderung sein.

**Erfolgserlebnisse:** Grau ist alle Theorie. Die meisten Mitarbeiter dürften Richtung und Auswirkungen der Transformation erst am konkreten Beispiel wirklich verstehen. Daher gehört zum durchdachten Change Management, dass eine Veränderung in Form vieler kleiner Projekte stattfindet. Sobald eines dieser Teilprojekte abgeschlossen ist lässt sich eine Erfolgsgeschichte erzählen. Diese schnell sichtbaren, nachweislichen Erfolge helfen den Sinn der Transformation zu illustrieren. Und sie belegen, dass der gewählte Weg tatsächlich über mehrere Stationen immer näher ans Ziel heranführt. Die Kunst der Projektplanung und des begleitenden Change Management besteht also auch darin die Transformationsschritte so festzulegen, dass sich schnell und regelmäßig greifbare Zwischenziele erreichen – und präsentieren – lassen. Diese Präsentation, zum Beispiel in einem Town Hall Meeting, ist am Überzeugendsten, wenn sie von einem operativen Mitarbeiter kommt, der im Alltag selbst von diesen Änderungen betroffen ist und am Projekt mitgewirkt hat.

## Zum Change Management gehören auch Empathie und die Fähigkeit zum Perspektivwechsel

Die digitale Transformation der Finanzfunktion ist eine anspruchsvolle Aufgabe. Alle Beteiligten bewegen sich im Spannungsfeld zwischen weitreichenden Neuerungen bei den (IT-) Systemen, großen Umbauarbeiten bei den Prozessen sowie dem damit verbundenen – teilweise sehr unterschiedlichen – Veränderungsdruck auf den einzelnen Mitarbeiter und die Strukturen. Insbesondere die Auswirkungen auf die bestehende Organisation werden oftmals unterschätzt oder erst im Verlauf des Projektes sichtbar gemacht. Für die Mitarbeiter im Unternehmen ist das aber der zentrale Punkt: wo finde ich mich am Ende der Transformation wieder? Wie sieht meine Aufgabe im Team aus? Welche Bedeutung habe ich? Wer ist mein Vorgesetzter? Der CFO und die Mitglieder seines Planungs- sowie Change Management Teams brauchen daher auch ein hohes Maß an Empathie, um die Transformation zum Erfolg zu machen. Sie sollten frühzeitig, umfassend und transparent über das anstehende Projekt informieren sowie ausreichend Möglichkeiten schaffen, dass Mitarbeiter von Beginn an sowie später kontinuierlich ihr konkretes Feedback äußern können – und eben auch Ängste, Bedenken oder Qualifizierungswünsche.

Erfahrungsgemäß erwartet rund ein Viertel der Belegschaft – das sind die Unterstützer – laufend Veränderungen und unterstützt sie gerne beziehungsweise fordert sie sogar ein. Ein weiteres Viertel – das sind die Blockierer/Verhinderer – lehnt Veränderungen aus diversen, oft persönlichen Gründen ab und könnte sie bei massivem Widerstand schlimmstenfalls verhindern oder zumindest teuer machen. Die restlichen Mitarbeiter – das sind die Unentschlossenen – warten ab wie sich die Machtverhältnisse im Laufe des Projektes entwickeln und bewegen sich erst dann langsam mit, wenn auch sie betroffen sind. Diese Personengruppe gehört ins Zentrum der Aktivitäten des Change Managements. Es gilt die Unentschlossenen zu Unterstützern zu machen, damit eine deutliche Mehrheit im Unternehmen die Transformation unterstützt. Dabei muss aber klar sein, dass man auch mit dem besten Change Management keine 100 Prozent Zustimmung bekommt. Daher sollte zu Beginn des Transformationsprogramms unbedingt mithilfe eines qualitativen Analyseverfahrens eine fundierte Analyse zum Ist-Zustand der Unternehmenskultur vor allem in den von der Transformation besonders betroffenen Bereiche erstellt werden. Erst darauf aufbauend kann eine Entscheidung über den Start der Transformation getroffen und ein Konzept für das Change Management erstellt werden. Um möglichst viele Mitarbeiter von Beginn an mitzunehmen, sollte bei jedem Schritt reflektiert werden, was die zur Diskussion stehenden Veränderungen nicht nur für die

Organisation als Ganzes, sondern auch für die einzelnen Mitarbeiter bedeuten. Das erfordert die Fähigkeit zum Perspektivwechsel: Wie könnten die Neuerungen verstanden werden, was bedeuten sie praktisch für die Mitarbeiter und durch welche Maßnahmen ließe sich die Akzeptanz erhöhen? Nur wer sich ausreichend – und auch aus der Sicht der Betroffenen – mit derartigen Fragen beschäftigt, wird die richtigen Antworten für integrierendes, motivierendes und erfolgreiches Change Management finden.

**Mitarbeiter ziehen dann mit, wenn sie sich informiert, wertgeschätzt und eingebunden fühlen – ohne Vertrauen geht es nicht**

Wichtig ist gerade bei der digitalen Transformation eine technische Veränderung nicht nur als solche zu sehen, sondern ihre umfassenden Auswirkungen zu verstehen. Wer eine neue Software einführt will damit in der Regel standardisieren, automatisieren und optimieren – am besten einen effektiven, effizienten End-to-End-Prozess schaffen. Wer jedoch einen dysfunktionalen Prozess verbessert, hat danach einen digitalen, dysfunktionalen Prozess und somit nichts gewonnen. Darum gilt es zunächst die Prozesse unter Einbeziehung der Mitarbeiter so zu gestalten, dass sie wirklich gut funktionieren. Und sie erst danach zu digitalisieren. In mit Veränderungen erfahrenen, „reifen" Organisationen sollten diese Schritte nahezu zeitgleich möglich sein. Die Auswahl des jeweils Prozessverantwortlichen ist dabei oft weniger einfach als es zunächst scheint: Häufig passt der Prozessverantwortliche nicht in die bestehenden Führungs- und Hierarchiestrukturen. Deshalb gilt es die Organisation möglichst sensibel so anzupassen, dass jemand End-to-End-Verantwortung übernehmen kann, ohne dass daraus Probleme an anderer Stelle entstehen. Werden die Veränderungen nicht gut kommuniziert oder unterschiedliche Meinungen schlecht moderiert, kann ein lange stabiles System durch die Transformation leicht instabil werden. Das Change Management muss dazu dienen ein Unternehmen während seiner Transformation möglichst stabil zu halten, indem den Mitarbeitern zugehört, ihr Feedback aufgenommen und jede Veränderung erläutert wird. Dies ist nicht im Sinne von „Basisdemokratie" zu verstehen, es handelt sich vielmehr um einen partizipativen Ansatz der Zusammenarbeit.

Im Rahmen des Change Management muss das Rad nicht neu erfunden werden. Es reicht meistens schon die bekannten und bewährten Methoden zur Information und Integration von Mitarbeitern umfassend zu nutzen um die bekannte Kübler-Ross Change Kurve zu durchlaufen (siehe Abbildung 40). Etwa Town Hall Meetings oder Marktplätze an den verschiedenen Standorten beziehungsweise in diversen Abteilungen des Unternehmens

## 4.9 Change Management als wesentlicher Erfolgsfaktor

Abbildung 40: Kübler-Ross Change Kurve

*Quelle:* Kübler-Ross On Death and Dying, New York 1969.

oder als digitale Web-Formate, bei denen alle Mitarbeiter über Ziel und Ablauf der Transformation in Kenntnis gesetzt werden. Ein „Offener Tag der Finanzfunktion" – beispielsweise im „Finance Lab", in dem etwa die neuen Benutzeroberflächen, Reportformate oder Analyse-Dashboards gezeigt werden – könnte darüber informieren, was hinter einem S/4HANA-Projekt steckt, sowie die neuen Technologien oder einzelne Prozesse vorstellen und erlebbar machen. Solche Veranstaltungen eigenen sich nicht nur zur Begleitung des Projektbeginns, sondern sollten fortlaufend stattfinden, um durch die Prozessverantwortlichen die aktuellen Zwischenstände in Form von Pilotanwendungen vorzustellen und über erste praktische Erfahrungen zu berichten. Solche Präsentationen sind meistens informativer und glaubwürdiger als reine Appelle der Leitungsebene die Transformation doch bitte nach Kräften zu unterstützen. Denn sie zeigen konkret, dass und wie die Veränderung funktioniert, was sie bringt und dass die ersten Kollegen schon gut damit zurechtkommen. Gutes Storytelling ist hier ein wichtiges Instrument, um die Mitarbeiter zu erreichen sowie zu überzeugen.

Umfassendes und transparentes Informieren gehört zum Pflichtprogramm – die Kür einer jeden erfolgreichen Transformation ist es, Betroffene zu Beteiligten zu machen. Dazu braucht es mehr als Botschaften für das Projektteam – in dem die sowieso Interessierten sitzen – sondern für alle Mitarbeiter. Neben einer hohen Transparenz über den Projektverlauf verbunden mit glaubwürdigen Informationen sind insbesondere klare Angebote zu künftigen Aufgaben und Schulungen erforderlich, damit die Angst vor Veränderungen einer Lust auf Wandel weicht. Es braucht eine Vertrauenskultur im Unternehmen und eine gesunde Organisation, um sich auf die Reise einer Transformation zu begeben. Transformationsprogramme sind vergleichbar mit einem Marathon, in keinem Fall sind sie ein Sprint.

> *Praxistipp: Verlässlichkeit in der Unternehmensführung ist das oberste Gebot*
>
> **Keine falschen Versprechen:** Wer zusagt, dass niemand durch die Transformation seinen Job verliert handelt fahrlässig. Erfahrungsgemäß sind derartige Zusagen am Ende zumindest für einen Teil der Mitarbeiter nicht einzuhalten.
>
> **Mehr Verständnis:** Wer ankündigt, dass die Arbeitsabläufe künftig so viel einfacher sind, verkennt die subjektive Realität der Betroffenen. Sie haben die zum Teil seit Jahrzehnten weitgehend unverändert gebliebenen Abläufe und eigenentwickelten Systeme so tief verinnerlicht, dass die zeitgleiche Einführung neuer Prozesse und Systeme für sie schlichtweg keine Vereinfachung darstellen kann.
>
> **Vorsichtige Kalkulation:** Wer vorrechnet, der Business Case der Transformation garantiere eine Ergebnisverbesserung, unterschätzt die Dynamik der Transformationskosten. Und er verkennt, dass oft gar keine Prozesskostenrechnung existiert, die einen fairen Vergleich ermöglichen würde.

# 5 Ausblick

Gori von Hirschhausen, Finance Consulting Leader Europe, Partner, PwC Deutschland und Dr. Thomas Ull, Partner Familienunternehmen & Mittelstand bei PwC Deutschland

**Die Finanzfunktion transformiert sich zum aktiven Wertetreiber**

„Nothing is the future forever" – mit diesem Satz hat Facebook-Gründer Mark Zuckerberg einmal seine Führungsphilosophie auf den Punkt gebracht, alles immer wieder zu hinterfragen. „Nichts ist für immer die Zukunft" bedeutet, dass die Innovation von heute zum Standard von morgen wird. Neuerungen verlieren ihren Ausnahmecharakter und damit ihre Eigenschaft als Wettbewerbsvorteil, sobald sie jedem zur Verfügung stehen. Damals dachte Zuckerberg in erster Linie an Technologien oder Services, die durch bessere Angebote ersetzt werden. Heute ist das komplette Umfeld der Unternehmen permanent im Fluss – das Management muss Entscheidungen fällen, während sich die wirtschaftlichen, politischen, gesellschaftlichen und auch technischen Rahmenbedingungen laufend weitreichend verändern.

Es ist noch gar nicht so lange her, da wurde diese VUCA-Welt nur in Expertenkreisen als eine mögliche Prognose für die Zukunft diskutiert. Früher als von vielen erwartet ist aber genau diese mögliche Zukunft zur eindeutigen Realität geworden. Die global grassierende Pandemie hat massiv dazu beigetragen – zu ihren Folgen zählen jene rasanten Veränderungen und die damit verbundenen Unsicherheiten, die das VUCA-Umfeld kennzeichnen. Das wirkt sich erheblich auf den Wettbewerb in weltweiten Märkten aus, setzt Politik und Wirtschaft unter Stress, stellt Gesellschaftssysteme vor eine Zerreißprobe. Mit der Globalisierung und Digitalisierung mussten die Unternehmen schon länger fertig werden, dann kam die Pandemie als Brandbeschleuniger schneller und weitreichender Veränderungen hinzu. Jetzt sollte jeder damit rechnen, dass seine Umsatzbringer über Nacht zum Ladenhüter werden können, in seinem globalen Markt neue Alleinstellungsmerkmale suchen, sich darauf vorbereiten, dass verlässliche Zulieferer binnen kürzester Zeit harte Konkurrenten werden und es Arrangements mit diesen Frenemies braucht, die nun zugleich Freund wie Feind sind, und sich grundsätzlich darauf einstellen, dass das wirtschaftliche Umfeld morgen schon völlig anders aussehen kann, weshalb auch Entscheidungen anders zu treffen sind.

## Die Digitalisierung macht die vereinfachten Modelle der Vergangenheit überflüssig

Diesen weitreichenden Veränderungen muss der Finanzbereich als exekutive Organisationseinheit der Unternehmenssteuerung nun Rechnung tragen. „Nothing is the future forever" – das gilt auch für die Finanzfunktion. Ihr Betriebsmodell bedarf einer ganzheitlichen Weiterentwicklung in allen Dimensionen. Nur dann kann die Finanzfunktion auch in der VUCA-Welt optimal ihre wichtigste Aufgabe erfüllen und mithilfe ihrer Zahlen und Analysen dafür sorgen, dass das Unternehmen die richtigen Dinge auf die richtige Weise tut und umfassend die Effektivität steigt. Dies aber erfordert ein radikales Umdenken sowie eine ganz andere Art des Arbeitens. Zwar haben schon früher neue Technologien oder organisatorische und methodische Ansätze zur Weiterentwicklung der Finanzfunktion beigetragen. Es gab beispielsweise die Optimierung von ERP-Systemen durch Release-Wechsel oder auch zahlreiche fokussierte Prozessverbesserungen. Es kam zum Aufbau von Financial Shared Services, einer stärkeren Aufgliederung der Unternehmenssteuerung oder den Einsatz von Führungsinstrumenten wie der Balanced Scorecard (BSC). Doch die nun anstehende Transformation hat eine andere Qualität, sie rührt an den Grundfesten der bestehenden Konstruktion in allen Dimensionen – von der Organisation über die Ressourcen und Systeme bis zu den Beschäftigten. Derzeit nutzt die Finanzfunktion zum Teil noch Ansätze, die sich im Grundsatz mit der industriellen Produktion entwickelt haben. Weil lange die genauen Daten oder die Mittel zur Datenverarbeitung fehlten, waren Konversionen, Modelle und Vereinfachungen nötig, um die zunehmende Komplexität annäherungsweise in Zahlen zu fassen. Über viele Jahre hat sich der Finanzbereich in diesem Sinne evolutionär weiterentwickelt und deshalb oft mit letztlich nicht ganz aktuellen, nicht ganz exakten Zahlen hantiert und überwiegend die Vergangenheit erklärt.

Jetzt birgt die Digitalisierung das Potenzial, innerhalb kürzester Zeit revolutionäre Veränderungen auszulösen. Die heute verfügbaren Mehr- und Detaildaten bieten ein sehr viel größeres analytisches Potenzial als die bislang genutzten aggregierten Daten, weil sie ein umfassendes Faktenspektrum abbilden. Künftig muss die Finanzfunktion sich nicht damit begnügen, abstrakte Informationen vereinfacht darzustellen und dadurch nur begrenzt belastbare Empfehlungen zu präsentieren. Den Unternehmen stehen nun neben enormen Mengen an Daten, die sich analysieren lassen, auch die dafür benötigten technischen Mittel zur Verfügung. Die Daten können umfassend ausgewertet und dabei exakt einzelne, für eine bestimmte Frage relevante Datenpunkte ins Visier genommen werden. Es gibt hier kaum noch Restriktionen, weil die Speicher- und Rechenkapazitäten ebenso existieren wie die stochastischen Verfahren, die sich mithilfe entsprechender digitaler Lösungen anwenden lassen. Dies ermöglicht früher kaum vorstellbare Auswertungen und so eine hohe Effektivität in der Arbeit der Finanzfunktion. Und das gilt nicht nur mit Blick auf die schiere Menge an verfügbaren Daten, die sich künftig auch nach neuen Fragestellungen analysieren lassen, sondern ebenso mit Blick auf den Faktor Zeit – Nearly Realtime wird zum großen Thema.

Die traditionellen Abschlussprozesse sind aus heutiger – und erst recht aus zukünftiger – Sicht nicht mehr zeitgemäß. Wenn durch neue technische Möglichkeiten und die damit verbundene größere Aktualität bei den Zahlen eine Chance für zeitgerechte Analysen besteht – warum sollte das Unternehmen dann wochenlang quasi im Blindflug unterwegs sein, nur weil der Abschluss schon immer im Monatsrhythmus entstanden ist? Die Digitalisierung bringt hier große Vorteile, der CFO muss sie nur nutzen, indem er die Finanzfunktion zum Continuous Accounting befähigt. Dabei geht es nicht nur darum Auswertungen früher vorzulegen. Mit dem Continuous Accounting lassen sich die Abschlussaktivitäten stark entzerren. Konzentriert sich durch Vorziehen einiger Tätigkeiten nicht mehr die ganze Arbeit auf wenige Tage, werden die bisher üblichen Arbeitsspitzen geglättet und monatliche Überstundenzeiten vor dem Abschlusstermin weitgehend verhindert. Inhaltlich von Vorteil ist die damit verbundene Verstetigung beim Schließen der Nebenbücher, der Intercompany-Abstimmung, der Kontenabstimmung und weiterer Aufgaben. Schon deshalb wäre es sinnvoll, alles zu verstetigen, was sich verstetigen lässt. Natürlich entsteht durch dieses Continuous Accounting nicht quasi auf Knopfdruck tagesaktuell ein offizieller Finanzbericht. Dafür werden immer wichtige Teile fehlen – Gehaltsüberweisungen beispielsweise erfolgen zu festen Stichtagen und schlagen entsprechend zu Buche. Doch viele Kostenstellen – wie etwa der Personalaufwand – lassen sich über Annäherungswerte gut simulieren. Dies bedeutet, dass Continuous Accounting zwar keinen echten Realtime-Abschluss liefert, aber sehr belastbare Aussagen zum aktuellen Zustand der Finanzen. Kein CFO sollte darauf verzichten, diese zusätzlichen Möglichkeiten für eine effiziente Unternehmenssteuerung zu nutzen.

## Mithilfe digitaler Lösungen feinere finanzielle KPIs sowie neue ESG-Kennzahlen erheben

Neue Methoden und Technologien ermöglichen also künftig eine deutlich präzisere Steuerung des Unternehmens entlang der direkten Einflussfaktoren. Mit ihrer Hilfe lassen sich tagesaktuell Kennzahlen ermitteln, neue Zusammenhänge beleuchten und weitere Aspekte in die Betrachtung aufnehmen, was wiederum die Effektivität der Finanzfunktion nachhaltig erhöht. Dies gilt natürlich für klassische finanzielle KPIs wie Umsatzrendite und Stückkosten – hier sind deutlich feinere Aufschlüsselungen möglich, einfach weil sie sich nun seriös berechnen lassen. So ließe sich mit angepassten KPIs arbeiten, die zusätzlichen Informationen für bessere Entscheidungen liefern. Interessante Perspektiven eröffnen sich auch bei der Kombinatorik, indem mithilfe digitaler Lösungen neue Zusammenhänge sichtbar gemacht werden. Der Finanzbereich könnte etwa Wechselwirkungen zwischen Markenbekanntheit und Profitabilität berechnen. Auf Basis dieser Auswertungen könnte die Marketingabteilung dann eine ergebnisorientierte Werbeplanung erstellen. Manchmal erhöhen Mehrausgaben nämlich zwar messbar die Brand Awareness, bringen aber bei einer – künftig möglichen – genaueren Betrachtung keinen zusätzlichen Umsatz, weil etwa nur der Bekanntheitsgrad unter Nicht-Käufern gestiegen ist. Der Input der Finanzfunktion würde interne Kunden künftig in die Lage versetzen, Entscheidungen auf Basis von Zahlen, statt nach Bauchgefühl zu fällen.

Auch alle Themen rund um Nachhaltigkeit, soziale Verantwortung oder verantwortungsbewusste Unternehmensführung im Rahmen des ESG-Reporting lassen sich mithilfe digitaler Lösungen künftig datentechnisch besser erfassen sowie in konkreten Zahlen und Zielen darstellen. Viele Unternehmen ermitteln schon heute Kennzahlen etwa zur Mitarbeiterzufriedenheit, können daraus aber nur eingeschränkte Erkenntnisse oder Anhaltspunkte für Handlungsempfehlungen ziehen. Das ändert sich mit dem breiten Einsatz moderner digitaler Lösungen. Etwa, indem die Finanzfunktion die Daten und Perspektiven liefert, um Ergebnisse aus Mitarbeitererhebungen unter der richtigen Fragestellung mit Vertriebszahlen abzugleichen und so die wirklich wichtigen Zusammenhänge zu erkennen. Auch Umweltthemen lassen sich künftig umfassender betrachten sowie exakter in Zahlen fassen – hier erfordern schon regulatorische Vorgaben immer detailliertere Darstellungen, wie es beispielsweise um $CO_2$-Ausstoß, Wasserverbrauch oder Abfallvermeidung steht. Im Finanzbereich laufen die wesentlichen Informationen zum Kerngeschäft zusammen. Hier müssen künftig auch die nicht-finanziellen KPIs in Zahlen gefasst und klassische finanzielle KPIs weiter ausdifferenziert werden. Das ist einerseits natürlich eine Voraussetzung zum Einhalten gesetzlicher Vorgaben und für eine Compliance, die diese Bezeichnung verdient hat. Angesichts der neuen Möglichkeiten, die der Einsatz digitaler Technologien überall in der Finanzfunktion eröffnet, werden die Stakeholder erwarten, dass das Top-Management jederzeit über alle wichtigen Dinge im Bilde ist und sofort entsprechend reagiert. Vor allem aber geht es – über die aus regulatorischer Perspektive betrachtete ESG-Compliance hinaus – um eine echte Performance-Steuerung, die für das Unternehmen hoch relevant ist – denn ESG ist das Thema der Zukunftssteuerung schlechthin.

## Die Finanzfunktion wird zum Business Partner und Enabler für das Geschäft der Zukunft

Spätestens dieser Aspekt sollte jedem CFO klarmachen wie weitreichend die Digitalisierung die Unternehmensführung tatsächlich verändert – und ihn dazu motivieren, schnell eine durchdachte digitale Transformation anzustoßen. Die Finanzfunktion der Zukunft legt konzernweit die Basis für evidenzbasiertes Management[9]. Ihre Analysen und Prognosen sind das Ergebnis einer seriösen, quasi wissenschaftlichen Arbeitsweise mithilfe neuer digitaler Lösungen. So etabliert die Finanzfunktion sich als Business Partner und Enabler für das Geschäft der Zukunft: Sie liefert die passenden Auswertungen für harte KPIs wie Umsatz oder Profit, betrachtet weiche Kennzahlen wie Brand Awareness, ordnet Daten zu den ESG-Faktoren ein und gibt mit umfassenden Analysen zu diversen Themen aus verschiedenen Richtungen wichtige Impulse zur Entwicklung neuer Geschäftsmodelle. Grundlage dieses evidenzbasierten Managements ist die konsequente Nutzung aller nur verfügbaren Daten in der Finanzfunktion – sie wird zum Herz des datengetriebenen Unternehmens. Innovative Technologien wie Predictive Analytics oder Künstliche Intelligenz (KI) liefern mehr Daten, mehr Transparenz und mehr Einsichten. Dies bildet die Grundlage dafür, weitere Handlungsoptionen zu erhalten und reaktionsfähiger zu werden. Und der limitierende Faktor ist dabei nicht mehr die Menge der Daten, sondern die Intelligenz bei der Fragestellung und Programmierung. Denn es gilt weiterhin der Grundsatz „Data doesn't speak, it only responds" – Daten geben nicht von selbst Auskunft, sie beantworten nur Fragen. Wer mit Daten arbeitet, sollte also immer noch mit der Frage starten, was er wissen will – und daraus ableiten, welche Daten dabei helfen könnten. Allerdings gilt hier angesichts der neuen technischen Möglichkeiten inzwischen auch, dass es sehr span-

---

[9] In Anlehnung an „Evidence-Based Management", siehe Sutton, R. I., www.evidence-basedmanagement.com

nend sein kann, Daten einfach mal von einer geeigneten Software auf Korrelation zu untersuchen. Nicht als Standardherangehensweise, aber immer mal wieder zur Inspiration.

Um welche Dimensionen es geht, zeigt eindrucksvoll das Beispiel des Berliner Start-ups Inspirient – übrigens ein Beleg dafür, dass Deutschland durchaus die Qualitäten hat, um den digitalen Wandel global mitzugestalten. Das Team um die Gründer Dr. Georg Wittenburg und Dr. Guillaume Aimetti unterstützt Unternehmen bei der automatisierten Analyse von Geschäftsdaten, und dabei sind der Phantasie kaum Grenzen gesetzt, denn wenn durch Automatisierung die Analysekosten pro Datensatz fallen, dann können wesentlich mehr Daten betrachtet werden. Das System von Inspirient überlegt anhand der vorliegenden Daten eigenständig, wie sie statistisch korrekt analysiert werden sollten. Bei Finanzkennzahlen erkennt das System genau wie bei Messwerten aus den Sensoren in einer Produktionsanlage etwa, ob eine Zeitreihe vorliegt – und prüft, ob es Ausreißer gibt oder ob bestimmte Werte auf gewisse Kausalitäten schließen lassen. Möglich sind einfache Zeitreihen- und Aggregationsanalysen wie der Umsatz nach Geschäftseinheiten ebenso wie komplexere Netzwerkanalysen, Ursachenforschungen, Forecasts oder Betrugsanalysen. Die Maschine hilft dem Menschen nicht nur, indem sie selbständig Zusammenhänge erkennt, nach denen er nie gefragt hätte – sie stellt ihm auch kognitive Fähigkeiten zur Verfügung, die ansonsten teuer eingekauft werden müssten. Eine Software analysiert ungerührt binnen kürzester Zeit zahllose Daten zu diversen Parametern wie Temperatur, Durchlaufgeschwindigkeit oder Druck in ihrem Zusammenwirken – kein Mensch könnte das Leisten. Und sie interpretiert die Daten objektiv – gerade bei Prognosen gewinnt die Maschine meistens gegen den Menschen, dessen Bauchgefühl ihn oft die Fakten ignorieren lässt. Trotzdem laufen beide erst im Team zur Höchstform auf: Die Maschine liefert die Analysen und erweitert so die Kompetenz des Menschen, aber der Mensch bringt das notwendige Quäntchen Kreativität für eine gute Entscheidung ein.

Wie leistungsfähig solche Lösungen inzwischen sind, zeigen die Eckdaten: Nach aktuellem Stand der Technik lassen sich 8.000 unbekannte Datensätze binnen 24 Stunden automatisch auswerten – ein klassischer Mittelständler wäre damit komplett durchleuchtbar. Auch zwischen internen sowie externen Daten gibt es künftig keine Unterschiede mehr – mit der passenden Schnittstelle kann jede Art von Daten analysiert werden. Dazu nur ein Gedankenspiel: Wäre der Skandal um den zu hohen $CO_2$-Ausstoß von Diesel-Pkw in den USA passiert, wenn die Unternehmen alle zu diesem Thema öffentlich verfügbaren Informationen hätten analysieren können?

Die kalifornische Umweltbehörde publiziert ihre Daten zu Schadstoffemissionen in den einzelnen Fahrzeugkategorien. Beim Abgleich mit den eigenen Zahlen kann sich mit der neuen Technik heute jedes Unternehmen ausrechnen, ob da etwas nicht passt. Wichtig allerdings ist, KI oder Analytics nicht als Selbstzweck zu betrachten. Jede Datenanalyse, darauf weist Dr. Georg Wittenburg ausdrücklich hin, sollte in eine Vorlage für die operativen oder strategischen Entscheidungsträger münden – dies ist der einzige werttreibende Punkt der Datenanalyse und deshalb jener Aspekt, um den sich das evidenzbasierte Management eines datengetriebenen Unternehmens letztlich drehen sollte.

## Die Digitalisierung der Finanzfunktion bleibt eine kontinuierliche Aufgabe

Die Effektivität der Analytik eröffnet enorme Potenziale, um das umfassende Faktenspektrum zu durchleuchten. Große Fortschritte liegen aber auch bei der profanen Frage nach Effizienzsteigerung in greifbarer Nähe. Getreu dem Motto „Take the robot out of the human being" geht es darum, die Produktivität durch Automatisierung zu steigern und dabei gleichzeitig den „Human Failure Factor" zu minimieren. Im Kern zielt die digitale Transformation der Finanzfunktion also zunächst darauf ab, die Effektivität der Unternehmenssteuerung zu erhöhen. In vielen Bereichen wird die Effizienz so automatisch steigen. Zudem sollte daran gedacht werden, durch Investitionen in entsprechende Lösungen die transaktionale Effizienz und damit auch die Produktivität direkt zu verbessern. Vor allem mithilfe digitaler Lösungen wie RPA lässt sich das klassische Verarbeiten der Finanzzahlen nicht nur massiv beschleunigen, sondern qualitativ steigern, indem keine manuellen Eingabefehler mehr passieren. Werden Mitarbeiter weitgehend von jenen monotonen, transaktionalen Tätigkeiten entlastet, die ein Roboter rund um die Uhr schnell und korrekt erledigt, haben sie auch mehr Zeit für anspruchsvolle, wertschöpfende Aufgaben, bei denen sie ihre menschliche Kreativität einbringen können. Es gilt also, Effektivität und Effizienz bei der digitalen Transformation unbedingt parallel zu denken. Die vom Einsatz moderner digitaler Technologien erwarteten Vorteile lassen sich nur realisieren, wenn der CFO ein entsprechendes Zielbetriebsmodell für die Finanzfunktion definiert sowie einen umfassenden, ineinandergreifenden Transformationsansatz verfolgt: People led, enabled by technology based on data standards.

In diesem Buch konnten Sie eine Sammlung praktischer Erfahrungsberichte von Top Executives deutscher Unternehmen und Wissenschaftlern führender Business Schools lesen. Eindrucksvoll beschreiben sie, wie rasant sich der Finanzbereich durch die Digitalisierung verändert. Weil die Führungskräfte die damit verbundenen Chancen und Notwendigkeiten erkannt haben, forcieren sie die Transformation zu einem digitalen Zielbetriebsmodell der Finanzfunktion unter anderem durch neue Prozesse, Strukturen und Technologien. So gestalten sie aktiv die Zukunft des Unternehmens, ganz nach dem Ansatz: „Wer gestaltet, führt". Damit bleiben sie in einem wirtschaftlichen Umfeld handlungsfähig, das immer mehr geprägt ist durch eine stärkere Differenzierung zwischen Erfolg und Misserfolg. Bei stabilen Geschäftsverläufen und Margen reichte bisher oft eine Finanzfunktion, die die Basisarbeiten der Finanzbuchhaltung und des Controllings erledigte. Das war und ist fachlich sowie inhaltlich schon für sich anspruchsvoll. Jetzt jedoch geht es um noch einiges mehr: Eine echte vorausschauende Finanzsicht unter Nutzung aller sinnvoll zur Verfügung stehenden Informationen, für die durch eine Automatisierung der datentypistischen Aufgaben ausreichende Kapazitäten sowie Kompetenzen zur Verfügung stehen. Künftig trennen sich Spreu und Weizen schneller und stärker. Dieser Strukturwandel zwingt jeden CFO, nicht länger nur an einzelnen Stellschrauben zu drehen und dabei den Betrieb insgesamt fortzuschreiben, sondern eine umfassende, ambitionierte digitale Transformation zu starten.

**Nur mit gutem Change Management lässt sich die Roadmap zur Transformation einhalten**

Leider gibt es nicht den einen Magic Button, mit dem sich die Finanzfunktion oder sogar das ganze Unternehmen per Knopfdruck quasi über Nacht in einen digitalen Champion verwandeln lässt. Gemeinsam mit seinem Team sollte der CFO daher zunächst genau prüfen, wo und wie sich die Digitalisierung im Finanzbereich vorantreiben und damit eventuell sogar dem gesamten Konzern ein digitaler Schub verpassen lässt – die Beiträge in diesem Buch geben dafür viele Anregungen. Anschließend muss er nicht nur aus den richtigen Ideen das passende Zielbetriebsmodell entwerfen, sondern zusätzlich eine Roadmap für die digitale Transformation der Finanzfunktion entwickeln, die klare Schritte zur praktischen Umsetzung vorgibt. Gefragt ist – wie auch die Praxisbeispiele zeigen – bei jedem individuellen Vorgehen eine Mischung aus technischem und fachlichem Konzept sowie einem Transformationsplan mit umfassendem Change Management. Gerade diesen Punkt gilt es nicht zu unterschätzen. Ohne durchdachtes, auf einzelne Projektschritte und betroffene Mitarbeitergruppen zugeschnittenes Change Management werden die echten Potenziale nicht erschlossen.

Früher war es oft ausreichend, den Beschäftigten in einer kurzen Schulung die Anwendung etwa einer neuen Software zu erklären. Die digitale

Transformation aber wirkt sich so umfassend auf die Arbeitsweise der Mitarbeiter aus, dass dem Change Management ein deutlich höherer Stellenwert zukommt. Daher sollte es nicht nur darum gehen, einzelne Fertigkeiten und Fähigkeiten zu stärken. Wichtig ist vor allem, die Beschäftigten zu begeistern – weniger für einzelne Aspekte des Projekts als für das große Ganze. „Wenn du ein Schiff bauen willst, so trommle nicht Menschen zusammen, um Holz zu beschaffen, Werkzeuge vorzubereiten, Aufgaben zu vergeben und die Arbeit einzuteilen, sondern lehre die Menschen die Sehnsucht nach dem weiten, endlosen Meer", lautet ein Zitat des Schriftstellers Antoine de Saint-Exupéry. Für die Finanzfunktion heißt dies: Der CFO muss seinen Mitarbeitern vermitteln, dass sie durch die digitale Transformation künftig das erfüllen können, was sie schon immer als Anspruch formuliert, aber nur eingeschränkt geliefert haben – dem Unternehmen noch faktenbasierter zu zeigen, wie es die unternehmerisch richtigen Dinge richtig tun kann. Und er sollte in ihnen eine Lust auf Zukunft wecken, indem er zeigt, wo das Team in drei oder fünf Jahren stehen könnte und wie stark seine Bedeutung innerhalb des Unternehmens wächst. Denn nur wer sich wirklich für die vielfältigen Möglichkeiten interessiert, die mit dem Einsatz digitaler Technologien verbunden sind, wird gerne neue Lösungen nutzen, die den Unterschied machen, oder sogar selbst welche suchen – auch das zeigen die Praxisbeispiele in diesem Buch.

## Der Umstieg auf SAP S/4HANA kann als Startschuss für die digitale Transformation dienen

Die gesamte Finanzfunktion steht vor einer grundlegenden digitalen Transformation. Dass jedes Unternehmen darauf reagieren muss, dürfte kaum noch jemand bezweifeln. Die Corona-Krise hat die Bedeutung des Themas einmal mehr unterstrichen. In der aktuellen „Global CEO Survey" von PwC erklärten – sicher auch unter dem Eindruck der Pandemie – 91 Prozent der in Deutschland befragten CEOs, sie wollten in den nächsten drei Jahren mehr in die digitale Transformation investieren. Sogar 98 Prozent bezeichneten die digitale Fitness der Belegschaft als entscheidend für den wirtschaftlichen Erfolg. In diese Richtung zu denken ist auch mit Blick auf die internationale Konkurrenz notwendig. Weltweit wollen 36 Prozent der CEOs die Produktivität des Unternehmens durch einen Fokus auf Automatisierung und Technologie erhöhen – mehr als doppelt so viele wie vor fünf Jahren. Und jeder zweite will seine digitalen Investitionen in den nächsten drei Jahren um mindestens zehn Prozent steigern.

In der Finanzfunktion wären entsprechende Technologien sofort einsetzbar. Hier gibt es digitale Lösungen, die ihren Praxistest bestanden haben.

Insbesondere aber geht es um den digitalen Kern des Unternehmens, der schließlich auch künftig die Basis für die Arbeit im Finanzbereich bildet. Hier stehen moderne ERP-Lösungen zur Verfügung, die als leistungsfähiges digitales Herz des Unternehmens dienen können. Viele CEOs und CFOs planen den Umstieg auf SAP S/4HANA. Die Studie „SAP S/4HANA – Erfahrungen von Unternehmen in der DACH-Region" von PwC hat ergeben, dass bereits die Hälfte der Befragten ein Einführungsprojekt gestartet oder umgesetzt hat. Wo die digitale Transformation schon in diese Richtung läuft, sollte unbedingt das Momentum genutzt werden, um einen umfassenden, ineinandergreifenden Transformationsansatz zu verfolgen. Aber es braucht kein SAP-Projekt als Startschuss zur weiteren Digitalisierung der Finanzfunktion. Mit einem zukunftsfähigen Zielbetriebsmodell und der dazu passenden Roadmap kann die Transformation auch an anderer Stelle starten – Hauptsache, sie geht in die richtige Richtung, nimmt schnell Fahrt auf und kann die Organisation mitreißen, damit das Unternehmen sich durch bessere transaktionale und analytische Fähigkeiten der Finanzfunktion einen deutlichen Wettbewerbsvorteil verschafft.

Auch in diesen Fällen sollte der CFO allerdings das ERP-System im Blick behalten. Denn neben einer klaren Datenstrategie braucht er hier eine Lösung, die die neuen Anforderungen erfüllen kann. Derzeit sind in vielen Unternehmen noch Auslaufmodelle installiert. Der CFO sollte dafür sorgen, dass rechtzeitig und ambitioniert in neue Technologien investiert wird. Das dürfte teuer werden, meistens aber auch notwendig sein – und sich rechnen, wenn man die Investitionen nutzt, um sich noch mehr zu einem datengetriebenen Unternehmen zu entwickeln. Darum zum Schluss noch eine Anregung in Richtung der Politik: Warum keine „Abwrackprämie" für alte ERP-Systeme ausloben? Hier neben verbesserten Abschreibungsmöglichkeiten noch weitere Anreize zu schaffen wäre ein starkes Signal für den Standort Deutschland: Eine digitale Volkswirtschaft schafft Anreize für den Technologiewechsel und das lebenslange Lernen.

# Abbildungsverzeichnis

| | | |
|---|---|---|
| Abbildung 1: | PwC Ecosystemizer | 29 |
| Abbildung 2: | PwC's Open Innovation Engine | 31 |
| Abbildung 3: | Unternehmensentwicklung – Frühzeitige Innovation als Erfolgsfaktor | 37 |
| Abbildung 4: | Balance der Transformation | 40 |
| Abbildung 5: | Die 4 Arbeitswelten | 59 |
| Abbildung 6: | Upskilling for the digital world | 62 |
| Abbildung 7: | The Cost and Speed of Computation | 77 |
| Abbildung 8: | Annual Size of Global Datashere | 79 |
| Abbildung 9: | Curriculum WHU Executive Education Program „Digitalizing the Finance Function: The CFO Perspective" | 89 |
| Abbildung 10: | Business Analytics als Verknüpfung von betriebswirtschaftlicher Theorie, Daten- und Informationstechnologie und angewandter Statistik | 90 |
| Abbildung 11: | Die künftige Finanzfunktion | 96 |
| Abbildung 12: | Transformation der Finanzfunktion: Von der Ausführung von Aufgaben zur Wertschöpfung für die gesamte Organisation | 100 |
| Abbildung 13: | Status quo: Größte Herausforderungen in der Finanzfunktion | 106 |
| Abbildung 14: | Um die Verantwortungsbereiche des CFOs werden sich starke Business Partnerschaften entwickeln | 114 |
| Abbildung 15: | Die strategische Ausrichtung der Finanzfunktion basiert auf zwei kontinuierlichen Reaktionsketten | 117 |
| Abbildung 16: | Wertschöpfung durch den Finanzbereich | 125 |
| Abbildung 17: | 5 Dimensionen eines digitalen Zielbetriebsmodells in der Finanzfunktion | 146 |
| Abbildung 18: | Auszug des Business Partner Profils | 147 |
| Abbildung 19: | Kompetenzprofil eines proaktiven Controllers | 162 |
| Abbildung 20: | Modell zur Erreichung von Verlässlichkeit und Transparenz über nicht-finanzielle Informationen | 172 |

*Abbildungsverzeichnis*

Abbildung 21: PwC Studie 2020 – Klimaberichterstattung börsennotierter Unternehmen ..................... 175
Abbildung 22: Digital Finance Roadmap ........................ 182
Abbildung 23: Triple „E" Rating ................................ 183
Abbildung 24: Praxisbeispiel Process Mining .................... 214
Abbildung 25: Unser Vorgehen zur ganzheitlichen Weiterentwicklung der Finanzfunktion ............................. 217
Abbildung 26: Die Bestandteile des Change Management bei einer erfolgreichen Transformation .................... 226
Abbildung 27: Die 7 Fokusthemen eines CFOs bei knappen Ressourcen ........................................ 233
Abbildung 28: KWS Organisationsstruktur ....................... 243
Abbildung 29: Accounting Vision und Projektziele ............... 250
Abbildung 30: ProSiebenSat.1 Media SE Digital Accounting Agenda 2020 ..................................... 251
Abbildung 31: E2E Prozess Governance ......................... 257
Abbildung 32: Aktivitäten Analyse im Accounting ............... 259
Abbildung 33: Quality Gates für eine erfolgreiche RPA Implementierung ........................................ 262
Abbildung 34: PwC Studie – Implementierungsszenario S/4HANA-Projekt ................................ 267
Abbildung 35: PwC Studie – S/4HANA Transformationsansätze .... 270
Abbildung 36: Vision für die Digitalisierung der Finanzfunktion bei BSH ........................................ 278
Abbildung 37: Digital Enterprise Plattform mit verschiedenen Reporting Views ................................. 282
Abbildung 38: Detailliertes Design CoE Financial Reporting & Controls der ING Deutschland .................... 292
Abbildung 39: Die Rollen im Tribe der Finanzfunktion ........... 293
Abbildung 40: Kübler-Ross Change Kurve ....................... 317

# Abkürzungsverzeichnis

| | |
|---|---|
| AAA | Triple-A-Bewertung |
| ATX | Austrian Traded Index |
| AWS | Amazon Web Services |
| BI | Business Intelligence |
| BIP | Bruttoinlandsprodukt |
| BSC | Balanced Scorecard |
| CEO | Chief Executive Officer |
| CFO | Chief Financial Officer |
| CIDO | Chief Information and Digital Officer |
| CIO | Chief Information Officer |
| $CO_2$ | Carbon Dioxide |
| CSR | Corporate Social Responsibility |
| DAX | Deutscher Aktienindex |
| E2E | End to End |
| EBIT | Earnings before interest and taxes |
| EBITDA | Earnings Before interest, taxes, depreciation and amortization |
| EEE | Triple-E-Bewertung |
| ERP | Enterprise Resource Planning |
| ESG | Environment, Social and Governance |
| EU | European Union |
| FI/CO | Finanz/Controlling |
| F&E | Forschung und Entwicklung |
| GuV | Gewinn und Verlust |
| IFRS | International Financial Reporting Standards |
| IT | Information Technology |
| KI | Künstliche Intelligenz |
| KPI | Key Performance Indicators |
| KYC | Know your Customer |
| MDAX | Mid Cap (mittelgroße Unternehmen) Deutscher Aktienindex |
| ML | Machine Learning |
| MS | Microsoft |
| O2C | Order to Cash |

| | |
|---|---|
| OCR | Optical Character Recognition |
| P2P | Procure to Pay |
| RPA | Robotic Process Information |
| SCP | SAP Cloud Platform |
| SDG | Sustainable Development Goals |
| SMI | Swiss Market Index |
| SSC | Shared Service Center |
| TOM | Target Operating Model |
| UN | United Nations |
| US-GAAP | United States Generally Accepted Accounting Principles |
| USA | United States of America |
| VPN | Virtuelles Privates Netzwerk |
| VUCA | Volatility, Uncertainty, Complexity and Ambiguity |